飞机性能工程（第2版）

AIRCRAFT PERFORMANCE ENGINEERING

主　编 / 陈红英
副主编 / 叶　露　王　可

大连海事大学出版社
DALIAN MARITIME UNIVERSITY PRESS

图书在版编目(CIP)数据

飞机性能工程 / 陈红英主编. — 2版. — 大连：
大连海事大学出版社，2023.8
ISBN 978-7-5632-4427-0

Ⅰ. ①飞… Ⅱ. ①陈… Ⅲ. ①飞机—性能—高等学校
—教材 Ⅳ. ①V21

中国国家版本馆 CIP 数据核字(2023)第 098500 号

大连海事大学出版社出版

地址:大连市黄浦路523号 邮编:116026 电话:0411-84729665(营销部) 84729480(总编室)
http://press.dlmu.edu.cn E-mail:dmupress@dlmu.edu.cn

大连天骄彩色印刷有限公司印装 大连海事大学出版社发行

2019年7月第1版 2023年8月第2版 2023年8月第1次印刷

幅面尺寸:184 mm×260 mm 印张:21.5 字数:465千

出 版 人:刘明凯

责任编辑:董洪英 责任校对:王 琴

封面设计:解瑶瑶 版式设计:解瑶瑶

ISBN 978-7-5632-4427-0 审图号:GS(2023)1591号 定价:61.00元

第 2 版前言

本教材是空中交通运输专业的专业课教材，根据《民用航空空中交通管制员执照管理规则》(CCAR-66TM-I-R4)、《民用航空飞行签派员执照和训练机构管理规则》(CCAR-65FS-R3)、《民用航空情报员执照管理规则》(CCAR-65TM-III-R4)和《民用航空空中交通管制和情报基础专业培训大纲》(WM-TM-2012-003)的要求编写。

本教材在编写过程中，注意汲取国内外同类教材的编写经验，结合实际运行中空中交通管制员、飞行签派员和航空情报人员应该掌握的飞机性能相关知识，着重分析飞机运行的各个阶段的性能基本概念、理论和应用，注重知识的系统性和实用性，力求通俗易懂、易学易用。

本教材以飞行的各个阶段飞机性能要求作为划分章节的依据，共分为 6 章。第 1 章为基础知识，主要介绍飞行中涉及的飞行速度概念、飞机运行限制、大气温度和气压高度、涡扇发动机主要性能参数和常用工作状态、常用的限制速度和运行速度、"ACN-PCN"法确定道面的运行要求以及飞机手册和性能软件。第 2 章为飞机的起飞性能，主要包括起飞的相关概念、起飞飞行航迹的要求、限制最大起飞重量的因素、起飞特征速度 $V_1/V_R/V_2$ 的确定、起飞性能的优化以及起飞性能分析表的使用。第 3 章为飞机的上升和下降性能，包括上升和下降的受力分析、典型的上升和下降方式、典型机型的上升和下降性能图表的使用以及上升和下降时飞行高度和座舱高度的关系。第 4 章为飞机的巡航性能，主要包括最大航程巡航 MRC 和长航程巡航 LRC、经济巡航与成本指数、航路中发动机失效的性能分析、座舱释压的供氧性能分析。第 5 章为飞机的着陆性能，包括着陆距离和着陆速度概念、影响着陆距离的主要因素、着陆制动措施、限制最大着陆重量的因素和着陆性能分析表的使用。第 6 章为特殊运行条件下的飞机性能要求，包括起飞和复飞一发失效应急程序、湿跑道和污染跑道上的运行及高原和特殊机场运行等。

第 1 版第 1 章 1.1、1.2、1.5 和 1.6 节，第 3 章，第 4 章，第 5 章和第 6 章由中国民用航空飞行学院的陈红英编写，第 2 章由中国民用航空飞行学院的叶露编写，第 1 章 1.3、1.4 和 1.7 节由中国民用航空飞行学院的王可编写。全书由陈红英统稿，编写组成员交叉审稿。

第 2 版对第 1、2、4、5、6 章部分内容做了修订。1.2 节飞机运行限制部分增加重量和重心限制，4.2 节删除了部分巡航性能图表，增加了等待性能图表及实例计算，6.3 节增加了特殊机场的规章及相关定义。其他章节根据最新规章《民用机场飞行区技术标准》（MH 5001—2021）和《航空承运人湿跑道和污染跑道运行管理规定》（AC-121-FS-33R1）修订了相关内容。第 2 版的修订和统稿均由陈红英完成。

在本教材的编写过程中，编者得到了中国民用航空飞行学院的教务处、飞行技术学院及飞行力学教研室的大力支持，并参阅了许多作者的著作，在此深表谢意。

由于编写时间仓促，相关资料多而杂，规章更新较多，加之编者水平有限，错误和不妥之处在所难免，恳请广大读者批评指正。

编　者

2023 年 2 月

第 1 版前言

本教材是空中交通运输专业的专业课教材，根据《民用航空空中交通管制员执照管理规则》(CCAR-66TM-I-R4)、《民用航空飞行签派员执照管理规则》(CCAR-65FS-R2)、《民用航空情报员执照管理规则》(CCAR-65TM-III-R4)和《民用航空空中交通管制和情报基础专业培训大纲》(WM-TM-2012-003)的要求编写。

本教材在编写过程中，注意汲取国内外同类教材的编写经验，结合实际运行中空中交通管制员、飞行签派员和航空情报人员应该掌握的飞机性能相关知识，着重分析飞机运行的各个阶段的性能基本概念、理论和应用，注重知识的系统性和实用性，力求通俗易懂、内容博而不杂。

本教材以飞行的各个阶段性能要求作为划分章节的依据，共分为 6 章。第 1 章为基础知识，主要介绍飞行中涉及的飞行速度概念、飞机运行限制、大气温度和气压高度、涡扇发动机主要性能参数和常用工作状态、常用的限制速度和运行速度、“ACN-PCN”法确定道面的运行要求以及飞机手册和性能软件。第 2 章为飞机的起飞性能，主要包括起飞的定义、起飞阶段的划分、起飞距离的概念、限制最大起飞重量的因素、起飞性能的优化以及典型机型起飞限重表的使用。第 3 章为飞机的上升和下降性能，包括上升和下降的受力分析、典型的上升和下降方式、典型机型的上升和下降性能图表的使用以及上升和下降过程中飞行高度和座舱高度的关系。第 4 章为飞机的巡航性能，主要包括 MRC 巡航和 LRC 巡航、经济巡航与成本指数、航路中发动机失效的性能分析、座舱释压的供氧性能分析。第 5 章为飞机的着陆性能，包括着陆距离和着陆速度概念、影响着陆距离的主要因素、着陆制动措施、限制最大着陆重量的因素和着陆性能分析表的使用。第 6 章为特殊运行条件下的飞机性能要求，包括起飞和复飞一发失效应急程序、湿跑道和污染跑道上的运行及高原机场运行等。

本教材第 1 章 1.1、1.2、1.5 和 1.6 节，第 3 章，第 4 章，第 5 章和第 6 章由中国民用航空飞行学院的陈红英编写，第 2 章由中国民用航空飞行学院的叶露编写，第 1 章 1.3、1.4 和 1.7 节由中国民用航空飞行学院的王可编写。全书由陈红英统稿，编写组成员交叉审稿。

在本教材的编写过程中，编者得到了中国民用航空飞行学院的教务处、飞行技术学院及飞行力学教研室的大力支持，并参阅了许多作者的著作，在此深表谢意。

由于编写时间仓促，相关资料多而零散，加之编者水平有限，错误和不妥之处在所难免，恳请广大读者批评指正。

编　者

2019 年 2 月

目 录

绪 论

飞机性能是指飞机在气动力和发动机推力等外力的作用下所表现出来的运动能力。飞机性能工作是航空公司日常运行的重要组成部分,其在保证飞行安全、提高运行效益、确保航班正常以及在机场建设中的航行服务研究等方面发挥着越来越重要的作用。

飞机性能与适航性是紧密联系的。飞机性能可以定义为飞机完成一项特定飞行任务的能力尺度,同时也可以认为是飞机的安全尺度。飞机性能分为设计性能(Design Performance)和运行性能(Operational Performance)。

飞机的设计性能主要与要求飞机携带的商载及完成的飞行任务剖面有关。商载可以定义为旅客人数、货物的吨位、货舱容积或者货物与旅客的组合,与飞行任务剖面有关的性能是指航程和航时(续航能力)。飞机的设计性能包含了按 FAR-25、CCAR-25 等规章取证的数据,典型飞机的设计性能参数如绪论表 1 所示。

绪论表 1　典型飞机的设计性能参数

型号	B737-300	A320-200	B767-300ER	A330-300	B777-300	B747-400
MTOW/t	70.000	76.919	186.636	232.690	298.980	396.375
MLW/t	58.530	65.912	144.960	186.727	237.370	295.356
MZFW/t	54.66	60.50	114.76	164.00	190.50	242.67
MFC/L	26 020	23 860	91 380	97 170	171 160	204 350
额定座位数/座	126	150	218	335	368	416
航程/km	6 230	5 631	11 310	10 378	11 028	13 444
巡航速度	*M*0.776	*M*0.780	*M*0.800	*M*0.820	*M*0.840	*M*0.850
FAA 起飞场长/m	1 676	1 800	2 713	2 652	3 703	3 033
FAA 着陆场长/m	1 433	1 463	1 676	1 790	1 844	2 180

飞行安全的基本要求是飞机在执行任务的任意时刻所进行的活动都不会超过可利用的空间，并且携带足够的燃油。飞机的运行性能是指飞机在交付给航空公司之后，执行每一次具体航班飞行任务时的性能，它不仅与该型号飞机的设计性能有关，而且与该航班的航线情况、气象条件、起降机场条件、商载等密切相关。飞机的运行性能包括飞机运行所需的所有限制、程序和性能数据，它必须满足 CCAR-121、FAR-121 等相应规章。不同国家和地区运输类飞机主要的适航审定和运行规则如绪论表 2 所示。

绪论表 2　不同国家和地区运输类飞机主要的适航审定和运行规则

规则类别	国家/地区			
	国际民航组织（ICAO）	欧洲（EASA）	美国（FAA）	中国（CAAC）
适航审定规则	《芝加哥公约》附件 8	CS-25	FAR-25	CCAR-25
运行规则	《芝加哥公约》附件 6	EU No 965	FAR-121	CCAR-121

从绪论表 2 可知，CS-25、FAR-25 和 CCAR-25 分别是欧洲、美国和中国运输类飞机的适航审定规则，EU No 965、FAR-121 和 CCAR-121 分别是欧洲、美国和中国运输类飞机的运行规则。

CCAR-25 是中国民航《运输类飞机适航标准》，在中国商用飞机有限责任公司设计制造运输类飞机需要获得适航取证时必须遵循此规章。CCAR-121 是中国民航《大型飞机公共航空运输承运人运行合格审定规则》，中国各运输航空公司在航班运行中必须遵循此规章。

飞机运行性能研究的基本准则是一台发动机失效，即考虑双发及双发以上飞机在一台发动机失效后仍然能够保证飞行安全，如航空公司运行中考虑一发失效后的起飞、复飞、飘降和巡航等。飞机运行性能工作是保证飞行安全的重要手段。飞机运行性能工作一般需要事先完成，在航空公司通常由飞机性能部门通过计算、分析和设计等方面的工作来完成。如起飞、着陆性能计算包括起飞、着陆重量及其速度计算；日常航线性能计算主要指航线油量计算、成本指数计算等；特殊情况下的飞机性能分析包括飘降性能分析和供氧性能分析等；特殊情况下的飞机性能设计包括起飞和复飞一发失效应急程序设计等。飞机运行性能主要支持飞机的日常运营，并为飞机可能出现的紧急情况提供处置预案。飞机运行性能采用“提前准备，关口前移”的方式保证飞行运行安全。

精细的飞机性能工作可以较大限度地提高航空公司的运行效益。如航空公司在有些机场制作起飞一发失效应急程序（一发失效复飞应急程序）可以在不降低安全水平的前提下显著增大飞机起飞（着陆）重量，从而增大商载；计算机飞行计划和二次放行飞行计划可以减少备份燃油，从而减小飞机重量，达到提高经济效益和飞行安全的目的；使用成本指数和经济巡航马赫数，可以降低航空公司直接运营成本。

在飞机选型或改装时，针对飞机运行的区域或航线进行详细的飞机运行性能分析，不但能使飞机有较好的适应性，而且可以充分发挥不同飞机的性能潜力，使航空公司的飞机与航线更好地匹配，减少不必要的选装设备所造成的浪费。

总之，航空公司在实际生产运行中的飞机选型、新航线开辟、性能优化、性能监控、制作应急程序、特殊航班支援、航行新技术测试应用等方面都涉及飞机性能的相关知识和理论。飞机性能在保证民航的飞行安全、提高航空公司运营效益、减少机场建设投资和运营成本、推广航行新技术运用等方面发挥了重要作用。

本教材主要以动力为配备涡轮风扇发动机的大型民航运输机为研究对象，阐述和讨论其飞行性能，因此如不加特别说明，均为配备双发涡轮风扇发动机的运输机。

关于本教材可能涉及的符号如绪论表 3 所示，常用英美制单位与国际标准单位的换算关系如绪论表 4 所示。

绪论表 3　符号说明表

英文符号	中文名称	英文符号	中文名称
IAS	指示空速	V_{EF}	临界发动机失效速度
CAS	校正空速	V_{MBE}	最大刹车能量速度
EAS	当量空速	V_1	起飞决断速度
TAS	真空速	V_R	起飞抬轮速度
M	马赫数	V_{LOF}	起飞离地速度
c	音速①	V_2	起飞安全速度
GS	地速	V_{FTO}	最后起飞速度
WS	风速	V_W	风速
V_A	机动速度	FF	燃油流量
V_C	设计巡航速度	SFC	燃油消耗率
V_D	设计俯冲速度	W	飞机巡航重量
V_{MO}	最大使用指示空速	T_R	平飞所需推力
M_{MO}	最大使用马赫数	K	升阻比
V_S	传统失速速度	k	气流绝热常值
V_{MCA}	空中最小操纵速度	R	气态常数
V_{MCG}	地面最小操纵速度	NAM	空中距离
V_{MCL}	着陆最小操纵速度	NGM	地面距离
V_{MU}	最小离地速度		

① 注：音速，也称声速。遵照民航习惯，本教材使用音速。

绪论表4　常用英美制单位与国际标准单位的换算关系表

类型	国际标准单位	英美制单位	常用换算关系
长度单位	米(m) 千米(km)	英尺(ft) 海里(NM)	1 m≈3.280 8 ft
			1 NM=1.852 km=1 852 m≈6 076 ft
速度单位	米/秒(m/s) 千米/时(km/h)	节(kt)	1 m/s=3.6 km/h=1.944 kt
			1 kt=1.852 km/h
质量单位	千克(kg)	磅(lb)	1 lb≈0.454 kg
			1 kg≈2.205 lb

第1章
基础知识

飞机性能研究的内容包括整个飞行任务过程中飞机的飞行速度、高度及飞行各个阶段的特性与飞机的气动特性、发动机特性、飞机总重量及大气环境条件之间的关系。为了便于后面章节的学习和深入理解飞机性能的相关知识,本章重点介绍飞行速度概念、飞机运行限制、大气温度和气压高度、涡扇发动机主要性能参数和常用工作状态、常用的限制速度和运行速度、"ACN-PCN"法确定道面的运行要求以及飞机手册和性能软件简介等。

1.1 飞行速度概念

飞机的飞行过程会涉及很多速度概念,比如指示空速、真空速、地速和马赫数等,飞机的性能与飞机的速度密切相关,下面分别对这些速度进行介绍。

1.1.1 指示空速

指示空速 *IAS*(Indicated Airspeed)是空速表显示的速度。指示空速并不是飞机真实的飞行速度,它表征的是动压的大小。修正了位置误差和仪表误差的指示空速就是校正空速 *CAS*。现代大型飞机都装有大气数据计算机 ADC(Air Data Computer),可以自动修正仪表误差和位置误差,因此空速表显示的就是校正空速 *CAS*,性能中所用到的速度(譬如 V_R 和 V_1)大多是 *CAS*。当量空速 *EAS* 是在 *CAS* 的基础上进行空气压缩性修正后得到的空速。指示空速 *IAS*、校正空速 *CAS* 和当量空速 *EAS* 都是动压大小的表征,但是当量空速 *EAS* 最为精确。由于使用的习惯,本教材如无特别说明,空速表的显示均采用指示空速 *IAS*。

大型运输机驾驶舱中的指示空速显示在主飞行显示器 PFD(Primary Flight Display)上,如图 1.1.1 所示。图中左侧是速度带,速度带上的速度是指示空速,并非真空速。在不同的飞行阶段,速度带上的显示略有不同,如图 1.1.2 和图 1.1.3 所示。实际飞行中飞行员参照指示空速上的速度来进行飞行。

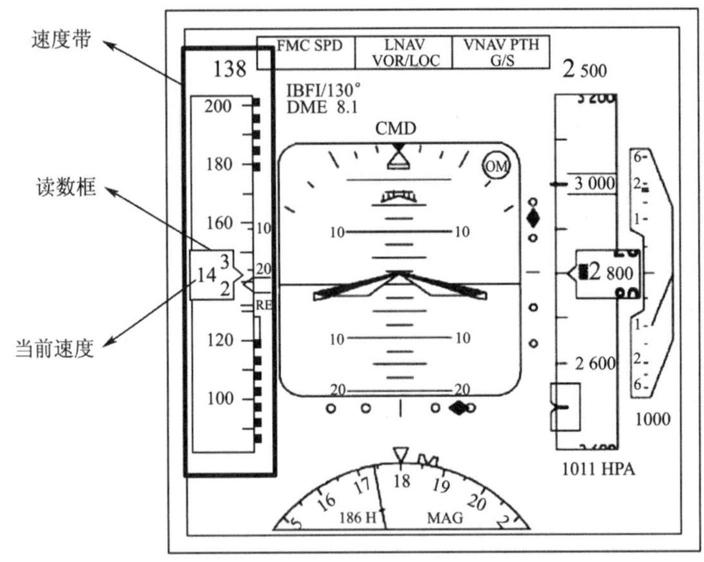

图 1.1.1　主飞行显示器 PFD 上的速度带显示

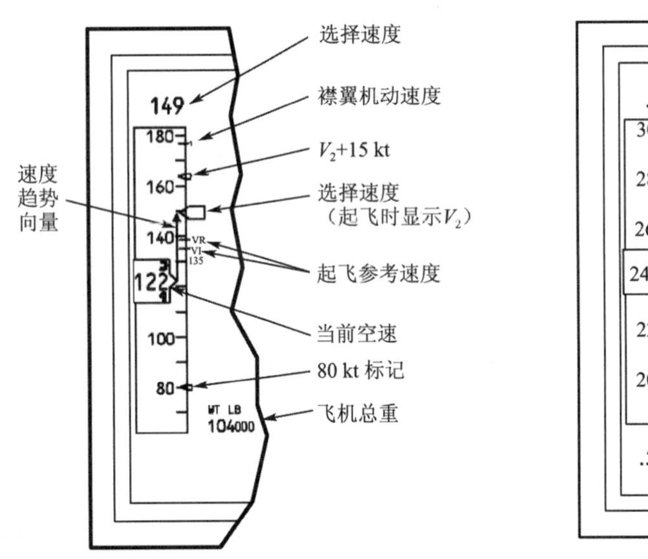

图 1.1.2　起飞阶段的速度带显示

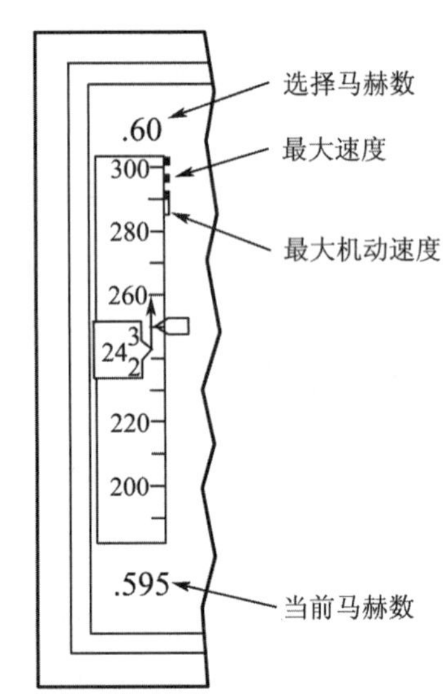

图 1.1.3　上升和巡航阶段的速度带显示

1.1.2 真空速

真空速 *TAS*(True Airspeed)是飞机相对于空气的真实运动速度。真空速是飞机真实的飞行速度,而不是表征动压。但是,真空速 *TAS*、指示空速 *IAS* 和动压都与空气密度

(ρ)有关,用真空速和指示空速表示的升力公式分别如式(1.1.1)和式(1.1.2)所示:

$$L = C_L \cdot \frac{1}{2}\rho_H \, TAS^2 \cdot S \tag{1.1.1}$$

$$L = C_L \cdot \frac{1}{2}\rho_0 \, IAS^2 \cdot S \tag{1.1.2}$$

由式(1.1.1)和式(1.1.2)能推导出真空速和指示空速的关系如下:

$$\frac{1}{2}\rho_H \, TAS^2 = \frac{1}{2}\rho_0 \, IAS^2 \Rightarrow TAS = \sqrt{\frac{\rho_0}{\rho_H}} \, IAS \tag{1.1.3}$$

式中, ρ_H 表示飞行高度的密度; ρ_0 表示海平面标准大气的密度。可知,在直线飞行中,迎角与真空速一一对应,但对应关系随高度而变(ρ_H 为变量);在直线飞行中,迎角与指示空速一一对应,且对应关系不随高度而变(ρ_0 是常数)。使用指示空速更方便飞行员根据空速大小来确定驾驶杆前后移动的量,因此,飞行员在飞行中是根据指示空速的大小来进行操纵的,即飞行员是看着指示空速而不是真空速来进行操纵的。

由式(1.1.3)分析可知,飞机飞行高度越高(ρ_H 越小),则飞行真空速比指示空速大得越多。例如,在气压高度 10 000 ft 处,指示空速为 150 kt,密度比(ρ_H/ρ_0)为 0.738 5,则真空速约为 174.5 kt。又如,在气压高度 36 000 ft 处,指示空速为 280 kt,密度比(ρ_H/ρ_0)为 0.298 1,则真空速约为 512.8 kt。

飞机的真空速虽然不用于飞行操纵,但会用于实际领航,因此飞机的真空速与地速及风向/风速显示在导航显示器 ND(Navigation Display)的左上角,如图 1.1.4 所示。

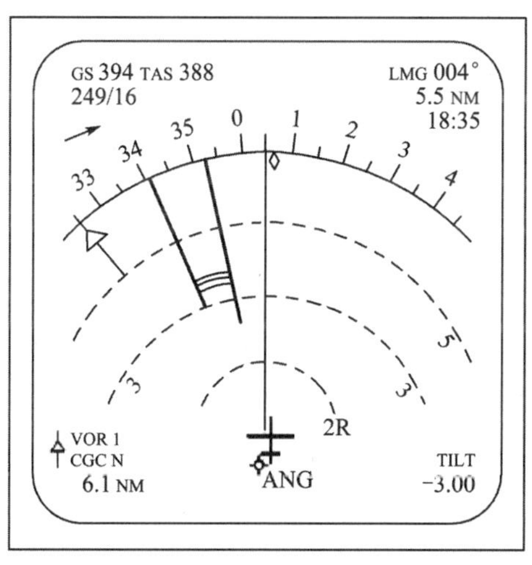

图 1.1.4 真空速和地速在 ND 上的显示

1.1.3 地速

地速 *GS*(Ground Speed)是指飞机相对地面的速度,可以通过地面导航台、GPS 等测量得到。地速是飞行真空速(*TAS*)与风速(*WS*)的矢量和,如图 1.1.5 所示。

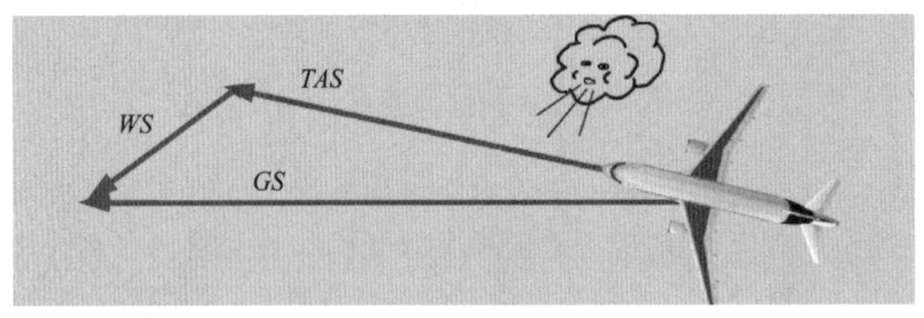

图 1.1.5　真空速、地速和风速的速度三角形

1.1.4 马赫数

飞行马赫数 *M*(Mach Number)是飞行真空速与当地音速之比,如式(1.1.4)所示:

$$M = TAS/c \tag{1.1.4}$$

音速(Speed of Sound)是指介质中微弱扰动的传播速度,其大小因介质的性质和状态而异。音速与传输介质的可压缩性相关,在相同压力变化量的作用下,音速越小,表明空气越容易被压缩。

空气中的音速在标准大气压和 15 ℃的条件下约为 340 m/s(661 kt),计算公式如下:

$$c = 20.1\sqrt{t + 273} \tag{1.1.5}$$

式中,c 表示音速,单位为 m/s;t 表示温度,单位为℃。分析可知,空气中音速的大小只取决于空气的温度,温度越低,音速就越小,空气越容易被压缩。

当地音速随着大气温度的变化而变化。当高度增加时,大气温度通常会下降,当地音速也会减小。因此,如果飞机保持恒定马赫数上升(在对流层内),它的真空速 *TAS* 将减小,音速也将减小;如果飞机保持恒定表速上升(在对流层内),真空速 *TAS* 将增加,音速将减小,马赫数将增大。

在实际飞机性能分析中若需用到指示空速、马赫数与飞行高度的关系,可查阅飞机制造商提供的飞行手册。飞机制造商通常会给出标准大气条件下指示空速、马赫数与飞行高度的关系,如图 1.1.6 所示。例如,飞机飞行高度为 FL300,飞行马赫数为 0.80,则对应的指示空速为 300 kt。

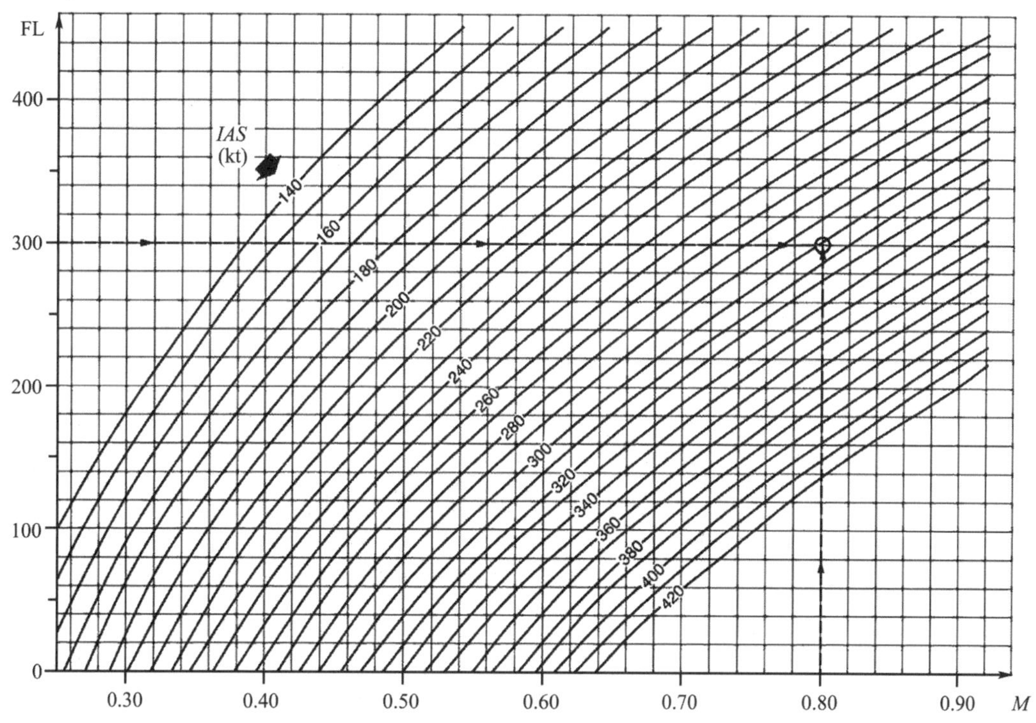

图 1.1.6　标准大气条件下指示空速、马赫数与飞行高度的关系

1.2　飞机运行限制

1.2.1　重量与重心限制

1.2.1.1　重量限制

(1)重量术语

①制造商空重(Manufacturer's Empty Weight,MEW),是指飞机在生产线上制造完成时,飞机自身结构重量、动力装置及必需设备的重量总和,是真正意义上的空重量。

②标准空机重量(Standard Empty Weight,SEW),是在制造商空重的基础上,计入了永久性的压舱物、不可用燃油、发动机滑油、发动机冷却液、液压油后的重量。

③基本空机重量(Basic Empty Weight,BEW),是指标准空机重量再加上任何可选用的机载设备或部件的重量;也可认为是在制造商空重的基础上考虑了标准项目的变化,经

修正后的航空器重量。当飞机制造完毕，并已将相关的服务设施（乘客座椅、机上厨房、卫生间等）安放就位后，通过称重的方法来获得飞机的基本空机重量。

基本空机重量是大多数通用航空飞机装载计算的基础，其简易舱单的填写以基本空机重量为基础，并考虑各重量项目的增添。即使型号相同的飞机，选装的设备不同，其基本空机重量也可能不同。同一架飞机的基本空机重量在其使用寿命期限内也可能发生多次改变，这主要是由于设备的安装与拆卸，机内的局部改造、大修、补片等原因造成的。

④运行空机重量（Operational Empty Weight，OEW），是由基本空机重量加上可运行项目的重量组成的。

运行空机重量是在基本空机重量的基础上，根据实际飞行任务的需求不同，考虑了机组、餐食、餐车、航材、饮用水等运行项目后的重量。

运行空机重量=基本空机重量+运行项目重量

（OEW=BEW+Operational Items Weight）

对于大型运输机，其舱单的填写以及载重平衡计算通常以运行空机重量作为计算基础，然后在其上进行重量加减。

由于各制造厂商在定义运行空机重量时，根据自身产品特点进行了取舍，不同机型的运行空机重量所含项目可能会有所差异，再加上实际运行过程中各航空公司业务的差异，在运行空机重量的基础上又衍生出了基重（Basic Weight，BW）或干使用重量（Dry Operating Weight，DOW）。

基重（干使用重量）≈运行空机重量［BW（DOW）≈OEW］

基重（干使用重量）≈制造商空重+标准项目重量+运行项目重量

［BW（DOW）≈MEW+Standard Items Weight+Operational Items Weight］

⑤基重或干使用重量，是在飞机起飞重量的基础上扣除起飞燃油和业载后的重量，是飞机处于可运行状态下的最小重量。为了方便起见，后文都使用干使用重量。干使用重量是计算无燃油重量、着陆重量、起飞重量的基础。各航空公司可以根据自身实际需要决定干使用重量中所含的项目。

⑥燃油（Usable Fuel），是指飞机实际装载用以维持飞机安全正常运行的燃油。它包含启动滑行用油、航程用油和储备用油。

航班在执行一次飞行任务时，所携带的燃油需根据其具体执行的任务情况而定，例如，航程的远近、备降机场的选择、航路天气条件以及规章要求等。由于飞机最大重量的限制，如果携带过多的燃油，将会导致航班超载或航班载客能力下降，降低经济效益，并且会影响飞行的安全性。

⑦启动滑行燃油（Start-up Fuel and Taxi Fuel，简称滑行燃油），供发动机启动、发动机试车，以及飞机从停机位滑行至跑道上的松刹车点的燃油。

滑行燃油的数量取决于机场、机型、机位和跑道的具体情况。例如在北京首都国际机场这类大型机场运行时，飞机在起飞前可能需要较长时间的地面滑行耗油。

⑧起飞燃油(Take-off Fuel),是指飞机正准备进行起飞滑跑时,所携带的完成起飞、爬升、巡航、下降、等待、进近、复飞、着陆和备降等飞行任务的全部燃油。它是在可用燃油的基础上扣除启动滑行用油。

起飞燃油=航程燃油+储备燃油

(Take-off Fuel=Trip Fuel+Reserved Fuel)

⑨航程燃油(Trip Fuel),是指从起飞滑跑开始至着陆滑跑结束的整个航行过程中所消耗的燃油。

在实际飞行中,航程燃油消耗量的多少受到顺风、逆风等天气条件的影响,故一架航班的航程燃油并不固定,需要根据当次飞行的飞行计划确定。

⑩储备燃油(Reserved Fuel),是指根据预估飞机着陆接地时飞机所携带的全部燃油。储备燃油等于起飞燃油减去航程燃油。

储备燃油同样需要根据当次飞行的飞行计划确定,并同时满足民航规章的相关规定以及航空公司的政策要求,不能随意加装携带。储备燃油是一个总的概念,由多种燃油组成,按照携带目的可以进一步细分为备降燃油、等待燃油、应急燃油等。

⑪商载(Payload),是指任何可以给航空公司带来利润的乘客、行李、邮件和货物重量的总和。

⑫业载(Traffic Load),是指飞机上乘客、行李、邮件、货物和非营利性物品的重量总和,不考虑是否能够创造经济效益。

非营利性物品是指由飞机携带,但在飞行中不会使用或飞机重要设备的部件以及不创造经济利益的物品。

通常运输类飞机会携带备用轮胎和刹车配件,以备飞往不配备该类设施的机场时使用。甚至飞机在进行货运时,为控制重心位置,还需要压舱物进行压舱。

在载重平衡工作中,人们一般更习惯使用业载这一概念,因为业载包含得更为广泛,可以防止重量计算时出现遗漏。在本书中如无特殊说明,商载就是业载。

⑬固定载荷(Dead Load),也称死重,是指航空器运载的货物、邮件、行李和集装设备等的重量总和,通常指除旅客重量外的业载重量,包括行李、货物、邮件、集装设备和临时性压舱物等。该重量主要用于检查前三点式起落架布局飞机的货舱装载情况。对于某些前三点式起落架布局的机型,在固定载荷状态下飞机重心可能会超出飞机重心后极限,使得飞机抬头后坐,此时应添加尾撑杆在停机坪上支撑飞机,防止飞机在装载过程中出现后坐,造成事故。

⑭使用重量(Operating Weight,OW),是指在干使用重量的基础上加上可用燃油的重量,而不包括业载。从干使用重量到使用重量,飞机只需要加装可用燃油,而不考虑乘客、行李、压舱物以及货物的重量。

⑮无燃油重量(Zero Fuel Weight,ZFW),也称零燃油重量,是指干使用重量加上业载,但不计入可用燃油的重量。从干使用重量到无燃油重量,飞机需要计入乘客、行李、邮件、货物、压舱物、航材等的装载重量,但不计入飞行所需的燃油重量。

无燃油重量=干使用重量+业载

(ZFW=DOW+ Traffic Load)

⑯起飞重量(Take-off Weight,TOW),是指飞机开始起飞滑跑时的实际重量,由无燃油重量和起飞燃油组成。该重量并非一成不变,其随航班任务不同发生相应变化。起飞重量是载重平衡计算工作中的重要概念之一。载重平衡计算的目的是获取航班准确的起飞重量信息。

起飞重量=无燃油重量+起飞燃油重量

(TOW=ZFW+Take-off Fuel Weight)

起飞重量=干使用重量+业载+起飞燃油重量

(TOW=DOW+Traffic Load+Take-off Fuel Weight)

起飞重量的计算直接影响航班运行的安全,也影响起飞离场、航路飞行、盘旋等待和着陆复飞等性能分析工作。

⑰着陆重量(Landing Weight,LW),是指飞机正常着陆时的实际重量,由无燃油重量和储备燃油组成;也可以用起飞重量扣除航程燃油得到。

着陆重量=无燃油重量+储备燃油重量

(LW=ZFW+Reserved Fuel Weight)

着陆重量=起飞重量-航程燃油重量

(LW=TOW-Trip Fuel Weight)

着陆重量同样是载重平衡计算工作中的重要概念之一。实际工作中,人们通常需要通过获得准确的着陆重量来评估飞机是否能够在目的机场或备降机场安全着陆或复飞,又或者,需要根据目标机场的条件反过来评估所允许的着陆重量,进而评估业载和燃油的加装是否合理。

⑱滑行重量(Taxi Weight)或停机坪重量(Ramp Weight,RW),是指飞机在装载完所有计划装载项目后总的重量,它包含干使用重量、业载、启动滑行燃油、航程燃油、储备燃油。工作中,该重量也可称为全重(All Up Weight,AUW)。从事飞行运行相关工作的人员需要掌握几个主要重量之间的相互关系,如图 1.2.1 所示。

停机坪重量=起飞重量+启动滑行燃油重量

(RW=TOW+Taxi Fuel Weight)

飞行员、运行控制人员、载重平衡人员在工作中常常会接触到起飞重量、着陆重量、无燃油重量这几个基本的重量概念。这些重量中变化最大的就是业载和燃油的重量,无论是燃油还是业载,它们重量的变化都会直接导致飞机重量的变化。燃油与业载的关系非常微妙,一方面飞机加装的业载越多,就需要更多的燃油才能够确保其飞行;而另一方面,如果加装过多的燃油,又会使得飞机重量过大,此时只能削减业载重量才能满足运行要求。

(2)结构限制的最大重量

设计人员在设计飞机时,通常会根据该机型的自身能力、用途和需求确定机体结构能

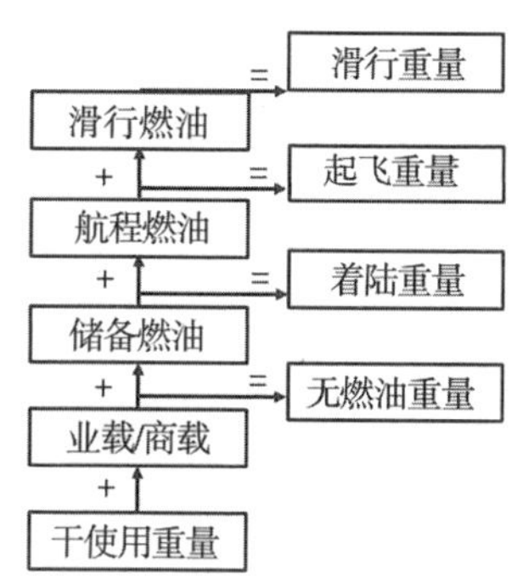

图 1.2.1 各个重量之间的关系

够承受的重量上限,并称其为结构限制的最大重量。从飞机的重量与平衡手册中查阅得到的最大重量数据正是由该飞机制造厂商经适航审定后给出的限制重量。这些重量数据需要获得局方适航审定批准,故也可称为审定最大重量。

①最大滑行重量(Maximum Taxi Weight,MTW),是飞机在开始地面滑行时自身结构强度所能允许的最大重量。由于飞机停放和滑行时仍在地面,不必考虑机场环境条件变化对飞行能力的影响,可将该重量简称最大滑行重量。从启动发动机直至滑行到起飞位置(松刹车点),飞机持续消耗燃油,所以结构限制的最大滑行重量大于结构限制的最大起飞重量。

②最大起飞重量(Maximum Take-off Weight,MTOW),是飞机在起飞滑跑时自身结构强度所能够承受的最大重量。该重量通常是在飞机以 360 ft/min 的下降率接地时不出现损坏的情况下测得的。当飞机的实际起飞重量超过最大起飞重量时,飞机结构可能遭到破坏。

③最大着陆重量(Minimum Landing Weight,MLW),是飞机在正常着陆时自身结构强度所能够承受的最大重量。该重量通常是在飞机以 600 ft/min 的下降率接地时不出现损坏的情况下测得的。当飞机的实际着陆重量超过最大着陆重量时,飞机结构可能遭到破坏。

④最大无燃油重量(Maximum Zero Fuel Weight,MZFW),是飞机在未加装燃油只加装业载的情况下能够承受的最大重量。它用于确保机翼和机身结合部在装业载而未装燃油的情况下,不会因遭受过大的结构应力而出现变形和破坏。

飞机如同一根挑着重物的扁担,重物越重,扁担越弯,机翼和机身结合部的应力越大,则材料形变越剧烈,此时加装燃油可以起到缓解应力和形变的作用。因此,当燃油尚未加装到油箱中时,飞机能够承受的重量应该有上限,一旦无燃油重量超过最大无燃油重量,飞机在飞行中可能遭到破坏进而形成安全隐患,如图 1.2.2 和图 1.2.3 所示。

⑤最小飞行重量(Minimum Flight Weight,MFW)。在飞行过程中,允许飞机可以使用的最小重量。飞机重量只有大于最小飞行重量,才能通过操作面的偏移来应对规章中规定的最大阵风所带来的影响,从而确保飞机方向可控。

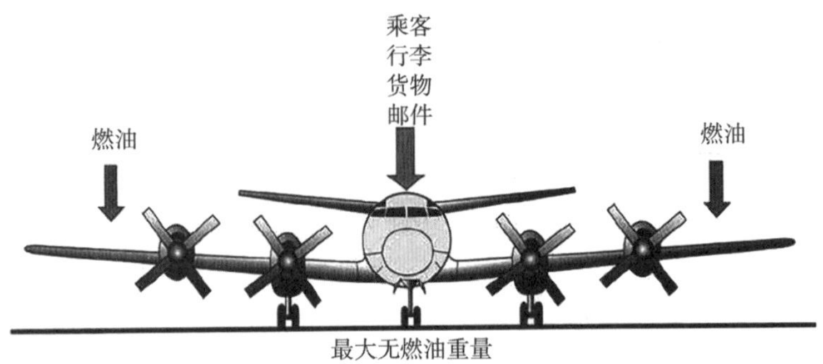

图 1.2.2　最大无燃油重量的限制意义

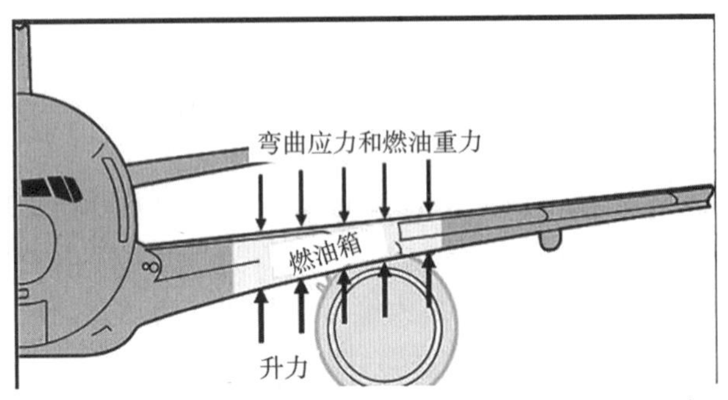

图 1.2.3　燃油箱的受力关系

典型机型手册给出的限制重量如表 1.2.1 所示。

表 1.2.1　典型机型手册给出的限制重量

机型限制重量	某干线运输机 A	某干线运输机 B	某支线飞机
最大滑行重量/kg	116 119	77 400	40 580
最大起飞重量/kg	115 892	77 000	40 500
最大着陆重量/kg	95 254	66 000	37 665
最大无燃油重量/kg	83 460	62 500	33 890
最小飞行重量/kg	52 435	37 230	26 995

1.2.1.2　重心限制

每一次执行飞行任务，飞机的重量和重心都会随着装载情况的变化而变化。为了准确控制飞机实际重量和重心，规章要求使用者采用更加有效的方式，即重心包线。无论是小型通用飞机还是大型运输机，都需要使用重心包线对重量平衡计算结果进行检查。

(1)重心包线的规章要求

在咨询通告《航空器重量与平衡控制规定》(AC-121-FS-135)中,对重心包线的建立方法、注意事项和缩减做了明确的要求。

AC-121-FS-135.4.4.1 条　建立重心包线时的注意事项

遵循本咨询通告的运营人应当为其运行的每架航空器建立适用的重心包线。包线应该包括所有有关的重量与平衡限制,以确保航空器的运行总是在适当的重量与平衡限制中。建立包线时,将考虑旅客、燃油和货物的装载,飞行中旅客、航空器部件和其他装载物体的移动,燃油和其他消耗品的消耗或移动等因素。运营人必须能够证明,在使用了明确说明的合理假设后,航空器在运行时不会超出其经审定的重量与平衡限制。

AC-121-FS-135.4.4.2 条　使用来自航空器制造(或改装)商的信息

建立重心包线应首先从重量与平衡限制开始。这些限制在航空器制造(或改装)商提供的重量与平衡手册、型号合格证数据单或类似的批准性文件中。其中,至少应包括下列适用项目:

a.最大无油重量;

b.最大起飞重量;

c.最大滑行重量;

d.起飞和着陆重心限制;

e.飞行中重心限制;

f.最大地板承受力,包括线荷载限制和面积荷载限制;

g.最大舱位载量;

h.机身剪力限制(如适用);

i.由制造(或改装)商提供的其他限制。

AC-121-FS-135.4.4.3 条　缩减航空器制造(或改装)商的重心包线时需要考虑的事项

a.考虑到在正常运行中可能遇到的装载变化和飞行中载荷的移动,运营人应依据航空器制造(或改装)商的包线数据缩减装载限制。举例来说,考虑到旅客在飞行中会在客舱内走动,运营人应该缩减厂商的重心包线或确定其重心包线经过缩减,缩减的量必须能够保证旅客的移动不会使航空器重心超出审定的包线。如果航空器是在新的、已被缩减的包线范围内进行装载,即使有些装载参数(如旅客座位布局)并不能精确地确定,该航空器仍能一直运行在厂商的包线范围内。

b.在某些情况下一架航空器可能有一条以上的包线用于起飞前的计划和装载。每一条包线应根据有关变量预计的情况做相应的缩减。举例来说,一架航空器可能有单独的起飞、巡航和着陆包线。如果在航空器起飞或着陆期间,旅客都坐在指定的座位上,则在这种情况下就不需要为考虑旅客走动的影响而对起飞和着陆包线进行缩减。

c.每条包线经过缩减确定后,这些包线重叠在一起所产生的最严格限制点将形成航空器的运行包线。在运行中必须遵守这些包线。严格按照在缩减假设基础上建立的这些

“运行包线”运行，航空器制造（或改装）商提供的经审定包线将在所有飞行阶段得到满足。运营人也可以选择不把这些包线合并在一起，而是采取对每条包线都单独予以遵守的方法。然而，由于计算的复杂性，这种单独予以遵守的方法通常在航空器重量与平衡计算采用自动化方式时才易于实现。

（2）重心包线的组成

重心包线是一个封闭的安全区域，用于约束飞机的重量和重心，包括其上、下边界限制重量，左、右边界限制重心，纵坐标标识重量，横坐标标识力矩，如图 1.2.4 所示。在上、下边界之间，同一水平线上的重量相同；在左、右边界之间，同一重心定位线上的重心相同，但力矩不同。在重心包线图中，一旦由重量和重心确定出的交点超出了边界，就表明当前的装载条件不安全。

重心包线的轮廓与机型有关，由于不同重量状态下飞机重心安全范围会出现变化，制造厂商会对重心包线进行适当削减，使得重心包线轮廓发生变化，如图 1.2.5 中包线左上角区域受到削减，是在大重量和前重心条件下对飞机导向轮承重能力的保护。

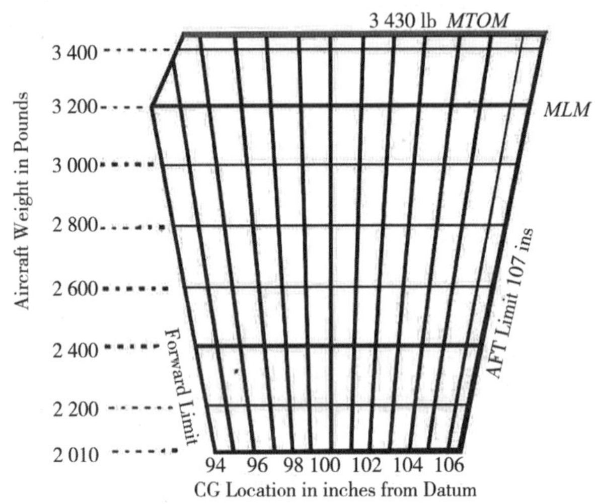

图 1.2.4　某通用飞机重心包线图

1.2.2 操作速度限制

1.2.2.1　速度载荷因数图

飞机的飞行速度除了受飞机气动性能限制外，还受飞机结构强度（即能承受的最大载荷因数）和飞机的操纵性限制。通常用速度载荷因数图来分析飞机的操纵限制速度。图 1.2.6 为运输类飞机的速度载荷因数图，图 1.2.7 为正常类飞机的速度载荷因数图。在图 1.2.6 和图 1.2.7 中，虚线 *BH* 表示飞机平飞，即飞机的载荷因数为 1；曲线 *OA* 表示在临界迎角时，飞机在不同载荷因数下的失速速度边界；直线 *AD* 表示飞机在任何飞行速度下的

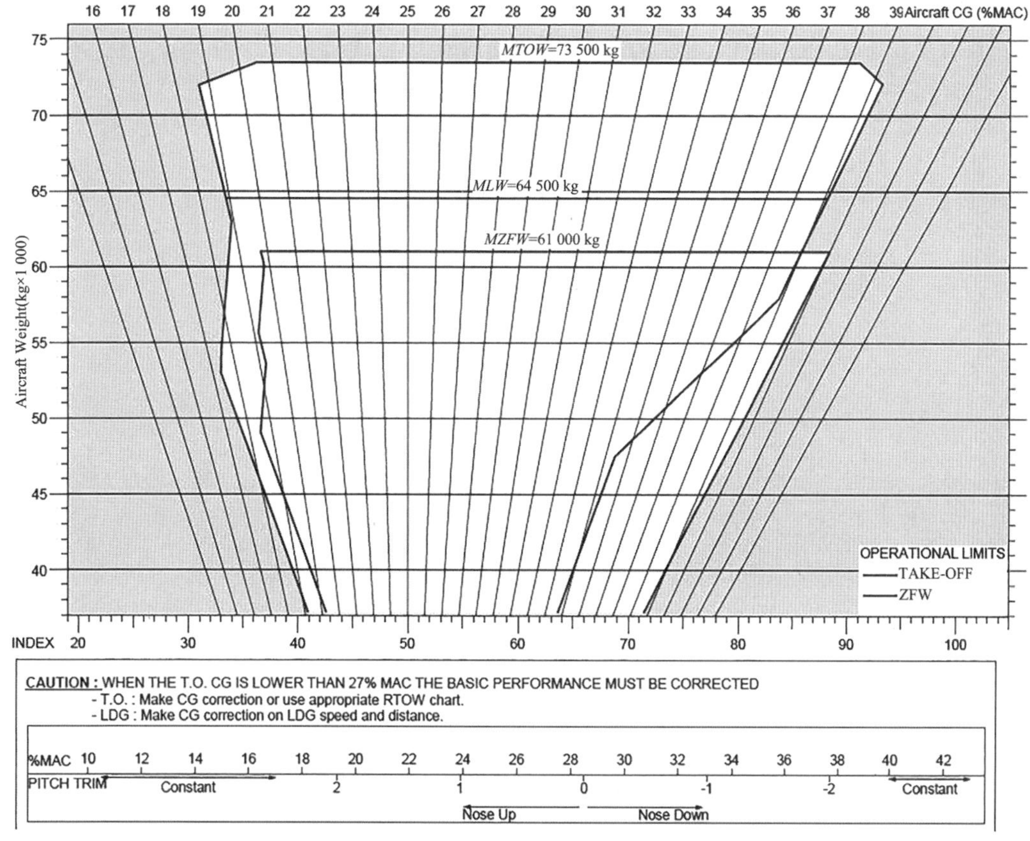

图 1.2.5　某运输机重心包线图

限制载荷因数，图 1.2.6 中限制载荷因数为 2.5，图 1.2.7 中限制载荷因数为 3.8；曲线 OG 表示在负的临界迎角时，飞机的负限制载荷因数随飞行速度的变化；直线 GF 表示飞机负限制载荷因数，图 1.2.6 中负限制载荷因数为-1.0，图 1.2.7 中负限制载荷因数为-1.5。

图中 A 点对应机动速度 V_A。机动速度是指以临界迎角飞行，载荷因数为限制载荷因数（即最大使用载荷因数，运输类飞机为 2.5，正常类飞机为 3.8）的速度。当飞行速度小于机动速度时，即使拉杆过多导致飞机失速，飞机的载荷因数也不会超过限制载荷因数；当飞行速度大于机动速度时，拉杆增大迎角，即使飞机没有失速，飞机的载荷因数也可能超过限制载荷因数。因此，当飞行速度大于机动速度 V_A 时，飞行员不能做突然或全量的操纵，以防止飞机的载荷因数超过限制载荷因数。

图中 B 点对应的载荷因数为 1.0。载荷因数为 1.0 时飞机处于平飞状态，因此 B 点对应的速度为平飞失速速度 V_S。

图 1.2.6 中 C 点对应的速度为设计巡航速度 V_C。V_C 必须考虑最大突风强度带来的速度增加，以应付严重大气紊流可能引起的意外的速度增加；但 V_C 也不必超过飞机在相应的高度以发动机最大连续功率（推力）平飞时的最大速度。在图 1.2.7 中，C 点对应的速度

也称为结构强度限制的最大巡航速度 V_{NO}。

图 1.2.6 中 D 点对应的速度为设计俯冲速度 V_D，必须选定 V_D，以使 V_C/M_C 不大于 $0.8V_D/M_D$。在图 1.2.7 中，D 点对应的速度也称为极限速度 V_{NE}。

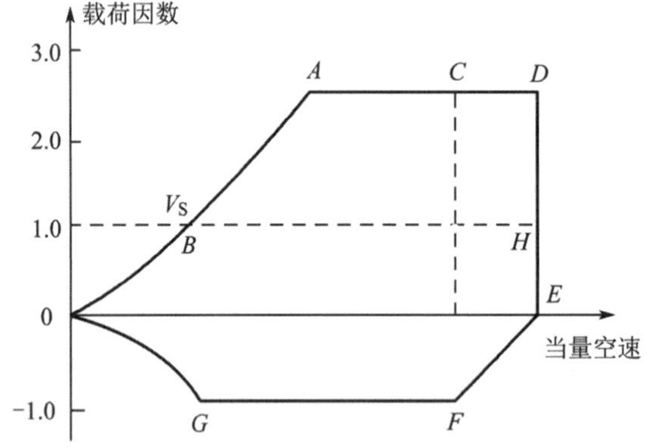

图 1.2.6　运输类飞机的速度载荷因数图

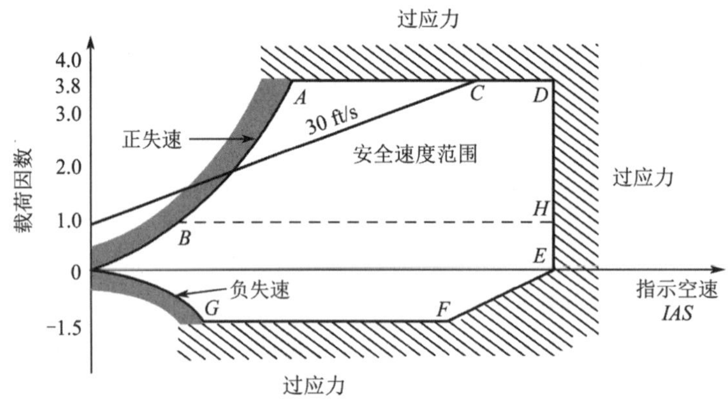

图 1.2.7　正常类飞机的速度载荷因数图

1.2.2.2　最大使用指示速度/马赫数

CCAR25.1505 对最大使用限制速度做了规定。最大使用限制速度包括最大使用指示空速和最大使用马赫数两种，用符号 V_{MO}/M_{MO} 表示，是指在任何飞行状态（上升、巡航或下降）不能有意超过的速度。但在试飞或驾驶员训练中，经批准可以使用更大的速度。V_{MO}/M_{MO} 必须不高于设计巡航速度 V_C/M_C，并充分低于设计俯冲速度 V_D/M_D 或最大演示速度 V_{DF}/M_{DF}（飞行中极不可能无意中超过的速度）。

在以 V_{MO}/M_{MO} 飞行时，驾驶员采取减速措施可保证在减速措施生效前飞机速度不会超过飞机设计的最大速度，飞机的操纵性、稳定性、强度和刚度足以确保飞行安全。该速度可从机型的飞机飞行手册(Airplane Flight Manual)的审定限制中获得,或从飞行机组操作手册(FCOM)的限制部分中获得,如 A320 的 $V_{MO}=350$ kt,$M_{MO}=0.82$;B737-300 的 $V_{MO}=340$ kt,$M_{MO}=0.82$。A320 的 V_{MO}/M_{MO} 限制图如图 1.2.8 所示。从图中分析可知,A320 飞机在高度 FL300(30 000 ft)时允许的最大使用指示空速为 315 kt。

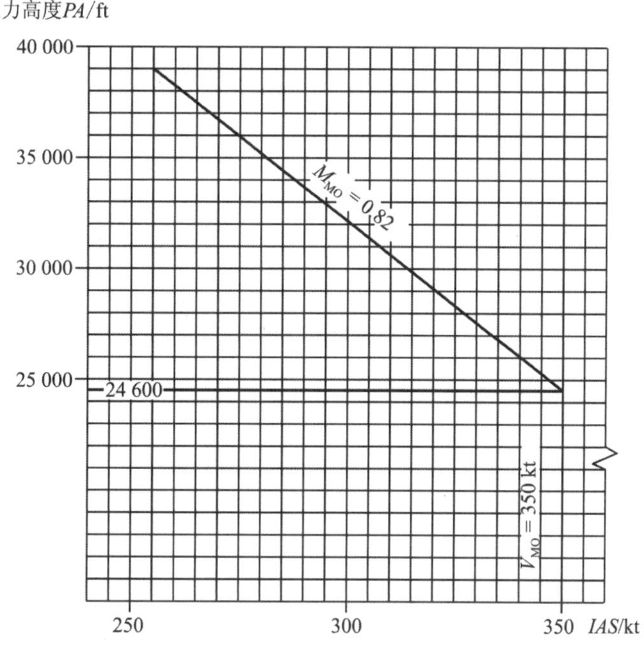

图 1.2.8 A320 的 V_{MO}/M_{MO} 限制图

1.2.2.3 襟缝翼最大操作速度

CCAR25.335 和 CCAR25.1511 对放襟翼的最大速度做了规定。襟翼放下的最大速度用符号 V_{FE} 表示,是指襟翼放下时对应不同位置和发动机推力的最大限制速度。

A320 不同襟缝翼位置和最大允许速度如表 1.2.2 所示。因此,A320 飞机若要将襟缝翼放至 FULL 位,则必须将速度减小到 177 kt 及以下。

表 1.2.2 A320 不同襟缝翼位置和最大允许速度

襟翼手柄位置	缝翼	襟翼	ECAM 上指示	最大允许速度/kt	飞行状态
1	18	0	1	230	等待
1	18	10	1+F	215	起飞
2	22	15	2	200	起飞/进近
3	22	20	3	185	起飞/进近/着陆
FULL	27	35	FULL	177	着陆

对于 B737-300/400/500 系列的飞机，放襟翼速度是固定的，只是简单地根据飞机全重划分，如表 1.2.3 所示。为了保证范围内所有重量都具备“全操作能力”，放襟翼速度必须按照最大重量计算。

表 1.2.3　B737-300/400/500 襟翼位置和襟翼操作速度

襟翼位置	不大于 117 000 lb (53 070 kg)	117 000 lb 以上(53 070 kg)但不大于 138 500 lb(62 823 kg)	大于 138 500 lb (62 823 kg)
襟翼收上	210 kt	220 kt	230 kt
襟翼 1	190 kt	200 kt	210 kt
襟翼 5	170 kt	180 kt	190 kt
襟翼 10	160 kt	170 kt	180 kt
襟翼 15	150 kt	160 kt	170 kt
襟翼 25	140 kt	150 kt	160 kt
襟翼 30	V_{REF30}		
襟翼 40	V_{REF40}		

从 B737NG 系列(700/800/900)飞机开始，襟翼操作速度改为依据飞机实际重量计算，因为飞机全重更准确了，所以襟翼操作速度余度就更小了，这对于提高进场飞行的灵活性和经济性来说无疑是非常有利的。B737-600/700/800 襟翼位置和襟翼操作速度如表 1.2.4 所示。

表 1.2.4　B737-600/700/800 襟翼位置和襟翼操作速度

襟翼位置	襟翼操作速度
襟翼 0	V_{REF40}+70 kt
襟翼 1	V_{REF40}+50 kt
襟翼 5	V_{REF40}+30 kt
襟翼 10	V_{REF40}+30 kt
襟翼 15	V_{REF40}+20 kt
襟翼 25	V_{REF40}+10 kt
襟翼 30	V_{REF30}
襟翼 40	V_{REF40}
备注：V_{REF40}是指襟翼 40 的 V_{REF}	

除了速度限制外,使用襟翼还有高度限制,如 B737-800 的最大使用襟翼高度为 20 000 ft,换句话说,飞机必须下降到 20 000 ft 或更低的高度才能开始放襟翼。

在起飞后收襟翼过程中按给定的襟缝翼速度收襟缝翼,可以获得最佳的加速性和足够的抖动余度。空客飞机通常使用 S 速度(在起飞过程中可以收缝翼的最小速度)、F 速度(在起飞过程中可以收襟翼的最小速度)、绿点速度(光洁构型下的发动机故障操作速度)来表示收襟缝翼的速度,如表 1.2.5 所示。可知,若 A320 飞机重量为 72 000 kg,如果要将襟缝翼收到光洁构型,必须将速度至少增加到 205 kt。

表 1.2.5 A320 飞机收襟缝翼的速度

重量/(×1 000 kg)	F 速度/kt	S 速度/kt	绿点速度(<FL200)/kt
44	123	161	173
48	128	168	181
52	133	175	189
56	139	181	197
60	143	187	205
64	148	194	213
68	153	200	221
72	157	205	229

1.2.2.4 起落架操作限制速度

CCAR25.729 和 CCAR25.1515 对起落架操作速度做了规定。起落架限制速度包括起落架收放的最大速度和起落架处于放下位的最大速度,分别用符号 V_{LO} 和 V_{LE} 表示。起落架操作速度是指收、放起落架允许的速度,应小于由飞行特性所决定的安全收、放起落架的速度,以保持起落架收、放过程中的安全。当收、放起落架允许的最大速度不同时,应分别给出,如 $V_{LO(RET)}$ 和 $V_{LO(EXT)}$。

起落架处于放下位的最大速度(V_{LE})是指不得超过起落架锁定在安全放下位置时安全飞行的速度,以保证起落架锁定机构的强度和刚度满足安全要求。起落架速度可在飞机飞行手册(波音)或飞行机组操作手册(FCOM)中查到,如表 1.2.6 所示。

表 1.2.6　典型机型的起落架操作限制速度

速度(马赫数)	机型	
	A320	B737-300
$V_{LO_{RET}}$	220 kt	235 kt
$V_{LO_{EXT}}(M_{LO_{EXT}})$	250 kt	270 kt(M0.82)
V_{LE} (M_{LE})	280 kt(M0.67)	320 kt(M0.82)

1.2.3 抖振裕度限制

CCAR25.251 规定,在速度直到 V_{MO}/M_{MO} 前的直线飞行巡航形态,不得有可觉察的抖振现象,但允许在失速警告时有抖振现象。对于设计的俯冲马赫数 M_D 大于 0.6 或最大使用高度超过 7 600 m(25 000 ft)的飞机,必须按飞机申请审定的空速或马赫数、重量和高度范围,确定其巡航形态下发生可察觉抖振的正机动载荷因数。该载荷因数、速度、高度和重量的包线必须为正常运行提供足够的速度和载荷因数范围,以确保在可能发生的无意中对抖振边界的超越时,不得导致不安全的状态。

因此,在飞机手册的运行限制中通常会给出该机型的抖振开始边界图(Buffet Onset Boundary Chart,BOB)。某机型的 BOB 如图 1.2.9 所示。根据图 1.2.9 中飞机飞行高度、飞行马赫数、重心、重量等可以确定飞机抖振允许的最大坡度(如例1.2.1所示),也可以根据飞机飞行高度、重心、重量、载荷因数确定飞机低速和高速抖振的马赫数(如例 1.2.2 所示)。

例 1.2.1　飞机飞行高度为 FL350,飞行马赫数为 0.55,重心位置为 30%,重量为 50 000 kg,试确定飞机抖振允许的最大坡度和载荷因数。

解:

作图(如图 1.2.9 中的①所示),确定飞机抖振允许的最大坡度为 35°,载荷因数为 1.25。

例 1.2.2　飞机飞行高度为 FL350,重心位置为 30%,重量为 60 000 kg,载荷因数为 1.7,试确定飞机低速和高速抖振的马赫数。

解:

作图(如图 1.2.9 中的②所示),确定飞机低速抖振马赫数为 0.73,高速抖振马赫数为 0.81。

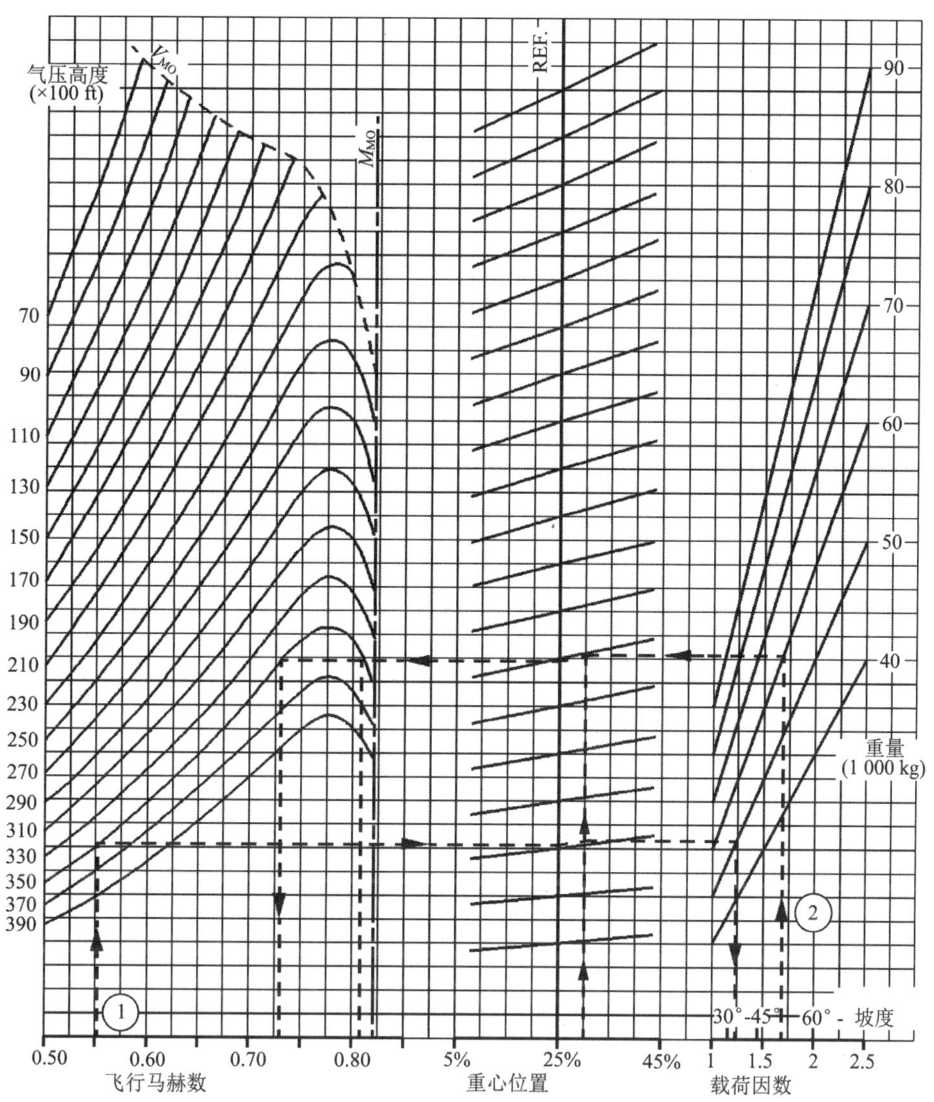

图 1.2.9　某机型的抖振开始边界图(BOB)

1.2.4 飞行高度和环境温度包线

飞行高度和环境温度包线(Environmental Envelope)可简称为飞机环境包线,它是飞行包线的一种,用来表示飞机的飞行范围和使用限制条件的一个封闭几何图形。飞机环境包线主要给出飞机运行的高度和温度的限制范围,用来反映飞机对外界环境温度的适应性。高温容易造成飞机系统工作性能下降,也容易增加故障发生率;低温容易导致飞机结构方面的能力下降,也容易使系统难以启动。一旦超出环境温度的限制边界,飞机会受到各种限制,影响使用。

民航运输机通常根据市场定位和可能运行区域来确定其飞行的高度范围和温度范围。大多数民用飞机可接受的飞行环境大气压力高度在海平面以下 610 m 至海平面以上 12 500 m 的范围内,可接受的起降环境大气压力高度在海平面以下 610 m 至海平面以上 4 420 m 的范围内。具体机型需要查阅其配套飞行手册所提供的飞机环境包线。

通过飞行高度与环境温度包线可以确定飞机飞行的高度范围和温度范围,同时确定飞机的起降高度范围。某机型的飞行高度与环境温度包线如图 1.2.10 所示。从图中分析可知,该机型起飞着陆的最大审定高度是 9 200 ft,起飞着陆的最小审定高度是-1 000 ft,最大运行高度为 39 100 ft。通常航空公司根据运行需求在购买飞机时可与制造方协商将最大审定高度选择增至 12 500 ft 或 14 500 ft。

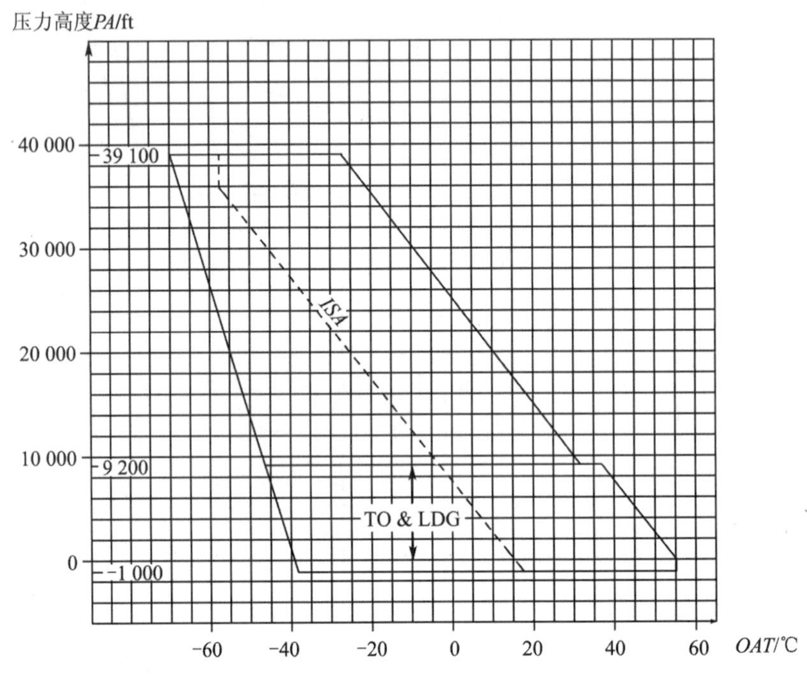

图 1.2.10　某机型的飞行高度与环境温度包线

从图 1.2.5 中除了可以知道飞机运行的高度范围外,还可根据实际运行的气压高度确定飞机运行的温度范围。如气压高度 PA(Pressure Altitude)为 0 时,飞机运行的最低温度为 $OAT_{min}=-40$ ℃(即 $ISA-55$ ℃),飞机运行的最高温度为 $OAT_{max}=+55$ ℃(即 $ISA+40$ ℃)。

1.3 大气温度和气压高度

大气温度和气压高度对飞机的发动机性能和气动性能的影响很大,因此,理解大气温度和气压高度对飞机性能的学习极其重要。

1.3.1 国际标准大气

大气的物理特性多变,不同飞机只有在相同大气条件下得到的性能数据才具有可比性,因此定义某一大气状态为标准大气状态有助于比较飞机性能的好坏。被定义的标准大气状态称为国际标准大气,由国际民航组织(ICAO)在 20 世纪 60 年代制定。当然,标准大气条件下得出的飞机性能数据很少和实际天气条件下得出的性能数据一致。

国际标准大气(International Standard Atmosphere,ISA)是基于北半球中纬度地区长期大气物理特性的平均值而建立的大气模型,其特性与北半球中纬度地区的实际情况最接近。尽管在极地地区和赤道地区存在一定偏差,但该大气模型仍可作为飞机性能计算的基准。

国际标准大气规定:

(1)海平面温度为 15 ℃(59 ℉)或 288.15 K,用 T_0表示。

(2)海平面气压为 1 013.25 hPa(mbar)或 29.92 inHg,用 P_0 表示。

(3)海平面音速为 661 kt,用 c_0 表示。

(4)海平面大气密度为 1.225 kg/m^3,用 ρ_0 表示。

(5)对流层顶高度为 11 000 m(36 089 ft)。

(6)对流层内大气温度随高度升高大致呈线性递减关系,即高度每升高 1 000 ft,温度降低约 2 ℃(也即高度每升高 1 000 m,温度降低约 6.5 ℃)。

在飞机性能工程中,压强比(δ)、密度比(σ)和温度比(θ)的使用频率分别远高于气压、密度和温度。δ、σ 和 θ 的表达式如式(1.3.1)、式(1.3.2)和式(1.3.3)所示。

$$\delta = \frac{P}{P_0} \tag{1.3.1}$$

$$\sigma = \frac{\rho}{\rho_0} \tag{1.3.2}$$

$$\theta = \frac{T}{T_0} \tag{1.3.3}$$

式中, P_0 表示 ISA 海平面气压; P 表示某高度的气压; ρ_0 表示 ISA 海平面空气密度; ρ 表示某高度的大气密度; T_0 表示 ISA 海平面气温; T 表示某高度的大气温度。注意,计算温度比时必须使用绝对温度，即开氏温度。

压强比、密度比和温度比之间的关系可用下面的推导公式表示。由气体状态方程：

$$P = \rho RT \tag{1.3.4}$$

可见，在 ISA 海平面同样有：

$$P_0 = \rho_0 RT_0 \tag{1.3.5}$$

两式相除可得：

$$\frac{P}{P_0} = \frac{\rho}{\rho_0}\frac{T}{T_0} \Rightarrow \delta = \sigma\theta \tag{1.3.6}$$

式中，R 表示气态常量，当已知压强比(δ)和温度比(θ)时，可以利用这一关系求解密度比(σ)。

利用 ISA 可以很容易计算出对流层内任意高度处的温度比(θ)、压强比(δ)和密度比(σ)。ISA 的温度比、压强比和密度比均是高度的函数，下面给出具体关系式：

$$\theta_{ISA} = \frac{288.15 - 0.001\,981\,2 \times h}{288.15} \tag{1.3.7}$$

$$\delta_{ISA} = \left(\frac{288.15 - 0.001\,981\,2 \times h}{288.15}\right)^{5.255\,88} \tag{1.3.8}$$

$$\sigma_{ISA} = \left(\frac{288.15 - 0.001\,981\,2 \times h}{288.15}\right)^{4.255\,88} \tag{1.3.9}$$

式中，h 表示距 ISA 标准海平面的高度，单位为 ft。

由于商用喷气式飞机大多数时间在对流层顶部和平流层底部飞行，所以也有必要知道平流层的大气特性。气温在对流层内随高度增加而线性地减小，在对流层顶之上（即平流层底部）随高度增加几乎不变，国际标准大气规定从对流层顶至 20 000 m 处的气温都保持在−56.5 ℃。

因此，在对流层顶之上任意高度处的温度比(θ)、压强比(δ)和密度比(σ)如式(1.3.10)、式(1.3.11)和式(1.3.12)所示。

$$\theta_{ISA} = \frac{273.15 - 56.5}{288.15} \text{或} 0.751\,9 \tag{1.3.10}$$

$$\delta_{ISA} = \frac{P}{P_0} = 0.223\,36e^{-\frac{h-36\,089.24}{20\,805.8}} \tag{1.3.11}$$

$$\sigma_{ISA} = 0.297\,07e^{-\frac{h-36\,089.24}{20\,805.8}} \tag{1.3.12}$$

这样一来，性能工程中常用的国际标准大气数据都能根据高度计算得到。实际中为了使用方便，通常建立不同高度的国际标准大气参数表，如表 1.3.1 所示，该表列出了从海平面到 45 000 ft 的国际标准大气参数。

表 1.3.1 从海平面到 45 000 ft 的国际标准大气参数表

几何高度/ft	温度		θ	c/c_0	压强			δ	σ
	OAT/℉	OAT/℃			inHg	lb/ft²	mbar		
0	59.0	15.0	1.000 0	1.000 0	29.920	2 116.3	1 013.2	1.000 0	1.000 0
1 000	55.4	13.0	0.993 1	0.996 6	28.854	2 040.9	977.1	0.964 4	0.971 1
2 000	51.9	11.0	0.986 2	0.993 1	27.820	1 967.7	942.1	0.929 8	0.942 8
3 000	48.3	9.1	0.979 4	0.989 6	26.816	1 896.7	908.1	0.896 2	0.915 1
4 000	44.7	7.1	0.972 5	0.986 2	25.841	1 827.7	875.1	0.863 7	0.888 1
5 000	41.2	5.1	0.965 6	0.982 7	24.895	1 760.8	843.0	0.832 0	0.861 7
6 000	37.6	3.1	0.958 7	0.979 2	23.977	1 695.9	812.0	0.801 4	0.835 9
7 000	34.0	1.1	0.951 9	0.975 6	23.087	1 633.0	781.8	0.771 6	0.810 6
8 000	30.5	−0.8	0.945 0	0.972 1	22.224	1 571.9	752.6	0.742 8	0.786 0
9 000	26.9	−2.8	0.938 1	0.968 6	21.387	1 512.7	724.2	0.714 8	0.762 0
10 000	23.3	−4.8	0.931 2	0.965 0	20.576	1 455.4	696.8	0.687 7	0.738 5
11 000	19.8	−6.8	0.924 4	0.961 4	19.790	1 399.8	670.2	0.661 4	0.715 6
12 000	16.2	−8.8	0.917 5	0.957 9	19.029	1 345.9	644.4	0.636 0	0.693 2
13 000	12.6	−10.8	0.910 6	0.954 3	18.291	1 293.7	619.4	0.611 3	0.671 3
14 000	9.1	−12.7	0.903 7	0.950 7	17.577	1 243.2	595.2	0.587 5	0.650 0
15 000	5.5	−14.7	0.896 9	0.947 0	16.885	1 194.3	571.8	0.564 3	0.629 2
16 000	1.9	−16.7	0.890 0	0.943 4	16.216	1 147.0	549.1	0.542 0	0.609 0
17 000	−1.6	−18.7	0.883 1	0.939 7	15.568	1 101.1	527.2	0.520 3	0.589 2
18 000	−5.2	−20.7	0.876 2	0.936 1	14.941	1 056.8	506.0	0.499 4	0.569 9
19 000	−8.8	−22.6	0.869 4	0.932 4	14.335	1 014.0	485.5	0.479 1	0.551 1
20 000	−12.3	−24.6	0.862 5	0.928 7	13.750	972.5	465.6	0.459 5	0.532 8
21 000	−15.9	−26.6	0.855 6	0.925 0	13.183	932.5	446.4	0.440 6	0.515 0
22 000	−19.5	−28.6	0.848 7	0.921 3	12.636	893.7	427.9	0.422 3	0.497 6
23 000	−23.0	−30.6	0.841 9	0.917 5	12.107	856.3	410.0	0.404 6	0.480 7
24 000	−26.6	−32.5	0.835 0	0.913 8	11.596	820.2	392.7	0.387 5	0.464 2
25 000	−30.2	−34.5	0.828 1	0.910 0	11.103	785.3	376.0	0.371 1	0.448 1
26 000	−33.7	−36.5	0.821 2	0.906 2	10.627	751.7	359.9	0.355 2	0.432 5
27 000	−37.3	−38.5	0.814 4	0.902 4	10.168	719.2	344.3	0.339 8	0.417 3

续表

几何高度/ft	温度		θ	c/c_0	压强			δ	σ
	OAT/℉	OAT/℃			inHg	lb/ft^2	mbar		
28 000	-40.9	-40.5	0.807 5	0.898 6	9.725	687.8	329.3	0.325 0	0.402 5
29 000	-44.4	-42.5	0.800 6	0.894 8	9.297	657.6	314.8	0.310 7	0.388 1
30 000	-48.0	-44.4	0.793 7	0.890 9	8.885	628.4	300.9	0.297 0	0.374 1
31 000	-51.6	-46.4	0.786 9	0.887 0	8.488	600.4	287.4	0.283 7	0.360 5
32 000	-55.1	-48.4	0.780 0	0.883 2	8.105	573.3	274.5	0.270 9	0.347 3
33 000	-58.7	-50.4	0.773 1	0.879 3	7.737	547.2	262.0	0.258 6	0.334 5
34 000	-62.2	-52.4	0.766 2	0.875 3	7.382	522.1	250.0	0.246 7	0.322 0
35 000	-65.8	-54.3	0.759 4	0.871 4	7.040	498.0	238.4	0.235 3	0.309 9
36 000	-69.4	-56.3	0.752 5	0.867 5	6.712	474.7	227.3	0.224 3	0.298 1
36 089	-69.7	-56.5	0.751 9	0.867 1	6.683	472.7	226.3	0.223 4	0.297 1
37 000	-69.7	-56.5	0.751 9	0.867 1	6.397	452.4	216.6	0.213 8	0.284 4
38 000	-69.7	-56.5	0.751 9	0.867 1	6.097	431.2	206.5	0.203 8	0.271 0
39 000	-69.7	-56.5	0.751 9	0.867 1	5.810	411.0	196.8	0.194 2	0.258 3
40 000	-69.7	-56.5	0.751 9	0.867 1	5.538	391.7	187.5	0.185 1	0.246 2
41 000	-69.7	-56.5	0.751 9	0.867 1	5.278	373.3	178.7	0.176 4	0.234 6
42 000	-69.7	-56.5	0.751 9	0.867 1	5.030	355.8	170.3	0.168 1	0.223 6
43 000	-69.7	-56.5	0.751 9	0.867 1	4.794	339.1	162.3	0.160 2	0.213 1
44 000	-69.7	-56.5	0.751 9	0.867 1	4.569	323.2	154.7	0.152 7	0.203 1
45 000	-69.7	-56.5	0.751 9	0.867 1	4.355	308.0	147.5	0.145 5	0.193 6

1.3.2 气压和气压高度的关系

气压高度是在性能工程中频繁使用的一个非常重要的概念，用 PA 或 h_p 表示。简单来说，就是利用标准大气中气压是关于高度的函数这一关系，得出某一气压所对应的高度。对流层内和对流层顶之上气压与高度的函数关系如式(1.3.13)和式(1.3.14)所示。

在对流层中，当气压已知时，对应的气压高度 h_p 可通过下式求得：

$$h_p = 145\ 442.15 \times \left[1 - \left(\frac{P}{P_0}\right)^{0.190\ 263}\right] \tag{1.3.13}$$

式中，h_p 表示气压高度，单位为 ft；P 表示某高度气压；P_0 表示标准大气海平面处气压，单位与 P 相同。

在对流层顶上，即平流层底部，也就是 36 089 ft 到 65 617 ft 的范围内，气压高度的方程为：

$$h_p = 36\,089.24 - 20\,805.8 \times \ln\left[4.477\,06\left(\frac{P}{P_0}\right)\right] \tag{1.3.14}$$

式中，h_p 表示气压高度，单位为 ft；P 表示某高度气压；P_0 表示标准大气海平面处气压，单位与 P 相同；ln 表示自然对数。

因此，若某飞机所在位置的气压是 29.92 inHg，气压高度就是 0；如果气压是 28.854 inHg，则气压高度为 1 000 ft；若气压是 27.82 inHg，则气压高度为 2 000 ft。

在性能工程中，气压高度比真实高度更有意义，当然，涉及越障安全余度的问题时除外。飞机和发动机的性能都与空气密度相关，而空气密度又与气压和温度相关。故研究飞机和发动机的性能时，气压高度中隐含了气压、温度等重要物理参数的影响。

假如飞机位于海平面处，受低压天气影响，该地气压仅为 29.38 inHg，此时飞机所处位置对应的气压高度就是 500 ft，飞机及其发动机相当于在标准大气条件下的气压高度 500 ft 处飞行；若飞机所处位置的气压是 30.46 inHg，对应的气压高度就是-500 ft，飞机及其发动机相当于在标准大气条件下的气压高度-500 ft 处飞行。

飞机上用来指示飞行高度的仪表是气压式高度表，顾名思义，它利用测压的原理来指示飞行高度，指示的高度为气压高度。在标准大气条件下，气压和高度表指示高度的关系如图 1.3.1 所示。

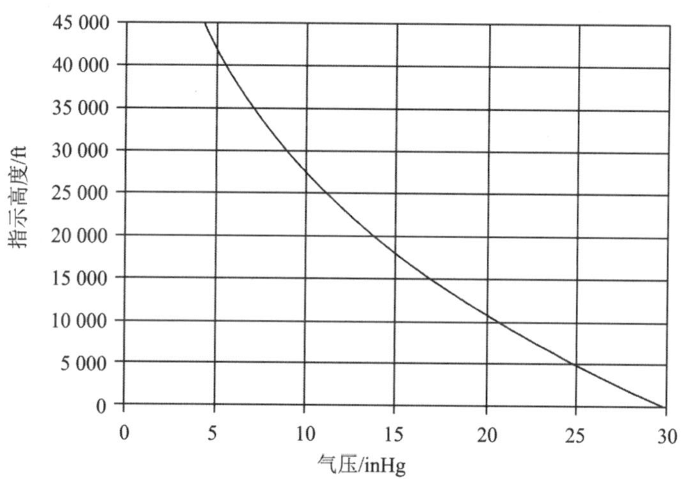

图 1.3.1　气压和高度表指示高度的关系

飞机实际上是在一个不断运动变化的大气环境当中飞行，气压和温度的分布在不断改变。图 1.3.2 给出了三种不同的大气条件。其中有两种为非标准海平面气压，一种为高压天气（较标准海平面气压高），为 30.42 inHg；另一种为低压天气（较标准海平面气压低），为 29.42 inHg。可假定这两种大气中气压随高度的变化率与标准大气一致。海平面气压的变化或许会超出(29.92±0.5) inHg 的范围，但实际测量表明，大多数实际海平面气压在该范围内。

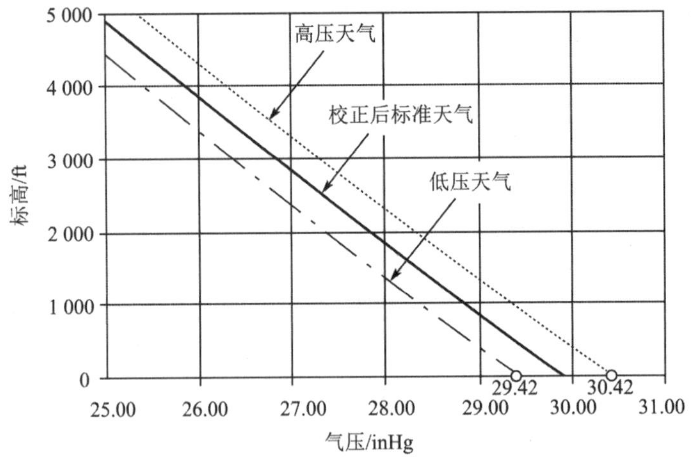

图 1.3.2　三种天气条件对标准大气标定高度线的影响

从图 1.3.2 可以看出，对于一个给定的高度位置，实际的气压可能比同高度处的标准大气压偏高或偏低。例如，某飞机起飞后上升至环境气压为 26 inHg 处，高压天气时，在实际高度约为 4 400 ft 处才可达到这一气压值，而此时按照标准大气标定的高度表的实际显示高度约为 3 800 ft，存在 600 ft 的误差，由于仪表读数低于实际飞行高度，此时若仅参考仪表读数，飞行员会认为飞机飞行高度偏低，为了避开可能的障碍物，会让飞机继续上升高度；低压天气时，只需上升至 3 400 ft 即可达到这一气压值，但按照标准大气标定的仪表显示飞行高度为 3 800 ft，存在 400 ft 的误差，由于仪表读数高于实际飞行高度，此时若仅参考仪表读数，飞行员会认为飞机实际飞行高度偏高。

对于停留在地面的飞机，即使不涉及越障飞行，按照标准大气标定的高度表也无法适应多变的大气状态。如图 1.3.3 所示，有三种不同大气状态，机场标高为 1 000 ft。在高压天气下，经标准大气标定的高度表读数为 550 ft，与实际高度存在 450 ft 的误差。与之类似，在低压天气下，高度表读数为 1 450 ft，与实际高度存在 450 ft 的误差。

实际飞行中，不允许存在类似以上高度表的误差，这就需要通过变换高度表的大气标定曲线来满足非标准大气条件下的测高要求。简而言之，就是通过高度表拨正将气压-高度标定曲线向上或向下移动。

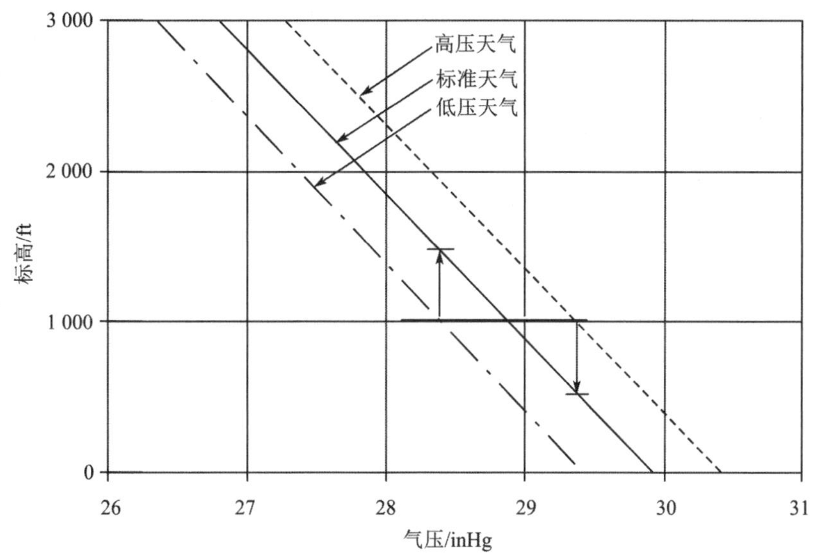

图 1.3.3 三种不同大气状态对指示高度的影响

1.3.3 温度对气压高度的影响

几何高度又称为真实高度。飞行中飞行器沿铅垂线到地球表面上的高度就是几何高度,通常可用无线电高度表、雷达测高仪、激光高度表等测得。航空器执行起飞、着陆、超低空飞行、轰炸、侦察、搜索、救援和农林作业等任务时,以及无人机、飞航导弹进行超低空、掠海飞行时都需要知道几何高度。

安全超障是飞机在起降阶段需要考虑的首要因素。飞机通常使用气压高度飞行,但程序设计和超障分析使用的是几何高度。对于非标准大气,气压高度并不等于几何高度。在实际温度 *OAT* 高于标准大气温度 *ISA* 的高温条件下,飞机的几何高度高于气压高度,按照设定气压高度表飞行,越障余度增大,对飞行安全影响较小。大气温度过高或过低都会对飞行运行产生影响。国内外对于高温条件下的飞行运行的研究均已有很多的成果,而低温带来的气压式高度表指示误差的情况往往容易被人们忽略。但在低温特别是极端低温条件下,气压式高度表测量的高度误差很大,几何高度可能远低于气压高度,这会造成较大的安全隐患。飞机进近或离场阶段属于低空运行,此时飞机的飞行高度较低,更要注意低温的高度偏差影响。因此,在实际低温运行中,经常需要对梯级下降定位点(SDF)的高度、最低下降高(*MDA*)和复飞高度等进行低温修正。

气压式高度表通过测量静压孔处大气的静压来测量高度,测得的高度只是飞机距某一气压面的高度数据,这一气压面可以是修正海平面气压 *QNH*、标准大气压 *QNE* 或者是场面气压 *QFE*。测量高度随外界大气温度、压强、飞机所在高度的变化而变化。换言之,在非标准大气中，气压高度表的读数只是指示高度，并不是实际气压高度（真实高度）。如图1.3.4所示，在相同气压下（如气压是 27.5 inHg），在标准大气条件下，气压高度约为 2 280 ft；在低温天气下（如 *ISA*−30 ℃），真实高度约为 2 000 ft；在高温天气下（如 *ISA*+30 ℃），真实高度约为 2 650 ft。

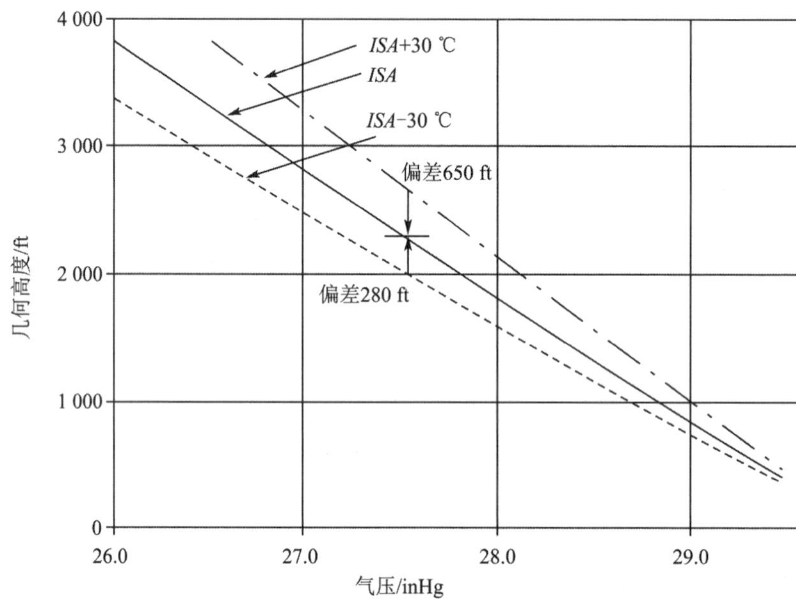

图 1.3.4　高度与气压之间的关系随温度变化规律

实际运行中，实际温度（*OAT*）与标准大气温度（*ISA*）的偏差越大，指示气压高度与实际气压高度的差值就越大，所需要的修正量越大。“温度越低，飞得越低；温度越高，飞得越高”指的就是实际温度低于标准大气温度时，真实高度低于高度表上指示的气压高度；实际温度高于标准大气温度时，真实高度高于高度表上指示的气压高度，如图 1.3.5 所示。

气压高度表的误差主要是气温引起的误差，原因是气压高度表通过测量飞机所在位置高度上的静压来计算飞机所在位置与所选基准气压面间的高度，且气压高度表是根据海平面标准大气条件下气压随高度变化的规律设计制造的。但是实际大气条件通常与标准大气条件不一致，因此高度表指示的高度（指示气压高度）常常不等于真实高度（飞机所在位置与高度表所选基准气压面间的高度）。这种由于空中实际气温不等于该高度的标准气温而引起的误差称为气温误差。修正气温误差的简单计算式如下：

$$\frac{\text{真实高度}}{\text{指示气压高度}}=\frac{\text{空中实际气温的绝对温度值}}{\text{标准大气条件下该高度空中气温的绝对温度值}} \tag{1.3.15}$$

由式(1.3.15)分析可知，空中实际气温的绝对温度值高于标准条件下该高度空中气

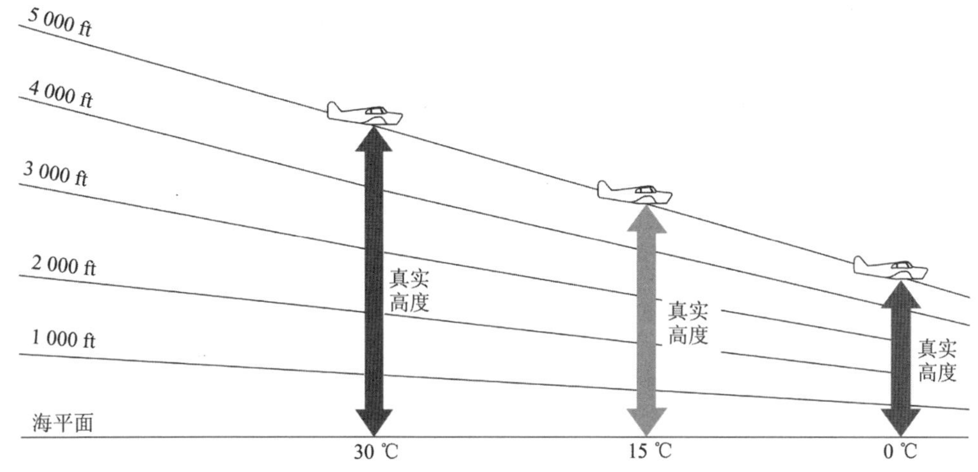

图 1.3.5 指示气压高度和真实高度随温度的变化关系(同一气压基准面)

温的绝对温度值时,高度表的指示高度会减小;空中实际气温的绝对温度值低于标准条件下该高度空中气温的绝对温度值时,高度表的指示高度会增加。

例 1.3.1 某飞机气压高度表指示气压高度为 10 000 ft,大气温度 *OAT* 为 20 ℃,真实高度为多少?

解:

(1)标准大气条件下该高度空中气温的绝对温度值 = 273+15−2×10 000/1 000 = 268;

(2)空中实际气温的绝对温度值 = 273+20 = 293;

(3)真实高度 $= 10\ 000\times\dfrac{293}{268}\approx 10\ 933$ ft。

1.3.4 *QNH* 与机场标高的关系

世界上大部分地区的低空飞行使用了修正海平面气压(*QNH*)。当一架停留在地面的飞机将高度表拨正为修正海平面气压时,高度表将指示出机场标高,其指示高度为当地大气条件下飞机距离海平面的高度。航图中已经标出障碍物距离海平面的高度(标高),在离场和进场阶段,使用修正海平面气压有助于机组成员直观了解飞机相对于障碍物的高度。

如图 1.3.6 所示,机场标高为 1 000 ft,标准大气条件下机场所在高度的气压为 28.85 inHg。假设在机场测得的实际气压(即本场气压)为 28.35 inHg。为了确保停场飞机高度表显示高度为 1 000 ft,需要将标准大气曲线向下移动直至在 1 000 ft 高度上曲线正好通过本场气压 28.35 inHg,此时 *QNH* 为 29.40 inHg。可以看出 *QNH* 是一个特殊的海平面气压,当拨正这一气压时,遵循标准大气标定曲线形状,停场飞机高度表就能在当前大气条件下准确显示机场标高。

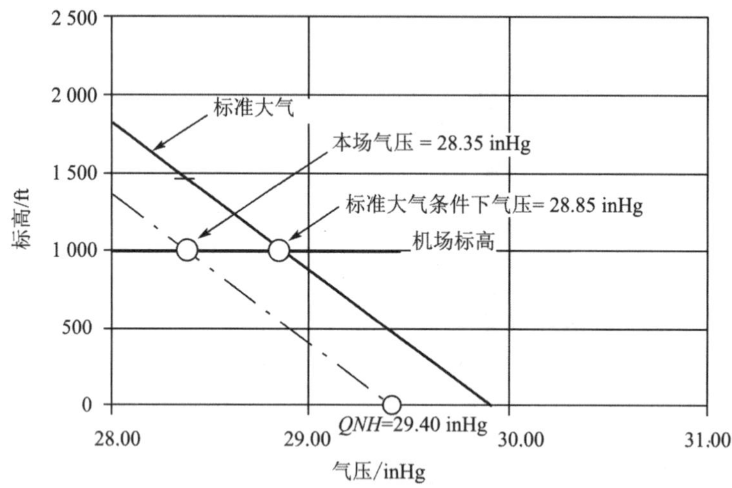

图 1.3.6　修正海平面气压对指示高度的调整

可以利用给定的机场标高和本场气压计算修正海平面气压，如式（1.3.16）所示。

$$QNH = 29.92 \times \left[\left(\frac{本场气压}{29.92}\right)^{0.190\,263} + \left(\frac{机场标高}{145\,442.15}\right)\right]^{5.255\,88} \tag{1.3.16}$$

当计算飞机起飞性能时，必须知道机场的气压高度。当大气条件与标准大气接近时，可以认为气压高度和标高基本一致。但分析可知，在低压天气下，气压较标准大气压低，气压高度比机场高度高。因为起飞性能会随着气压高度的增加而下降，所以如果简单假定低压天气气压高度与标高相等，会高估起飞性能。

如果知道本场气压，就能利用式（1.3.13）直接计算气压高度。这种方法从数学上来说是过本场气压作垂线（图 1.3.7 中虚线箭头）使之与标定曲线相交。因为已知曲线为标定曲线，通过相交点在垂直坐标上的示数就能读出对应的气压高度。从图 1.3.7 中可以看到，气压高度为 1 484 ft，气压高度比标高高出 484 ft。

如果不知道本场气压，但知道机场标高和 *QNH*，可以利用公式计算所对应的气压高度。对于 1 000 ft 标高的机场，当 *QNH* 为 29.40 inHg 时，用式（1.3.17）可以求得气压高度为 1 481 ft。

$$h_p = 机场标高 + 145\,442.15 \times \left[1 - \left(\frac{QNH}{29.92}\right)^{0.190\,263}\right] \tag{1.3.17}$$

机场标高（海拔）并不是气压高度。实际性能计算中经常需要将机场标高转换为气压高度。将机场标高转换成气压高度需要确定 *QNH* 的值，当 *QNH* 约等于 *QNE* 时，可认为气压高度等于机场标高。当 *QNH* 值增加，即气压升高时，气压高度减小；而当 *QNH* 减小，即气压下降时，气压高度增加。当 *QNH* 偏离 *QNE* 时，气压高度的增加量和减小量可通过 *QNH* 值根据表 1.3.2 来确定。

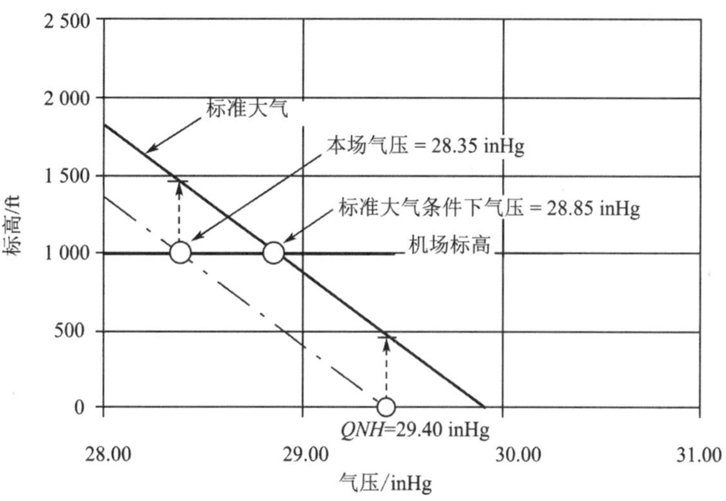

图 1.3.7　气压高度与标高的不同

例如,机场标高为 1 000 ft,*QNH* 为 996 hPa。根据表 1.3.2 可知,需要增加 500 ft,因此,机场的气压高度为 1 000+500＝1 500 ft。

例如,机场标高为 1 000 ft,*QNH* 为 30.10 inHg。根据表 1.3.2 可知,需要减小 200 ft,因此,机场的气压高度为 1 000−200＝800 ft。

表 1.3.2　机场标高和气压高度的转换

QNH/hPa	修正/ft	*QNH*/inHg
949～951	+1 900	28.01～28.10
952～955	+1 800	28.11～28.20
956～958	+1 700	28.21～28.30
959～961	+1 600	28.31～28.40
962～964	+1 500	28.41～28.45
965～968	+1 400	28.46～28.56
969～971	+1 300	28.57～28.67
972～974	+1 200	28.68～28.77
975～978	+1 100	28.78～28.86
979～981	+1 000	28.87～28.95

续表

QNH/hPa	修正/ft	*QNH*/inHg
982～984	+900	28.96～29.05
985～988	+800	29.06～29.15
989～991	+700	29.16～29.25
992～994	+600	29.26～29.35
995～997	+500	29.36～29.45
998～1 001	+400	29.46～29.54
1 002～1 004	+300	29.55～29.64
1 005～1 007	+200	29.65～29.74
1 008～1 011	+100	29.75～29.84
1 012～1 014	0	29.85～29.94
1 015～1 018	-100	29.95～30.04
1 019～1 021	-200	30.05～30.14
1 022～1 025	-300	30.15～30.24
1 026～1 028	-400	30.25～30.34
1 029～1 031	-500	30.35～30.44
1 032～1 035	-600	30.45～30.54
1 036～1 038	-700	30.55～30.65
1 039～1 042	-800	30.66～30.75
1 043～1 045	-900	30.76～30.85
1 046～1 050	-1 000	30.86～30.95

1.3.5 *QNH* 和 *QNE* 的转换

在实际飞行中，经常使用气压高度，常用标准气压高度、修正海平面气压高度和场面气压高度。

标准气压高度是指高度表的气压基准为标准大气压 1 013.2 hPa（或者 29.92 inHg）所确定的气压高度，也就是说，气压高度表拨正值为标准大气压值时，高度表指针所指示的数值就是标准气压高度。

修正海平面气压高度是指高度表的气压基准为修正海平面气压 *QNH*［飞行中根据机场通波 ATIS（Automatic Terminal Information Service）获取］所确定的气压高度，即气压高度表拨正值为修正海平面气压值时，高度表指针所指示的数值就是修正气压高度。

场面气压高度是指以机场表面为气压基准所测量的高度，即气压式高度表的气压基准面为机场表面的气压时高度表所指示的高度。飞行中实际反映的高度就是航空器与该机场平面的垂直距离。当飞机停在跑道上时，高度表的指示高度应该为0(不考虑飞机座舱高度)。

为了维护机场区域的空中交通秩序和航路飞行的安全，确保飞机正常起降，防止飞机在空中相撞，我国规定飞机在起降过程中使用修正海平面气压高度，航线飞行使用标准气压高度。因此，飞机起飞离场加入航线或脱离航线进场着陆时，需要进行修正海平面气压高度与标准气压高度的转换，实际就是进行基准气压面的调整。调整基准气压面的时机参照机场高度表的拨正程序，不同机场的高度表的拨正程序可能不同。

1.3.5.1 规定过渡高度和过渡高度层的机场高度拨正程序

过渡高度 *TA*(Transition Altitude)是以 *QNH* 为基准面在航站区域内划定的一个气压高度，在这个高度(含)以下，飞机按修正海平面气压高度飞行。过渡高度层 *TL*(Transition Level)是在过渡高度以上可以利用的最低飞行高度层(以 *QNE* 为基准面的飞行高度)，在这个高度(含)以上，飞机按标准气压高度飞行。过渡夹层(Transition Layer)是指过渡高度与过渡高度层之间的空间(即垂直间隔)，它随修正海平面气压的变化而改变，但在任何情况下必须为300~600 m，一般使用600 m 垂直间隔。目前，我国运输机场都有规定过渡高度和过渡高度层。如成都双流机场过渡高度为 3 000 m(9 800 ft)，过渡高度层为 3 600 m (11 800 ft)，机场 *QNH* 区域水平边界为成都进近管制区水平边界。

离场航空器在上升过程中，保持本机场的 *QNH* 直至到达过渡高度。在穿越过渡高度或者在过渡高度以下穿越修正海平面气压适用区域的侧向水平边界时，必须立即将高度表气压刻度调到标准气压 1 013.2 hPa，其后航空器的垂直位置用飞行高度层表示，如图 1.3.8 所示。航空器在修正海平面气压适用区域内，按过渡高度平飞时，应使用机场的修正海平面气压高度。

在航路、航线及未建立过渡高度和过渡高度层的区域飞行，航空器应使用标准大气压 1 013.2 hPa 作为高度表拨正值，并按照规定的飞行高度层飞行。

进场航空器在下降穿过机场的过渡高度层，或者在过渡高度以下进入修正海平面气压适用区域侧向边界时，应立即将高度表气压刻度调到本机场的 *QNH* 值，其后航空器的垂直位置用高度表示，如图 1.3.9 所示。

在过渡高度层或者过渡高度层以上飞越机场的航空器，其高度表拨正值使用标准大气压 1 013.2 hPa；在过渡高度以下飞越机场的航空器，在修正海平面气压适用区域内飞行时，其高度表拨正值使用 *QNH*，如图 1.3.10 所示。

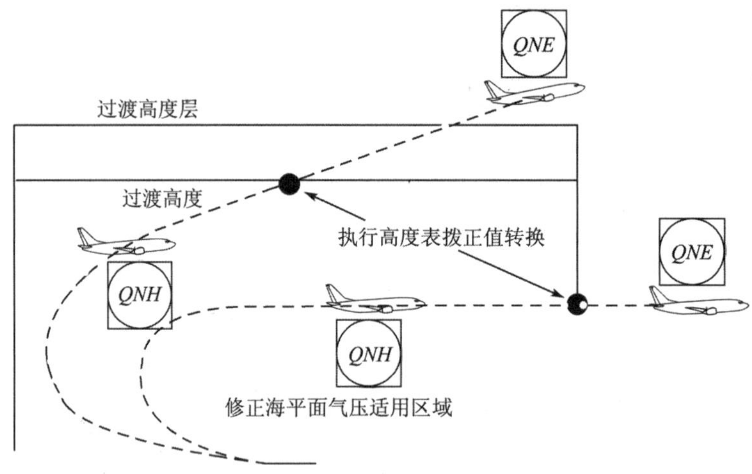

图 1.3.8　离场航空器的高度表拨正示意图

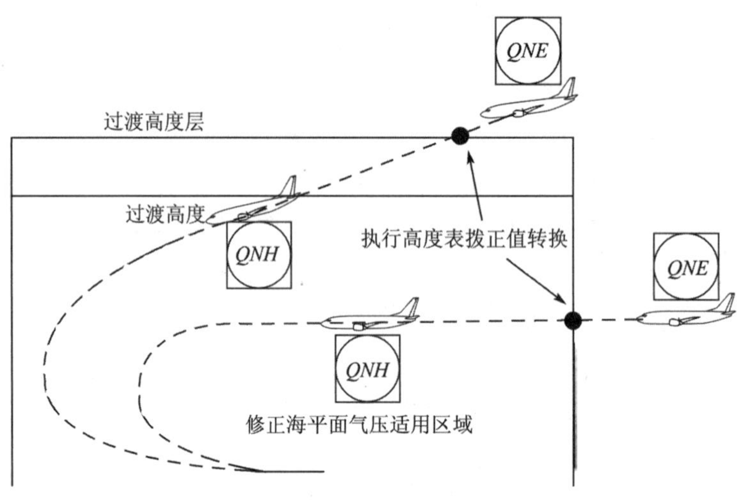

图 1.3.9　进场航空器的高度表拨正示意图

在整个拨正过程中，起降机场的 *QNH* 在起飞前或进场着陆前从空中交通管制服务部门获得，飞行员应当防止听错或调错气压值，避免飞行事故的发生。由于在过渡夹层中上升时飞机气压基准面用的是 *QNE*，而下降时用的是 *QNH*，因此，有两个高度表以上的飞机应当只调左座的高度表，右座的高度表则等上升至过渡高度层或下降至过渡高度时才调整，以防止在过渡夹层中飞机同高度危险接近或相撞事故的发生。

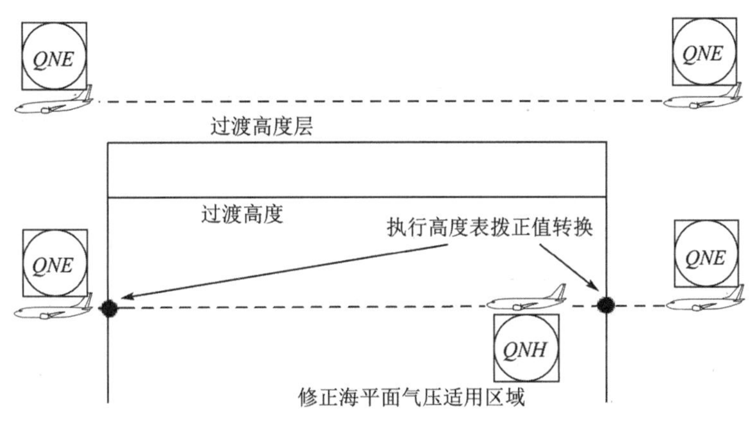

图 1.3.10　飞越机场的航空器的高度表拨正示意图

1.3.5.2　没有规定过渡高度和过渡高度层的机场高度拨正程序

起飞前，调定修正海平面气压。起飞后，当上升到修正海平面气压适用区域的水平边界或管制员指令高度时，调定其中一个高度表的气压刻度为标准气压 1 013.2 hPa，另一个高度表则等到上升至指定的航线飞行高度以后，再调定到标准气压 1 013.2 hPa。进场着陆前，当飞机进入修正海平面气压适用区域的水平边界时或者根据塔台管制的通知，将高度表的气压刻度调定为着陆机场的修正海平面气压。

1.3.6 密度高度

密度高度（Density Altitude）是指在标准大气条件下的空气密度的海拔，即根据飞行中测出的大气静压和大气静温算出大气密度，与国际标准大气表上该密度值相对应的高度。由于实际飞行中的大气并不是标准大气，因此实际飞行高度上的大气密度并不是标准大气的密度。如果天气炎热，空气受热变得暖而轻，飞机所在高度的大气密度值较小，对应于标准大气中较高高度的密度值，即密度高度增加，此时称飞机所处的密度高度为高密度高度。高密度高度降低了飞机操纵的效率，且容易带来危险。实际运行中可以通过气压高度与密度高度的换算图进行换算，如图 1.3.11 所示。

例 1.3.2　机场 *QNH* 为 28.85 inHg，机场外界大气温度为 30 ℃，机场标高为4 000 ft，根据图 1.3.11 确定运行的密度高度。

解：

（1）根据 *QNH* 为 28.85 inHg，确定气压高度修正量为 1 005 ft；

（2）根据机场标高为 4 000 ft，确定修正后气压高度为 4 000+1 005=5 005 ft；

（3）根据机场外界大气温度为 30 ℃和修正后气压高度为 5 005 ft，可以确定密度高度为 7 800 ft。

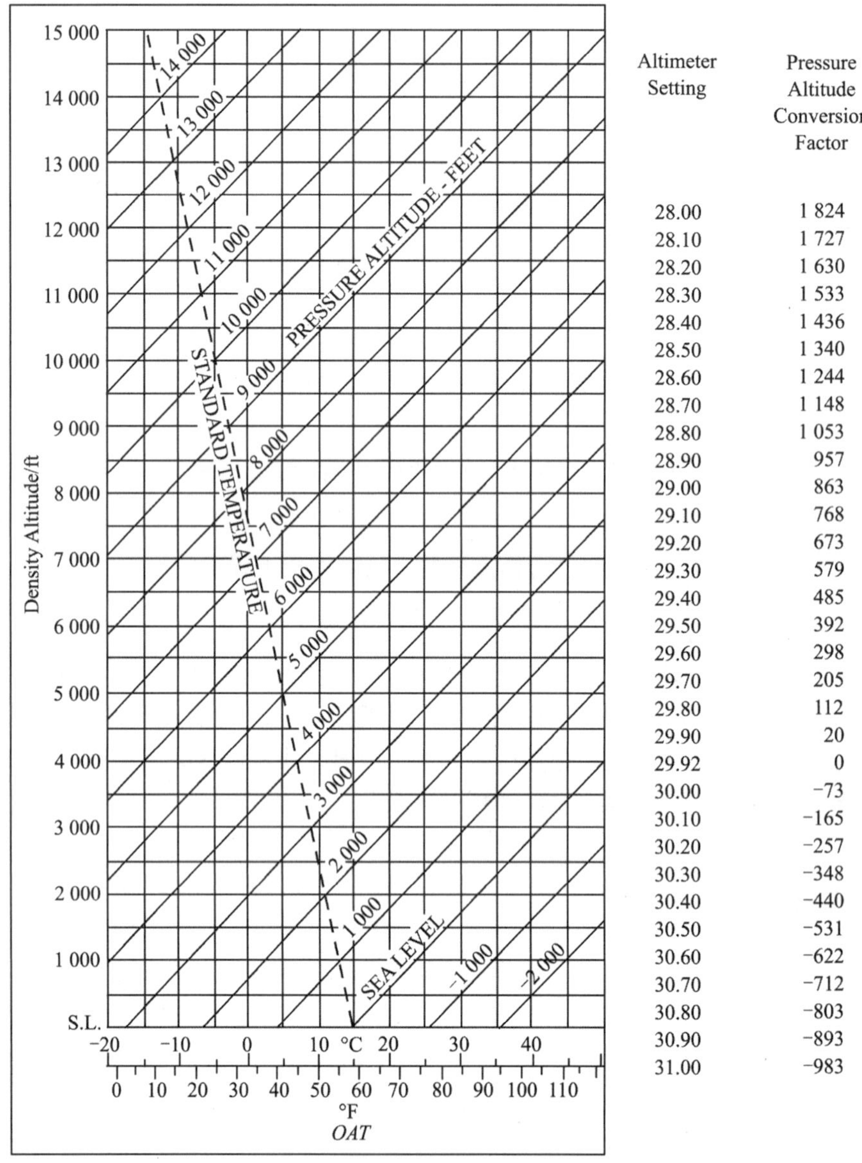

Altimeter Setting	Pressure Altitude Conversion Factor
28.00	1 824
28.10	1 727
28.20	1 630
28.30	1 533
28.40	1 436
28.50	1 340
28.60	1 244
28.70	1 148
28.80	1 053
28.90	957
29.00	863
29.10	768
29.20	673
29.30	579
29.40	485
29.50	392
29.60	298
29.70	205
29.80	112
29.90	20
29.92	0
30.00	−73
30.10	−165
30.20	−257
30.30	−348
30.40	−440
30.50	−531
30.60	−622
30.70	−712
30.80	−803
30.90	−893
31.00	−983

图 1.3.11 气压高度与密度高度的换算图

1.4　涡扇发动机主要性能参数和常用工作状态

1.4.1　涡扇发动机主要性能参数

喷气式发动机被设计为产生大量高速喷出气体从而为飞机提供动力的机器。基于牛顿第三定律,这些高速喷出的气体产生的推力使得飞机克服空气阻力并加速。从现代涡扇发动机的设计机理可以看出其工作过程,即吸入空气、压缩、油气掺混、混合气燃烧,涡轮从高温燃气中提取部分能量转化为驱动涡轮的机械能,燃气排出产生推力。

现代大型运输机大多以涡扇发动机为动力装置。一般用低压转子转速 N_1 或发动机的压力比 *EPR*(Engine Pressure Ratio)来表示涡扇发动机推力的大小,飞行中飞行员主要根据这些参数来设置发动机推力。此外,飞行过程中飞行员还需监控的涡扇发动机性能参数包括高压转子转速 N_2、排气温度 *EGT*(Exhaust Gas Temperature)和燃油流量 *FF*(Fuel Flow)等。涡扇发动机最重要的参数是 *EGT*、*EPR* 和 N_1,下面对其进行详细介绍。

EGT 表示排气温度,是燃气离开涡轮部件时的温度。该温度显示在驾驶舱的飞行仪表上。

EPR 表示发动机的压力比,是发动机排气喷管进口处总压与风扇和压气机进口处的总压之比。*EPR* 是推力设置的两个常用参数之一。

N_1 表示多轴发动机的低压压气机转轴的旋转速度,单位为转/分(r/min)。$\%N_1$ 仍然是低压轴的旋转速度,它是标称参考值 N_1 的百分数。例如,某飞机发动机 N_1 值最大为 3 900 r/min,如果低压压气机转轴当前的旋转速度为 3 900 r/min,那么$\%N_1$ 就表示 100%转速。人们通常会选择起飞推力状态的转速作为参考转速,因此在起飞推力时,转速十分接近 100%转速。N_1 是另外一个推力设置的常用参数。

在某些飞机的性能图表中,可能会有换算 N_1。换算 N_1 的意义为:若以 N_1 作为自变量作图表,那么在不同的温度和高度下,就需要提供不同的图表。为了方便,用换算 N_1 替换 N_1,就可以把不同条件下的数据绘制在同一张图表上。

普惠公司和罗罗公司的发动机常以 *EPR* 作为发动机推力设置的基本参数,通用公司的发动机常以 N_1 作为设置推力的基本参数。作为推力设置的主要参数,N_1 具有与 *EPR* 不同的特点。图 1.4.1 所示为在某一高度下推力、*EPR* 和$\%N_1$ 随温度的变化。发动机在拐点温度范围内工作时,温度上升,*EPR* 保持常数,直到平台推力温度等于拐点温度。发动机使用 N_1 作为推力设置的基本参数,$\%N_1$ 在平台推力范围内不是常数。$\%N_1$ 会随着温度的升高而增大,直到平台推力温度等于拐点温度,$\%N_1$ 将随着环境温度的升高而减小。

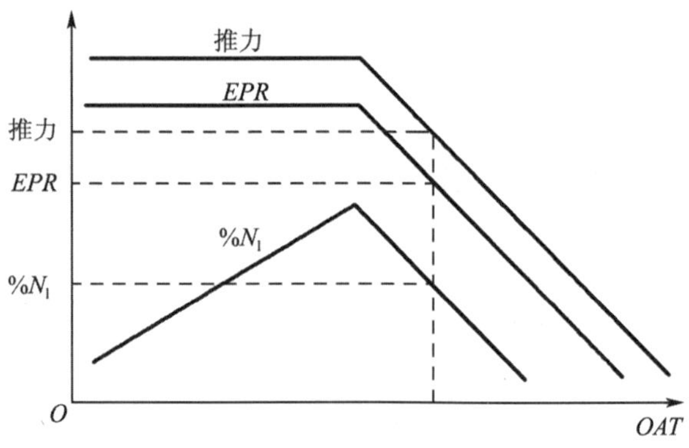

图 1.4.1　在某一高度下推力、*EPR* 和 $\%N_1$ 随温度的变化

1.4.2 涡扇发动机推力的限制

喷气式发动机产生的推力大小受到诸多因素的限制，进而影响到航线运行过程中发动机的操控方式。确定一台发动机的最大推力是一项复杂的工作，发动机制造商的产品必须满足大量相互对立的要求，这些要求涉及飞机推力需求、发动机空气动力学、材料技术、发动机短舱尺寸、制造成本、可维护性和重量等。喷气式发动机在运转时所受的主要限制如下。

首先，必须考虑发动机机匣内外的压差限制。现代发动机的压气机内部压强通常达到 40 个大气压甚至更高，最新的发动机达到了 50 个大气压。对于任何一台发动机，推力都是可以通过油门杆以手动方式或者自动控制方式进行调控的。向前推油门杆时，燃油流量增加，导致涡轮转速和推力增加。伴随着推力的增加，发动机内部压强也开始增大。涡轮驱动的压气机转速加快，导致进入压气机的空气被压缩得更厉害。此时，超过特定的额定推力会造成发动机机匣压差过大，进而影响安全。

其次，必须考虑发动机内部的温度限制。油门杆前推时，更多的燃油进入燃烧室，涡轮前燃气温度将会升高。在大推力状态设置下，现代发动机内部燃烧室出口的温度超过 1 500 ℃，该温度已经超过涡轮叶片金属材料的熔点，迫使发动机不得不采用非常好的冷却系统。因此，在起飞推力状态下，高压涡轮的转速达每分钟上万转，导致涡轮叶片经受很高的温度和离心载荷的考验。

最后，必须考虑发动机风扇的转速限制。现代发动机的风扇直径越来越大，以直径 9 ft 的风扇为例，当风扇转速为 1 000 r/min 时，风扇叶尖速度为 470 ft/s。典型起飞状态的转速 N_1 为 3 000 r/min 的量级，该转速下风扇叶尖的速度超过音速。高转速的风扇叶片还将承受强大的离心力，试验记录显示发动机风扇叶片承受的离心载荷可达 100 t 量级。

除了以上限制，在实际商业飞行中，发动机随飞机在复杂的大气环境中运动，必然会受到大气环境因素和运动速度的影响。

空气密度对发动机推力有显著影响。由于空气密度将直接影响空气质量流量，因此任何温度或者压强的变化都会影响发动机的推力大小。在任何给定高度，空气密度将会随着温度的升高和气压的减小而减小。即使在起飞允许的温度和气压高度范围内，即起飞环境包线范围内，空气密度的变化范围也很大，所以温度和高度对允许的起飞重量有着显著影响，分别见图 1.4.2 和图 1.4.3。

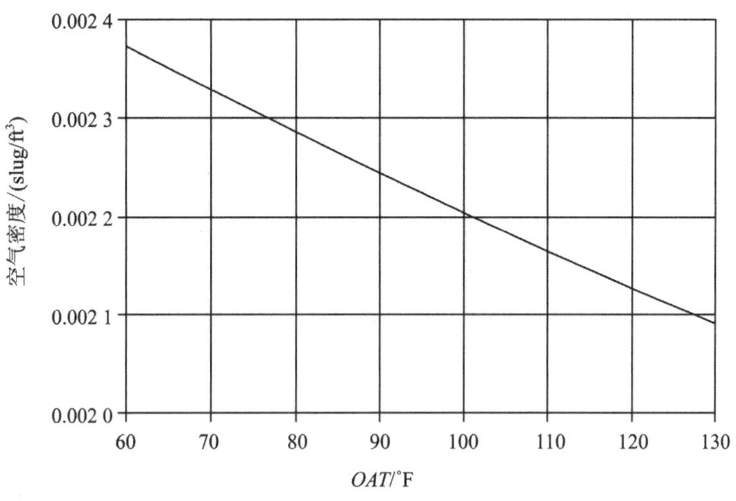

图 1.4.2　空气密度随温度的变化

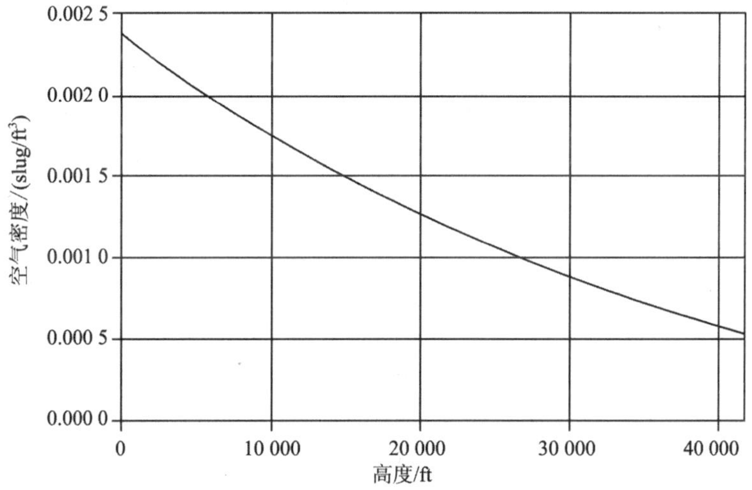

图 1.4.3　空气密度随高度的变化

飞机的飞行速度同样对发动机的推力有显著影响，具体分为以下两类：

(1) 飞机飞行速度增加，空气在发动机进口被急剧压缩，空气密度增加，这有时被称作冲压效应。密度增加使得通过发动机的空气流量增加，推力增大。

(2) 飞机飞行速度增加，发动机进口的空气动量增加。由于发动机的推力是排气的动量与进气的动量之差，因此，进气动量的增加会减小发动机的推力。

飞机飞行速度对推力的影响如图 1.4.4 所示。在较低的飞行速度下，随着速度的增加，推力开始下降；随着速度的继续增加，当冲压效应更为显著时，推力开始上升。

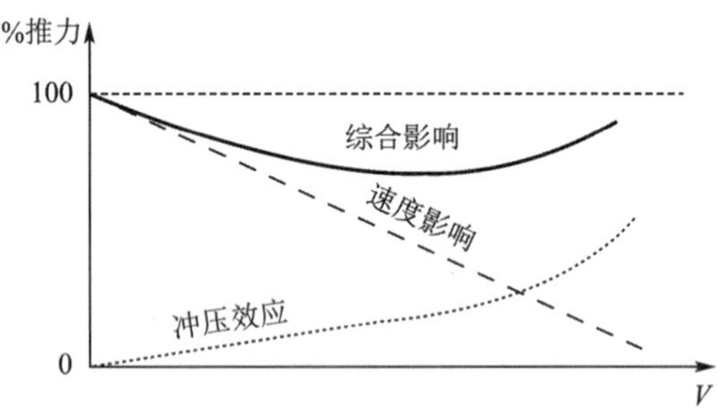

图 1.4.4　飞机飞行速度对推力的影响

发动机引气同样会影响发动机的推力。发动机引气有多种用途，主要用于空调系统、座舱增压和防冰。

打开发动机压气机外的活门进行引气，会减小排出气体的总能量，也会降低发动机出口的总压，从而影响 *EPR* 或者 N_1，进而影响推力。性能计算时需要考虑到发动机引气带来的影响。例如，正常起飞时，发动机引气用于空调系统和增压系统，公布的推力设置图表和起飞性能图表都是基于此种情况下的可用推力。但起飞时使用关闭引气的起飞程序也是许可的，若引气活门关闭，则允许以更大的起飞推力起飞，起飞重量可以更大。因此，经常会在起飞 *EPR* 或者 N_1 图表中说明空调系统开启和关闭的修正关系。

1.4.3 涡扇发动机性能的影响因素

1.4.3.1　飞行速度对发动机性能的影响

发动机推力可以由式(1.4.1)近似表示：

$$T = m(V_j - V) \tag{1.4.1}$$

式中，m 表示进入发动机的空气的质量；V_j 表示发动机喷口排气速度；V 表示飞行速度。

随着飞机飞行速度的增加，发动机对空气所施加的速度增量($V_j - V$)会减小。这是由于空气进入发动机的速度在增加，但发动机的出口速度并没有明显改变，由发动机所施加的速度增量减小，导致推力减小。但同时随着飞机飞行速度的增加，进入发动机的空气质量流量增加，发动机会给更多的空气加速。因此，随着飞机的飞行速度增加，涡扇发动机推力基本上不随飞行速度的变化而变化，如图 1.4.5 所示。

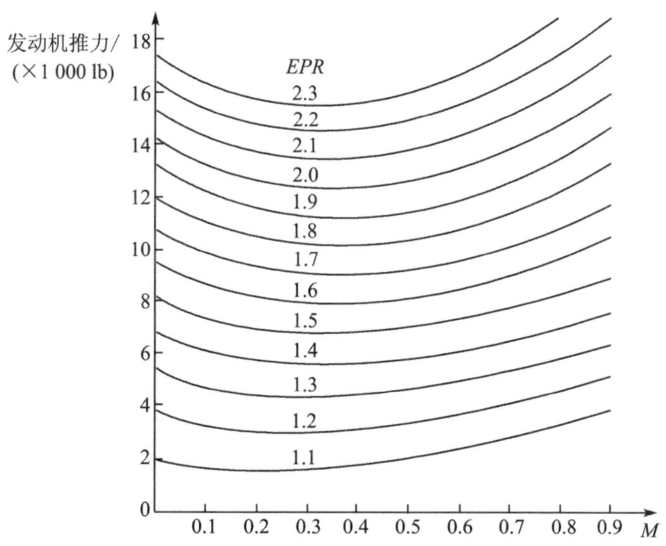

图 1.4.5 涡扇发动机推力随速度的变化

随着飞行速度的增加，进入发动机的空气质量流量增加，燃油系统就会自动增加供油量，以保证空气质量流量与燃油流量之间的比例关系，从而保持选定的发动机转速 N_1 或 *EPR* 值。因此，燃油流量随飞行速度的增加一直增加，在产生相同推力的情况下，飞行速度越大，燃油流量越大，如图 1.4.6 所示。

随着飞行速度的增加，飞机的燃油流量一直增加，发动机推力基本不变，导致产生单位推力消耗的燃油（即耗油率，又称燃油消耗率 *SFC*）增加，如图 1.4.6 所示。因此，随着飞行速度的增加，耗油率增加。

1.4.3.2 飞行高度对发动机性能的影响

随着飞行高度的增加，空气密度减小，在发动机转速一定时，进入发动机的空气质量流量减少，燃油控制系统自动调节供油量与之相匹配，以保持发动机转速，进而使发动机产生的推力减小，燃油流量减小。因此，发动机推力和燃油流量都随高度的增加而减小，如图 1.4.6 和图 1.4.7 所示。涡扇发动机的燃油消耗率随高度变化的规律主要受大气温度的影响。在对流层内，高度增加，燃油消耗率减小；在对流层顶部及平流层底部，由于温度几乎不变，因此燃油消耗率基本保持不变。

1.4.3.3 大气温度对发动机性能的影响

在低温条件下，空气密度增加，在发动机转速一定时，进入压气机的空气质量增加，这

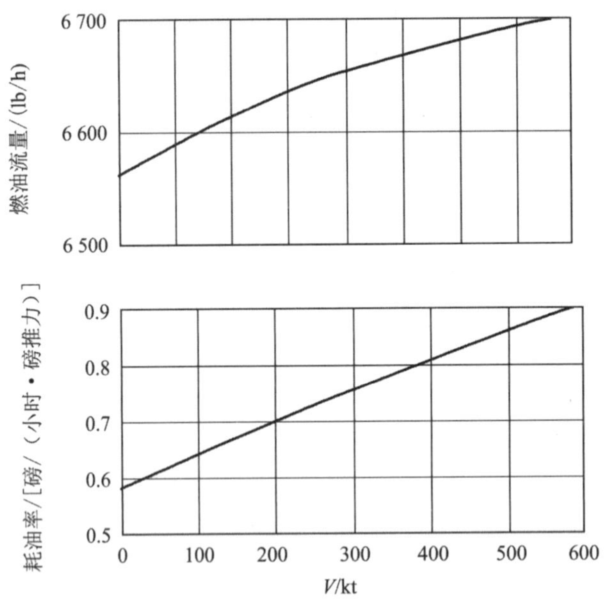

图 1.4.6　涡扇发动机燃油流量和耗油率随速度的变化

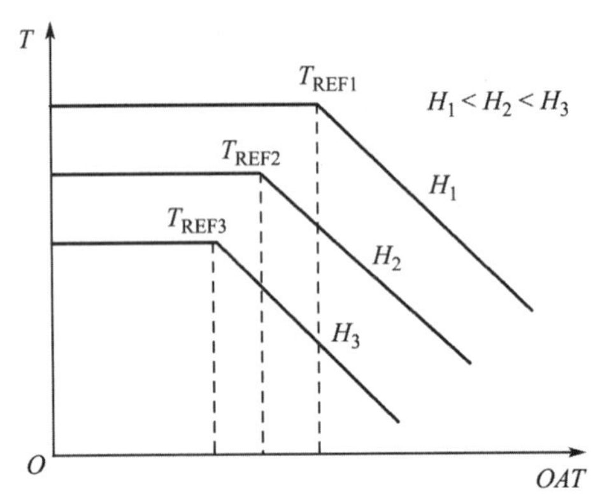

图 1.4.7　发动机推力随飞行高度的变化

就增加了驱动压气机所需的功率，为了保持转速不变，燃油控制系统就会增加燃油流量，使发动机推力增大。当气温降低到某一值后，燃油流量达到最大，燃油控制系统可保持最大供油量不变，以防止增压比（压气机出口压力与入口压力之比）超过规定值，因此发动机转速减小，但是由于空气密度增加，空气质量流量基本不变，发动机推力基本不变。

在高温条件下，空气密度减小，因而进入压气机的空气质量减少，在发动机转速一定时，发动机推力减小。必要时还需要减小发动机的转速以保持涡轮进口温度不超过规定值，这也使推力减小。

综上所述,在温度较低时,发动机推力随温度升高可基本保持不变;当温度升高到一定值时,发动机推力随温度升高而减小,如图 1.4.8 所示。

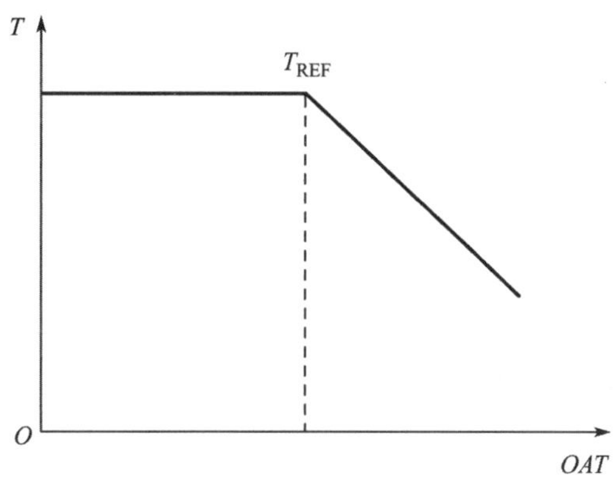

图 1.4.8 发动机推力随温度的变化

1.4.4 涡扇发动机常用工作状态

额定推力是在特定飞行阶段发动机所允许的最大推力,如起飞时特定的推力,称为最大起飞推力;上升时的推力称为最大上升推力;与之相似,巡航时也有特定的额定推力,称为最大巡航推力;对于紧急情况,比如巡航时出现发动机失效导致飘降,使用的额定推力称为最大连续推力。

一部分推力属于取证推力,是依照局方颁布的适航审定规章的要求建立飞机性能数据的基础,因此这些取证推力需在飞机飞行手册(AFM)中予以公布并具有法律效力,必须强制执行。

(1)最大起飞/复飞工作状态

最大起飞工作状态和复飞工作状态(TOGA,Take-off and Go Around)属于两种不同的额定推力工作状态,尽管飞行员在实际操作时只需把推力手柄调至相同的位置,但它们分别适用于不同的飞行状态。

起飞推力是所有起飞性能图表的基础,航空法规规定了起飞所需的性能标准(如最小许可上升梯度、起飞距离等)。起飞推力属于取证推力之一,其设置图表出现在飞机飞行手册中。

在正常条件下,起飞推力的使用时间一般不得超过 5 min,除非航空公司获得了制造厂商的授权,使用时间可以延长到 10 min。例如,某飞机手册附录的“认证限制”部分特别指出“若发动机失效同时起飞航迹上存在障碍物,起飞推力使用限制时间可以增加到 10 min”。当在机场远处存在影响飞行安全的障碍物时,若起飞推力的使用时间限制在 5 min,会严重制约起飞重量,此时 10 min TOGA 推力限制就十分有用。

复飞推力有时也称为飞行中起飞推力，尽管和起飞推力是一样的，但是复飞推力对应的 *EPR* 或者 N_1 在飞机进场和着陆时经过速度的修正。复飞推力是飞机飞行手册所公布的进近上升梯度和着陆上升梯度图表的基础，是法规所要求的该条件下的最小推力水平。因此，与起飞推力一样，复飞推力也是取证推力，其设置图表也应出现在 AFM 上。同样，复飞推力也有使用时间限制，与起飞推力一致，超过规定的起飞和着陆的最长时间以后，复飞推力将不能使用。

TOGA 是最大推力状态，也是工作条件最恶劣的状态，有时间和高度的使用限制。例如，B737-800 的最大起降高度为 8 400 ft，A320 的最大起降高度为 9 200 ft。

(2)最大连续工作状态

最大连续推力 *MCT*(Maximum Continuous Thrust)也是取证推力，是一个仅供在特殊情况下使用的额定推力，在发动机正常工作时不使用该状态。最大连续推力是除了起飞推力和复飞推力之外，飞行中能够使用的最大推力，没有使用时间限制和高度限制。通常，该状态也是飞行中一发失效后的工作状态，产生的推力比上升工作推力稍大，可以保证飞机在一发失效后尽快爬高或在尽可能高的高度上飞行，因此双发飞机如在飞行(上升、巡航和下降)中出现一发失效均应该将工作发动机推力调至最大连续工作状态。

最大连续推力的一个重要作用就是在起飞过程中出现单台发动机失效以后，若起飞推力的使用时间已经耗尽，那么此时应使用最大连续推力；若此时飞机为了飞越远处的障碍物还必须持续上升，此时的性能就应是基于 *MCT* 状态的。最大连续推力的另一个重要作用是在飞行过程中单台发动机失效后确保飞机能够获得足够的离地高度。在飞越具有高大障碍物的地形时，若一台发动机失效，必须对飞机能够飞行的高度予以关注。

最大连续推力是飞机飞行手册中航路上升图表的基础。航路上升图表主要用于巡航过程中出现一发失效后在飘升或者平飞时计算飞机的性能。在飞机飞行手册中，航路上升并不是指正常地上升到巡航高度或者巡航高度间的上升，出现在飞机飞行手册中的航路上升图表上的是一发失效后飞机采用 *MCT* 所能够获得的可用梯度。航空法规规定了飘降和平飞时的最小性能水平，所以该推力是取证推力。*MCT* 设置图表也应出现在飞行手册中，同时还应出现在性能工程师手册(PEM)和飞行人员的文件中，比如快速检查单(QRH)。

(3)最大上升工作状态

无论是最大上升推力还是最大巡航推力，都是发动机自身性能上的限制，发动机控制系统不会禁止飞机超过这些推力水平，除非超过了该飞行阶段规定的最高值，比如起飞推力或者最大连续推力。

最大上升推力 *MCL*(Maximum Climb Thrust)与起飞时的上升推力不同，起飞时上升用的是最大起飞推力，时间限制为 5 min，若出现单发失效，将使用最大连续推力。最大上升推力是指起飞之后用于正常上升的推力，或者用于调整巡航高度时上升的推力。最大上升推力没有使用时间上的限制。在航空法规中没有关于上升性能的要求，所以它不是取证推力。最大上升推力设置不会出现在飞机飞行手册中，而是出现在性能工程师手册和快速检查单中。

(4)最大巡航工作状态

最大巡航额定推力 *MCR*(Maximum Cruise Thrust)适用于巡航飞行。巡航推力并不会受到严格限制,紧急情况下可以将其增大到最大连续推力。最大巡航推力同样没有使用时间限制,它的大小略低于最大上升推力,在某些情况下两者是相等的。

实际巡航时的推力通常小于最大巡航推力,最大巡航推力是正常工作时巡航可使用的推力极限。当飞行员希望以最大速度巡航时,可以将油门杆推到 *MCR* 来获得期望的速度。因为最大巡航推力不是航空法规要求的进行相关性能分析的基础,所以该数据不会出现在飞机飞行手册中,而是出现在性能工程师手册和快速检查单中。

(5)减推力工作状态

在跑道长度富余而飞机重量较小的情况下,为了减轻发动机工作负荷,降低发动机维护成本,延长发动机使用寿命,可以使用比最大起飞推力稍小的推力起飞。对于现代大多数民用喷气式发动机,其发动机制造商会为航空公司提供更多可选择的起飞额定推力设置。目前,存在两种类型的减推力方式,一种是假设温度法(FLX),另一种是减额定功率法(Derate)。

(6)慢车工作状态

地面运行或航路下降时常使用慢车工作状态(IDLE),此时油门杆被收回,发动机处于低转速工作状态,其输出的功率足以维持飞机液压系统、电气系统、防冰系统等的正常工作。慢车推力又可分为地面慢车推力和空中慢车推力。地面慢车推力是指飞机在地面时,可维持发动机工作并可用发动机油门杆位置进行调整发动机转速的最小推力;空中慢车推力可定义为满足飞机引气需求、功率需求、正常下降率要求、发动机附件需求和发动机运行限制等设计要求的最小可用推力等级。

(7)反推工作状态

反推推力主要用于着陆时或中断起飞时帮助飞机减速,同时减轻刹车和机轮负荷。反推推力只能在飞机在地面时使用。实际运行中可根据飞机当时的速度和道面等情况选择使用不同大小的反推力,即使用不同的反推卡位。

1.5 常用的限制速度和运行速度

在飞机性能课程学习中涉及各种限制速度和运行速度,限制速度包括失速速度 V_S,空中最小操纵速度 V_{MCA},地面最小操纵速度 V_{MCG},最小离地速度 V_{MU},临界发动机失效速度 V_{EF},最大刹车能量速度 V_{MBE},最大轮胎速度 V_{Tire};运行速度包括起飞决断速度 V_1,抬前轮速度 V_R,离地速度 V_{LOF},起飞安全速度 V_2,最后起飞速度 V_{FTO},着陆最小操纵速度 V_{MCL},着陆进场参考速度 V_{REF},最后进近速度 V_{APP},接地速度 V_{TD}。下面分别进行介绍。

1.5.1 失速速度（传统失速速度和1g失速速度）

飞机的失速速度是飞机可进行稳定飞行的最小速度，通常实际飞行中并不会以这个速度飞行，但可作为确定其他一些速度的参考。

失速速度主要通过试飞确定，因此试飞时确定失速速度的方法和判断时机不同，获得的失速速度大小也不同。通常有两种失速速度，分别为传统失速速度 V_S 和 1g 失速速度 V_{S1g}。

V_S 对应常规失速（当升力开始快速减小时），过载系数小于 1；V_{S1g}对应最大升力系数（在升力即将减小之前），过载系数仍然等于 1。因此，对同一机型来说，1g 失速速度比传统失速速度大一些。例如，B747-400 的 1g 失速速度比传统失速速度大 6%。

飞行中很多速度均以失速速度为基础来确定，使用不同类型的失速速度作为基础时（传统失速速度或 1g 失速速度），则确定这些速度采用的系数也不同。在早期飞行中，通常以 V_S 为基础确定，如起飞安全速度 V_2 应不小于 $1.2V_S$。

CCAR-25-R4 的第 103 条规定，基准失速速度 V_{SR} 是申请人确定的校正空速。V_{SR} 不得小于 1g 失速速度。目前，大型运输机适航取证几乎都使用 1g 失速速度。1g 失速速度和传统失速速度对应的载荷因数如图 1.5.1 所示。

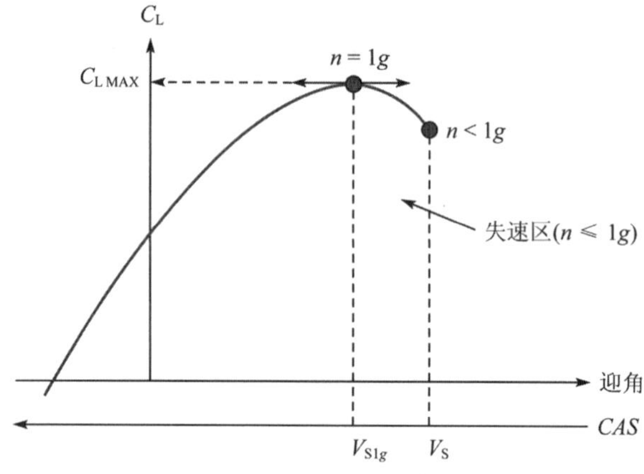

图 1.5.1　1g 失速速度和传统失速速度对应的载荷因数

1.5.2 空中最小操纵速度

空中最小操纵速度 V_{MCA} 是指在飞行中如关键发动机在该速度突然停车，飞行员使用正常的操纵技能，能维持飞机稳定直线飞行的最小速度。

关键发动机是指对飞机的飞行姿态或飞行性能影响最大的那一台发动机。对喷气式飞机来说,在空中给主液压系统供压的那台发动机被认为是关键发动机。在地面,上风方向的最外侧那台发动机被认为是关键发动机。因此,关键发动机是指其失效后对飞机的性能或操纵品质影响最大的发动机,如四发飞机的外侧发动机。

正常的操纵技能是指保持向工作发动机一侧的坡度不大于 5°的直线飞行(见图 1.5.2),为维持操纵所需的方向舵蹬舵力不超过 150 lb,在恢复对飞机的操纵过程中航向改变不超过 20°,飞机不得出现危险的飞行姿态或要求飞行员具备特殊的驾驶技巧、机敏或体力。

图 1.5.2 确定最小操纵速度 V_{MCA} 的要求

空中最小操纵速度与发动机推力(取决于机场标高和气温以及推力设置情况)、发动机安装位置、飞机重量及舵面效应有关。机场气温和标高越高,发动机的推力越小,一台发动机停车后飞机的偏转力矩就越小,维持飞机直线飞行所需的速度就越小,因此空中最小操纵速度就越小。飞机重量对空中最小操纵速度影响较小,可忽略不计。飞机制造商通常会在飞机手册中给出空中最小操纵速度和地面最小操纵速度,如表 1.5.1 所示。

表 1.5.1 高度对空中最小操纵速度和地面最小操纵速度的影响

高度/ft	V_{MCA}/kt(CAS)	V_{MCG}/kt(IAS)		
		CONF 1+F	CONF 2	CONF 3
-2 000	113.5	112.0	110.0	109.5
0	111.5	110.5	108.5	108.0
2 000	110.5	109.5	107.5	107.0
4 000	108.0	107.0	105.0	104.5
6 000	105.0	104.0	102.0	102.0
8 000	102.5	102.0	100.0	99.5
9 200	101.0	100.5	98.5	98.0
10 000	99.5	99.5	97.5	97.0
12 000	96.5	99.5	94.5	94.0
14 100	93.5	93.5	91.5	91.5

空中最小操纵速度不得大于相应构型下的 $1.2V_S$ 或 $1.13V_{SR}$。飞机在空中飞行的速度必须大于空中最小操纵速度。

1.5.3 地面最小操纵速度

地面最小操纵速度 V_{MCG} 是指在起飞加速滑跑中，关键发动机突然停车，其他发动机处于起飞工作状态，飞行员只使用空气动力操纵面（驾驶盘和方向舵）和正常操纵技巧，就能够维持飞机稳定直线滑跑的最小速度。

正常的操纵技巧是指方向舵蹬舵力不超过 150 lb，并且飞机的侧向偏移不超过 30 ft，如图 1.5.3 所示。

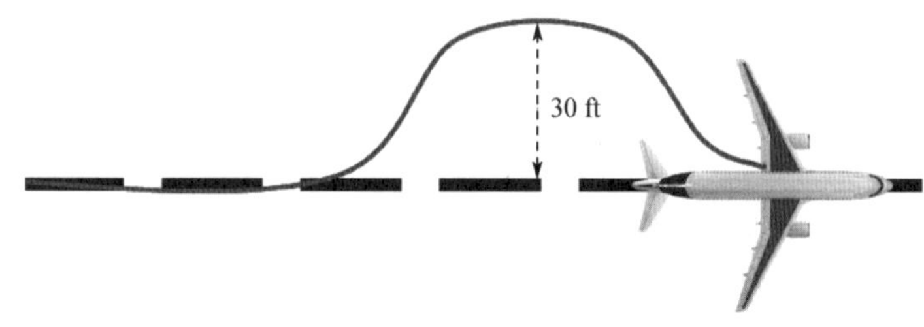

图 1.5.3　确定地面最小操纵速度 V_{MCG} 的要求

飞机若在地面滑跑过程中出现一台发动机停车，如右发动机停车，左发动机产生的推力将使飞机向右偏转，在前轮和主轮上产生侧向摩擦力。由于前三点式起落架飞机的滑跑方向具有稳定性，机轮的侧向摩擦力所形成的力矩起到阻碍飞机偏转的作用（没有偏转前轮），蹬舵产生的操纵力矩也用来阻止飞机偏转。当这些方向偏转力矩取得平衡时，可以阻止机头偏转。如果滑跑速度小，则舵面效应差（操纵力矩与速度的平方近似成正比），有可能蹬满舵都不能阻止机头偏转。因此，只有当一台发动机停车时的速度大于地面最小操纵速度时，才能阻止机头偏转，保证飞行安全，继续起飞。当然，在实际飞行中，如出现一台发动机停车的情况，飞行员可以采取使用偏转前轮、不对称刹车等措施，这样更增强了地面单发停车后控制滑跑方向的能力，提高了安全性。

飞机的地面最小操纵速度与机场气温、标高、飞机重量以及发动机的安装位置有关。机场气温和标高越高，发动机的推力越小，一台发动机停车后飞机的偏转力矩就越小，地面最小操纵速度也越小。飞机重量对空中最小操纵速度影响较小，可忽略不计。在起飞加速滑跑时，如果关键发动机失效时的速度小于地面最小操纵速度，必须中止起飞。

1.5.4 最小离地速度

最小离地速度 V_{MU} 是指飞机以最大允许的地面俯仰姿态离地的最小速度，用校正空速表示，即在全发工作或一发失效情况下飞机能够安全离地并继续起飞，不会出现机尾擦地的最小速度。最小离地速度应在全发和一发停车情况下根据飞机几何尺寸限制和最大升力系数(起飞构型)限制来确定。最小离地速度由飞机制造商通过试飞和计算得到，可用于确定最小的 V_1 和 V_R。最小离地速度是确定不同重量下飞机抬前轮速度的依据之一。

CCAR25.107(d)条规定，最小离地速度 V_{MU} 是校正空速，在不小于该速度时，飞机可以安全离地并继续起飞。V_{MU} 必须在申请审定的整个推重比(推力和重力的比值，民航飞机的推重比较小，通常在0.3左右)范围内由申请人选定。最小离地速度可根据自由大气数据制定，条件是这些数据为地面起飞试验所证实，即 V_{MU} 是需要试飞验证的。

试飞需要确定全发条件下的 $V_{MU(N)}$ 和一发失效条件下的 $V_{MU(N-1)}$。飞机离地的条件是升力 L 与推力 T 的垂直方向分量之和等于飞机的重力(见图1.5.4)。由于全发推力在垂直方向的分量大于一发失效时推力在垂直方向的分量，全发离地所需升力小于一发失效离地时所需升力，因此，一发失效后最小离地速度 $V_{MU(N-1)}$ 大于全发最小离地速度 $V_{MU(N)}$。

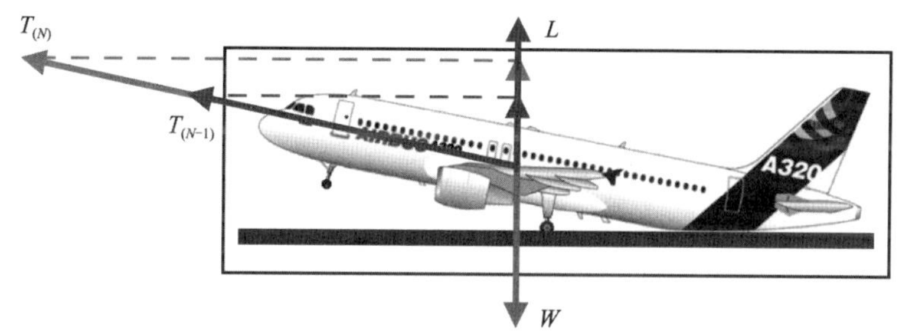

图1.5.4　全发离地和一发失效条件下离地时飞机受力关系

1.5.5 临界发动机失效速度

CCAR25.107(a)条规定，临界发动机失效速度 V_{EF} 是假定临界发动机失效时的校正空速。V_{EF} 必须由申请人选择，但不能小于 V_{MCG}。

1.5.6 最大刹车能量速度

CCAR25.109(i)条规定，最大刹车动能加速-停止距离的飞行试验演示必须在飞机的每一个机轮刹车剩余不大于所允许的刹车磨损范围10%的状态下实施。因此，在中断起飞时，刹车必须吸收并耗散对应决断点的飞机动能（$\frac{1}{2}mV_1^2$）的热量。

ARJ21-700飞机最大刹车能量中止起飞试验于2014年11月8日完成，试验的目的在于验证当飞机在滑跑中动力系统出现故障，必须进行中断起飞时，ARJ21-700飞机机轮刹车装置的最大能量吸收能力是否能够保证飞机安全刹停，即使是在机轮着火的情况下，乘客是否依然能够有足够的时间完成安全撤离。在进行试验前，试验人员首先将ARJ21-700飞机的刹车盘更换为磨损剩余量仅为10%的刹车盘，用于模拟刹车盘在日常使用中的极限磨损状态。试验中ARJ21-700飞机首先以地面慢车状态滑跑5 km，并且进行了3次刹车，模拟正常运营的飞机在排队等待起飞过程中的运营状态。然后在飞机到达临界的中断起飞速度（约300 km/h）时，试飞员以飞机最大减速能力将飞机完全刹停，刹车所释放的巨大能量导致飞机的刹车装置产生高温，焕发出明亮的橙红色。根据适航条款的要求，在飞机完全停稳后的5 min内不得采取任何消防措施，5 min之后消防员才被允许接近飞机并对机轮和刹车盘进行降温处理。

1.5.7 最大轮胎速度

轮胎在起飞和着陆过程中承受着巨大的应力，应力过大将使轮胎结构失效，对飞机结构产生破坏，甚至影响飞机的方向控制。

与平原机场相比，相同的起飞重量和离地表速，在高温高原机场起飞飞机的离地真空速大，特别是在顺风情况下，离地地速大，轮胎旋转速度快，轮胎受到的离心力大。当轮胎转速达到一定值时，巨大的离心力和内外压差将使轮胎破裂。为避免产生巨大离心力造成轮胎破裂，轮胎制造商应给出限制的轮胎速度。

民航运输机每种机型都有最大轮胎速度限制，可从飞机手册的限制数据中查得。如A320飞机的最大轮胎速度为195 kt，B737-800飞机的最大轮胎速度为225 mile/h（196 kt），ARJ21-700飞机的最大轮胎速度为195 kt。

1.5.8 起飞决断速度

起飞决断速度V_1又称为决断速度，用校正空速表示。飞机在该速度下被判定关键发动机停车等故障时，飞行员可以安全地继续起飞或中断起飞，继续起飞的距离和中断起飞的距离都不会超过可用的起飞距离。

CCAR25.107(a)条规定,V_1 是申请人选定的起飞决断速度,以校正空速表示。但 V_1 不得小于 V_{EF} 加上在下述时间间隔内临界发动机不工作时该飞机的速度增量。此时间间隔是指从临界发动机失效瞬间至驾驶员意识到该发动机失效并做出反应的瞬间,后一瞬间以驾驶员在加速-停止试验中采取最初的减速措施(如踩刹车、收油门、拉反推和放扰流板)为准。

中国民用航空规章要求,V_{EF}必须大于 V_{MCG},因此 V_1 必须大于 V_{MCG} 与速度增量 ΔV(从临界发动机失效瞬间至驾驶员意识到该发动机失效并做出反应的速度增量)之和。这样才能保证继续起飞滑跑方向是可控的。

规章还要求,V_1 必须不大于 V_R,以保证飞机抬轮以后不再中断起飞,即抬轮后必须继续起飞。

此外,为保证在 V_1 时中断起飞刹车吸收热能不超过极限值, V_1 必须不大于 V_{MBE}。

1.5.9 抬前轮速度

起飞滑跑中,飞行员开始拉杆抬前轮以增大飞机俯仰角时的速度,称为抬前轮速度 V_R。

CCAR25.107(e)条规定,V_R 不得小于下列任一速度:

(1)起飞决断速度 V_1;

(2)105%V_{MCA};

(3)使飞机在高于起飞表面10.7 m(35 ft)以前速度能达到 V_2 的某一速度[按CCAR25.111(c)(2)条确定];

(4)某一速度,如果飞机在该速度下以实际可行的最大抬头率抬头,得到的 V_{LOF} 将不小于全发工作 $V_{MU(N)}$ 的 110%,且不小于按单发停车推重比确定的 $V_{MU(N-1)}$ 的 105%。

此外,对于任何一组给定的条件(如重量、形态和温度),必须用根据本款确定的同一 V_R 值来表明符合单发停车和全发工作两种起飞规定,即全发起飞与一发失效继续起飞使用同一个 V_R。

1.5.10 离地速度

飞机起飞滑跑时,加速到升力等于重力这一瞬间的速度称为离地速度 V_{LOF}。

CCAR25.107(e)条规定,V_{LOF}不小于全发工作 $V_{MU(N)}$ 的 110%,且不小于按单发停车推重比确定的 $V_{MU(N-1)}$ 的 105%。

1.5.11 起飞安全速度

起飞安全速度 V_2 应该是下列速度的较大值:最小安全速度 V_{2MIN} 和 V_R 加上达到高于

起飞表面 35 ft 前所获得的速度增量。

CCAR25.107(c)条规定，V_2 用校正空速表示，必须由申请人选定，以提供至少为 CCAR25.121(b)条所要求的上升梯度。但 V_2 不得小于：

(1) V_{2MIN}；

(2) V_R 加上在达到高于起飞表面 10.7 m(35 ft)高度时所获得的速度增量[CCAR25.111(c)(2)条]；和

(3)提供 CCAR25.143(h)条规定的机动能力的速度。

CCAR25.107(b)条规定，V_{2MIN}用校正空速表示，不得小于：

(1) $1.13V_{SR}$，用于：

(i)双发和三发涡轮螺旋桨和活塞式发动机飞机；

(ii)无措施使一台发动机不工作带动力失速速度显著降低的涡轮喷气式飞机。

(2) $1.08V_{SR}$，用于：

(i)三发以上的涡轮螺旋桨和活塞式发动机飞机；

(ii)有措施使一台发动机不工作带动力失速速度显著降低的涡轮喷气式飞机。

(3) $1.10V_{MCA}$，V_{MCA}按 CCAR25.149 条确定。

1.5.12 最后起飞速度

CCAR25.107(g)条规定，最后起飞速度 V_{FTO} 用校正空速表示，必须由申请人选定，用来提供至少符合 CCAR25.121(c)条要求的上升梯度，但不得小于：

(1) $1.18V_{SR}$；和

(2)提供 CCAR25.143(h)规定的机动能力的速度。

此外，着陆过程中涉及的速度还包括着陆最小操纵速度 V_{MCL}、着陆进场参考速度 V_{REF}、最后进近速度 V_{APP} 以及着陆接地速度 V_{TD}。

1.5.13 着陆最小操纵速度

CCAR25.149(f)条规定，全发工作着陆进场期间的最小操纵速度用符号 V_{MCL} 表示。它是校正空速，在此速度下，当临界发动机突然停车时，飞行员能在该发动机继续停车的情况下保持对飞机的操纵，并维持坡度不大于 5°的直线飞行，如图 1.5.5 所示。

V_{MCL} 必须按下列条件制定：

(1)飞机处于全发工作进场和着陆的最临界形态，或申请人如有选择则为所选取的每一形态；

(2)重心在最不利的位置；

(3)飞机按全发工作的进场状态配平；

(4)最不利重量，或申请人如有选择作为重量的函数；

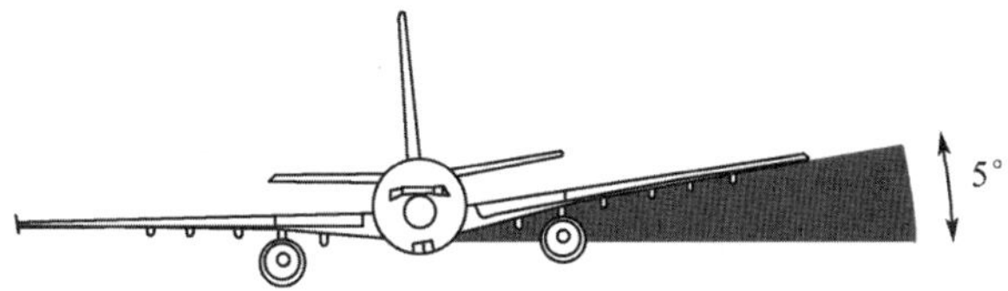

图 1.5.5 确定着陆最小操纵速度的要求

(5)对于螺旋桨飞机,假定在保持 3°进场航迹角所需的功率(推力)时发动机失效,失效发动机的螺旋桨处于不需驾驶员采取措施达到的位置;

(6)工作发动机在复飞设置功率(推力)状态。

双发飞机只需确定 V_{MCL},但对于三发或四发飞机,还需确定一台临界发动机停车时进场和着陆进场期间的最小操纵速度 V_{MCL-2}。它是校正空速,在此速度下,当第二台临界发动机突然停车时,飞行员能在这两台发动机继续停车的情况下保持对飞机的操纵,并维持坡度不大于 5°的直线飞行。

在 V_{MCL} 和 V_{MCL-2} 的演示中:

(1)方向舵操纵力不得超过 667 N(68 kg,150 lb);

(2)飞机不得呈现危险的飞行特性,或要求飞行员具备特殊的驾驶技巧、机敏和体力;

(3)横向操纵必须有足够的滚转能力,飞机必须能在不大于 5 s 的时间内从稳定飞行的初始状态改变 20°的航向,滚转的方向应使飞机从不工作发动机向工作发动机一侧转变航向;

(4)对于螺旋桨飞机,在发动机失效后螺旋桨达到的任何位置,以及在随后的发动机或螺旋桨任何可能的操纵运动期间,均不得呈现危险的飞行特性。

着陆最小操纵速度是制造商根据法规规定试飞确定的。

1.5.14 着陆进场参考速度

着陆进场参考速度是根据飞机着陆时应保留的安全余量而确定的一个速度,用符号 V_{REF} (Landing Reference Speed)表示。CCAR25.125(b)条规定,V_{REF} 不得小于 $1.23V_{SRO}$,即其大小为着陆构型失速速度的 1.3 倍($1.3V_S$ 或 $1.23V_{S1g}$),且着陆进场参考速度应大于着陆最小操纵速度 V_{MCL}。飞机的着陆构型和着陆重量都会影响其失速速度的大小,从而影响到着陆进场参考速度的大小。表 1.5.2 给出了 B737-800 典型重量和襟翼角度下的 V_{REF}。

表 1.5.2　B737-800 典型重量和襟翼角度下的 V_{REF}

（单位：kt）

重量/(×1 000 kg)	襟翼位置		
	40	30	15
70	144	146	152
60	139	141	147
62	135	137	143
58	130	132	138
54	125	127	133
50	120	122	128
46	115	117	122
42	110	112	117
38	104	106	111

空客机型增加了一个最小可选速度 V_{LS}（Lowest Selectable Speed）。在飞行过程中，飞行员不应该选择比 V_{LS} 小的速度飞行，最小可选速度 V_{LS} 应该大于着陆最小操纵速度 V_{MCL}。在着陆过程中，飞行员必须确保在跑道入口 50 ft 高度处校正空速不小于 V_{LS}，如图 1.5.6 所示。

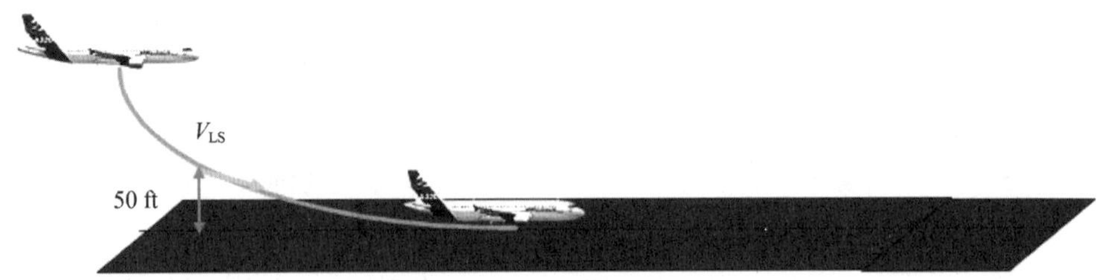

图 1.5.6　空客机型在跑道入口 50 ft 高度处校正空速不小于 V_{LS}

对于空客机型来说，$V_{REF}=V_{LS}$(CONF FULL)。A320 典型重量下的 V_{LS}(V_{REF})的确定如表 1.5.3 所示。

1.5.15　最后进近速度

最后进近速度 V_{APP} 即跑道入口速度，是指飞机下降到 50 ft 过跑道头时应达到的速度，用符号 V_{APP} 表示。V_{APP} 在实际运行中是在 V_{REF} 的基础上考虑风的修正后确定的速度，即 V_{APP} 与 V_{REF} 的关系如式(1.5.1)所示。

$$V_{APP} = V_{REF} + \text{风修正} \tag{1.5.1}$$

通常顺风不做修正，逆风需要做修正，具体修正的量由制造商在飞行机组操作手册中给出。

实际飞行中,空客机型 V_{APP} 自动显示在多功能控制显示单元(MCDU, Multipurpose Control and Display Unit)的性能进近页面。V_{APP} 是通过式(1.5.2)进行计算的。

$$V_{APP} = \max\begin{cases} V_{LS} + 1/3\ \text{逆风} \\ V_{LS} + 5\ \text{kt} \end{cases} \tag{1.5.2}$$

需要注意,1/3 逆风的最小值是零(即无风或顺风时),1/3 逆风的最大值是 15 kt。A320 典型重量下 V_{APP} 的确定如表 1.5.3 所示。

表 1.5.3　A320 典型重量下 V_{LS}(V_{REF})和 V_{APP} 的确定

$V_{APP} = V_{LS}$+APPR COR

V_{LS}												
Weight/t		40	42	46	50	54	58	62	66	70	74	78
V_{LS} CONF FULL/kt (= V_{REF})	CG<25%	108	111	116	121	125	130	134	138	142	146	150
	CG≥25%	106	109	114	119	123	128	132	136	140	144	148
V_{LS} CONF 3/kt	CG<25%	112	115	119	125	129	135	139	143	147	151	155
	CG≥25%	110	113	117	123	127	133	137	141	145	149	153

+

APPRoach CORrection	
APPR COR = Highest of	· 5 kt in case of A/THR ON · 5 kt in case of Ice Accretion in CONF FULL 10 kt in case of Ice Accretion in CONF 3 · 1/3 Headwind component (excluding gust-maximum 15 kt)

A340-300 在着陆重量为 180 000 kg 时的着陆速度如表 1.5.4 所示。

表 1.5.4　A340-300 在着陆重量为 180 000 kg 时的着陆速度

符号	名称	值
V_{MCL}	着陆最小操纵速度	126 kt
V_{S1g}	着陆构型下失速速度	110 kt
V_{REF}	着陆进场参考速度	134 kt
V_{APP}	最后进近速度	139 kt

1.5.16 接地速度

接地速度是指飞机接地瞬间的速度，用符号 V_{TD} 表示。进近着陆过程中，飞行员并不关注接地速度，就像起飞时并不关注离地速度一样。通常只需确定好最后进近速度在规定的范围内，则接地速度必然会在规定的范围内。与离地速度一样，接地速度的大小取决于飞机的着陆重量、空气密度和接地时的升力系数。着陆重量增加时，飞机接地时所需的升力增大，接地速度相应增大。空气密度减小时，为保持升力不变，需相应增大接地速度，这就是在高温高原机场着陆时接地真空速都要增大的原因，地速增大，容易超过轮胎速度。接地升力系数的大小取决于接地迎角和襟翼位置。接地迎角大，则升力系数大，接地速度就小。

1.6 "ACN-PCN"法确定道面的运行要求

根据中国民用航空局(CAAC)2001 年 12 月下发的《飞机航线运营应进行的飞机性能分析》(AC-121FS-006)咨询通告的要求，飞机性能分析应检查飞机最大起飞重量对应的飞机等级号(ACN 值)是否小于或等于其运行各机场的 PCN 值。若飞机的 ACN 值大于机场跑道的 PCN 值，则需按 ACN 等于 PCN 确定道面承载能力限制的起飞/着陆重量。如果该机型的年度飞行次数不超过机场年度总的飞行次数的 5%，则飞机的 ACN 值可以大于跑道道面的 PCN 值。对于刚性道面，飞机的 ACN 值最大可比跑道的 PCN 值大 5%；对于柔性道面，飞机的 ACN 值最大可比跑道的 PCN 值大 10%。下面对飞机的 ACN 值和跑道的 PCN 值的关系进行详细介绍。

根据《民用机场飞行区技术标准》(MH 5001—2021)的规定，道面的承载强度应采用包括下列内容的 ACN-PCN 的方法确定：

(1)PCN；

(2)确定 ACN-PCN 的道面类型；

(3)土基强度类型；

(4)最大允许胎压；

(5)评价方法。

1.6.1 跑道道面 PCN 值

跑道道面 PCN(Pavement Classification Number)是指跑道的道面等级序号，表示不受飞行次数限制的道面承载强度的数字，由机场建设部门提供，如某支线运输机场公布的跑道道面强度（PCN）为56/R/B/W/T。

确定PCN的道面类型、土基强度类型、最大允许胎压和评定方法采用如表1.6.1所示的代号。

（1）道面类型：刚性道面用代号R（Rigid Pavement）表示；柔性道面用代号F（Flexible Pavement）表示。若道面结构是复合的或非标准类型，应加以注解。

（2）土基强度类型：

①高强度用代号A表示，刚性道面基层顶面 $k=150\ MN/m^3$（兆牛/立方米），代表大于 $120\ MN/m^3$ 的 k 值；柔性道面土基顶面 $CBR=15\%$，代表大于13%的 CBR（California Bearing Ratio，加州承载比，是美国加利福尼亚州提出的一种评定基层材料承载能力的试验方法）。

②中强度用代号B表示，刚性道面基层顶面 $k=80\ MN/m^3$，代表 $60\sim120\ MN/m^3$ 的 k 值；柔性道面土基顶面 $CBR=10\%$，代表8%~13%的 CBR 值。

③低强度用代号C表示，刚性道面基层顶面 $k=40\ MN/m^3$，代表 $25\sim60\ MN/m^3$ 的 k 值；柔性道面土基顶面 $CBR=6\%$，代表4%~8%的 CBR 值。

④特低强度用代号D表示，刚性道面基层顶面 $k=20\ MN/m^3$，代表小于 $25\ MN/m^3$ 的 k 值；柔性道面土基顶面 $CBR=3\%$，代表小于4%的 CBR 值。

（3）最大允许胎压：胎压无限制用代号W表示；胎压高是指胎压上限至1.75 MPa（兆帕），用代号X表示；胎压中是指胎压上限至1.25 MPa，用代号Y表示；胎压低是指胎压上限至0.50 MPa，用代号Z表示。

（4）评定方法：技术评定，用代号T表示，表示对道面特性进行检测评定或理论评定；经验评定，用代号U表示，表示依据使用经验该道面能正常承受特定航空器的作用。

对拟供机坪质量等于或小于5 700 kg的航空器使用的道面的承载强度应报告下列资料：

（1）最大允许的飞机质量；

（2）最大允许胎压。

如4 000 kg/0.50 MPa。

表1.6.1 确定跑道道面PCN值的各要素

道面类型	土基强度					最大允许胎压		评定方法
	代号	刚性道面 k/（MN/m^3）		柔性道面 CBR		代号	胎压/MPa	
		范围	代表值	范围	代表值			
R（刚性道面）F（柔性道面）	A（高强度）	>120	150	>13%	15%	W（胎压无限制）	无限制	T（技术评定）U（经验评定）
	B（中强度）	60~120	80	8%~13%	10%	X（胎压高）	最高1.75	
	C（低强度）	25~60	40	4%~8%	6%	Y（胎压中）	最高1.25	
	D（特低强度）	<25	20	<4%	3%	Z（胎压低）	最高0.50	

1.6.2 飞机的 ACN 值

飞机的 ACN(Aircraft Classification Number)值表示飞机对具有规定土基强度的道面相对影响的数值,其大小取决于道面类型和土基强度。通常由飞机制造商提供最大载重时和基本重量时的 ACN 值。波音和空客典型机型在柔性道面和刚性道面上的 ACN 值如表 1.6.2 所示。

表 1.6.2　波音和空客典型机型在柔性道面和刚性道面上的 ACN 值

飞机类型	最大重量/kN 最小重量/kN	胎压/MPa	柔性道面土基层顶面 *CBR*				刚性道面土基顶面 *k*			
			高	中	低	特低	高	中	低	特低
			A	B	C	D	A	B	C	D
			15%	10%	6%	3%	150 MN/m^3	80 MN/m^3	40 MN/m^3	20 MN/m^3
A320-200	725	1.03	37	39	44	50	40	43	45	48
	402		19	19	21	25	20	21	23	24
A330-200	2 264	1.42	62	67	78	106	53	61	73	85
	1 650		42	45	50	67	37	41	48	55
A340-200	2 706	1.42	62	67	78	106	53	62	73	85
	1 697		35	37	41	53	33	34	39	45
A380-800	5 514	1.47	62	68	80	108	55	64	76	88
	2 758		27	28	31	39	25	26	30	35
B737-700	690	1.39	38	40	44	49	43	46	48	50
	370		18	19	20	23	21	22	23	24
B737-800	777	1.47	44	46	51	56	51	53	56	57
	406		21	21	23	26	24	25	26	27
B747-400	3 905	1.38	59	66	82	105	54	65	77	88
	1 800		23	24	27	35	20	23	27	31
B767-300ER	1 784	1.38	53	59	72	94	48	57	68	78
	890		22	23	26	35	20	23	26	31
B777-200ER	2 822	1.38	63	71	90	121	53	69	89	108
	1 425		25	27	32	44	23	25	31	39
B787-8	2 238	1.57	60	66	81	106	61	71	84	96
	1 055		24	25	28	38	24	26	30	35

1.6.3 “ACN-PCN”方法的使用

“ACN-PCN”方法就是用某一跑道的 PCN 与某一飞机相应的 ACN 进行比较,以确定该机型能否以某一重量在该跑道上运行的方法。例如,某支线运输机场公布的跑道道面强度(PCN)为 56/R/B/W/T,根据表 1.6.1 的数据分析可知,该机场是刚性道面,土基强度为中强度,胎压无限制,采用的评定方法为技术评定。典型机型在该机场道面的 ACN 值如表 1.6.3 所示。

表 1.6.3　典型机型在该机场道面的 ACN 值

飞机类型	最大重量/kN 最小重量/kN	胎压/MPa	ACN 值
A320-200	725	1.03	43
	402		21
A330-200	2 264	1.42	61
	1 650		41
A340-200	2 559	1.32	62
	1 657		34
A380-800	5 514	1.47	64
	2 758		26
B737-700	690	1.39	46
	370		22
B737-800	777	1.47	53
	406		25
B747-400	3 905	1.38	65
	1 800		23
B767-300ER	1 784	1.38	57
	890		23
B777-200ER	2 822	1.38	69
	1 425		25
B787-8	2 238	1.57	71
	1 055		26

分析该表可知，A320-200、B737-700 和 B737-800 在该机场可以使用最大重量运行，其他机型均不能使用最大重量运行。如果其他机型要在该机场运行，就必须满足超载运行要求或者减小起飞/着陆重量。

航空公司运行通常要求最大起飞重量对应的 ACN 小于或等于机场跑道的 PCN，则道面强度限制的起飞重量就是该机型的最大起飞重量。如果最大起飞重量对应的 ACN 大于机场跑道的 PCN，则按 ACN 等于 PCN 来确定道面强度限制的最大起飞重量。通常为了方便查阅，航空公司在机型运行前就会确定该机型所运行的各机场道面强度限制重量表。

1.6.4 超载运行

《民用机场飞行区技术标准》规定，当 ACN 值小于或等于 PCN 值时，可在规定胎压和飞机的最大起飞质量的条件下使用该道面，如果道面强度受季节性影响有明显变化，应相应确定不同的 PCN，当 ACN 大于 PCN 时，在满足下列条件下可有限制地超载运行：

（1）道面没有呈现破坏迹象，土基强度未显著减弱期间。

（2）对柔性道面，ACN 值不超过 PCN 值的 110%；对刚性道面或以刚性道面为主的复合道面，ACN 值不超过 PCN 值的 105%。

（3）年超载运行的次数不超过年总运行次数的 5%。

1.7 飞机手册和性能软件简介

1.7.1 飞机手册简介

飞机手册有多种类型，按照用途的不同可划分为飞行类、维护类、结构类、大修类、工程类、技术类等。与飞机性能相关的飞行手册主要有飞机飞行手册（AFM，Airplane Flight Manual）、飞行机组操作手册（FCOM，Flight Crew Operating Manual）、快速参考手册（QRH，Quick Reference Handbook）、飞行机组训练手册（FCTM，Flight Crew Training Manual）、偏差放行指南（DDPG，Dispatch Deviation Procedure Guide）、飞机特性手册（AC，Airplane Characteristics for Airport Planning）等。

1.7.1.1 飞机飞行手册

飞机飞行手册是需经适航当局批准的文件，包含飞机取证基础规定的飞行运行安全水平所需的必要信息、使用限制、操作程序和性能信息等。它是飞行机组操作手册、快速参考手册和重量平衡手册等的基础。CCAR25.1581、CCAR25.1583、CCAR25.1585 和 CCAR25.1587 分别规定了飞机飞行手册的总则、使用限制、使用程序及性能资料。飞机飞行手册包含的操作程序和技术可分为警告(Warning)、警戒(Caution)和注意(Note)等类别，它们的定义如下：

①警告：未按正常的操作程序或技术进行操作而可能造成人员伤亡的警示。

②警戒：未按正常的操作程序或技术进行操作而可能给设备带来损害的警示。

③注意：需要特别强调的操作程序或技术。

在以上定义中，程序通常是指一步一步完成具体任务的方法。为使飞机飞行手册标准化，其结构和内容采用下面的框架结构。

(1)正文前部分

正文前部分旨在确定飞行手册的修订状况，确保飞行手册的适用性和内容。它包括标题页、修订记录、修订摘要(如果适用的话)、有效页目录(包括确定给定机型页码所有的必要信息)、飞机制造商编写的“附录和补充”的适用性清单、目录部分、缩略语。

(2)限制部分

手册的限制部分就是确定已被批准飞机或其系统的使用范围。限制部分提供适用于机型使用限制的重要信息，它是按照 CCAR-25/FAR-25 中相应条款在型号合格审定的过程中所确定的。使用限制必须使用强制性的、不婉转的语言进行表述。飞机飞行手册使用的术语要和相关的规章语言一致。限制部分主要包括重量限制、噪声限制、使用限制、重心限制、燃油限制、动力装置限制、空速和马赫数限制、机动载荷系数限制、运行类型限制、最小飞行机组限制、设备和系统限制，以及上述未具体说明，但为了确保飞机安全操作又很必要的任何其他限制信息。

(3)操作程序部分

操作程序部分是针对具体型号或机型的正常状态、非正常状态和应急状态下的安全运行至少应包含的重要信息，即正常程序、非正常程序和应急程序。正常程序是指采用惯用的使系统正常运转的有关程序；非正常程序是指由于系统或部件失效，要求机组成员立即采取行动来维持适航许可下的持续安全飞行和着陆的程序；应急程序是指为了防止飞机和旅客遭受严重伤害，要求机组人员立即采取行动的程序。应急程序既可以作为飞机飞行手册的专门一部分，也可以包括在非正常程序中。

程序的形式可能是叙述性形式，也可能是检查单形式，主要取决于飞机飞行手册的使用目的。进行程序审定时，这些程序的问题可能仅暴露一部分，所以要根据使用经验在后续加以修订，因此在初始型号进行合格审定之前，制造商必须对建议的程序在技术的有效性和操作的实用性上进行验证。

飞机飞行手册中仅放置对安全运行必要的正常程序，而其余的正常程序要放在制造商编写的飞行机组操作手册或其他许可的操作程序信息源中。运输类飞机飞行手册的非正常程序部分至少包括飞机系统和故障模式所确定的程序，还可能包括应急程序，如发动机严重损坏或与机体分离、发动机多重故障、飞行中着火、烟雾控制、急剧减压、应急下降、空中反推力非指令性打开、应急着陆或水上迫降、应急撤离等程序。

大型运输类飞机的机组除了使用飞机飞行手册外，还使用其他操作信息源，如制造商或运营人编写的飞行机组操作手册、快速检查单、驾驶员系统指南和应急或非正常检查单。对于这些飞机的驾驶舱检查单、系统描述和相关的正常操作等资料，如果被批准并在其他文件中给出，则不应出现在飞机飞行手册中。飞机飞行手册提供的程序仅局限于和飞机安全或适航有关的部分。

对于那些不制定其他操作程序的小型运输类飞机的制造商和运营商，飞机飞行手册是唯一的信息源。在这种情况下，飞机飞行手册提供的操作程序信息就必须更为全面，应包括驾驶舱检查单和系统描述的信息以及相关的程序等。

(4)性能部分

性能部分包括 CCAR-25/FAR-25 及所有适用的修正案和专用条件所要求的性能限制和其他数据。这部分内容包括概述、性能程序、推力或功率设定、最小控制速度、失速速度、起飞速度、起飞和加速-停止距离、起飞上升限制重量、其他起飞重量限制、起飞上升性能、起飞飞行航迹数据、航路中飞行航迹数据、着陆形态上升时重量限制、其他着陆重量限制、进场形态上升性能、着陆形态上升性能、着陆进场速度、着陆距离、随重心变化的性能限制和信息、噪声数据，以及必须提供的由于独特设计特征、操作或操纵特性而采用的安全操作所要求的任何先前项目中未包括的性能信息或数据。

此外，性能部分还应包括装载说明：条款 CCAR25.1583/FAR25.1583 不仅对确保飞机的装载在规定的重量和重心限制之内做了必要的说明，还要求飞机的装载在飞机飞行手册提供的飞行中的限制内或飞机飞行手册限制部分中引用的单独重量和平衡文件规定的限制内。

(5)附录和补充

附录是飞机飞行手册的增加部分，包括选装设备的安装或特殊操作，还包括构型偏差清单 CDL 等，其中 CDL 作为附录中独立的一部分。

补充是在补充型号合格证(STC，Supplemental Type Certificate)颁发之后，对基本飞机飞行手册加以替代或补充说明的部分，或在没有申请补充型号合格证的情况下，对已批准的飞机飞行手册限制、程序或性能进行更改的部分。

1.7.1.2 飞行机组操作手册

2008 年 11 月 10 日，中国民用航空局颁布了《航空器的持续适航文件要求》(AC-91-11)，在这个咨询通告中对飞行机组操作手册(FCOM)的含义、编写原则和内容要求做了详细的规定。

飞行机组操作手册为飞行机组提供在所有预计航线飞行过程中安全有效地操作航空器所必需的使用极限、程序、性能和系统资料。航空器制造厂家可根据航空器飞行手册编制飞行机组操作手册，以建立具体的标准化程序和动作；同时，该手册也可作为航空器改装训练、复训和熟练检查的一个全面参考和复习指南。

运输类飞机通常按照下述结构编制飞行机组操作手册：

(1)编写原则

飞行机组操作手册中使用的数据应当源于经型号审定部门批准的航空器飞行手册，如果存在非源于航空器飞行手册的内容则需要注明。

(2)内容要求

飞行机组操作手册应当至少包括以下内容：

a.使用说明，具体说明适用的航空器列表、使用的术语（包括缩略语）或者图示符号。

b.运行限制，应当包括需要飞行机组掌握的航空器及各系统的具体运行限制。

c.正常程序，包括每次飞行都要完成的程序，以确保航空器状态正常、驾驶舱配制正确。正常程序一般包括以下内容：

——飞行前准备程序；

——外部检查；

——机长和副驾驶飞行前程序；

——启动前程序；

——推或拖航空器程序；

——发动机启动程序；

——滑行前程序；

——起飞前程序；

——起飞程序；

——起飞收襟翼速度计划；

——上升和巡航程序；

——下降程序；

——进近程序；

——放襟翼计划；

——着陆程序；

——复飞和中止进近程序；

——着陆滑跑程序；

——着陆后程序；

——关车程序；

——离机安全程序。

d.非正常程序，指不是每次飞行都必须完成的，而是按需要（如由于恶劣天气等）完成的程序，包括维修人员完成飞行前系统测试后，可能需要机组完成的补充程序。非正常程序一般包括以下操作或测试的内容：

——应急设备、舱门、风挡；

——空气系统；

——防冰，排雨；

——自动飞行;

——通信;

——电气;

——发动机,APU;

——防火;

——飞行仪表,显示;

——飞行管理,导航;

——燃油;

——恶劣天气。

e.性能数据,包括签派放行和飞行中的性能数据。具体内容包括:

——签派放行性能,包括起飞、航路、着陆所需的性能数据图表和说明;

——飞行中性能,包括一般性能数据和全发、发动机不工作、EEC 备用模式、EEC 备用模式且发动机不工作、起落架放下、起落架放下且发动机不工作的性能数据图表和说明。

f.航空器系统说明,包括以下适用的说明:

——外形尺寸(包括主要尺寸和转弯半径);

——驾驶舱面板(包括前面板、顶板、侧面板和后面板);

——操纵和指示(包括按钮/开关、灯光控制、舱门和舷窗、通用计算数据源的恢复、氧气系统、应急撤离等);

——系统描述(包括灯光系统、共同核心系统、氧气系统、舱门、驾驶舱座椅);

——应急设备(包括设备的标记、位置);

——飞行机组和客舱机组休息设施;

——EICAS(Engine Indication and Crew Alerting System) 信息。

运输类飞机之外的航空器可选择直接使用航空器飞行手册来代替飞行机组操作手册,一旦编制机组操作手册,则应当符合上述编写原则和内容要求。

1.7.1.3 快速参考手册

快速参考手册(QRH)提供飞行机组在正常情况下驾驶航空器和处理非正常情况时所需快速参考的资料,航空器制造厂家可根据航空器飞行手册编制快速参考手册,以简缩的形式建立安全、有效地操作航空器的最低程序和动作。

运输类飞机的快速参考手册通常按照下述编写原则和内容要求进行编制:

(1)编写原则

快速检查单的内容应当源于飞行机组操作手册。

(2)内容要求

快速检查单应当至少包括以下内容:

a.使用说明,具体说明适用的航空器列表和使用原则。

b.正常检查单,包括按照飞行阶段描述需确认的关键检查项目,具体飞行阶段参考FCOM的正常程序。

c.非正常检查单,包括飞行机组应对非正常情况的动作和确认检查项目。非正常检查单包括非正常情况和紧急情况内容,非正常情况按照FCOM的系统说明编排;紧急情况应当至少包括以下情况:

——应急电气构型仍工作的系统;

——烟雾/气体排出;

——烟雾/气体/电子设备烟雾;

——液压系统;

——刹车不可用;

——增强型近地警告系统提示;

——TCAS(空中防撞系统)警告;

——所有大气数据基准(ADR)关断;

——双发熄火有剩余燃油;

——双发熄火无剩余燃油;

——水上迫降;

——迫降;

——紧急下降;

——紧急撤离。

d.飞行中性能,至少包括需要飞行机组快速参考的速度、着陆距离、一台发动机不工作等有关的性能数据。

e.快速索引,包括机组能够快速查找到需要内容的索引方式,如快速操作索引、紧急程序索引、按字母顺序编排的索引。

除运输类飞机之外的航空器可用航空器飞行手册代替快速参考手册,但一旦编制快速参考手册,则应当符合上述编写原则和内容要求。

1.7.1.4 飞行机组训练手册

飞行机组训练手册(FCTM)提供了机动和操作技巧的信息和推荐操作。它为FCOM所列程序提供了信息支持,并提供了操作技巧帮助飞行员安全和有效地完成这些程序。

咨询通告(AC-91-11)对运输类飞机编制飞行机组训练手册提出了以下要求:

(1)编写原则

飞行机组训练手册的内容应当源于飞行机组操作手册的程序和飞行操作。

(2)内容要求

飞行机组训练手册应当至少包括以下内容:

a.一般信息,包括与具体的飞行阶段和机动飞行操作无关的程序和技术(如驾驶舱资源管理、设备的使用和其他技术信息等)。

b.地面运行，在地面运行期间建议的操作和技术，例如：飞行前、起飞简报、退出和拖行、发动机启动、地面滑行等。

c.起飞和起始上升，在起飞和起始上升阶段建议的操作和技术，例如：正常起飞、侧风起飞、减推力起飞、低能见度下起飞、起飞区域的长度、中断起飞的决断、起始上升、发动机故障下的起飞等。

d.上升、巡航、下降和保持，在上升、巡航、下降和保持阶段建议的操作和技术，包括各种限制、速度、特殊情况的处置等。

e.进近和复飞，在进近和复飞阶段建议的操作和技术，包括各类进近和复飞的情况。

f.着陆，在着陆阶段建议的操作和技术，例如：着陆形态和速度、目视和仪表进近的指示、改平和接地、着陆滑跑、侧风着陆等。

g.机动，对各种机动飞行建议的操作和技术，例如：快速下降、失速恢复、深度转弯等。

h.非正常运行，在各种非正常运行情况下建议的操作和技术。

注：除非影响到飞行程序和技术，否则飞行机组训练手册一般不考虑航空器的构型差别。

1.7.1.5　偏差放行指南

如果航空器制造厂家希望让其制造的航空器能在特定设备或项目不工作的情况下运行，就应当制定主最低设备清单（MMEL，Master Minimum Equipment List）。有些航空器制造厂家还采取编制偏差放行指南（DDPG，Dispatch Deviation Procedure Guide）的方式为航空器使用人或者运营人提供在航空器设备、功能和外形偏离设计的状态下放行航空器的指导和具体操作、维修程序。偏差放行指南中包含的设备、功能偏差部分应当与主最低设备清单一致，外形偏离的部分应当与飞机飞行手册的构型偏差清单一致。

最低设备清单MEL（Minimum Equipment List）和构型偏差清单CDL（Configuration Deviation List）是对飞机持续适航管理的要求，是运营人在航空器带有不工作设备项目和缺失零/部件放行飞机的重要文件之一，既是保证飞行安全、提高航班正常率的重要一环，也是飞行机组、维修人员和签派人员放行飞机的重要依据。

航空公司的最低设备清单是航空公司根据制造商提供的主最低设备清单和其他相关资料以及航空公司操作实际编写，并经适航当局批准的操作手册。

主最低设备清单是指中国民用航空局批准的在特定运行条件下可以不工作但仍能保持可接受的安全水平的设备或项目的清单。主最低设备清单包含这些设备或项目不工作时航空器运行的条件、限制和程序，是运营人制定各自最低设备清单的依据。

最低设备清单是指运营人依据主最低设备清单并考虑到航空器的构型、运行程序和条件为其运行所编制的设备或项目的清单。最低设备清单经局方批准后，允许航空器在规定条件下，在所列设备或项目不工作时继续运行。最低设备清单应当遵守相应航空器型号主最低设备清单的限制，或者比其更为严格。

主最低设备清单和最低设备清单的设计目的都是保证带有不工作设备的放行飞机的

安全性。运营人可以依据最低设备清单迅速地放行飞机，避免毫无必要的延误或者航班取消。

最低设备清单是一份用来减轻状况的文件，不是鼓励运行带有不工作设备的飞机，也不是希望放行带有不工作设备的飞机。只有在仔细分析了各个项目后才允许飞机在确保维持认可的安全水平的条件下运行。用户必须尽量减少带着不工作项目的飞机的连续运行。最低设备清单应该遵循主最低设备清单的放行条件和相关的限制/操作程序，以保证有效和安全的飞机运行。

最低设备清单是为特定条件下签派或者放行带有不工作设备项目或功能的航空器运行的一份偏离性文件。对于未包含在最低设备清单内，但与航空器适航性有关的所有设备项目，都应当处于工作状态。

对于签派或者放行已经完成，但航空器以自身的动力开始移动前发生的故障或者缺陷，机长应当按照最低设备清单进行处理。最低设备清单不适用于处置飞行过程中发生或者发现的故障或者缺陷，一旦航空器以自身的动力开始移动，飞行机组应当按照经批准的飞行手册来处置，并且机长有权力决断是否继续飞行。因此，最低设备清单的规定仅适用于航空器开始飞行以前。任何对于在开始飞行以后出现故障或者不工作情况是否继续飞行的决定，必须基于飞行机组的判断和飞行技术。在适用的情况下，机长可以参考和依据最低设备清单来继续飞行。

最低设备清单不论以何种形式分发，在下述位置都应当至少配备一套现行有效并随时可查阅的适用最低设备清单副本：

(1)每一架航空器上；

(2)运行主管部门；

(3)维修主管部门；

(4)签派(如适用)；

(5)维修控制中心(如适用)；

(6)其他需要查阅的人员。

此外，飞行机组应当在飞行前能够获得并直接查阅最低设备清单。

在每个列出的设备或项目失效(不工作)时，应当挂上标牌以通报或提醒飞行机组和维修人员注意其技术状况。注：标牌应按实际可能安置在有关失效件操纵位置或指示器旁边。除非另有规定，通常标牌的用词和安装位置可以由运营人自行决定。

最低设备清单经局方批准后，在通过相应的操作程序或者维修程序能够保持可接受的安全水平的情况下，允许在某些设备或项目不工作时签派或者放行航空器进行取酬、调机或者训练飞行，而将其功能转移到其他工作部件或者参考其他仪表或部件提供的要求的信息。

航空公司的构型偏差清单是在制造厂商颁发的缺件放行程序指南的基础上与公司其他相关部门详细讨论制定的。构型偏差清单中包括缺件的位置、图解以及飞机飞行手册附录规定的操作性能信息。制造商提供的构型偏差清单属于飞机飞行手册第二章“限制”的内容，它一般被放在飞机飞行手册的附件和补充中，并且由适航当局批准。构型偏差清单描述了飞机某些次要零/部件丢失的情况下飞行的可能性。任何此清单未列出的零/部件都是必需的零/部件。除非有特别说明，一个系统中仅能允许一个部件丢失或一个系统中的某一部分的一组部件丢失。除非清单中有特别说明，不同系统的部件可以同时丢失，由丢失部件带来的性能损失通常是累积的。

运营人的构型偏差清单是在制造商提供的构型偏差清单的基础上，根据运营人的具体情况制定的，并且必须经适航当局批准。即使适航当局没有要求，制造厂商一般也建议把构型偏离清单和最低设备清单集中到同一文件中。构型偏离清单仅用于处理丢失零件的飞机放行情况，对于丢失零件的飞机的维修情况，用户必须参阅飞机维护手册。

1.7.1.6 飞机特性手册

飞机特性手册（AC）适用于机场和航空公司，提供用于完成机场地面操作的相关信息。

对于这些飞机手册，飞行技术和空中交通管制等相关专业的学生了解得并不多，但这些手册的内容和使用方法是航空公司的飞行、签派等相关部门工作人员必须掌握的。

飞机特性手册主要包括飞机的描述（如飞机的基本尺寸、地面操纵、内部布局、货舱和门等信息），飞机性能（主要有商载航程图、起飞跑道长度要求和着陆跑道长度要求等），地面操纵（主要包括地面转弯半径、跑道和滑行道转弯航迹等），终端区服务（包括地面服务连接、发动机启动气源要求、地面气源和电源要求、地面拖拽要求等），喷气式飞机的尾流和噪声数据（喷气式发动机排气速度和温度、机场和社区噪声），道面数据（最大道面数据、刚性和柔性道面要求、PCN 和 ACN 要求等）。

1.7.2 飞机性能软件简介

1.7.2.1 飞机性能软件概述

目前，在民用航空运输领域，各航空公司日常运行中涉及的绝大部分飞行性能问题主要依赖性能软件解决。航空公司使用由制造厂商提供的与机型配套的性能软件，结合实际运行环境、机场条件，能够更加安全和高效地完成该机型的运行性能分析工作，从而替代较为原始的通过纸质手册进行的人工查找。高质量的性能软件能够简化性能工程师的事务工作，并实现更好的经济性和安全性保证。

现阶段，全球各航空公司选用较多的机型主要是由波音公司和空客公司两家制造厂商提供的，所以作为必须与机型配套的性能软件，波音的 BPS 软件和空客的 PEP 软件的使用较为广泛。除此以外，诸如巴西航空工业公司的 EMB 飞机、加拿大庞巴迪公司的 CRJ 飞机和中国商飞的 ARJ 飞机，都有与其机型配套的性能软件。

（1）性能软件的主要功能

从功能上来说，性能软件主要用于完成电子飞行手册、起降性能分析、进离场航迹计算、航路性能计算、飞行计划计算、性能监控、噪声分析等与性能分析相关的工作,因此性能软件通常由不同的功能模块组成。

电子飞行手册模块,用于计算包含但不仅限于纸质飞机飞行手册性能章节的所有数据。其能够计算如失速速度、最小操纵速度、校正空速等与速度相关的数据,也能够计算如起飞滑跑距离、起飞距离、加速停止距离、演示着陆距离、所需着陆距离等与距离相关的数据,还能够计算如起飞航道梯度、复飞梯度、起飞飞行航迹等复杂数据。

起降性能分析模块,用于进行航空公司日常运行中所需的起飞限重分析和着陆限重分析。该模块需要结合具体的起降跑道条件和障碍物条件,分析满足规章和性能要求的最大起飞限重和最大着陆限重,并生成特定格式的起飞分析图表和着陆分析图表,供机组和签派在放行时使用。

进离场航迹计算模块,用于计算飞机运行时在特定的进离场运动方程和飞行程序约束条件下的空间轨迹,并输出飞机在垂直剖面和水平剖面内的位置参数和运动参数。其计算结果供使用者在设计飞机的标准仪表离场程序(SID)和起飞一发失效应急离场程序(EOSID)以及复飞或进近程序时进行分析和校验。

航路性能计算模块,用于对飞机在航路高速飞行的各个典型阶段的性能数据进行计算,主要包括:上升性能计算、巡航性能计算、下降性能计算、加减速计算、等待性能计算、高度能力计算、一发失效飞行计算等。同时,还能够生成与手册相似的巡航性能图表,如上升图表、巡航图表、下降图表、等待图表。

飞行计划计算模块,用于计算标准飞行计划实例。它根据用户给定的放行机场、目的地机场、备降机场、航路距离、航路风等条件,计算正常航路飞行以及考虑了等待、备降等条件的飞行的时间、油耗等重要数据,从而为航班放行提供参考。

性能监控模块,用于协助航空公司用户对其机队的整体性能水平进行管理和跟踪。机队中的每一架飞机在长期使用过程中,由于机体和发动机的老化、维修,其气动特性和推力特性都将出现不同程度的累积性变化,从而造成性能上的改变。通过监控,可以让航空公司对整个机队的性能水平有足够的了解,保障运行安全。

噪声分析模块,用于对飞机在正常离场过程中所产生的噪声对机场周围居住或工作人群的影响进行分析,从而辅助航空公司在运行过程中合理调整航班的离场程序,降低敏感区域所受噪声的影响。

(2)性能软件的主要特点

性能软件在进行计算求解时可以使用第一法则或第二法则两种不同的计算方法。第一法则直接使用数值计算对经典运动方程进行求解,计算结果虽然精确但耗时较长。第二法则是指在工程上先通过曲线拟合方法获得与试飞数据吻合度较高的多项式,实际使用时直接利用已建立的多项式进行计算,其计算效率较高,结果虽有误差但在可接受的范围内。无论是使用第一法则还是使用第二法则进行计算,均可由软件使用者根据需要进行选取。对于通过性能软件计算得到的结果,与适航审定相关的内容均获得了局方的批准,与适航审定无关的内容的正确性也得到了制造厂商的核实和认可。

目前,为了开发出结果可信、质量可靠的性能软件,从而更加安全、高效地协助航空公司的运行工作,大多数制造厂商所提供的性能软件的架构遵循国际航空运输协会(IATA)制定的性能计算标准接口规范(SCAP)。该规范将性能软件划分为制造商内核和上层调用程序两个层级,两者之间通过标准化的接口进行数据传递。制造商内核主要完成具体的性能计算任务,由制造商对所使用的数据库、数学模型、业务算法、计算结果的正确性予以负责。上层调用程序主要完成与使用者的交互,包括输入条件设定、输出结果处理、图表生成等。上层调用程序可由航空公司用户或第三方根据这些遵循规范的标准接口自行添加,从而满足实际生产需要。

由于性能软件的基本功能大同小异,因此下面重点介绍波音和空客的性能软件。

1.7.2.2 波音的性能软件

波音机型相关的性能软件出现得最早,受当时计算机技术的局限,各功能模块的存在相对独立。波音早期的性能软件多以 DOS 操作系统下的命令控制台形式与用户进行交互,后来随着 WINDOWS 系统的出现,又陆续更新和演变。目前,波音的性能软件主要包括:AFM-DPI(Airplane Flight Manual-Digital Performance Information),BPS(Boeing Performance Software),BCOP(Boeing Climbout Program)。

AFM-DPI 的输出结果与纸质的飞机飞行手册保持一致,可以用来计算飞机的起飞、着陆及航路性能数据。

BPS 是 WINDOWS 界面形式的性能计算软件,它取代了原有的 STAS、LAND、INFLT、EPORT、APM 及 HISTRY 等 DOS 界面风格的独立子程序,主要完成起飞、着陆、航路计算,也能够完成飞机性能监控所涉及的计算。其主要模块和功能如图 1.7.1 所示。

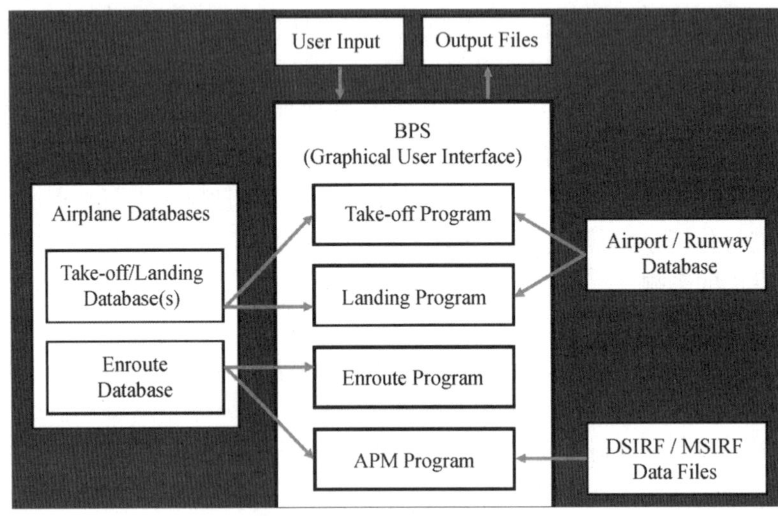

图 1.7.1　BPS 的主要模块和功能

BCOP 同样是一款 WINDOWS 界面形式的软件,主要用于分析进离场航迹并利用用户提供的离场或中止进近程序来计算飞机的性能,包括全发或发动机失效分析、垂直剖面和地面轨迹分析、噪声分析。

随着波音机型的发展和使用者对客户化程度要求的提高,波音制造商针对 B737-MAX 和 B787 采用了集成化更高的 PET 性能软件(其界面见图 1.7.2)。PET 性能软件将原来的 AFM-DPI、BPS 和 BCOP 的功能整合到一起,但对于原来的老机型,没有相关数据库可用,因此老机型仍然使用 AFM-DPI、BPS 和 BCOP。

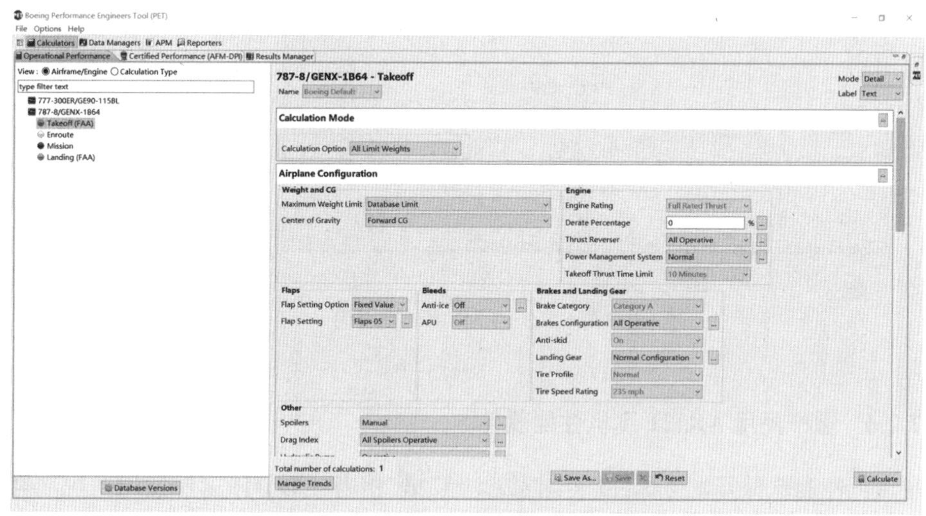

图 1.7.2 PET 界面

1.7.2.3 空客的性能软件

空客机型使用的性能软件是完全基于 WINDOWS 环境开发的一个独立的应用软件,名为性能工程软件 PEP(Performance Engineering Program)。它的优点是可以在一个友好的客户化界面中访问所有的性能功能模块。PEP 的计算界面如图 1.7.3 所示。

下面是 PEP 软件的性能功能模块清单:

- FM:飞机飞行手册(审定的性能数据)。
- TLO:起飞和着陆计算(*MTOW*、*MLW*、速度)。
- OFP:运行航迹计算(起飞和进近航迹)。
- NLC:噪声水平计算程序 (起飞和进近噪声)。
- IFP:空中性能程序(上升、巡航、下降、等待……)。
- APM:飞机性能监控(飞机性能水平)。
- FLIP:计算机化的飞行计划(燃油计算)。

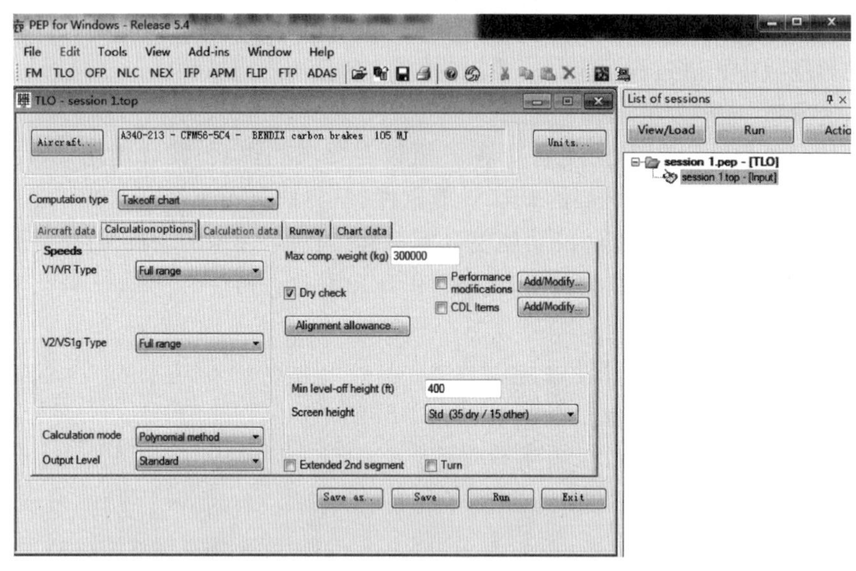

图 1.7.3　PEP 的计算界面

1.7.2.4　国产民用 ARJ21 飞机性能软件

在飞机性能软件开发方面，欧美国家起步较早，相当一部分国家所使用的民航客机来自波音和空客两大制造商，性能软件也是波音和空客开发得较早。在 20 世纪 80 年代中期，国内主要航空研究院所组织国内相关领域的专业技术人员共同研究开发了一款军民通用的性能计算软件 GAPP（V1.0）。受当时环境的限制，该软件不具备图形化界面，主要用于国产民用飞机的设计和制造，曾被用于研制 MA60 飞机，具有较高的计算精度。从 20 世纪 90 年代至 21 世纪初，国内从事民用飞机设计、研究和制造的主要航空研究院所纷纷在原有基础上对其进行升级，添加了 GUI 图形用户界面，提供了满足 CCAR-25 适航条款的飞机飞行手册和飞行管理系统所需的性能和速度数据的计算功能，优化了软件结构。经过升级优化的软件被称为 GAPP（V2.0），被用于 MA600、ARJ21 等飞机的设计和制造。

在上述阶段，国产民用飞机性能软件研究开发的初衷都是满足国内民用飞机制造商自身设计研究的需要。对于航空公司来说，仍然只能使用制造商提供的纸质手册中的性能图表来完成飞机运行过程中相关数据信息的获取。

进入 21 世纪后，中航西飞民用飞机有限责任公司和中国商用飞机有限责任公司的先后成立，国产飞机性能软件需要新的发展方向，满足 MA700、ARJ21 等飞机的客户的使用需要。2014 年，由中国商飞主导、中国民用航空飞行学院协助开发完成的国产民用飞机客户化性能计算软件 PES（V1.0）正式投入使用，其客户化计算界面如图 1.7.4 所示。PES 性能软件的应用在 ARJ21-700 飞机服务于成都航空用户的验证试飞、试运行和正式运行中并得到了检验。2019 年，该软件的优化升级版 PES（V2.0）已正式投入使用，并随着

ARJ21-700 飞机的批量生产服务于天骄航空、中国国际航空、中国南方航空和中国东方航空等国内航空企业。

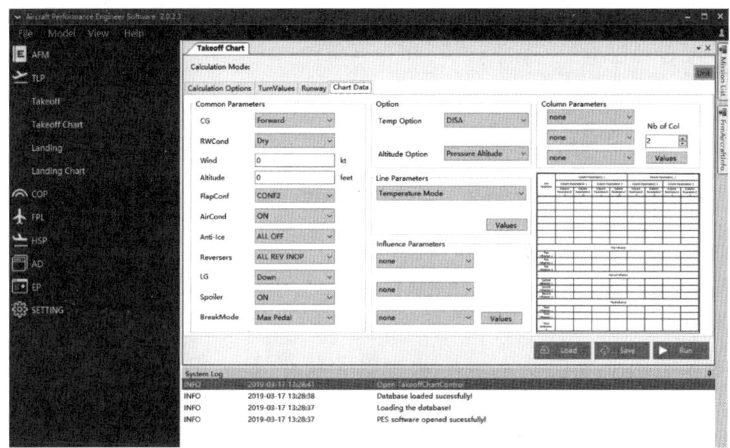

图 1.7.4 PES 的客户化计算界面

目前,国产民用飞机客户化性能软件已具备起降性能分析、航路性能分析、飞行任务剖面分析、离场航迹分析等主要功能,且使用了满足 IATA 制定的标准性能计算程序规范(SCAP)的架构形式和接口形式。航空公司用户既可以独立使用,也可以较为便利地将其集成至各自的生产、放行系统中去。

1. 飞机的设计性能和运行性能研究内容有何区别?研究飞机运行性能的目的和意义是什么?

2. 实际飞行中飞行员是参考指示空速飞行,还是参考真空速飞行?为什么?真空速与指示空速有什么关系?

3. M 是怎么定义的?M 与真空速的关系是什么?

4. 飞行中随着高度的变化,保持指示空速飞行,真空速、音速和 M 会变化吗?如变化,请说明怎么变化。

5. 飞机有哪些操作速度限制?

6. 飞行高度和环境温度包线有什么用处?

7. 建立国际标准大气的意义是什么?国际标准大气规定包括哪些方面?

8. 某飞机起飞机场气压高度为 2 000 ft,气温为 21 ℃,该飞机在 35 000 ft 的气压高度巡航时,巡航高度处的气温为多少?

9. 飞行巡航高度为 FL350，外界气温为−45 ℃，则 *ISA* 偏差是多少？

10. 某机场气压高度为 5 000 ft，气温为 *ISA*+30 ℃，则该机场的外界气温是多少？

11. 高压天气和低压天气对指示气压高度有什么影响？

12. 在气温比标准大气温度低时，飞机的实际高度往往低于飞机气压高度表指示的高度，为什么？

13. 某机场海拔为 3 000 ft，*QNH* 为 1 003 hPa，则机场气压高度是多少？

14. 某机场海拔为 4 200 ft，*QNH* 为 30.10 inHg，则机场气压高度是多少？

15. 涡扇发动机主要性能参数有哪些？温度和高度对发动机推力有什么影响？涡扇发动机的主要工作状态有哪些？

16. 传统失速速度和 1*g* 失速速度有何区别？

17. 常用的限制速度有哪些？地面最小操作速度 V_{MCG} 和空中最小操作速度 V_{MCA} 是如何规定的？哪些因素会影响这两个速度？

18. 最小离地速度 V_{MU} 是如何规定的？在确定 V_{MU} 时发动机推力是考虑全发工作还是一发失效？制定最小离地速度的意义是什么？

19. 最大刹车能量速度和最大轮胎速度有何区别？

20. 常用的运行速度有哪些？每次起飞前飞行员需要确定哪几个速度？

21. 限制速度和运行速度有何关系？起飞决断速度、起飞抬轮速度和起飞安全速度有哪些速度限制要求？

22. 请阐述着陆最小操纵速度 V_{MCL}、着陆进场参考速度 V_{REF} 和最后进近速度 V_{APP} 之间的区别和联系。

23. 机场跑道道面 PCN 值如何公布？ACN 与 PCN 的关系是什么？应怎样满足航空公司运行需求？

24. 与飞机性能相关的飞行类手册有哪些种类？航空公司的飞行员和签派员主要使用哪些手册？

25. 飞机性能软件在航空公司运行中的作用是什么？波音、空客飞机以及商飞 ARJ21 飞机性能软件的名称分别是什么？这些性能软件主要有哪些模块？

第2章

飞机的起飞性能

飞机飞行性能的主要任务是在确保运行安全的前提下获得最大的经济效益。起飞性能是飞机飞行性能的一个重要组成部分,对飞行安全和经济性都有较大的影响。从飞行安全方面来说,根据世界民航喷气机队事故统计资料(1959—2020年)的分析可知,各飞行阶段发生事故次数占事故总次数的百分比、各阶段时间占航班总时间的百分比如图2.0.1所示。起飞段和收襟缝翼的初始上升段的时间仅占总时间的2%,发生事故的次数却高达事故总次数的13%。因此,起飞是关系到飞行安全的重要阶段。从经济性方面来说,在起飞过程中,许多因素如发动机失效、机场场地的长度、上升梯度、超越障碍物、轮胎速度、刹车能量和结构强度等限制了飞机装载客、货的能力,降低了经济性。正是基于安全和经济两方面的考虑,航空公司对飞机的起飞性能有着严格的要求。

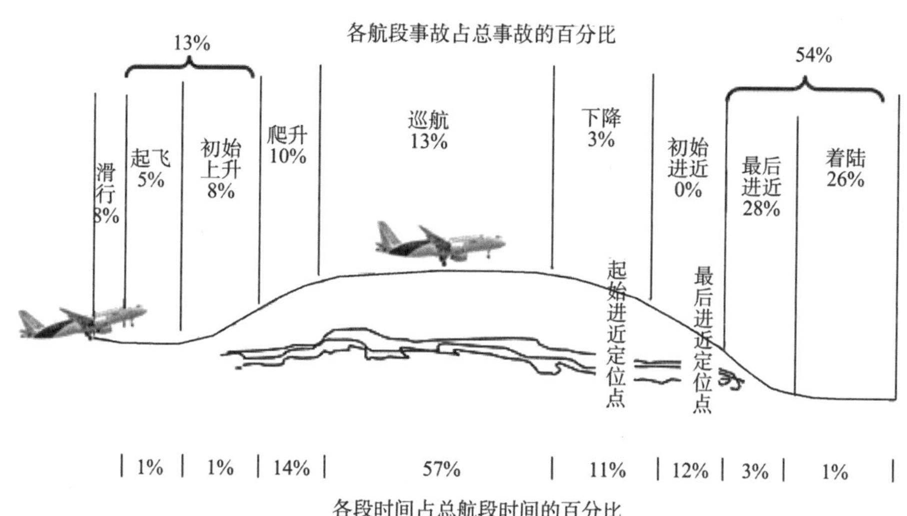

图2.0.1 各飞行阶段时间和发生事故率统计数据图

为了保证飞行安全,并获得最大的经济效益,需要进行起飞性能的计算分析,最终体现为确定允许的最大起飞重量。在计算分析过程中需要考虑以下几方面的限制:场地长度的限制;上升梯度,特别是航道Ⅱ段上升梯度的限制;超越障碍物的限制;最大刹车能量的限制;最大轮胎速度的限制;最小操纵速度的限制以及飞机结构强度的限制等。实际运行中并不是每天都能够以允许的最大起飞重量运行的,因此起飞性能计算分析的另一个重要内容就是针对航班飞行实际起飞重量给出相应的起飞速度,以保证起飞的安全/或达到预期的起飞性能。

起飞重量和起飞速度受很多因素影响,主要表现在机场、飞机和气象三个方面。机场方面包括:可用的跑道长度,跑道坡度,机场标高,道面条件(干跑道、湿跑道和污染跑道等),有无安全道(停止道)和净空道及其长度等。此外,对于初次使用的机场需要考虑其道面强度是否适合该机型起降及是否对起飞重量有影响。飞机方面包括:从发动机引气进入空调,防冰类型,襟缝翼位置,刹车系统、防滑系统的工作是否安全正常,以及最低设备清单和构形偏差清单是否对起飞性能有影响。气象方面包括:风向/风速、气压高度及大气温度等。因此,结合实际的运行条件确定允许的最大起飞重量是起飞性能分析的重要任务之一。除此之外,确定某一起飞重量下的三个特征速度 $V_1/V_R/V_2$ 也是起飞性能分析的任务之一。

本章将详细介绍限制最大起飞重量的因素,了解它们的基本原理、计算方法、常用的图表等,分析各种因素对起飞重量的影响,综合满足各种限制以得到最大起飞重量的优化原理,最终得到针对具体机场、具体飞机在具体气象情况下允许的最大起飞重量和实际起飞重量对应的起飞速度。

2.1 起飞的相关概念

起飞阶段是飞机性能分析的最重要阶段。本节介绍起飞阶段相关的定义、概念及基础知识。

2.1.1 起飞的定义

CCAR25.111 条给出了运输类飞机起飞的定义。起飞航迹是从静止点起至飞机起飞过程中高于起飞表面 450 m(1 500 ft)的一点或完成从起飞到航路形态的转变并达到 V_{FTO} 的一点中较高的点的航迹。

对于运输类飞机,在飞机起飞过程中从跑道头松刹车点 BRP(Break Release Point)开始加速滑跑到飞机离地高度不低于 1 500 ft,速度不低于 $1.25V_S$,完成从起飞构型到航路上升构型的转换,上升梯度达到规定值的过程称为起飞,整个起飞过程称为起飞航迹。

通常,为了便于分析问题,将起飞航迹分为起飞场道阶段和起飞航道阶段两部分,如图 2.1.1 所示。

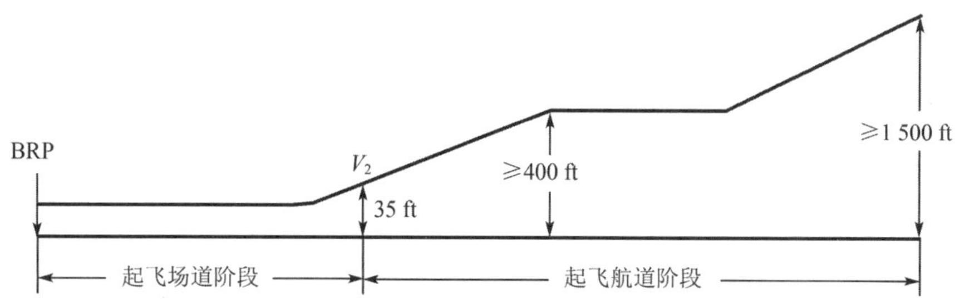

图 2.1.1　运输类飞机起飞航迹

2.1.1.1　起飞场道阶段

起飞场道阶段是指飞机从跑道头松刹车点 BRP 开始加速滑跑到飞机离地高度 35 ft (10.7 m),速度不小于起飞安全速度 V_2 的过程。通常起飞场道阶段均在跑道内完成(如有净空道,可在净空道内完成),该阶段最大起飞重量的主要影响因素是跑道长度。因此,该阶段将重点分析跑道长度对最大起飞重量的影响,即场长限重的分析。

2.1.1.2　起飞航道阶段

起飞航道阶段是指从飞机离地高度 35 ft 开始到飞机高度不小于 1 500 ft,速度增加至不小于 $1.25V_S$, 上升梯度满足法规规定的最小梯度要求,并完成收起落架、襟翼的阶段。起飞航道阶段也称为起飞飞行航迹。该阶段最大起飞重量的影响因素是规章要求飞机达到的最小上升梯度值和越过下方所有障碍物。因此,在该阶段将重点分析上升梯度和障碍物对最大起飞重量的影响,即上升梯度限重分析和障碍物限重分析。

2.1.2　起飞场道阶段起飞性能分析应考虑的几种情况

飞机性能分析的主要任务是在确保飞行安全的前提下获得最大的经济效益。飞行安全的基本要求是确保飞机在执行飞行任务的任意时刻所做的动作都不会超过可利用的空间。为了达到这个要求,必须要考虑一发失效后的飞机性能变化。因此,在进行起飞性能分析时,必须考虑一台发动机失效的情况。

CCAR-25 规定,结合发动机的工作状态,将起飞场道阶段的起飞性能分为四种情况:全部发动机工作的正常起飞(正常全发起飞)、一台发动机(一发)失效后继续起飞、一台发动机(一发)失效后中断起飞以及有可能发生的全部发动机正常(全发)工作情况下中断起飞的情况。

2.1.2.1　正常全发起飞

正常全发起飞时,飞机进入跑道对正跑道后,松刹车并开始加速滑跑,发动机推力增加到起飞状态(TO/GA 或 FLX)；当飞机滑跑速度达到抬前轮速度 V_R 时，抬前轮离地；当速度达到离地速度 V_{LOF} 时，离地并高出起飞表面 35 ft，飞机速度达到或超过起飞安全速度 V_2。该过程由三段组成：(1)全发加速滑跑，滑跑速度达到抬前轮速度 V_R 的全发加速滑跑段；(2)从抬前轮速度 V_R 开始拉杆抬前轮，增大迎角和升力，同时速度也继续增大到离地速度 V_{LOF}，这时升力等于或略大于重力，使飞机离地，称为过渡段；(3)飞机离地后，一边加速，一边上升，直到速度达到或超过起飞安全速度 V_2，到离地 35 ft 为止的拉起上升段。此时，起飞场道阶段完成，如图 2.1.2 所示。

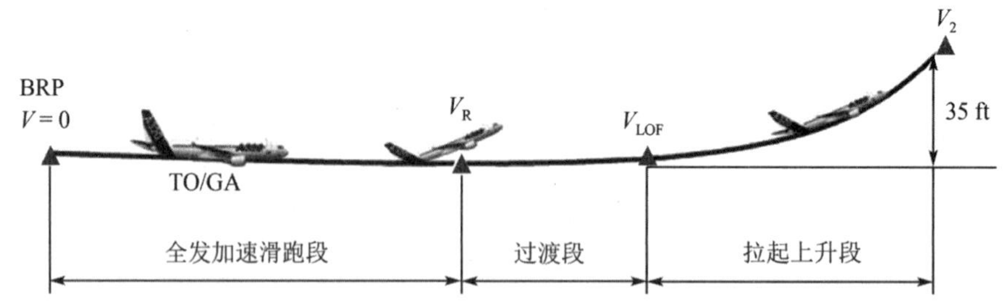

图 2.1.2　正常全发起飞

2.1.2.2　一发失效后继续起飞

一发失效后继续起飞的过程与正常全发起飞基本相似，也由三段组成：(1)从起飞松刹车点开始全发加速到关键发动机失效速度 V_{EF}，关键发动机停车但其余发动机仍保持起飞推力状态，经过一段飞行员判定发动机失效的时间，判断时间通常规定为 1 s，飞机加速到决断速度 V_1，并决定继续起飞加速到 V_R 的加速滑跑段；(2)在关键发动机不工作的情况下，开始抬前轮到飞机离地的过渡段；(3)飞机离地后的拉起上升段，只是由于关键发动机失效，推力减小，离地 35 ft 时的速度小于全发时相应的速度，但不得小于 V_2。此时，起飞场道阶段完成，如图 2.1.3 所示。

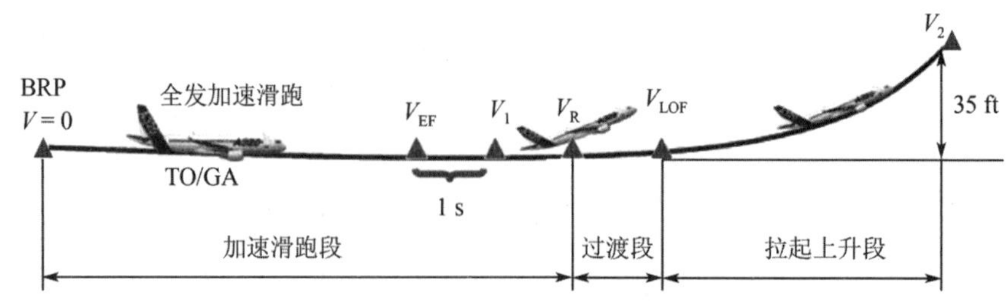

图 2.1.3　一发失效后继续起飞

由上述分析可知，正常全发起飞与一发失效后继续起飞的过程基本相似，但也有所不同。不同之处主要表现为：正常全发起飞时，由于有足够的推力，在完成起飞场道阶段时（35 ft 高度），达到的起飞速度较大，通常为 V_2 + 10 kt ~ V_2 + 25 kt；而一发失效后继续起飞完成场道阶段时的速度为 V_2 ~ V_2 + 10 kt。

在随后的起飞航道阶段，全发是一边加速一边上升，并按收襟缝翼规定速度收上襟翼和缝翼，达到要求的高度和速度，完成起飞到上升的过渡，这就完成了起飞进入航路上升；而一发失效后由于推力不足，为了保证飞行安全，不能边加速边上升，而是在平飞加速的过程中收上襟翼、缝翼，如图 2.1.4 所示。

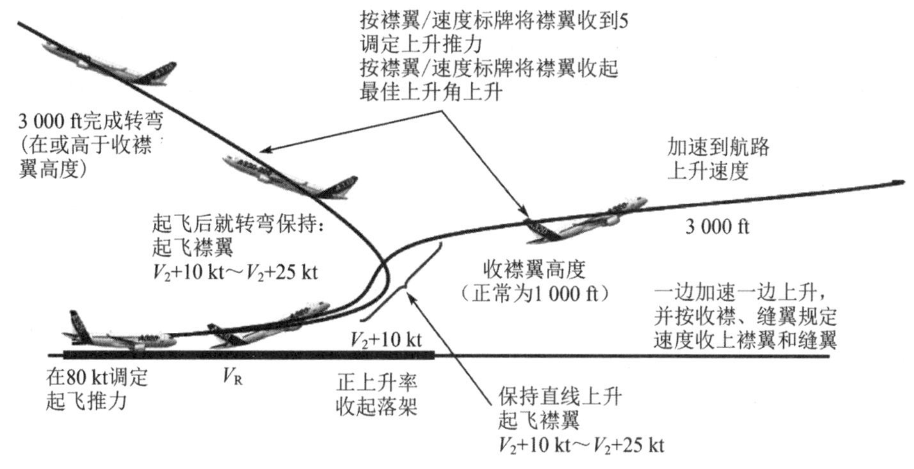

(a)正常全发起飞航迹

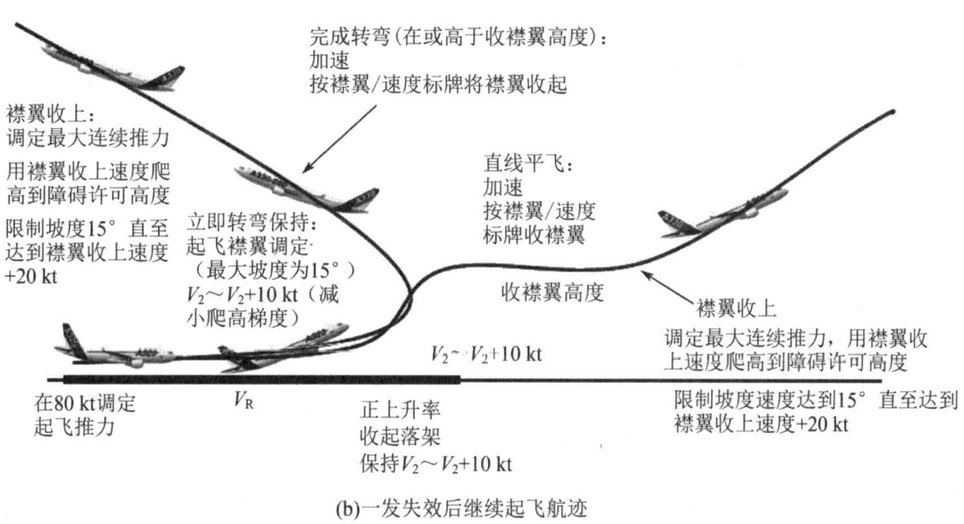

(b)一发失效后继续起飞航迹

图 2.1.4 正常全发起飞和一发失效后继续起飞航迹对比

2.1.2.3 一发失效后中断起飞

飞机从松刹车点开始加速滑跑到 V_{EF}，关键发动机失效，飞行员判断出现一发失效后并决定中断起飞，而且在速度为 V_1 时已采取了制动措施（如使用刹车、减小推力、打开扰流板等），但这一段仍是加速滑跑段。从 V_1 开始采取各种允许的减速措施到这些措施发生效用的速度，使飞机从加速转为减速（过渡段）。最后，这些减速措施使飞机减速直到在跑道上停止（减速停止段），如图 2.1.5 所示。

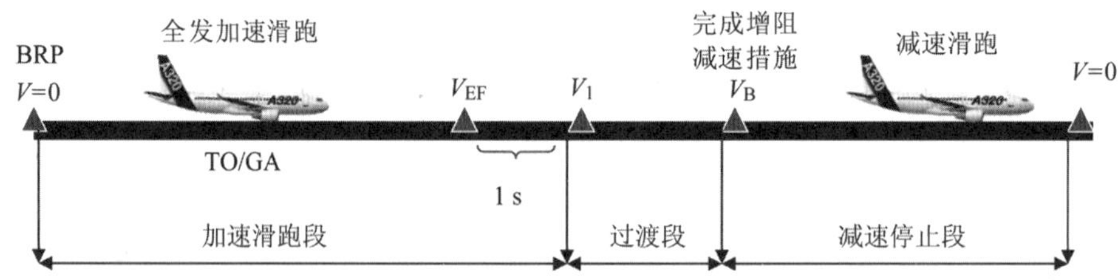

图 2.1.5 一发失效后中断起飞

2.1.2.4 全发工作情况下中断起飞

飞机从松刹车开始加速滑跑到 V_{EF}，但直到 V_1 发动机仍然正常工作，但由于其他故障的出现，飞行员决定中断起飞，并在 V_1 时已采取了减速行动（加速滑跑段）。从 V_1 到这些措施生效为过渡段。最后，这些减速措施使飞机继续减速直至停止（减速停止段）。

2.1.3 起飞距离的相关概念

对起飞距离的分析是理解起飞性能的基础。对于起飞距离的概念通常从两个方面来理解：一是可用距离，从跑道提供的距离来考虑；二是所需距离，从飞机实际起飞需要的距离来考虑。在实际运行中，要求可用距离大于或等于所需距离。

2.1.3.1 可用距离的概念

为了理解可用距离，先来介绍几个相关概念。跑道 RWY（Runway）是指陆地机场上供飞机起飞和着陆使用的一块规定的长方形场地。图 2.1.6 所示的是一条跑道及其周围的区域。跑道周围的区域包括跑道道肩、跑道侧安全道、跑道端安全道（停止道）和净空道。

跑道道肩是指紧靠跑道铺筑面，经过处理用于跑道铺筑面和邻接地面之间过渡的地区，供飞机滑出跑道过渡时使用。

跑道侧安全道是指跑道两侧压实的地带，以备飞机偏离跑道时使用。跑道侧安全道与跑道道肩相接，无跑道道肩时与跑道相接，其长度与跑道长度相等。

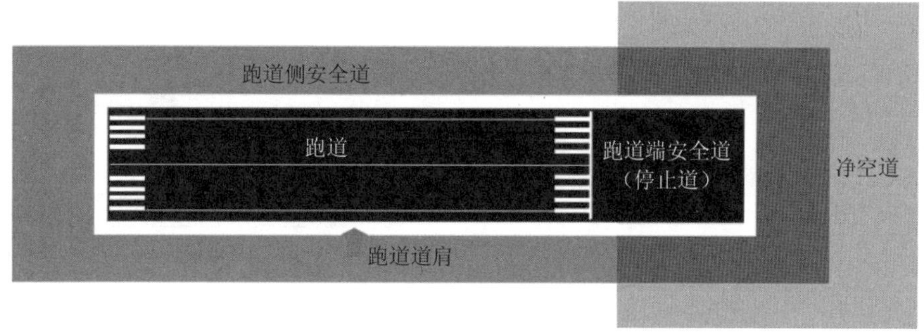

图 2.1.6 跑道及其周围的区域示意图

与飞行性能紧密相关的是跑道端安全道 SWY(Stopway)和净空道 CWY(Clearway)。跑道端安全道(停止道)对称地设置在跑道中心线延长线上,与跑道端相接,宽度与跑道相同,其道面强度应能承受飞机偶然进入而不致引起结构损坏,是由机场当局指定可用于中断起飞时飞机减速的一个区域,如图 2.1.7 所示。

图 2.1.7 跑道端安全道(停止道)示意图

停止道往往是一段经过碾压的沙石道面或经过处理的水泥道面,其强度等于或低于跑道。停止道不能用于起飞滑跑或着陆滑跑,仅用于中断起飞时飞机减速滑跑,相当于延长了可用于中断起飞的距离。因此,使用停止道可以提高飞机的起飞性能。目前,停止道的长度一般为 60 m,当然也可以是其他长度。

净空道对称地设置在跑道中心线延长线上,宽度不小于 500 ft(150 m)。净空道起始端与跑道端或停止道端相接,长度不应超过跑道长度的一半。净空道受机场有关方面管制。净空道平面是沿跑道方向向上延伸的坡度不大于 1.25%的平面,除了安装在跑道两边边灯且高出跑道末端的高度不超过 26 in 的跑道入口灯外,净空道内无任何障碍物和突出地形,如图 2.1.8 所示。由于净空道只用来安全地飞越,所以它既可以是陆地平面,也可以是水面(只要这片水面处于合适的监管之下)。净空道上不应设有对空中飞机的安全构成威胁的设备或装置。在净空道地面上设置的设备或装置应满足易折要求,安装高度应尽可能低,以满足航行需要。

净空道可以供全发起飞和继续起飞空中段使用,因此,使用净空道可以提高飞机的起飞性能。涡轮发动机飞机的起飞场道阶段高度必须要达到 35 ft,并且速度至少达到 V_2。飞机离地后上升到 35 ft 高度可以在净空道内完成。净空道长度应不大于可用起飞滑跑距离的一半。

使用净空道和停止道,延长了可用起飞距离和可用加速停止距离,允许飞机的起飞重

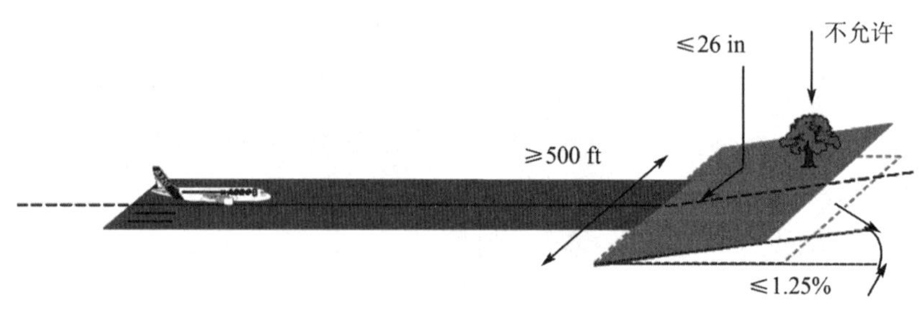

图 2.1.8　机场净空道示意图

量增加，并安全地完成继续起飞和中断起飞。因此，设置并使用净空道和停止道有利于保证安全和增加业载，对于跑道长度较短的机场和高温高原机场尤为重要。

对于起飞距离可以从两个方面考虑，一是从跑道提供的可用距离来考虑，二是从飞机起飞实际所需要的距离来考虑。可用距离包括可用起飞滑跑距离 *TORA*（Take-off Run Distance Available）、可用起飞距离 *TODA*（Take-off Distance Available）和可用加速停止距离 *ASDA*（Accelerate Stop Distance Available）。这些距离可以从航空资料汇编（AIP/NAIP）的机场细则中查到，某机场跑道公布的起飞相关可用距离如表 2.1.1 所示。

表 2.1.1　某机场公布的起飞相关可用距离

跑道号码	可用起飞滑跑距离/m	可用起飞距离/m	可用加速停止距离/m
14	2 600	2 900	2 660
32	2 600	2 600	2 600

可用起飞滑跑距离（*TORA*）主要用于飞机地面滑跑，机场细则中公布的可用起飞滑跑距离通常等于跑道长度。在起飞性能计算中，应该考虑减去飞机从滑行道滑入跑道时为了对正跑道而用掉的一段跑道长度（称为预滑段），即从跑道头到主轮的初始距离，通常为几十米，如图 2.1.9 所示，预滑段为 *A*。

可用起飞距离（*TODA*）用于飞机在地面滑跑和离场达到 35 ft 高度时使用，机场细则中公布的可用起飞距离等于跑道长度加上可用净空道长度。在起飞性能计算中，应该考虑减去飞机从滑行道滑入跑道时为了对正跑道而用掉的一段跑道长度，即从跑道头到主轮的初始距离，通常为几十米，如图 2.1.9 所示，预滑段为 *A*。

可用加速停止距离（*ASDA*）主要用于飞机地面滑跑和中断起飞，机场细则中公布的可用加速停止距离等于跑道长度加上停止道长度。在起飞性能计算中，应该考虑减去飞机从滑行道滑入跑道时为了对正跑道而用掉的一段跑道长度，即从跑道头到前轮的初始距离，通常为几十米，如图 2.1.9 所示，预滑段为 *B*。

预滑段是指飞机通过联络道进入跑道时，由于转弯对正跑道起飞方向而用掉的一段跑道长度，如图 2.1.10 所示。FAA、CAAC 规章没有明确要求营运人考虑用于在跑道上对正起飞方向所用的距离（预滑段），EASA 的条例则明确要求考虑这个距离。波音和空客制造商均提供了各机型的对正距离要求。部分波音机型预滑段的要求如表 2.1.2 所示。部分空客机型预滑段的要求如表 2.1.3 所示。计算飞机性能时，确定可用起飞距离可能需要做对正跑道的长度修正。如图 2.1.10 所示，可用起飞距离/可用起飞滑跑距离（*TODA/TORA*）的调整基于从跑道头到主轮的初始距离，因为屏障高（起飞结束高度35 ft）是从主轮开始测量的，如图中距离 *A* 所示；可用加速停止距离（*ASDA*）的调整基于从跑道头到前轮的初始距离，如图中距离 *B* 所示。

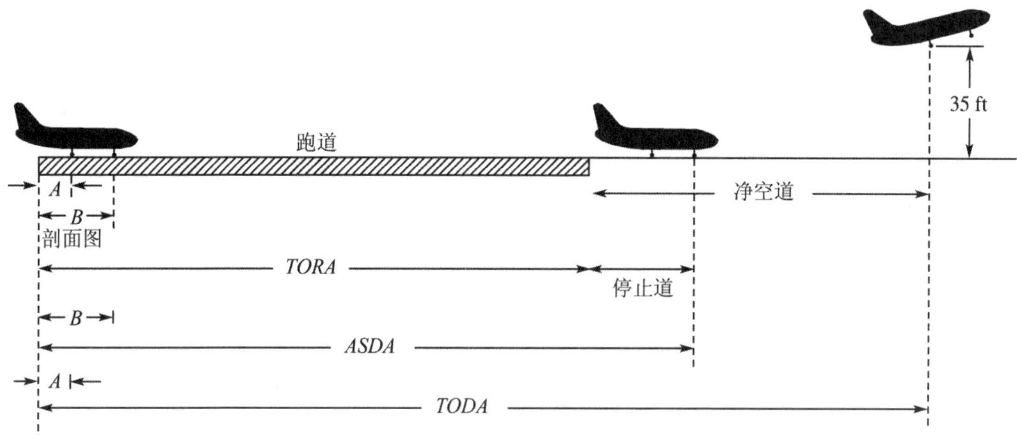

图 2.1.9 *TORA*、*TODA* 和 *ASDA* 的预滑段示意图

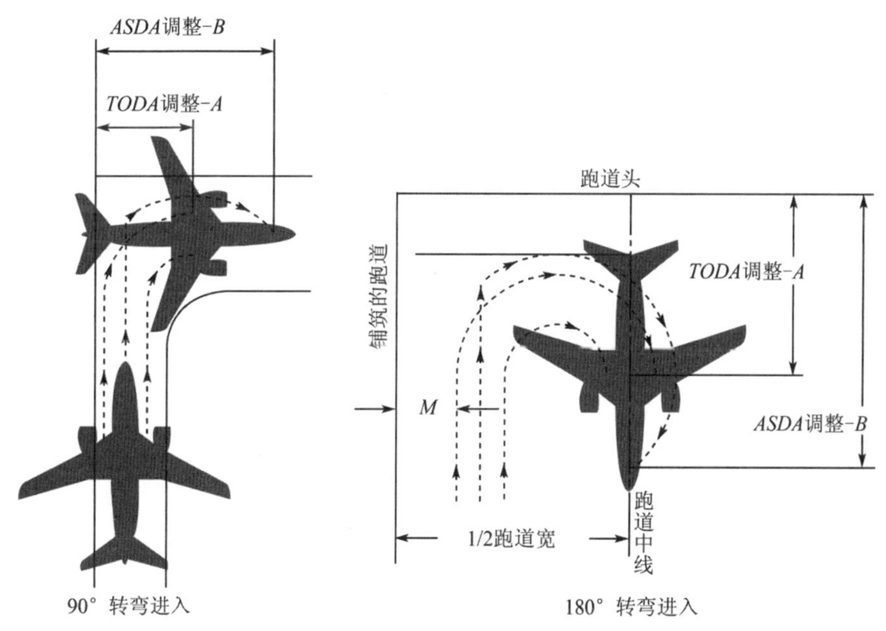

图 2.1.10 90°和 180°转弯预滑段的要求

表 2.1.2　部分波音机型预滑段的要求

机型	180°转弯			90°转弯	
	修正量		所需最小跑道宽度/m	修正量	
	TORA(*TODA*)/m	*ASDA*/m		*TORA*(*TODA*)/m	*ASDA*/m
B737-400	−18.1	−32.4	27.7	−10.1	−24.3
B747 所有型号	−32.4	−56.4	70.7	−23.9	−49.5
B747SP	−47.7	−71.7	60.0	−21.3	−41.8
B777-200	−32.9	−58.0	68.8	−23.6	−49.5
B777-300	−46.5	−71.6	60.0	−26.2	−57.4

表 2.1.3　部分空客机型预滑段的要求

90°跑道的进入			
机型	最大有效转弯角	进跑道最小距离修正	
		TODA/m	*ASDA*/m
A300 所有型号	58.3°	21.5	40.2
A310 所有型号	56.0°	20.4	35.9
A320 所有型号	75.0°	10.9	23.6
A319 所有型号	70.0°	11.5	22.6
A321 所有型号	75.0°	12.0	28.9
A330-200(Mod 47500)	62.0°	22.5	44.7
A330-200(Mod 46810)	55.9°	25.8	48.0
A330-300(Mod 47500)	65.0°	22.9	48.3
A330-300(Mod 46863)	60.5°	25.1	50.5
A340-200(Mod 47500)	62.0°	23.3	46.5
A340-200(Mod 46863)	59.6°	24.6	47.8
A340-300(Mod 47500)	62.0°	24.4	50.0
A340-300(Mod 46863)	60.6°	25.2	50.8
A340-500	65.0°	23.6	51.6
A340-600	67.0°	24.6	57.8

续表

180°转弯进入					
机型	对正跑道最小修正距离		所需最小跑道宽度/m	在 60 m 宽跑道上的名义对正距离	
	TODA/m	ASDA/m		TODA/m	ASDA/m
A300 所有型号	26.5	45.2	66.1	38.0	56.7
A310 所有型号	23.3	38.8	61.6	29.0	44.5
A320 所有型号	16.5	29.1	28.7	16.5	29.1
A319 所有型号	15.1	26.2	31.1	15.1	26.2
A321 所有型号	20.9	37.8	33.1	20.9	37.8
A330-200(Mod 47500)	30.1	52.3	68.2	43.3	65.5
A330-200(Mod 46810)	31.9	54.1	81.6	55.0	77.1
A330-300(Mod 47500)	33.2	58.5	70.0	47.9	73.3
A330-300(Mod 46683)	34.2	59.6	78.8	55.4	80.8
A340-200(Mod 47500)	31.5	54.8	71.4	47.4	70.6
A340-200(Mod 46683)	32.2	55.4	76.6	51.8	75.1
A340-300(Mod 47500)	34.1	59.7	76.0	53.3	78.9
A340-300(Mod 46683)	34.4	60.0	79.2	55.9	81.5
A340-500	35.9	63.9	72.8	52.8	80.8
A340-600	41.1	74.3	76.6	60.7	93.9

需要特别注意的是，飞机重量、气压高度、温度、顺逆风、跑道坡度以及 V_1 的大小均不会影响可用起飞距离、可用起飞滑跑距离和可用加速停止距离。

2.1.3.2　所需距离的概念

所需起飞距离包括所需起飞滑跑距离（*TORR*，通常简写为 *TOR*，起飞滑跑距离）、所需起飞距离（*TODR*，通常简写为 *TOD*，起飞距离）以及所需加速停止距离（*ASDR*，通常简写为 *ASD*，加速停止距离）。

为了确保飞行安全，起飞滑跑距离、起飞距离和加速停止距离均需考虑全发工作和一发失效情况。规章规定的起飞距离、起飞滑跑距离和加速停止距离均为所需距离，下面从规章入手讨论所需起飞距离、所需起飞滑跑距离和所需加速停止距离。

(1)所需起飞距离

CCAR25.113 条规定，干跑道的起飞距离是下述距离中的大者。

①沿着按 CCAR25.111 条确定的起飞航迹，从起飞始点到飞机高于起飞表面 10.7 m (35 ft)一点所经过的水平距离。

②全发工作，沿着由其余与 CCAR25.111 条一致的程序确定的起飞航迹，从起飞始点到飞机高于起飞表面 10.7 m(35 ft)的一点所经过水平距离的 115%。

通过对规章的分析可知，对于干道面，起飞距离 $TOD_{干}$ 为下列两个数值中较大者：全发起飞距离（$TOD_{N,干}$）×115% 和一发失效继续起飞距离（$TOD_{N-1,干}$）。其中，TOD_N 和

TOD_{N-1} 是指从起飞始点到离地 35 ft 高度所经过的水平距离，如图 2.1.11 所示。

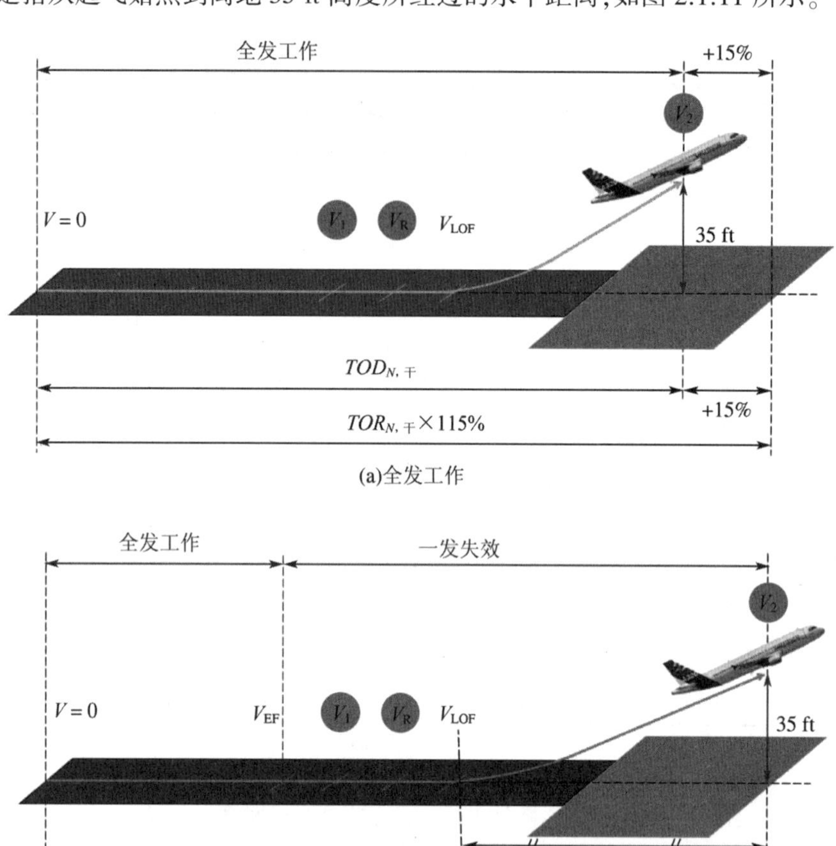

(a)全发工作

(b)一发失效

图 2.1.11　干跑道全发起飞距离和一发失效继续起飞距离示意图

CCAR25.113 条规定，湿跑道的起飞距离是下述距离中的大者。

①按照 CCAR25.113 条确定的干跑道起飞距离。

②沿着按 CCAR25.111 条确定的湿跑道起飞航迹从起飞始点到飞机高于起飞表面 4.6 m(15 ft)的一点所经过的水平距离，以完成距起飞表面 10.7 m(35 ft)之前达到 V_2 一致的方法。

可知，湿跑道起飞距离 $TOD_{湿}$ 为下列两个数值中取较大者：$TOD_{干}$ 和 $TOD_{N-1,湿}$。其中，$TOD_{N-1,湿}$ 是指从起飞始点到离地 15 ft 高度所经过的水平距离，以确保飞机在起飞表面上空达到 35 ft 之前速度达到 V_2，假设关键发动机的故障在速度为 V_{EF} 时发生，在 V_1 时被判明。

(2)所需起飞滑跑距离

对于起飞距离不包含净空道的情况，起飞滑跑距离等于起飞距离。对于起飞距离含有净空道的情况，还需规定起飞滑跑所需距离。

CCAR25.113 条规定，干跑道的起飞滑跑距离是下述距离中的大者。

①沿着按 CCAR25.111 条确定的起飞航迹，从起飞始点到下列两点的中点所经过的水平距离，在一点速度达到 V_{LOF}，在另一点飞机高于起飞表面 10.7 m(35 ft)。

②全发工作，沿着由其余与 CCAR25.111 条一致的程序确定的起飞航迹，从起飞始点到下列两点的中点所经过水平距离的 115%，在一点速度达到 V_{LOF}，在另一点飞机高于起飞表面 10.7 m(35 ft)。

CCAR25.113 条规定，湿跑道的所需起飞滑跑距离是下述距离中的大者。

①沿着按 CCAR25.111 条确定的湿跑道起飞航迹从起飞始点到飞机距起飞表面 4.6 m(15 ft)的一点所经过的水平距离，以完成高于起飞表面 10.7 m(35 ft)之前达到 V_2 一致的方法。

②全发工作，沿着由其余与按 CCAR25.111 条一致的程序确定的起飞航迹，从起飞始点到下列两点的中点所经过水平距离的 115%，在一点速度达到 V_{LOF}，在另一点飞机高于起飞表面 10.7 m(35 ft)。

可知，对于干跑道，所需起飞滑跑距离 $TOR_{干}$ 为下列两个数值中较大者：全发起飞滑跑距离（$TOR_{N,干}$）× 115% 和一发失效继续起飞滑跑距离（$TOR_{N-1,干}$）。其中，TOR_N 和 TOR_{N-1} 是指从起飞始点到空中段距离的一半所经过的水平距离。空中段是指从离地点 V_{LOF} 点到 35 ft 的高度，如图 2.1.12 所示。

对于湿跑道，起飞滑跑距离 $TOR_{湿}$ 为下列两个数值中较大者：$TOR_{N-1,湿}$ 和全发起飞滑跑距离（$TOR_{N,湿}$）× 115%，但需注意，规章规定，$TOR_{N-1,湿} = TOD_{N-1,湿}$。

(3) 所需加速停止距离(加速停止距离)

CCAR25.109 条规定，干跑道上的加速停止距离是下述两种距离中的大者。

①完成下述过程所需距离之和：

(i) 全发工作情况下，飞机从滑跑始点加速到 V_{EF}；

(ii) 假定临界发动机在 V_{EF} 失效和驾驶员在 V_1 采取中止起飞的第一个减速措施，允许飞机从 V_{EF} 加速到中止起飞期间所达到的最大速度；和

(iii) 从中止起飞期间所达到的最大速度到完全停止；加上

(iv) 相当于以 V_1 滑跑 2 s 的距离。

②完成下列过程所需距离之和：

(i) 全发工作情况下，假定驾驶员在 V_1 采取中止起飞的第一个减速措施，飞机从滑跑始点加速至中止起飞期间的最大速度；和

(ii) 全发仍工作情况下，从中止起飞期间所达到的最大速度到完全停止；加上

(iii) 相当于以 V_1 滑跑 2 s 的距离。

CCAR25.109 条规定，湿跑道上的加速停止距离是下述两种距离中的大者。

①按照 CCAR25.109 在干跑道上确定的加速停止距离；

②在湿跑道上，采用湿跑道的 V_{EF} 和 V_1，按照 CCAR25.109 条在干跑道上确定的加

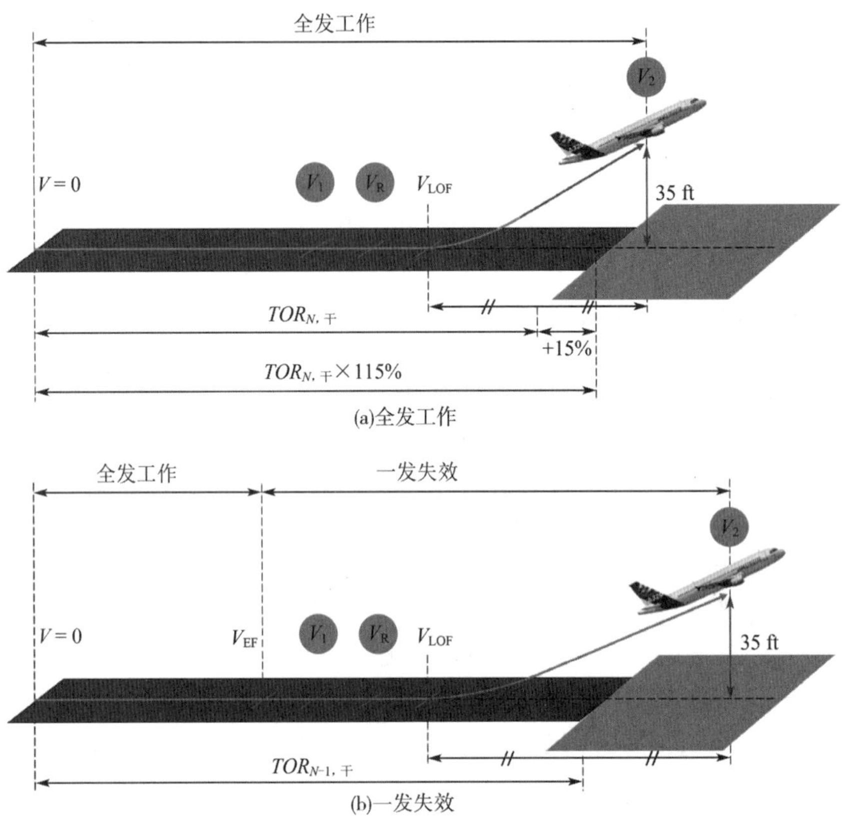

图 2.1.12　干跑道全发起飞滑跑距离和一发失效继续起飞滑跑距离示意图

速停止距离。

可知，干跑道加速停止距离 $ASD_{干}$ 为下列两个数值中较大者：$ASD_{N,干}$ 和 $ASD_{N-1,干}$。其中，$ASD_{N-1,干}$ 是指下列四段数据之和：①从起飞始点开始，所有发动机都工作时将飞机加速到 V_{EF}；②假定关键发动机在 V_{EF} 发生故障而且飞行员在 V_1 时采取了第一个中断起飞的动作，从 V_{EF} 加速到 V_1；③飞机完全停下来；④以恒定的速度 V_1 运动 2 s 所覆盖的距离。$ASD_{N,干}$ 是指下列四段数据之和：①从起飞始点开始，所有发动机都工作时将飞机加速到 V_1；②假定飞行员在 V_1 时采取了第一个中断起飞的动作；③在所有发动机都工作时到飞机完全停下来；④以恒定的速度 V_1 运动 2 s 所覆盖的距离。其示意图如图 2.1.13 所示。

对于湿跑道，加速停止距离 $ASD_{湿}$ 为下列三个数值中较大者：$ASD_{干}$、$ASD_{N-1,湿}$ 和 $ASD_{N,湿}$。其中，除了跑道是湿的以外，$ASD_{N-1,湿}$ 定义与 $ASD_{N-1,干}$ 相同，$ASD_{N,湿}$ 定义与 $ASD_{N,干}$ 相同。此外，在干跑道上取证 *ASD* 不使用反推，但取证湿跑道上的 *ASD* 需要使用反推，前提是反推安全可靠。

实际运行中，*TOD*、*TOR* 和 *ASD* 与飞机重量、气压高度、温度、顺逆风、跑道坡度以及 V_1 大小等有关。

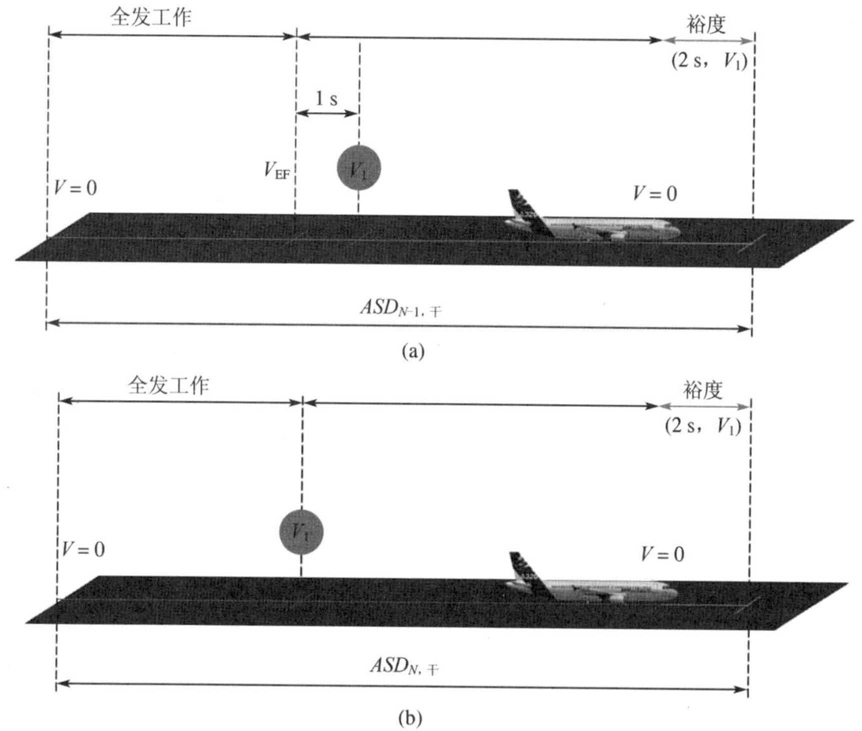

图 2.1.13 干跑道全发所需加速停止距离和一发失效所需加速停止距离示意图

①飞机重量增加,*TOD*、*TOR* 和 *ASD* 均增大。

②机场标高增加,*TOD*、*TOR* 和 *ASD* 均增大。

③机场温度升高,*TOD*、*TOR* 和 *ASD* 均增大。

④顺风起飞,*TOD*、*TOR* 和 *ASD* 均增大。

⑤上坡起飞,*TOD*、*TOR* 和 *ASD* 均增大。

⑥ V_1 增加, TOR_N 和 TOD_N 不变, TOR_{N-1} 和 TOD_{N-1} 减小,*ASD* 增大。

■ 2.1.3.3 安全起飞和中断起飞的要求

实际运行中,每一次起飞前都无法预测是否会面临一些问题(如发动机失效、座舱火警、轮胎爆胎等),无论是正常起飞,还是一发失效后继续起飞或者中断起飞,都应确保跑道提供的可用距离是足够的,即要求所需距离必须小于等于可用距离。因此,需要满足以下三个方面距离的要求:

(1)所需起飞滑跑距离不大于可用起飞滑跑距离,即 $TOR \leqslant TORA$。

(2)所需起飞距离不大于可用起飞距离,即 $TOD \leqslant TODA$。

(3)所需加速停止距离不大于可用加速停止距离,即 $ASD \leqslant ASDA$。

2.2 起飞飞行航迹的要求

2.2.1 起飞飞行航迹的分段

起飞飞行航迹（起飞航道阶段）是指从飞机离地 35 ft 开始到飞机高度不小于 1 500 ft，速度增加至不小于 $1.25V_S$，上升梯度满足法规规定的最小梯度要求，并完成收起落架、襟翼以及发动机功率状态转换的阶段。

起飞航道阶段开始于基准零点，常选择飞机离地 35 ft 时在道面上的投影点作为基准零点。由于起飞航道阶段是上升过程，飞机重量大、高度低，在航道阶段开始还带有起落架和襟翼，正处于机场周围障碍物上空，在研究起飞航道阶段性能时，又把它分为四个阶段，并对各个阶段提出了不同的上升梯度要求，如图 2.2.1 所示。

起飞航道Ⅰ段：自基准零点开始，结束于起落架完全收上（收起落架动作可以在起飞航道Ⅰ段之前开始）。襟翼处于起飞襟翼位。发动机处于起飞工作状态（TOGA）。速度保持在 $V_2 \sim V_2+20$ kt（根据发动机工作情况）。

起飞航道Ⅱ段：自起落架完全收上到离地高度不低于 400 ft 结束（实际结束高度视机场障碍物的实际情况而定，如果在航道上有障碍物，则应该越过障碍物后才能进入航道Ⅲ段）。襟翼处于起飞襟翼位。发动机处于起飞工作状态（TOGA）。该段为等表速上升段，速度和航道Ⅰ段速度相同，保持在 $V_2 \sim V_2+20$ kt（根据发动机工作情况）。

起飞航道Ⅲ段：加速收襟翼阶段。该阶段的主要任务是收起襟缝翼，完成起飞构型至光洁构型的转化。根据规定的收襟翼速度分几次将襟翼全部收起，同时增速到襟翼全收的速度，一般增速到最后起飞速度 V_{FTO}。对于航道Ⅲ段的航迹，全发工作和一发失效时的飞行航迹有所不同。对于全发工作的情况，由于发动机的推力较大，能够保证飞机边上升边加速，因此该段是上升段。对于一发失效的情况，发动机的推力大大损失，使得飞机无法一边上高度，一边加速，因此，在此阶段只能损失高度，减小上升角或改平飞使飞机增速，通常是平飞段。考虑到发动机起飞工作状态的使用时间限制，这段通常使用起飞工作状态（TOGA）、上升工作状态（CL）或最大连续推力工作状态（MCT）（该状态常用于一台发动机停车后的上升）。

起飞航道Ⅳ段：起飞最后航段，保持最后起飞速度 V_{FTO} 上升到不低于 1 500 ft，使用上升推力（CL）或最大连续推力工作状态（MCT），此时飞机为光洁构型。

2.2.2 起飞飞行航迹的梯度要求

在起飞航道的四个阶段，飞机都必须具备最小越障能力。反映飞机越障能力的参数

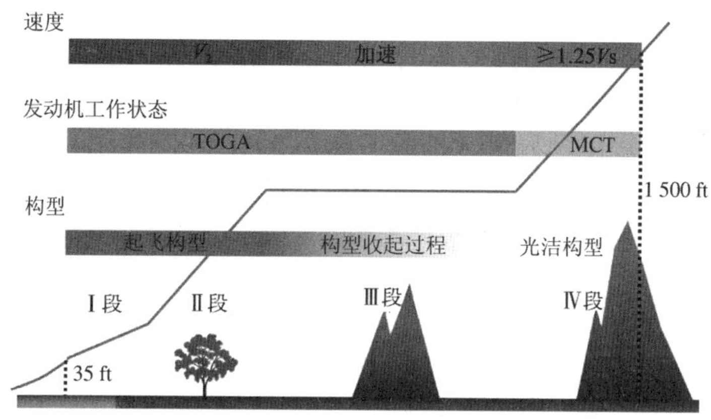

图 2.2.1 起飞飞行航迹的四个阶段

是上升梯度(或称为爬升梯度),飞机的上升梯度又分为总上升梯度和净上升梯度。总上升梯度是指根据飞行性能手册计算得到的上升梯度。净上升梯度是在总上升梯度的基础上减去一个安全余量,即考虑驾驶员操纵误差和飞机性能变化引起的上升梯度减小量。由总上升梯度确定的航迹就是真实起飞飞行航迹(即总航迹)。由净上升梯度得到的航迹就是净起飞飞行航迹(即净航迹)。通常规章要求飞机的净起飞飞行航迹至少高于障碍物顶点 35 ft,以保证飞机安全越障。

CCAR25.115 条规定,净起飞飞行航迹数据必须为真实起飞飞行航迹在每一点减去下列数值的上升梯度(即安全余量),双发飞机为 0.8%,三发飞机为 0.9%,四发飞机为 1.0%。

CCAR25.111 条和 CCAR25.121 条规定了起飞航道各段的最小上升梯度值,如表 2.2.1 所示。

表 2.2.1 民航规章对起飞航道各段的最小上升梯度要求

类型	Ⅰ段	Ⅱ段	Ⅲ段	Ⅳ段
双发飞机	>0.0%	2.4%	1.2%	1.2%
三发飞机	0.3%	2.7%	1.5%	1.5%
四发飞机	0.5%	3.0%	1.7%	1.7%

根据表 2.2.1 可知,对于双发飞机,对航道Ⅱ段的最小上升梯度要求最高,为 2.4%,而对其他三段要求较低,Ⅰ段只需大于 0.0%即可,Ⅲ段、Ⅳ段均为 1.2%。在起飞航道Ⅰ段,主要工作是收起落架,而且此时飞机在机场的管制区域之内,越障基本不存在问题,过大的上升梯度要求将使飞机的使用受到很大的限制;航道Ⅱ段要求的梯度最大是因为此时

飞机已经基本脱离机场管制区域，场外可能有高大建筑物，应当尽可能快地上升高度，因此要求有较大的上升梯度，即使机场周围没有高大建筑物，飞机也必须满足上述规定的最小上升梯度要求，以防止飞机在出现坡度后不能取得足够的上升率；航道Ⅲ段、Ⅳ段离地已经较高（规章要求最小为 400 ft），对越障的要求就没那么高，规章规定的梯度相对来说较小。

全发起飞和起飞过程中一发失效后继续起飞相比，飞机的上升梯度相差很大。例如，某双发飞机以全重 240 000 lb 全发起飞，在襟翼偏度为 15°的情况下，上升时保持速度 V_2+15 kt，飞机在起飞航道Ⅱ段的上升梯度为 14.6%；而一发失效后，在起飞航道Ⅱ段保持速度 V_2，飞机在该段的上升梯度减小至 2.1%左右，这主要是因为双发飞机一台发动机停车后，发动机推力减小了一半，停车的发动机还会产生风车阻力。此外，为保持飞机直线飞行，飞机需要带有一定的坡度或侧滑，这也使飞机阻力增大。同时，飞机离地上升的飞行速度要比正常速度小，使飞行速度小于最大上升角对应的速度，上升梯度减小。

实际应用中总是考虑了起飞过程中一台发动机停车的情况，在此基础上得到的起飞数据保证了飞行安全。其实，在起飞航道的四个阶段，只有航道Ⅱ段的最小上升梯度要求最高，换句话说，通常只要航道Ⅱ段的最小上升梯度达到了法规要求，其他段也就能达到法规要求。因此，表 2.2.1 中各段的最小上升梯度要求是在一发失效的情况下必须达到的最小梯度。梯度与飞机重量成反比，为了达到该梯度值，可能会影响到飞机的最大起飞重量，即航段阶段上升梯度限重。

2.3 限制最大起飞重量的因素

根据《大型飞机公共航空运输承运人运行合格审定规则》（CCAR-121-R7）第 121.189 条涡轮发动机驱动的飞机的起飞限制规定，最大起飞重量需要满足以下要求：

（a）涡轮发动机驱动的飞机不得以大于该飞机飞行手册中对应于该机场气压高度和起飞时环境温度所确定的重量起飞。

（b）涡轮发动机驱动的运输类飞机不得以大于该飞机飞行手册中规定的重量起飞，该重量应当保证飞机符合下列各项要求：

（1）加速停止距离不得超过跑道长度加上停止道的长度。

（2）起飞距离不得超过跑道长度加上净空道长度，但净空道长度不得大于跑道长度的一半。

（3）起飞滑跑距离不得大于跑道长度。

（c）涡轮发动机驱动的飞机不得以大于该飞机飞行手册中所确定的某个重量起飞，在该重量下，预定净起飞飞行轨迹以 10.7 m（35 ft）的余度超越所有障碍物，或者能以一个特定距离侧向避开障碍物。该特定距离的值为下列两目中规定值的较小值：

(i)90 m(300 ft)+0.125D,其中 D 是指飞机离可用起飞距离末端的距离值。

(ii)对于目视飞行规则飞行,预定航迹的航向变化小于 15°时,为 300 m,预定航迹的航向变化大于 15°时,为 600 m;对于仪表飞行规则飞行,预定航迹的航向变化小于 15°时,为 600 m,预定航迹的航向变化大于 15°时,为 900 m。

(d)在依据本条(a)至(c)款确定最大重量、最小距离和飞行轨迹时,应当对拟用的跑道、机场的标高、有效跑道坡度和起飞时的环境温度、风的分量进行修正。

(e)就本条而言,假定飞机在到达 15.2 m(50 ft)高度(按照飞机飞行手册中起飞轨迹或者净起飞飞行轨迹数据中的适用者)之前无坡度,并在此之后,最大坡度不超过 15°。

最大允许的起飞重量是保证飞行安全并获得最大经济效益的重要参数之一,也是起飞性能分析工作的重要任务之一。同一架飞机的起飞重量越大,飞机的运输飞行经济性就会高一些,而重量过大,如果出现紧急情况,飞机的安全性可能得不到保证。实际飞行中,有很多因素会影响最大起飞重量,常见的有最大审定起飞重量、场地长度限制、起飞航道的上升梯度(特别是航道Ⅱ段)限制、障碍物限制、最大轮胎速度限制和最大刹车能量速度限制等。下面将详细讨论限制最大起飞重量的各个因素。

2.3.1 最大审定起飞重量限制

最大审定起飞重量是指因设计或运行限制,航空器能够起飞时所允许的最大重量。最大起飞重量是航空器的三种设计重量限制之一,其余两种是最大零燃油重量和最大着陆重量。同一型号的飞机,可以有多于一种最大起飞重量的设定。航空公司可以以额外成本选购并获得较大的最大起飞重量的取证。对于一些航空公司,若不需要较大的最大起飞重量,可以选取较小的起飞重量版本,以降低购买飞机的成本。确定好版本并购买了飞机,最大审定起飞重量也就确定了,审定的最大起飞重量、最大着陆重量和最大零燃油重量可在飞机飞行手册和飞行机组操作手册的限制数据部分查得。波音和空客典型机型最大审定起飞重量如表 2.3.1 所示。

表 2.3.1　波音和空客典型机型最大审定起飞重量

机型	发动机型号	最大审定起飞重量/kg	备注
B737-700	CFM56-7B24	67 131	
B737-800	CFM56-7B24	78 245	
A319-112	CFM56-5B6	70 000	
A320-214	CFM56-5B4	77 000	
A321-211	CFM56-5B3	89 000	
CRJ-900	CF34-8C5	38 330	主要用于支线运输
ERJ-145	AE3007A1	22 000	主要用于支线运输
ERJ-190	CF34-10E5	50 300	主要用于支线运输
ARJ21-700	CF34-10A16	40 500	主要用于支线运输

2.3.2 场地长度限制

通常情况下，飞机的起飞重量越大，完成起飞所需的距离越长，而对于某一指定机场，由跑道起飞提供的可用起飞距离是固定的，当某一起飞重量下的所需起飞距离等于可用起飞距离时，该重量称为场地长度限制的最大起飞重量。

场地长度限制的最大起飞重量应该是起飞滑跑过程中一台发动机停车和全发起飞最大重量的较小值。在进行飞机场道性能分析时，需要考虑起飞滑跑距离满足 *TOR* 不大于 *TORA*，即 $TOR \leqslant TORA$；起飞距离满足 *TOD* 不大于 *TODA*，即 $TOD \leqslant TODA$；加速停止距离满足 *ASD* 不大于 *ASDA*，即 $ASD \leqslant ASDA$。通过前面对起飞距离的分析可知，飞机重量增加时，*TOD*、*TOR* 和 *ASD* 均增大，而 *TODA*、*TORA* 和 *ASDA* 不变。因此，当 $TOR = TORA$ 时，由起飞滑跑所需距离限制了一个起飞重量 W_1；当 $TOD = TODA$ 时，由起飞距离限制了一个起飞重量 W_2；当 $ASD = ASDA$ 时，由加速停止距离限制了一个起飞重量 W_3。这三个距离确定的最大起飞重量可能不一样，实际场地长度限制的最大起飞重量应该考虑这三个距离限制的最小值，实际允许的场地长度限制的最大起飞重量取 W_1、W_2 和 W_3 中的最小值。

航空公司在进行场地长度限制的起飞性能分析时，主要根据实际运行条件，如机场气象和飞机的具体情况，按照机场的可用距离来确定允许的场地长度限制的最大起飞重量，以便在该重量限制范围内安排具体航线所需的燃油和可能的客、货载运量，以确保飞行安全，取得更好的经济效益。为了满足航空公司的上述要求，飞机制造商提供了两种类型的起飞性能分析工具，一种是用飞机飞行手册和飞行机组操作手册提供的图表进行查表、查图计算；另一种是直接使用制造商提供的性能软件，计算出相关结果。虽然后者已广泛地应用于航空公司的运营管理中，但是在缺少这类软件时，仍然需要使用图表计算法。目前，除波音、空客等较大的制造商提供性能软件外，其他机型（特别是小型通用飞机）仍然使用手册中的图表进行计算。熟悉和使用图表有助于更好地理解相关理论、概念和方法，也能更深入地掌握影响起飞性能的各种因素。关于由性能软件计算出来的图表的使用方法，将在后面起飞限重表的使用这一部分中进行详细介绍。下面仅介绍飞机飞行手册和飞行机组操作手册中的相关图表的使用。目前，性能图表常见的有曲线和表格两种形式，下面以波音机型为例分别介绍曲线和表格的使用方法。

2.3.2.1 曲线形式的场长限重表的使用

B737-800 场长限重图如图 2.3.1 所示。该图是由飞行计划与性能手册（FPPM）给出的。通过该图，可以确定在某一可用距离和结合实际运行条件的场地长度限制的最大起飞重量。下面以实际例子说明该图表的使用方法，具体绘图步骤如图中虚线所示。

例 2.3.1 机场气压高度为 4 000 ft，气温为 31 ℃，跑道长度为 9 500 ft，起飞襟翼为 1°，跑道坡度为上坡 1%，逆风分量为 20 kt，引气开，防冰关。试根据图 2.3.1 确定跑道长度限制的最大起飞重量。

解：

(1)温度高度栏：找到气温为 31 ℃的点，过该点向上作垂线，与 4 000 ft 气压高度曲线相交于一点，过该交点作水平线进入下一栏场地限制的最大起飞重量栏，与该栏的参考线垂直，找到交点。

(2)跑道长度栏：在曲线图表的最底一栏，找到跑道限制长度 9 500 ft 处，向上作垂线进入跑道坡度栏，与跑道坡度栏的参考线垂直。

(3)跑道坡度栏：根据规定，上坡为正，下坡为负。按照题中要求，跑道坡度为上坡 1%，按照引导线的偏斜比例，从交点处应该向上偏斜至 1%处，然后作垂线至下一栏风分量栏的参考线。

(4)风分量栏：风分量栏分为逆风风量和顺风风量，规定逆风为正，顺风为负。按照题中要求，逆风分量为 20 kt，按照引导线的偏斜比例，从交点处应该向上偏斜至 20 kt 处，然后作垂线至下一栏场地限制的最大起飞重量栏。

(5)限制的最大起飞重量栏：通过步骤(1)找到的交点，按照该栏中引导线的偏斜比例偏斜；找到与步骤(4)中的垂线的交点，过该交点作水平线，读出的数据即为场地限制的最大起飞重量。场地限制的最大起飞重量为 69 000 kg。

(6)由于引气开、防冰关，因此不需要对场地限制的最大起飞重量进行修正，即场地限制的最大起飞重量为 69 000 kg。

2.3.2.2 表格形式的场长限重表的使用

B737-800 场长限重和上升梯度限重表如表 2.3.2 所示。该表由飞行机组操作手册给出。通过该表也可以确定在某一可用距离和结合实际运行条件的场地长度限制的最大起飞重量。下面以实际例子说明该表的使用方法。

例 2.3.2 机场气压高度为 1 000 ft，气温为 30 ℃，跑道长度为 8 200 ft，起飞襟翼为 5°，跑道坡度为下坡 1%，逆风分量为 30 kt，发动机引气关，发动机和机翼防冰关。试根据表 2.3.2 和表 2.3.3 确定跑道长度限制的最大起飞重量。

解：

(1)确定修正后的跑道长度。根据表 2.3.3，跑道下坡 1.0%修正后的跑道长度为 8 520 ft，再根据逆风分量为 30 kt 采用线性插值方法，修正后的跑道长度 = 9 230+(8 520−8 200)×(9 650−9 230)/(8 600−8 200) = 9 566 ft。因此，综合考虑风和坡度的影响后修正的跑道长度为 9 566 ft。

(2)确定场长限重。根据表 2.3.2 中机场气压高度为 1 000 ft、温度为 30 ℃、修正后的跑道长度为 9 566 ft，通过线性插值，可知场长限重 = 167.8×1 000+(9 566−9 400)×(170.8−167.8)/(9 800−9 400)×1 000 = 169 045 lb。

(3)场长限重的修正。根据表 2.3.2，发动机引气关，场长限重增加 900 lb。

因此，跑道长度限制的最大起飞重量为 169 045+900 = 169 945 lb。

Takeoff Field Limit - Dry Runway

Flaps 1

Based on engine bleed for packs on and anti-ice off

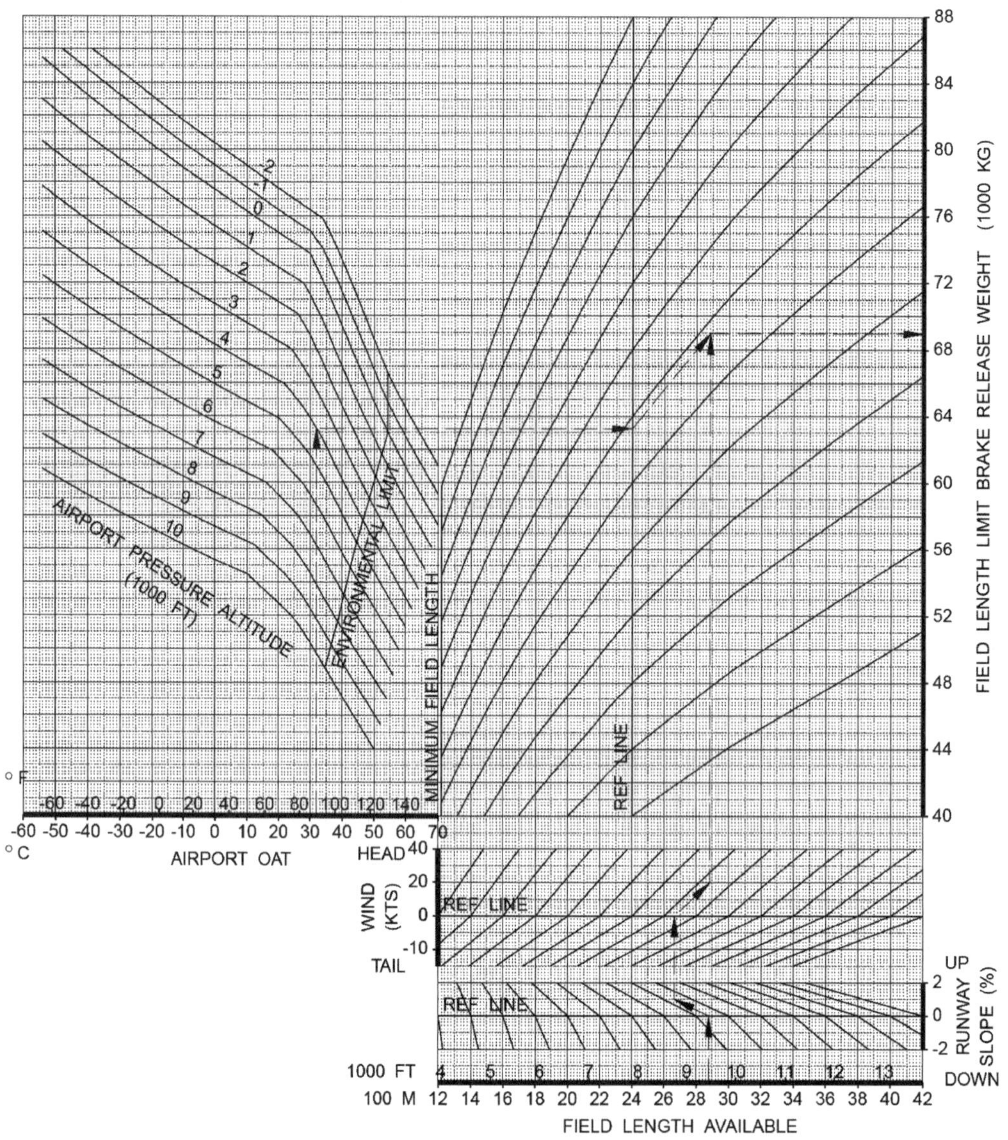

With engine bleed for packs off, increase weight by 350 kg.
With engine anti-ice on, decrease weight by 200 kg.
With engine and wing anti-ice on, decrease weight by 750 kg (optional system).

图 2.3.1　B737-800 场长限重图

表 2.3.2 B737-800 场长限重和上升梯度限重表

Takeoff Field & Climb Limit Weights - Dry Runway

Flaps 5

Sea Level Pressure Altitude

CORR'D FIELD LENGTH (FT)	FIELD LIMIT WEIGHT (1000 LB)										
	OAT										
	°C -40	14	18	22	24	26	28	30	42	46	50
	°F -40	57	64	72	75	79	82	86	108	115	122
4000	124.1	113.5	112.7	112.0	111.6	111.2	110.8	110.4	101.6	98.7	95.8
4200	127.8	116.9	116.1	115.3	114.9	114.6	114.2	113.8	104.7	101.8	98.8
4600	134.8	123.4	122.6	121.8	121.4	121.0	120.6	120.2	110.7	107.6	104.5
5000	141.5	129.6	128.7	127.9	127.5	127.1	126.6	126.2	116.3	113.1	109.8
5400	147.7	135.3	134.4	133.5	133.1	132.7	132.2	131.8	121.5	118.1	114.7
5800	153.6	140.7	139.8	138.9	138.4	138.0	137.5	137.1	126.3	122.9	119.3
6200	159.3	145.9	144.9	143.9	143.5	143.0	142.5	142.0	130.9	127.2	123.6
6600	164.7	150.7	149.7	148.7	148.2	147.7	147.3	146.8	135.2	131.4	127.6
7000	169.8	155.3	154.3	153.3	152.8	152.3	151.8	151.2	139.3	135.4	131.4
7400	174.5	159.6	158.6	157.5	157.0	156.5	156.0	155.4	143.1	139.1	135.0
7800	179.1	163.8	162.8	161.7	161.1	160.6	160.1	159.5	146.8	142.7	138.5
8200	183.9	168.2	167.1	166.0	165.4	164.9	164.3	163.7	150.7	146.4	142.2
8600	188.5	172.4	171.2	170.1	169.5	168.9	168.4	167.8	154.4	150.0	145.6
9000	190.0	176.0	174.8	173.6	173.0	172.5	171.9	171.3	157.6	153.1	148.6
9400	190.0	179.2	178.0	176.8	176.2	175.6	175.0	174.4	160.4	155.9	151.3
9800	190.0	182.4	181.1	179.9	179.3	178.7	178.1	177.5	163.2	158.6	153.9
10200	190.0	185.6	184.3	183.1	182.5	181.8	181.2	180.6	166.0	161.2	156.5
10600	190.0	188.8	187.5	186.2	185.6	184.9	184.3	183.7	168.7	163.9	159.0
CLIMB LIMIT WT (1000 LB)	166.2	164.8	164.6	164.3	164.2	164.1	163.9	163.8	146.8	141.3	135.9

1000 FT Pressure Altitude

CORR'D FIELD LENGTH (FT)	FIELD LIMIT WEIGHT (1000 LB)										
	OAT										
	°C -40	14	18	22	24	26	28	30	42	46	50
	°F -40	57	64	72	75	79	82	86	108	115	122
4000	120.9	110.3	109.6	108.9	108.5	108.1	107.8	106.3	97.8	95.0	92.2
4200	124.5	113.7	112.9	112.2	111.8	111.4	111.0	109.5	100.8	97.9	95.1
4600	131.4	120.1	119.3	118.5	118.1	117.7	117.3	115.7	106.6	103.6	100.7
5000	137.9	126.1	125.2	124.4	124.0	123.6	123.2	121.6	112.0	108.9	105.9
5400	143.9	131.6	130.8	129.9	129.5	129.1	128.7	126.9	117.0	113.8	110.6
5800	149.7	136.9	136.0	135.2	134.7	134.3	133.8	132.0	121.7	118.3	115.0
6200	155.2	141.9	141.0	140.0	139.6	139.1	138.7	136.8	126.1	122.6	119.1
6600	160.4	146.6	145.6	144.7	144.2	143.7	143.3	141.3	130.2	126.5	122.9
7000	165.4	151.1	150.1	149.1	148.6	148.1	147.6	145.6	134.1	130.3	126.6
7400	170.0	155.3	154.2	153.2	152.7	152.2	151.7	149.6	137.8	133.9	130.1
7800	174.5	159.4	158.3	157.2	156.7	156.2	155.7	153.6	141.4	137.4	133.4
8200	179.1	163.6	162.5	161.4	160.9	160.3	159.8	157.6	145.1	141.0	136.9
8600	183.6	167.6	166.5	165.4	164.8	164.3	163.7	161.5	148.6	144.4	140.2
9000	187.4	171.1	170.0	168.8	168.3	167.7	167.2	164.9	151.7	147.4	143.1
9400	190.0	174.2	173.1	171.9	171.3	170.8	170.2	167.8	154.4	150.0	145.7
9800	190.0	177.3	176.1	174.9	174.4	173.8	173.2	170.8	157.1	152.6	148.1
10200	190.0	180.4	179.2	178.0	177.4	176.8	176.2	173.7	159.7	155.1	150.6
10600	190.0	183.5	182.2	181.0	180.4	179.8	179.2	176.7	162.3	157.6	153.0
CLIMB LIMIT WT (1000 LB)	163.1	161.6	161.4	161.1	161.0	160.9	160.7	157.9	141.4	136.1	131.0

With engine bleed for packs off, increase field limit weight by 900 lb and climb limit weight by 3000 lb.
With engine anti-ice on, decrease field limit weight by 400 lb and climb limit weight by 500 lb.
With engine and wing anti-ice on (optional system), decrease field limit weight by 1200 lb and climb limit weight by 2800 lb.

表 2.3.3 跑道坡度和风对跑道长度的影响

Takeoff Field Corrections - Dry Runway

Slope Corrections

FIELD LENGTH AVAILABLE (FT)	SLOPE CORRECTED FIELD LENGTH (FT)								
	RUNWAY SLOPE (%)								
	-2.0	-1.5	-1.0	-0.5	0.0	0.5	1.0	1.5	2.0
4200	4240	4230	4220	4210	4200	4140	4070	4010	3950
4600	4700	4670	4650	4620	4600	4510	4420	4330	4240
5000	5160	5120	5080	5040	5000	4880	4770	4650	4530
5400	5620	5560	5510	5450	5400	5260	5110	4970	4830
5800	6080	6010	5940	5870	5800	5630	5460	5290	5120
6200	6540	6450	6370	6280	6200	6000	5810	5610	5410
6600	7000	6900	6800	6700	6600	6380	6150	5930	5710
7000	7460	7340	7230	7110	7000	6750	6500	6250	6000
7400	7910	7790	7660	7530	7400	7130	6860	6580	6310
7800	8370	8230	8090	7940	7800	7510	7210	6920	6620
8200	8830	8670	8520	8360	8200	7880	7570	7250	6930
8600	9290	9120	8950	8770	8600	8260	7920	7580	7240
9000	9750	9560	9380	9190	9000	8640	8280	7920	7560
9400	10210	10010	9810	9600	9400	9020	8630	8250	7870
9800	10670	10450	10240	10020	9800	9390	8990	8580	8180
10200	11130	10900	10670	10430	10200	9770	9340	8920	8490
10600	11590	11340	11100	10850	10600	10150	9700	9250	8800
11000	12050	11790	11530	11260	11000	10530	10060	9580	9110
11400	12510	12230	11960	11680	11400	10910	10410	9920	9420
11800	12970	12680	12390	12090	11800	11280	10770	10250	9730

Wind Corrections

SLOPE CORR'D FIELD LENGTH (FT)	SLOPE & WIND CORRECTED FIELD LENGTH (FT)							
	WIND COMPONENT (KTS)							
	-15	-10	-5	0	10	20	30	40
4200	3110	3470	3840	4200	4450	4710	4960	5220
4600	3450	3830	4220	4600	4860	5130	5390	5660
5000	3790	4190	4600	5000	5270	5540	5820	6090
5400	4120	4550	4970	5400	5680	5960	6240	6530
5800	4460	4910	5350	5800	6090	6380	6670	6970
6200	4800	5270	5730	6200	6490	6790	7090	7400
6600	5140	5630	6110	6600	6900	7210	7520	7840
7000	5480	5980	6490	7000	7310	7630	7950	8280
7400	5810	6340	6870	7400	7720	8040	8370	8710
7800	6150	6700	7250	7800	8130	8460	8800	9150
8200	6490	7060	7630	8200	8530	8880	9230	9590
8600	6830	7420	8010	8600	8940	9290	9650	10020
9000	7170	7780	8390	9000	9350	9710	10080	10460
9400	7510	8140	8770	9400	9760	10130	10500	10900
9800	7840	8500	9150	9800	10160	10540	10930	11330
10200	8180	8850	9530	10200	10570	10960	11360	11770
10600	8520	9210	9910	10600	10980	11380	11780	12210
11000	8860	9570	10290	11000	11390	11790	12210	12640
11400	9200	9930	10670	11400	11800	12210	12640	13080
11800	9540	10290	11050	11800	12200	12630	13060	13520

2.3.3 起飞航道的上升梯度限制

飞机的上升梯度是指飞机上升角的正切值。飞机的上升梯度与飞机起飞重量成反比,即飞机起飞重量越大,上升梯度越小。

在分析起飞航道性能时,根据前面的分析,规章对起飞航道的四个阶段都有一个最小上升梯度要求,该上升梯度值是要求飞机在任何时候都必须达到的最小梯度,包括一发不工作的情况,实际飞行中必须满足这个要求,以保证飞行安全。根据规章对每段最小上升梯度的要求,在起飞航道Ⅱ段,规章要求的最小梯度值最大,且该段飞机速度较小,可能比对应构型下的陡升速度小,而且襟翼在起飞位置,飞机阻力较大。因此,飞机的最大起飞重量常常要受到起飞航道Ⅱ段的上升梯度的限制。实际应用中通常把不同条件下受上升梯度限制的重量绘制成图表或曲线,供签派员和飞行员使用。图 2.3.2 给出了 B737-800(26K)上升梯度限重曲线图,B737-800(26K)上升梯度限重表如表 2.3.4 所示。

例 2.3.3 机场气压高度为 4 000 ft,气温为 31 ℃,起飞襟翼为 1°,发动机引气关,发动机防冰开,机翼防冰关。试根据图 2.3.2 确定上升梯度限制的最大起飞重量。

解:

(1)根据图 2.3.2 中虚线所绘制的路线,可以求出上升梯度限重为 76 000 kg。该重量是基于发动机引气开和防冰关的计算结果。

(2)修正。根据图 2.3.2 中修正项内容,如果发动机引气关,重量增加 1 500 kg;发动机的防冰开,重量减少 250 kg。因此,最终确定的上升梯度限重为 76 000+1 500-250 =77 250 kg。

例 2.3.4 机场气压高度为 1 000 ft,气温为 30 ℃,起飞襟翼为 5°,发动机引气关,发动机和机翼防冰开。试根据表 2.3.4 确定上升梯度限制的最大起飞重量。

解:

(1)根据机场气压高度为 1 000 ft,气温为 30 ℃,查表 2.3.4,可知上升梯度限重为(81 300+75 900)/2=78 600 kg。

(2)上升梯度限重的修正。本例题的计算条件是发动机引气关,发动机和机翼防冰开。根据表 2.3.4,发动机引气关,上升梯度限重增加 1 250 kg;发动机防冰开,机翼防冰开,上升梯度限重重量减小 1 400 kg。因此,最终确定的上升梯度限制的最大起飞重量为 78 600+1 250-1 400=78 450 kg。

Takeoff Climb Limit
Flaps 1
Based on engine bleed for packs on and anti-ice off

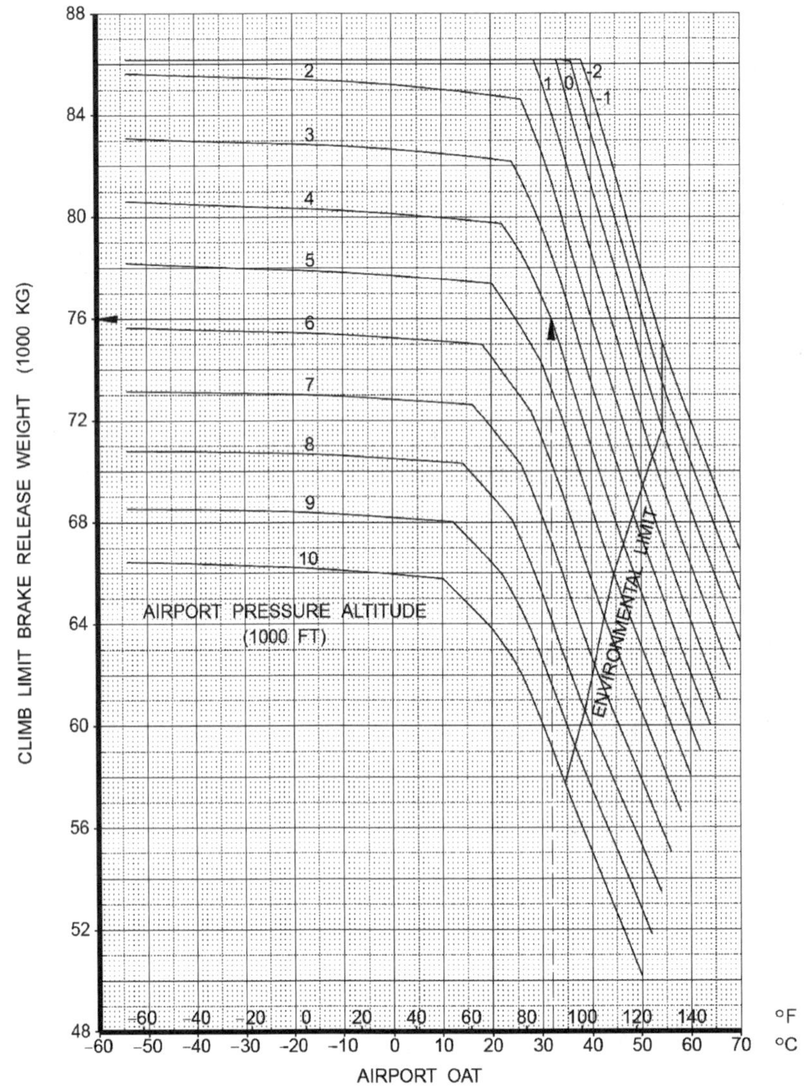

With engine bleed for packs off, increase weight by 1500 kg.
With engine anti-ice on, decrease weight by 250 kg.
With engine and wing anti-ice on, decrease weight by 1550 kg (optional system).

图 2.3.2　B737-800(26K)上升梯度限重曲线图

表 2.3.4　B737-800(26K)上升梯度限重表

Takeoff Field & Climb Limit Weights - Dry Runway
Flaps 5
Sea Level Pressure Altitude

CORR'D FIELD LENGTH (M)	FIELD LIMIT WEIGHT (1000 KG)										
	OAT (°C)										
	-40	10	14	18	22	26	30	38	42	46	50
1200	58.1	53.3	52.9	52.6	52.2	51.9	51.5	49.1	47.9	46.7	45.4
1400	63.7	58.5	58.1	57.7	57.3	57.0	56.6	53.9	52.5	51.2	49.8
1600	68.9	63.3	62.8	62.4	62.0	61.6	61.2	58.3	56.8	55.4	53.9
1800	73.7	67.6	67.2	66.7	66.3	65.9	65.4	62.4	60.7	59.2	57.6
2000	78.2	71.8	71.3	70.8	70.3	69.9	69.4	66.1	64.4	62.7	61.0
2200	82.5	75.6	75.1	74.6	74.1	73.6	73.1	69.7	67.8	66.0	64.3
2400	86.1	79.2	78.7	78.2	77.6	77.1	76.6	73.0	71.0	69.2	67.3
2600	86.1	82.4	81.8	81.3	80.7	80.2	79.6	75.8	73.8	71.9	69.9
2800	86.1	85.4	84.8	84.2	83.6	83.1	82.5	78.6	76.5	74.4	72.4
3000	86.1	86.1	86.1	86.1	86.1	85.9	85.3	81.2	79.0	76.9	74.8
3200	86.1	86.1	86.1	86.1	86.1	86.1	86.1	83.4	81.2	79.0	76.9
3400	86.1	86.1	86.1	86.1	86.1	86.1	86.1	85.6	83.3	81.1	78.8
3600	86.1	86.1	86.1	86.1	86.1	86.1	86.1	86.1	85.3	83.1	80.8
3800	86.1	86.1	86.1	86.1	86.1	86.1	86.1	86.1	86.1	84.9	82.6
4000	86.1	86.1	86.1	86.1	86.1	86.1	86.1	86.1	86.1	86.1	84.4
4200	86.1	86.1	86.1	86.1	86.1	86.1	86.1	86.1	86.1	86.1	86.1
4400	86.1	86.1	86.1	86.1	86.1	86.1	86.1	86.1	86.1	86.1	86.1
4600	86.1	86.1	86.1	86.1	86.1	86.1	86.1	86.1	86.1	86.1	86.1
CLIMB LIMIT WT (1000 KG)	82.4	81.9	81.8	81.7	81.6	81.5	81.3	76.0	73.5	71.0	68.4

2000 FT Pressure Altitude

CORR'D FIELD LENGTH (M)	FIELD LIMIT WEIGHT (1000 KG)										
	OAT (°C)										
	-40	10	14	18	22	26	30	38	42	46	50
1200	54.7	50.3	50.0	49.6	49.3	49.0	48.2	45.8	44.6	43.5	42.4
1400	60.1	55.2	54.9	54.5	54.2	53.8	52.8	50.3	49.0	47.7	46.5
1600	65.0	59.7	59.3	59.0	58.6	58.2	57.2	54.4	53.0	51.6	50.3
1800	69.5	63.9	63.5	63.1	62.7	62.3	61.1	58.1	56.6	55.2	53.8
2000	73.7	67.7	67.3	66.8	66.4	66.0	64.8	61.6	60.0	58.4	56.9
2200	77.7	71.3	70.9	70.4	70.0	69.5	68.2	64.8	63.2	61.5	59.9
2400	81.4	74.7	74.2	73.8	73.3	72.8	71.4	67.9	66.1	64.4	62.7
2600	84.6	77.7	77.2	76.7	76.2	75.7	74.3	70.5	68.7	66.9	65.2
2800	86.1	80.5	80.0	79.4	78.9	78.4	76.9	73.1	71.1	69.3	67.5
3000	86.1	83.1	82.6	82.1	81.5	81.0	79.5	75.5	73.5	71.5	69.6
3200	86.1	85.5	84.9	84.4	83.8	83.3	81.7	77.6	75.5	73.5	71.6
3400	86.1	86.1	86.1	86.1	86.0	85.5	83.8	79.6	77.5	75.4	73.4
3600	86.1	86.1	86.1	86.1	86.1	86.1	85.8	81.5	79.4	77.3	75.2
3800	86.1	86.1	86.1	86.1	86.1	86.1	86.1	83.4	81.2	79.0	76.9
4000	86.1	86.1	86.1	86.1	86.1	86.1	86.1	85.2	82.9	80.7	78.6
4200	86.1	86.1	86.1	86.1	86.1	86.1	86.1	86.1	84.6	82.4	80.2
4400	86.1	86.1	86.1	86.1	86.1	86.1	86.1	86.1	86.1	84.0	81.8
4600	86.1	86.1	86.1	86.1	86.1	86.1	86.1	86.1	86.1	85.7	83.4
CLIMB LIMIT WT (1000 KG)	78.5	78.1	78.0	77.9	77.8	77.7	75.9	71.1	68.7	66.4	64.0

With engine bleed for packs off, increase field limit weight by 350 kg and climb limit weight by 1250 kg.
With engine anti-ice on, decrease field limit weight by 200 kg and climb limit weight by 250 kg.
With engine and wing anti-ice on (optional system), decrease field limit weight by 950 kg and climb limit weight by 1400 kg.

2.3.4 障碍物限制

在净空条件不太好的机场，飞机的最大起飞重量还会受到航道越障的限制。如果在标称航迹两侧某一范围内（即单发保护区内）存在不可避开的障碍物，就必须以一定的余度越过障碍物，且必须根据航道越障要求确定障碍物限制的最大起飞重量。为此应该根据起飞重量绘出总起飞飞行航迹和净起飞飞行航迹。净起飞飞行航迹必须以一定的余度高于航道中的障碍物。飞机起飞的净飞行航迹要以至少 10.7 m（35 ft）的垂直余度超越所有障碍物。如果转弯坡度大于 15°，起飞的净飞行航迹要以 10.7 m（35 ft）加飞机的最低部位低于飞行轨迹的值和 15.2 m（50 ft）中较大值的垂直余度超越所有障碍物，如图2.3.3所示。

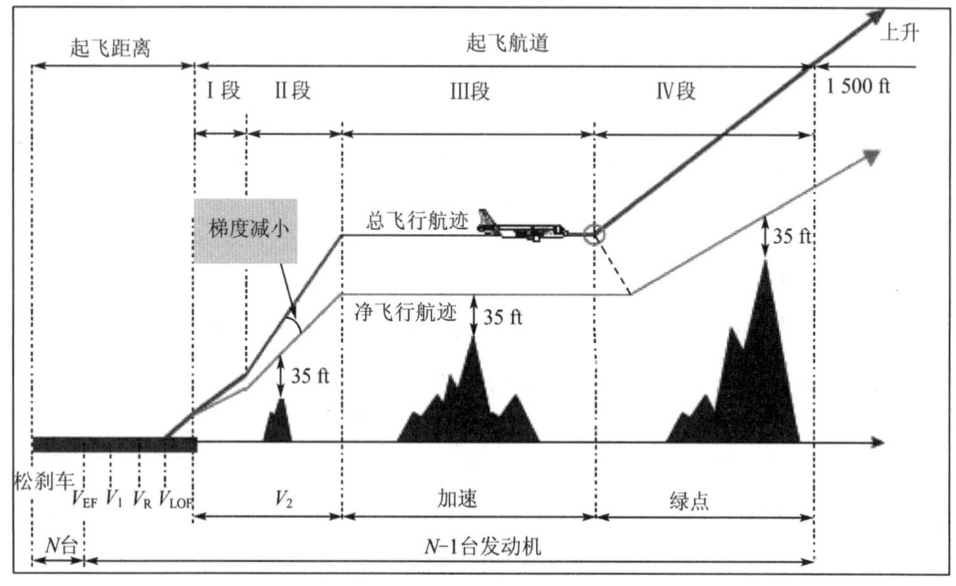

图 2.3.3　总起飞飞行航迹和净起飞飞行航迹

衡量飞机越障能力的参数为上升梯度。即使净空条件好，起飞航道没有障碍物，也应该满足起飞航道的最小梯度要求，以防飞机转弯时出现负梯度（飞机如果在上升过程中转弯，上升梯度则减小，其减小量随着转弯坡度和襟翼位置的增大而增大）。

在越障计算中所考虑的障碍物是单发保护区内（也称为起飞航径区）的障碍物，包括障碍物 A 型图中位于起飞航迹内穿过 1.2%平面的那些障碍物。各国适航部门对起飞航径区的规定和要求不尽相同。图 2.3.4 为 CCAR121.189 条规定的起飞航径区，飞机必须以规定的安全余度飞越此区域内所有障碍物。起飞航径区始于可用起飞距离末端，图中保护区半宽根据航向的变化程度和导航精度来确定，如表 2.3.5 所示。

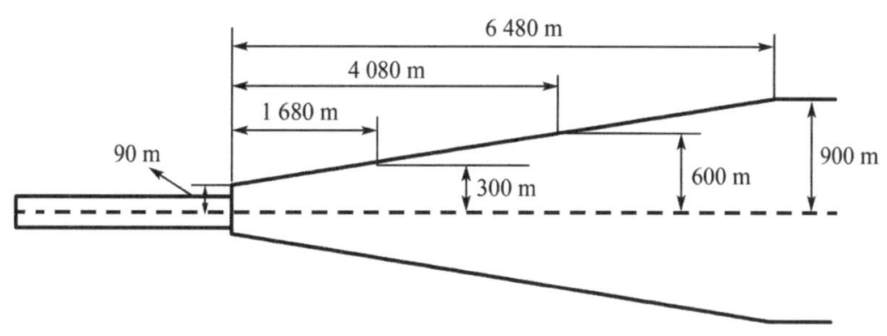

图 2.3.4　CCAR121.189 条规定的起飞航径区

表 2.3.5　航向改变和不同飞行规则下对应的保护区半宽

航向改变	目视飞行规则	仪表飞行规则
≤15°	300 m	600 m
>15°	600 m	900 m

越障计算要解决两方面的问题：一是对于已知重量和构型的飞机，求出其净飞行航迹并检查净飞行航迹能否安全越障；二是确定已知障碍物所允许的最大起飞重量和有关参数，这个重量称为越障限制的最大起飞重量。越障限重计算涉及三个改平高度的概念。

2.3.4.1　最低改平高度

根据 CCAR25.111 条起飞航道阶段的梯度和越障要求，从飞机高于起飞表面 120 m(400 ft)的一点开始，沿起飞航迹每一点的可用上升梯度不得小于：(i)1.2%，对于双发飞机；(ii)1.5%，对于三发飞机；(iii)1.7%，对于四发飞机。

从此条规定可以分析出，在 400 ft 以上，飞机必须能完成最小上升梯度，这个能力可在平飞中转换为加速能力，因此，规定离起飞表面 400 ft 的高度是最低改平高度。然而，在加速段，任何时候都必须确保能越障。因此，实际运行的最低改平高度大于或等于 400 ft。最低改平高度如图 2.3.5 所示。

2.3.4.2　最大改平高度

最大改平高度是指在该高度改平增速收襟翼，在飞机增速到襟翼全收状态的机动速度时，起飞油门刚好达到 5 min 的使用时间限制，如图 2.3.5 所示。

2.3.4.3　延长航道Ⅱ段改平高度

延长航道Ⅱ段(即延长起飞航道Ⅱ段)改平高度是指保持 V_2 上升直到起飞油门刚好达到 5 min 的使用时间限制，然后改平以最大连续推力(MCT)增速收襟翼，如图 2.3.5 所示。按此要求绘制出总飞行航迹并计算净飞行航迹，如果净飞行航迹能够超越障碍物并且满足垂直越障余度要求，说明改平高度满足要求。延长航道Ⅱ段改平高度在航道二段已将起飞油门 5 min 限制时间用完，因此在航道Ⅲ段改平增速收襟翼过程中只能使用最大连续推力工作状态。这就要求在收襟翼过程中检查飞机的上升梯度，因为这时油门已经不是起飞油门，起飞航道Ⅲ段和Ⅳ段的上升梯度可能达不到要求，也就是说，使用延长航道Ⅱ段改平高度可能增大障碍物限制的最大起飞重量，但可能减小航道Ⅲ段上升梯度限制的最大起飞重量。这就意味着使用延长航道Ⅱ段改平高度不一定会比使用最大改平高度确定的最大允许起飞重量更大。

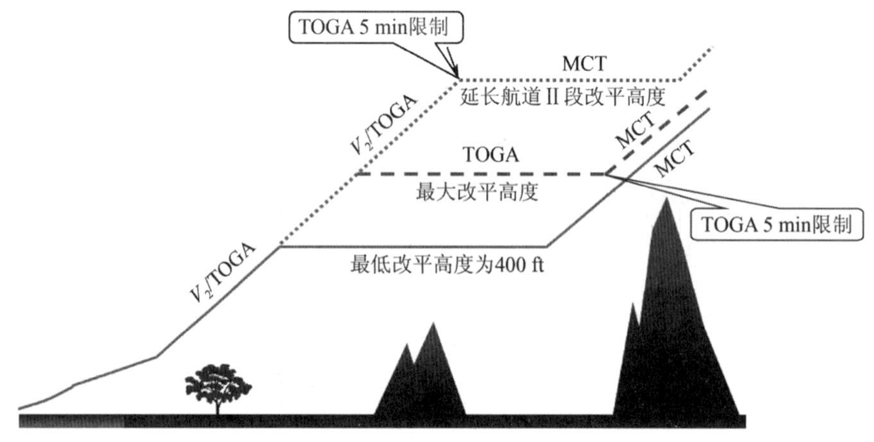

图 2.3.5　三个改平高度示意图

在实际计算障碍物限制的最大起飞重量时，首先必须根据选择的最大改平高度（或者延长航道Ⅱ段改平高度）确定能够越过起飞航径区所有障碍物允许的最大起飞重量，然后根据确定的最大起飞重量计算能够越过起飞航径区所有障碍物允许的最低改平高度（不得低于 400 ft）。

根据国际民航组织 8168 号文件航空器运行第Ⅱ卷《目视和仪表飞行程序设计规范》，机场的标准仪表离场程序在没有障碍物穿透障碍物鉴别面 OIS（梯度为 2.5%）时，使用标称离场梯度 3.3%。如果有障碍物穿透了障碍物鉴别面，则飞机起飞最小离场梯度由穿透的障碍物确定，且需要在航图中标注。因此，在没有规定起飞最小上升梯度的跑道上，障碍物也有可能达到 2.5%的最大梯度。实际运行中公布的这些最小上升梯度全发工作的飞机很容易达到，但一发失效时，有些很难满足要求，尤其是在高原机场和高温情况下，甚至很难飞越梯度为 2.5%的障碍物。

根据国际民航组织 8168 号文件航空器运行第Ⅱ卷《目视和仪表飞行程序设计规范》，机场的离场程序是按飞机所有发动机都工作考虑的，它选取的障碍物范围（即保护区）比较大，在全发工作时执行离场程序可以保证按规定的余度安全超越保护区内的障碍物。但飞机一发失效后，如仍考虑同样大的保护区和同样大的上升梯度，则允许的起飞重量过小，严重影响经济效益，令航空公司难以接受。因此，当起飞航径区内的障碍物高度很高且距离机场较远时，按照标准仪表离场程序的离线飞越该障碍物时需要很大的梯度，限制的起飞重量较小时，往往通过设计一发失效后合理的离场程序避开障碍物，以增大起飞限重，而不是直接飞越。这种为满足飞机在起飞过程中一发失效安全超障要求所制定的不同于标准仪表离场程序（SID，Standard Instrument Departure）的路线和方案称为起飞一发失效应急程序（EOSID，Engine Out Standard Instrument Departure）。关于起飞一发失效应急程序的制作规范和要求，将在第 6 章详细介绍。

在没有性能软件辅助的实际运行中，常常把不同高度和距离的障碍物限制的起飞重量绘制成图表，供飞行人员和地面人员查找使用，如图 2.3.6 所示。

例 2.3.5　某机场附近有一距离起飞松刹车点 5 500 m、高 140 m 的障碍物，机场气压高度为 2 500 ft，气温为 40 ℃，起飞襟翼为 1°，逆风分量为 20 kt，发动机引气关，发动机和机翼防冰开。试根据图 2.3.6 确定障碍物限制的最大起飞重量。

解：

（1）根据图 2.3.6 中虚线所绘制的路线，可以求出障碍物限重为 62 500 kg。

（2）根据图 2.3.6 中修正项内容，发动机引气关，重量增加 550 kg；发动机的防冰开，机翼的防冰开，重量减少 1 300 kg。

因此，最终确定的障碍物限重为 62 500+550−1 300＝61 750 kg。

除了图 2.3.6 所示的障碍物限重曲线图外，还有障碍物限重表，如表 2.3.6 所示。

Obstacle Limit

Flaps 1

Based on engine bleed for packs on and anti-ice off

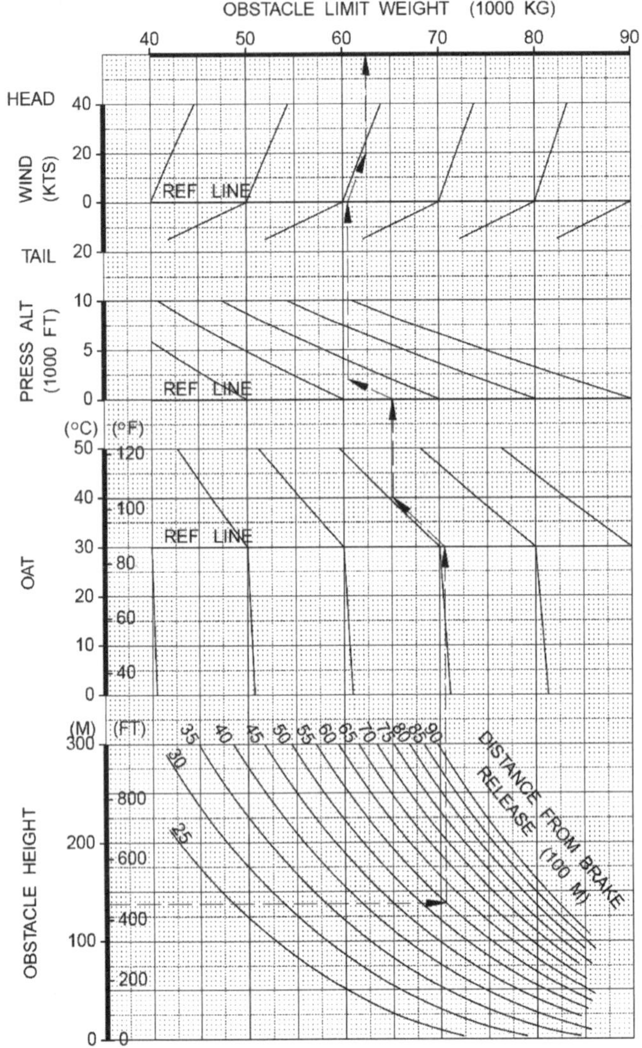

Obstacle height must be calculated from the lowest point of the runway to conservatively account for runway slope.
With engine bleed for packs off, increase weight by 550 kg.
With engine anti-ice on, decrease weight by 250 kg.
With engine and wing anti-ice on, decrease weight by 1300 kg (optional system).

图 2.3.6　B737-800 障碍物限重曲线图

表 2.3.6 B737-800 障碍物限重表

Takeoff Obstacle Limit Weight

Flaps 5

Sea Level, 30°C & Below, Zero Wind

Based on engine bleed for packs on and anti-ice off

Reference Obstacle Limit Weight (1000 LB)

OBSTACLE HEIGHT (FT)	DISTANCE FROM BRAKE RELEASE (1000 FT)								
	8	10	12	14	16	18	20	22	24
10	157.6	172.5	180.5						
50	146.1	160.1	170.1	175.8	180.1	183.4			
100	136.5	149.8	159.7	167.0	172.1	175.7	178.6	181.0	183.0
150	129.0	141.9	151.8	159.4	165.2	169.7	173.0	175.6	177.7
200	122.8	135.5	145.4	153.1	159.1	164.0	167.9	171.0	173.4
250	117.4	130.0	139.8	147.6	153.9	159.0	163.1	166.6	169.4
300	112.6	125.0	134.9	142.8	149.2	154.5	158.8	162.4	165.5
350	108.4	120.6	130.4	138.4	144.9	150.3	154.9	158.7	161.9
400	104.5	116.6	126.4	134.4	141.0	146.5	151.2	155.1	158.5
450	101.0	113.0	122.7	130.7	137.4	143.0	147.8	151.8	155.4
500	97.7	109.6	119.3	127.3	134.0	139.7	144.6	148.8	152.4
550	94.6	106.4	116.1	124.1	130.9	136.6	141.6	145.8	149.5
600	91.7	103.5	113.1	121.1	127.9	133.7	138.7	143.0	146.8
650		100.8	110.3	118.3	125.1	130.9	136.0	140.4	144.3
700		98.2	107.7	115.6	122.4	128.3	133.4	137.9	141.8
750		95.7	105.2	113.1	119.9	125.8	131.0	135.5	139.4
800		93.4	102.8	110.7	117.5	123.5	128.6	133.2	137.2
850		91.1	100.6	108.5	115.3	121.2	126.4	131.0	135.0
900			98.4	106.3	113.1	119.0	124.2	128.8	132.9
950			96.4	104.2	111.0	116.9	122.2	126.8	130.9
1000			94.4	102.3	109.0	114.9	120.2	124.8	129.0

Obstacle height must be calculated from lowest point of the runway to conservatively account for runway slope.

OAT Adjustments

OAT (°C)	REFERENCE OBSTACLE LIMIT WEIGHT (1000 LB)					
	90	110	130	150	170	190
30 & BELOW	0	0	0	0	0	0
32	-1.4	-1.8	-2.1	-2.5	-2.9	-3.2
34	-2.8	-3.5	-4.3	-5.0	-5.8	-6.5
36	-4.2	-5.3	-6.4	-7.5	-8.6	-9.7
38	-5.6	-7.1	-8.6	-10.0	-11.5	-13.0
40	-7.0	-8.9	-10.7	-12.5	-14.4	-16.2
42	-8.4	-10.6	-12.8	-15.0	-17.2	-19.4
44	-9.8	-12.3	-14.9	-17.4	-20.0	-22.5
46	-11.1	-14.0	-17.0	-19.9	-22.8	-25.7
48	-12.5	-15.8	-19.0	-22.3	-25.6	-28.8
50	-13.9	-17.5	-21.1	-24.7	-28.4	-32.0

续表

Takeoff Obstacle Limit Weight
Flaps 5
Sea Level, 30°C & Below, Zero Wind
Based on engine bleed for packs on and anti-ice off
Pressure Altitude Adjustments

ALT (FT)	OAT ADJUSTED OBSTACLE LIMIT WEIGHT (1000 LB)					
	90	110	130	150	170	190
S.L. & BELOW	0	0	0	0	0	0
1000	-3.4	-4.1	-4.8	-5.5	-6.2	-6.9
2000	-6.8	-8.2	-9.6	-11.1	-12.5	-13.9
3000	-9.9	-12.0	-14.1	-16.2	-18.4	-20.5
4000	-13.0	-15.8	-18.6	-21.4	-24.3	-27.1
5000	-16.2	-19.7	-23.2	-26.7	-30.2	-33.7
6000	-19.5	-23.6	-27.8	-31.9	-36.1	-40.3
7000	-22.4	-27.2	-32.1	-36.9	-41.7	-46.6
8000	-25.3	-30.8	-36.3	-41.8	-47.3	-52.9
9000	-27.9	-34.1	-40.2	-46.4	-52.5	-58.7
10000	-30.5	-37.3	-44.1	-50.9	-57.7	-64.5

Wind Adjustments

WIND (KTS)	OAT & ALT ADJUSTED OBSTACLE LIMIT WEIGHT (1000 LB)					
	90	110	130	150	170	190
15 TW	-20.8	-19.6	-18.4	-17.3	-16.1	-15.0
10 TW	-13.8	-13.1	-12.3	-11.5	-10.7	-10.0
5 TW	-6.9	-6.5	-6.1	-5.8	-5.4	-5.0
0	0	0	0	0	0	0
10 HW	2.5	2.2	1.9	1.6	1.3	0.9
20 HW	5.0	4.4	3.8	3.1	2.5	1.9
30 HW	7.6	6.6	5.7	4.7	3.8	2.8
40 HW	10.1	8.9	7.6	6.3	5.1	3.8

With engine bleed for packs off, increase weight by 1500 lb.
With engine anti-ice on, decrease weight by 700 lb.
With engine and wing anti-ice on, decrease weight by 3600 lb (optional system).

2.3.5 轮胎速度限制

飞机轮胎速度是指飞机轮胎轴心的线速度，也就是飞机滑跑允许的最大地速和飞机最大的离地地速。当飞机在地面加速滑跑时，机轮高速旋转，高速旋转的轮胎将承受离心力的作用，巨大的离心力可能损坏轮胎。在高温高原机场，特别是在顺风的情况下，起飞重量和离地表速一定时，飞机的离地速度（真空速）越大，则轮胎的转速越快，轮胎受到的离心力越大。当轮胎转速达到一定值时，巨大的离心力和飞机的重力将使轮胎破裂，因此有必要考虑轮胎速度对最大起飞重量的限制。

影响飞机离地速度的因素都将影响轮胎速度限制的起飞重量，如襟翼位置、飞机重量、大气温度、机场气压高度和风速/风向等。襟翼偏度小、飞机重量大、高温高原机场和顺风都将使离地速度增大，此时应该特别注意检查离地速度是否超过了规定的轮胎速度限制。

一般喷气式民用飞机每种机型都有几种具有不同速度限制的轮胎可供选用。如B737-300有三种轮胎选择,它们的限制速度分别为200 mile/h、210 mile/h、250 mile/h;B747有225 mile/h和235 mile/h两种;B767则只有225 mile/h一种。又如A320的轮胎速度限制为195 kt,B737-800的轮胎速度限制为225 mile/h(196 kt)。轮胎速度限重可以通过图2.3.7或表2.3.7确定。

例2.3.6　机场气压高度为6 000 ft,气温为32 ℃,起飞襟翼为1°,逆风分量为5 kt。试根据图2.3.7确定轮胎速度限重。

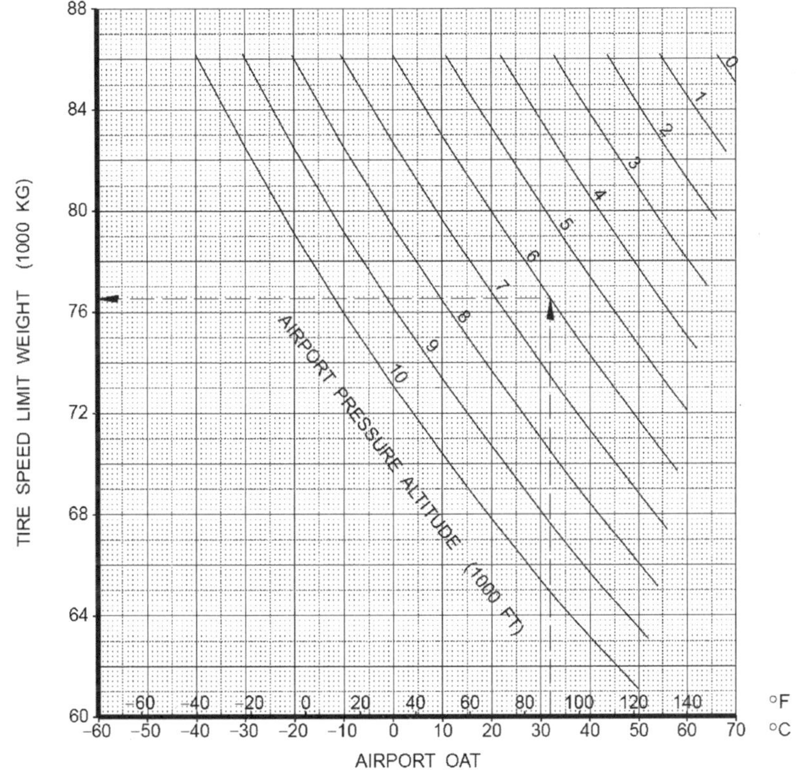

图2.3.7　B737-800轮胎速度限重曲线图

解:

(1)根据图2.3.7中虚线所绘制的路线,可以求出轮胎速度限重为76 500 kg。

(2)顺逆风修正。根据图2.3.7中修正项内容,每1 kt逆风轮胎速度限重增加500 kg,5 kt逆风限重增加2 500 kg。

因此,最终确定的轮胎速度限重为 76 500+2 500=79 000 kg。

例 2.3.7 机场气压高度为 6 000 ft,气温为 30 ℃,起飞襟翼为 5°和顺风分量为 5 kt。试根据表 2.3.7 确定轮胎速度限制的最大起飞重量。

解:

(1)根据表 2.3.7 中气压高度为 6 000 ft,温度为 30 ℃,可以查出轮胎速度限重为 83 400 kg。

(2)顺逆风修正。根据表下修正项内容,每 1 kt 顺风轮胎速度限重减小 1 100 kg,5 kt 顺风限重减小 5 500 kg。

因此,最终确定的轮胎速度限重为 83 400−5 500=77 900 kg。

表 2.3.7　B737-800 轮胎速度限重表

Tire Speed Limit Weight
Flaps 5 Limit Weight (1000 KG)

OAT (°C)	AIRPORT PRESSURE ALTITUDE (FT)					
	0	2000	4000	6000	8000	10000
54	86.2	86.2	82.9	76.4	70.4	
52	86.2	86.2	83.5	77.0	70.9	
50	86.2	86.2	84.1	77.5	71.4	65.7
48	86.2	86.2	84.7	78.0	71.9	66.2
46	86.2	86.2	85.3	78.6	72.4	66.6
44	86.2	86.2	85.7	79.2	72.9	67.1
42	86.2	86.2	85.9	79.7	73.4	67.6
40	86.2	86.2	86.2	80.3	73.9	68.1
38	86.2	86.2	86.2	80.9	74.5	68.6
36	86.2	86.2	86.2	81.5	75.0	69.1
34	86.2	86.2	86.2	82.1	75.6	69.6
32	86.2	86.2	86.2	82.7	76.2	70.1
30	86.2	86.2	86.2	83.4	76.7	70.6
28	86.2	86.2	86.2	84.0	77.3	71.1
26	86.2	86.2	86.2	84.6	77.9	71.7
24	86.2	86.2	86.2	85.2	78.5	72.2
22	86.2	86.2	86.2	85.8	79.1	72.7
20	86.2	86.2	86.2	86.2	79.6	73.3
18	86.2	86.2	86.2	86.2	80.2	73.8
16	86.2	86.2	86.2	86.2	80.8	74.4
14	86.2	86.2	86.2	86.2	81.4	74.9
12	86.2	86.2	86.2	86.2	82.0	75.5
10	86.2	86.2	86.2	86.2	82.7	76.1
-40	86.2	86.2	86.2	86.2	86.2	86.2

Increase tire speed limit weight by 600 kg per knot headwind.
Decrease tire speed limit weight by 1100 kg per knot tailwind.

2.3.6 刹车能量限制

在飞机中断起飞和着陆减速过程中,50%以上的飞机动能靠刹车吸收,刹车将这部分能量变为热能，当刹车累积的热能达到一定程度时，刹车片就会被烧毁，甚至导致机轮起火燃烧，严重威胁飞行安全。通常把刹车吸收的热能达到极限值时的飞机滑跑速度称为最大刹车能量限制速度 V_{MBE}。V_{MBE} 受起飞重量、机场气压高度和温度、风速/风向和跑道坡度的影响。飞机的动能可表示为$\frac{1}{2}mV^2$，飞机的动能大小与飞机的重量和速度有关。根据刹车装置所能吸收的能量大小，对应不同的飞机重量，都有一个相应地速的限制。因此，需要考虑到风速/风向和气压高度等因素的影响，将最大刹车能量的地速转化为相应的表速 V_{MBE}。中断起飞的最大速度不能够超过这个速度，通常用 $V_1<V_{MBE}$ 来满足要求，如果出现 $V_1>V_{MBE}$，则应按照飞机飞行手册规定减小起飞重量和起飞速度。因此，通常在高温高原机场、使用小角度襟翼、较大起飞重量或用改进上升起飞时要重点检查刹车能量限制。图 2.3.8 给出了 B737-800 最大刹车能量速度限重曲线图。

例 2.3.8　机场气压高度为 7 400 ft，机场气温为−20 ℃，跑道坡度为上坡 1%，松刹车重量为 70 000 kg，逆风分量为 10 kt。试根据图 2.3.8 确定 V_{MBE}。

解：

(1) 根据图 2.3.8 中气压高度为 7 400 ft，温度为−20 ℃，松刹车重量为 70 000 kg，可以查出 V_{MBE} 为 168 kt。

(2) 对顺逆风和跑道坡度的修正。根据图下修正项内容，跑道上坡 1%，V_{MBE} 增加 1 kt；10 kt 逆风，V_{MBE} 增加 3 kt。

因此，修正后的 V_{MBE} = 168 + 1 + 3 = 172 kt。

例 2.3.9　机场气压高度为 4 000 ft，机场气温为 30 ℃，跑道坡度为上坡 1%，逆风分量为 10 kt，松刹车重量为 70 000 kg。试根据表 2.3.8 确定 V_{MBE}。

解：

(1) 根据表 2.3.8 中气压高度为 4 000 ft，温度为 30 ℃，可以查出 V_{MBE} 为 180 kt。

(2) 对重量的修正。根据表中下半部分，松刹车重量为 70 000 kg，修正后 V_{MBE} = 162 kt。

(3) 对顺逆风和跑道坡度的修正。根据表下修正项内容，跑道坡度为上坡 1%，V_{MBE} 增加 1 kt；10 kt 逆风，V_{MBE} 增加 3 kt。

因此，修正后 V_{MBE} = 162 + 1 + 3 = 166 kt。

Brake Energy Limits VMBE

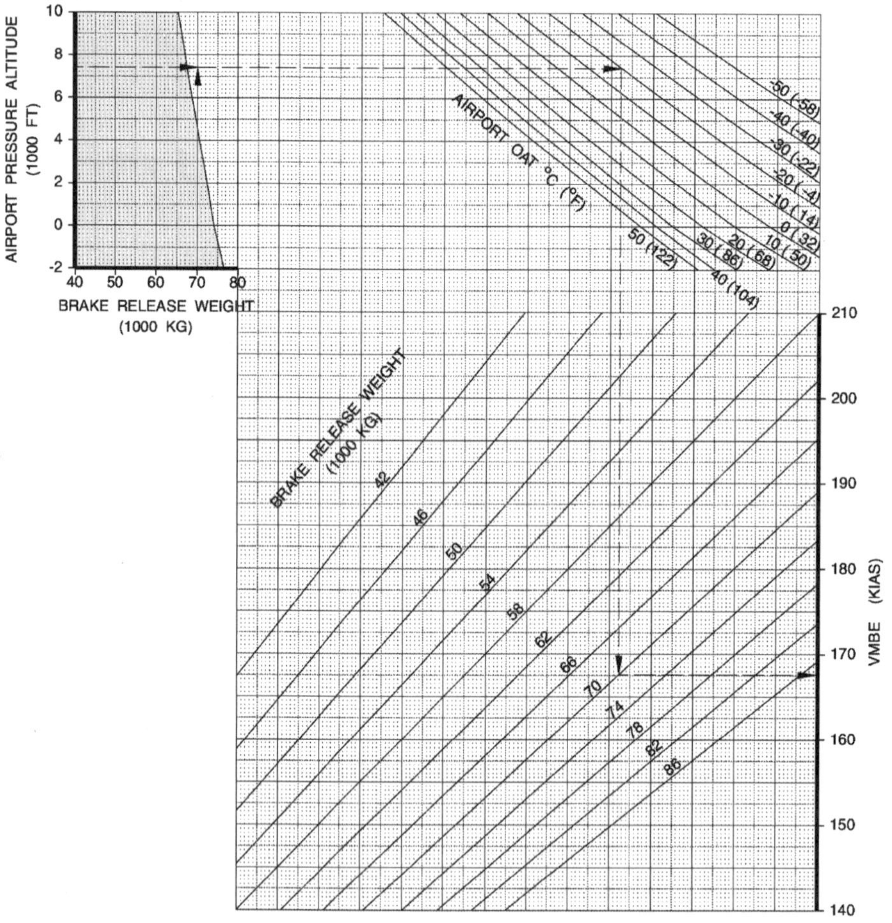

AIRPORT PRESSURE ALTITUDE (1000 FT)
BRAKE RELEASE WEIGHT (1000 KG)
AIRPORT OAT °C (°F)
BRAKE RELEASE WEIGHT (1000 KG)
VMBE (KIAS)

Check VMBE when outside shaded area or when operating with tailwind or improved climb.
Increase VMBE by 1 knots per 1% uphill runway slope. Decrease VMBE by 4 knots per 1% downhill runway slope.
Increase VMBE by 3 knots per 10 knots headwind. Decrease VMBE by 19 knots per 10 knots tailwind.

Normal takeoff:
Decrease brake release weight by 500 kg for each knot V1 exceeds VMBE.
Determine normal V1, VR, V2 speeds for lower brake release weight.

Improved climb takeoff:
Determine climb weight improvement by 200 kg for each knot V1 exceeds VMBE.
Determine V1, VR, V2 speed increments for the lower climb weight improvement.

图 2.3.8　B737-800 最大刹车能量速度限重曲线图

表 2.3.8 B737-800 最大刹车能量速度限重表

Brake Energy Limits VMBE

Maximum Brake Energy Speed

OAT (°C)	REFERENCE VMBE (KIAS)						
	PRESSURE ALTITUDE (FT)						
	-2000	0	2000	4000	6000	8000	10000
54	195	188					
50	195	189	182				
46	196	189	183	176			
42	197	190	184	177	171		
38	198	191	184	178	172	166	
34	199	192	185	179	173	167	161
30	200	192	186	180	174	168	162
26	202	194	187	181	175	169	163
22	203	195	189	182	176	170	163
18	205	197	190	183	177	171	164
14	207	198	191	185	178	172	166
10	208	200	193	186	180	173	167
6	210	202	194	188	181	174	168
2	210	203	196	189	182	176	169
-2	210	205	198	191	184	177	171
-6	210	207	199	192	185	179	172
-10	210	209	201	194	187	180	174

Weight Adjusted VMBE

WEIGHT (1000 KG)	REFERENCE VMBE (KIAS)														
	140	145	150	155	160	165	170	175	180	185	190	195	200	205	210
42	167	174	180	186	192	198	204	210	210	210	210	210	210	210	210
46	159	165	170	176	182	188	194	200	205	210	210	210	210	210	210
50	152	157	163	168	174	179	185	190	196	201	207	210	210	210	210
54	145	151	156	161	166	172	177	182	187	193	198	203	208	210	210
58	140	145	150	155	160	165	170	175	180	185	190	195	200	205	210
62	135	140	144	149	154	159	164	168	173	178	183	188	193	197	202
66	130	135	139	144	149	153	158	163	167	172	177	181	186	191	195
70	126	131	135	140	144	149	153	158	162	167	171	176	180	185	189
74	123	127	131	136	140	144	149	153	157	162	166	170	175	179	183
78	120	124	128	132	136	141	145	149	153	157	162	166	170	174	178
82	117	121	125	129	133	137	141	145	149	153	157	161	166	170	174
86	115	119	122	126	130	134	138	142	146	150	154	158	161	165	169

Increase VMBE by 1 knot per 1% uphill runway slope. Decrease VMBE by 4 knots per 1% downhill runway slope.
Increase VMBE by 3 knots per 10 knots headwind. Decrease VMBE by 19 knots per 10 knots tailwind.
Decrease brake release weight by 500 kg for each knot V1 exceeds VMBE.
Determine normal V1, VR, V2 speeds for lower brake release weight.

通过图 2.3.8，可以查出 B737-800 某一最大刹车能量速度限重；通过表 2.3.8 也可以查出 B737-800 某一最大刹车能量速度限重。

2.4 起飞速度 $V_1/V_R/V_2$ 的确定

通过对本章2.3节内容的分析可知，限制飞机起飞重量的因素有场地长度、起飞航道的上升梯度、最大轮胎速度、最大刹车能量速度、障碍物和最大审定起飞重量等。最终允许的最大起飞重量应该是这些因素限重中的最小值。在起飞性能分析中，除了要知道最大允许的起飞重量外，还需要根据实际起飞重量确定起飞速度 $V_1/V_R/V_2$。下面介绍用平衡场地法和不平衡场地法来确定 $V_1/V_R/V_2$。

2.4.1 平衡场地法

平衡场地法是基于平衡跑道来进行研究的。平衡跑道是指可用中断起飞距离和可用继续起飞距离相等的跑道。最典型的平衡跑道就是无任何净空道和安全道的跑道。在距离-速度图上，可用起飞距离是一条水平直线（不随速度变化），所需加速停止距离随着速度的增加而增加，所需继续起飞距离随着速度的增加而减小。对于不同的起飞重量，会出现以下三种情况。

2.4.1.1 飞机以小重量（小于场长限重的重量）起飞

如图2.4.1所示，如果飞机以较小重量 W_1 起飞，所需加速停止距离和所需继续起飞距离的交点对应的距离称为平衡距离，对应的速度称为平衡速度。此时，平衡距离小于可用起飞距离。所需继续起飞距离和可用起飞距离的交点为 A，所需中断起飞距离和可用中断起飞距离的交点为 B，A 点对应的速度为继续起飞最小速度 V_{GO}，B 点对应的速度为中断起飞最大速度 V_{STOP}，也就是说，如果在速度小于 V_{GO} 时一台发动机停车，此时只能够中断起飞；如果在速度大于 V_{STOP} 时一台发动机停车，此时只能够继续起飞；如果在速度处于 $V_{GO} \sim V_{STOP}$ 时一台发动机停车，此时既可以中断起飞也可以继续起飞，因为此时中断起飞或继续起飞所需的距离都不会超过可用起飞距离和可用加速停止距离。因此，飞机以小重量起飞给机组处置一发停车提供了可以选择的余地。

既然速度为 $V_{GO} \sim V_{STOP}$ 时，如果一发停车，既可以中断起飞，也可以继续起飞，那么可以把该速度范围内的任一速度选定为 V_1。因此，V_1 的最大值 $V_{1max} = V_{STOP}$，V_1 的最小值 $V_{1min} = V_{GO}$。当然，最小的 V_1 不能小于 $V_{1(MCG)}$，最大的 V_1 不能大于 V_R 和 V_{MBE}。

对于起飞重量较小的情况，出现了既可以中断起飞，又可以继续起飞的速度区域，从理论上讲可以选择 V_{1min} 与 V_{1max} 之间的任一值作为 V_1。以前人们认为“一发失效后，能不起飞就不起飞”，在选择 V_1 时常常趋向于选择 $V_1 = V_{1max}$。这主要考虑的是一发失效后继续起飞的危险性很大。但在飞行实践中，统计分析起飞中发生的飞行事故的结果表明，飞

机在很接近 V_{1max} 时中断起飞，飞行员稍有延迟，飞机就容易冲出跑道。飞机起飞性能计算是按照标准起飞程序来进行的。飞机对准跑道后，开始加油门起飞滑跑，飞行员加油门动作的快慢、判明故障的快慢、决定中断起飞后完成制动程序的快慢、刹车的使用情况（刹车压力的大小）、减速板的使用情况（是否使用或使用得早晚）、反推的使用等都将影响加速停止距离。现代大型运输机如果选择平衡速度作为平衡跑道的起飞决断速度，则对中断起飞和继续起飞都有一定的跑道余量，提高了处置一台发动机停车的安全性。在实际运行中，有些航空公司考虑到高速中断起飞的风险更高，因此倾向于起飞决断速度使用 V_{1min}。

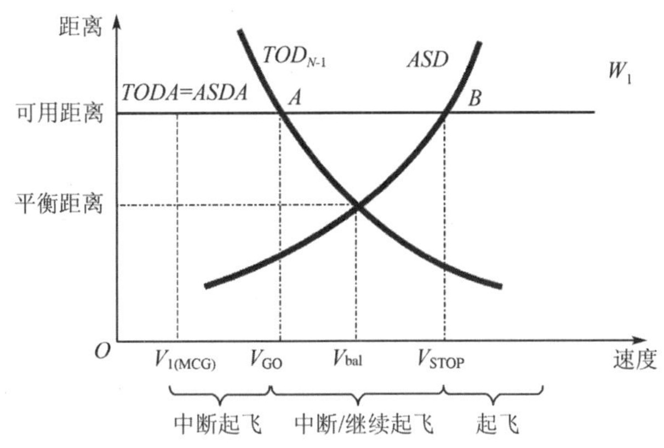

图 2.4.1　飞机以小于场长限重的重量起飞的距离与速度关系图

2.4.1.2　飞机以场长限重起飞

如图 2.4.2 所示，当飞机的重量增加为某一值 W_2 时，所需加速停止距离和所需继续起飞距离的交点对应的平衡距离正好等于可用起飞距离和可用加速停止距离，说明此时的起飞重量等于跑道限制的最大起飞重量，C 点对应的速度既是继续起飞的最小速度 V_{GO}，也是中断起飞的最大速度 V_{STOP}，还是平衡速度 V_{bal}，这样起飞决断速度 V_1 只能等于平衡速度 V_{bal}。若速度大于 V_1，则只能继续起飞；若速度小于 V_1，则只能中断起飞，几乎没有任何的安全余量。

2.4.1.3　飞机以大重量（大于场长限重的重量）起飞

如图 2.4.3 所示，随着起飞重量的增加，所需中断起飞距离和所需继续起飞距离的曲线将向上移动。当重量增加到某一值 W_3 时，所需加速停止距离和所需继续起飞距离的交点对应的平衡距离大于起飞可用距离。所需加速停止距离和可用加速停止距离交点为 D，所需继续起飞距离和可用起飞距离交点为 E，D 点对应的速度为中断起飞的最大速度 V_{STOP}，E 点对应的速度为继续起飞最小速度 V_{GO}。也就是说，如果飞机在小于 V_{GO} 的速度范围内一发停车，则此时不能继续起飞；如果飞机在大于 V_{STOP} 的速度范围内一发停车，则

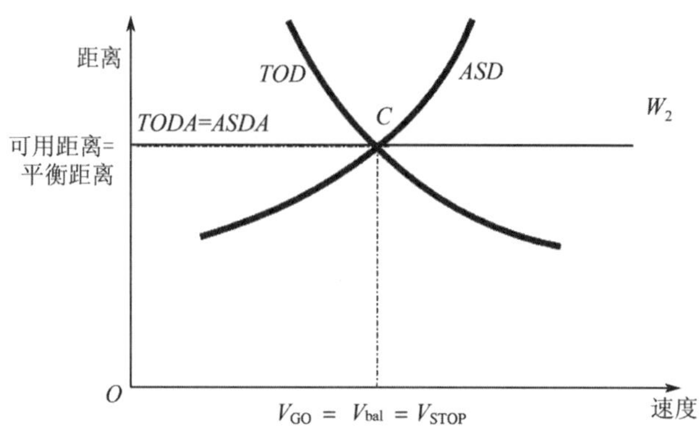

图 2.4.2　飞机以场长限重起飞的距离与速度关系图

此时不能中断起飞；如果飞机在速度为 $V_{STOP} \sim V_{GO}$ 时一发停车，则飞机既不能中断起飞，也不能继续起飞，这说明飞机的起飞重量太大，超过了跑道限制的最大起飞重量，实际运行中是不允许这种情况存在的。

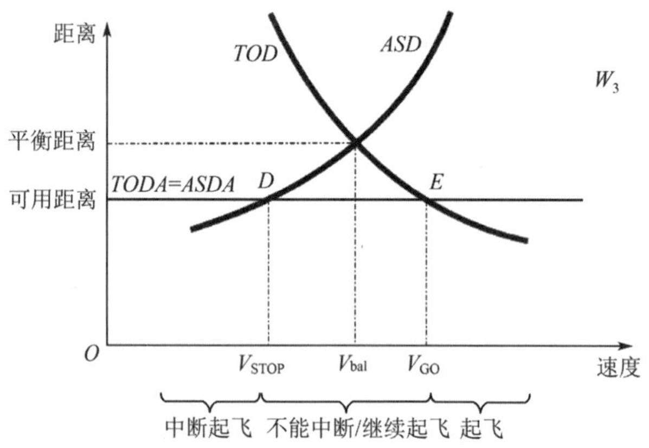

图 2.4.3　飞机以大于场长限重的重量起飞的距离与速度关系图

由上述分析可知，如果飞机以小重量起飞，可供选择的决断速度值很多，但经济性很差；反之，如果飞机以大重量起飞，一发失效后会使飞机陷入既不能中断起飞也不能继续起飞的两难局面，安全性得不到保证。因此，在实际情况中，通常以跑道的限制来确定飞机的最大起飞重量。

2.4.1.4　起飞速度 $V_1/V_R/V_2$ 的确定

起飞决断速度 V_1 受重量、机场标高、气温、襟翼位置、风和跑道坡度等因素影响。飞机的重量越大，起飞决断速度 V_1 越大；机场标高越高，起飞决断速度 V_1 越大；气温越高，起飞决断速度 V_1 越大；襟翼角度越大，起飞决断速度 V_1 越小；上坡和逆风使起飞决断速度

V_1 增大。

飞机飞行手册通常给出了在不同的重量、机场标高、气温、起飞襟翼位置、风和跑道坡度的条件下确定 V_1 的表格。在实际应用中，检查实际起飞重量不大于跑道限制的最大起飞重量并考虑其他限制因素后，常常根据实际的起飞重量和机场情况以及飞机的起飞构型来确定 $V_1/V_R/V_2$。表 2.4.1 给出了 B737-800 起飞速度的性能图表。

例 2.4.1　某 B737-800 在干跑道上起飞，实际起飞重量为 65 000 kg，机场气压高度为 4 000 ft，气温为 20 ℃，起飞襟翼为 5°，逆风分量为 20 kt，跑道坡度为上坡 2%，无净空道和停止道。试根据表 2.4.1 确定实际起飞重量下的 $V_1/V_R/V_2$。

解：

(1) 根据起飞重量为 65 000 kg，起飞襟翼为 5°，查表 2.4.1 可知，$V_1/V_R/V_2$ = 137 kt/138 kt/147 kt。

(2) 温度和机场标高对 $V_1/V_R/V_2$ 的修正。

温度和机场标高对 $V_1/V_R/V_2$ 的修正为：+1 kt/+1 kt/−1 kt。

(3) 跑道坡度和风对 V_1 的修正。

上坡 2%对 V_1 的修正值为+1 kt；20 kt 逆风对 V_1 的修正值为+1 kt。

(4) 修正后 V_1 = 137+1+1+1 = 140 kt，V_R = 138+1 = 139 kt，由于 V_1 不能超过 V_R，故 V_R 增大至 V_1，V_2 也需要增加 V_R 的修正量，V_2 = 147−1+1 = 147 kt。

因此，$V_1/V_R/V_2$ = 140 kt/140 kt/147 kt。

(5) 检查 V_1 与 V_R、$V_{1(MCG)}$ 的大小关系。通过检查 V_1 满足要求。

表 2.4.1　B737-800 起飞速度 $V_1/V_R/V_2$ 性能图表

Takeoff Speeds - Dry Runway

V1, VR, V2 for Max Takeoff Thrust

WEIGHT (1000 KG)	FLAPS 1			FLAPS 5			FLAPS 10			FLAPS 15			FLAPS 25		
	V1	VR	V2	V1	VR	V2	V1	VR	V2	V1	VR	V2	V1	VR	V2
90	172	172	174												
85	166	167	170	159	160	163									
80	160	162	166	154	155	159									
75	155	156	161	149	150	155	148	148	153	145	145	150	142	142	148
70	149	150	157	143	144	151	142	143	149	139	140	146	137	137	144
65	143	144	152	137	138	147	136	137	145	133	134	142	131	131	139
60	137	138	147	131	132	142	130	131	140	127	128	137	125	125	135
55	130	131	142	124	125	136	123	124	135	121	121	132	118	119	130
50	122	123	136	118	118	131	116	117	129	114	115	127	112	112	125
45	115	116	130	110	111	125	109	110	124	107	107	121	105	105	119
40	107	108	124	103	103	119	102	102	118	99	100	116	97	98	114

Check V1(MCG).

V1, VR, V2 Adjustments*

TEMP		V1							VR							V2						
		PRESSURE ALTITUDE (1000 FT)							PRESSURE ALTITUDE (1000 FT)							PRESSURE ALTITUDE (1000 FT)						
°C	°F	-2	0	2	4	6	8	10	-2	0	2	4	6	8	10	-2	0	2	4	6	8	10
70	158	5	6						5	5						-3	-4					
60	140	4	5	5	6				3	4	5	6				-2	-3	-3	-4			
50	122	2	3	4	5	6	7	8	2	3	4	5	6	7	8	-2	-2	-3	-3	-4	-4	-5
40	104	1	2	3	4	5	6	7	1	2	3	4	5	6	7	-1	-1	-2	-2	-3	-4	-4
30	86	0	0	1	3	4	5	6	0	0	1	2	4	5	6	0	0	-1	-1	-2	-3	-4
20	68	0	0	1	1	2	4	5	0	0	1	1	2	4	5	0	0	0	-1	-1	-2	-3
-60	-76	0	0	1	1	2	3	4	0	0	1	1	2	3	4	0	0	0	-1	-1	-1	-2

Slope and Wind V1 Adjustments*

WEIGHT (1000 KG)	SLOPE (%)					WIND (KTS)							
	-2	-1	0	1	2	-15	-10	-5	0	10	20	30	40
90	-4	-2	0	0	0	-2	-1	-1	0	0	0	0	0
85	-4	-2	0	0	1	-2	-1	-1	0	0	0	0	1
80	-3	-2	0	1	1	-2	-1	-1	0	0	0	1	1
75	-3	-1	0	1	1	-2	-1	0	0	0	1	1	1
70	-2	-1	0	1	1	-1	-1	0	0	0	1	1	1
65	-2	-1	0	1	1	-1	-1	0	0	0	1	1	1
60	-1	-1	0	1	1	-1	-1	0	0	0	1	1	1
55	-1	-1	0	1	1	-1	-1	0	0	0	1	1	1
50	-1	0	0	0	0	-2	-1	0	0	0	0	0	0
45	-1	0	0	0	0	-2	-1	0	0	0	0	0	0
40	0	0	0	0	0	-2	-1	0	0	0	0	0	0

Clearway and Stopway V1 Adjustments*

NORMAL V1 (KIAS)	CLEARWAY MINUS STOPWAY (M)						
	300	200	100	0	-100	-200	-300
160	-4	-3	-2	0	1	1	1
140	-3	-3	-2	0	1	1	1
120	-4	-4	-2	0	1	1	1
100	-5	-5	-3	0	1	1	1

***V1 not to exceed VR**

Max Allowable Clearway for V1 Adjustment

FIELD LENGTH (M)	1200	1600	2000	2400	2800	3200
MAX ALLOWABLE CLEARWAY (M)	150	180	210	240	270	290

V1(MCG)

Max Takeoff Thrust

TEMP		PRESSURE ALTITUDE (FT)						
°C	°F	-2000	0	2000	4000	6000	8000	10000
70	158	90	88					
60	140	90	88	87	85			
50	122	92	90	87	85	83	81	79
40	104	97	95	91	88	84	81	79
30	86	100	99	95	92	88	85	81
20	68	100	99	97	95	92	88	85
-60	-76	101	101	98	96	94	91	89

2.4.2 不平衡场地法

大多数情况下使用平衡场地法来确定场地限制的最大起飞重量,即认为跑道是可用加速停止距离和可用继续起飞距离相等的跑道。然而,当可用加速停止距离和可用继续起飞距离不相等时,称为不平衡跑道。出现不平衡跑道的原因有两种情况:一类是按照平衡场地法确定出起飞速度($V_1/V_R/V_2$)后,出现一些起飞速度不符合要求的情况,如 $V_1<V_{1(MCG)}$,$V_1>V_{MBE}$,$V_1>V_R$,$V_2<1.1V_{MCA}$等,导致场地限制的最大起飞重量比平衡场地长度限制的最大起飞重量小,此时必须要调整 V_1 值以满足法规对起飞速度的要求;另一类是净空道和停止道的使用,也会使得可用加速停止距离与可用继续起飞距离不等而出现不平衡跑道的情况,导致场地限制的最大起飞重量比平衡跑道限制的最大起飞重量大。

调整起飞速度引起的不平衡场地长度情况如下:

情况 A:当飞机重量较小,且机场标高较低时,按照平衡场地法确定的 V_1 值较小,就有可能出现 $V_1<V_{1(MCG)}$。为了满足法规要求,必须将 V_1 值增大到 $V_{1(MCG)}$,V_1 的增大会使所需加速停止距离增加,所需继续起飞距离减小,此时要求的可用场地长度由所需加速停止距离来确定。

情况 B:当飞机重量较小,令 V_1 或 V_{EF} 等于 $V_{1(MCG)}$ 时,有可能使计算出来的 V_R 小于 V_1。因此,须将 V_R 增大到 V_1,这样不仅使所需继续起飞距离增加,也使所需加速停止距离增加,此时要求的可用场地长度由这两者中较大者确定。

情况 C:当飞机重量较小,且机场标高较低时,按平衡场地法计算出来的 V_2 小于 $1.1V_{MCA}$。因此,须将 V_2 增大到等于 $1.1V_{MCA}$,从而使得所需继续起飞距离增加,此时要求的可用场地长度由所需继续起飞距离确定。

情况 D:当飞机重量较大,且机场标高较高时,按平衡场地法计算出来的 V_1 可能大于 V_{MBE}。因此,必须减小 V_1 使其等于 V_{MBE},V_1 的减小使得所需继续起飞距离增加,所需加速停止距离减小,此时要求的可用场地长度由所需继续起飞距离确定。

情况 E:当飞机重量较大时,按平衡场地法计算出来的 V_1 可能大于 V_R。这就出现了抬前轮后才能做继续起飞或中断起飞的决断,此时再放下前轮中断起飞显然是危险的,为此要将 V_1 减小到 V_R,V_1 的减小使得所需继续起飞距离增加,所需加速停止距离减小,此时要求的可用场地长度由所需继续起飞距离确定。以上讨论的几种情况可以通过表 2.4.2 表示。

表 2.4.2　起飞速度调整引起的不平衡场地长度情况

飞机重量情况	平衡场地长度起飞速度情况	起飞速度的调整方法	一发不工作的可用场地长度取决于
小	$V_1 < V_{1(MCG)}$	增大 V_1，使 $V_1 = V_{1(MCG)}$	所需加速停止距离
小	$V_R < V_1$	增大 V_R，使 $V_R = V_{1(MCG)} = V_1$	取大值{所需加速停止距离，所需继续起飞距离}
小	$V_2 < 1.1V_{MCA}$	增大 V_2，使 $V_2 = 1.1V_{MCA}$	所需继续起飞距离
大	$V_1 > V_{MBE}$	减小 V_1，使 $V_1 = V_{MBE}$	所需继续起飞距离
大	$V_1 > V_R$	减小 V_1，使 $V_1 = V_R$	所需继续起飞距离

当使用净空道和安全道，且可用的净空道和安全道长度不相等时，这种情况也属于不平衡场地长度情况。不平衡跑道不外乎有两种情况：一是净空道比安全道长，二是安全道比净空道长。

(1) 可用加速停止距离小于可用继续起飞距离（净空道比安全道长）

考虑可用加速停止距离和可用继续起飞距离不相等，如净空道比安全道长或者只考虑净空道的情况，即 $ASDA<TODA$。若此时达到场长限重，则相关分析如图 2.4.4 所示，G 点对应的速度为继续起飞最小速度 V_{GO}，H 点对应的速度为中断起飞的最大速度 V_{STOP}，$V_{GO}=V_{STOP}$ 时达到场长限重，此时起飞决断速度 $V_1=V_{GO}=V_{STOP}$。

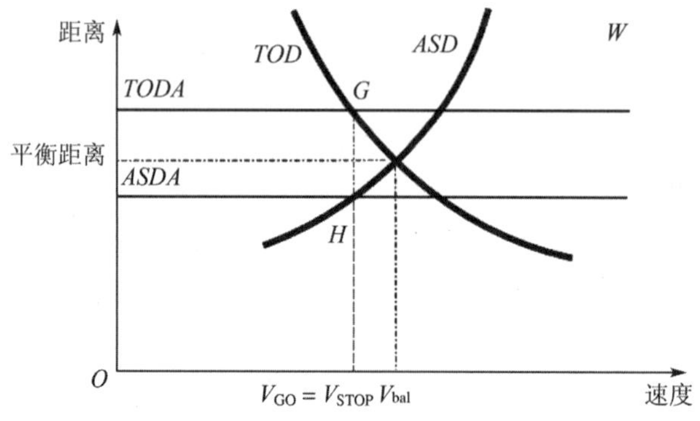

图 2.4.4　可用加速停止距离小于可用继续起飞距离的分析

只使用净空道或者净空道比安全道长时，可增大跑道限重。净空道不能用于中断起飞，因此其对应的 V_1 小于其平衡速度；使用的净空道越长，跑道限重越大，V_1 比平衡速度小得越多。因此，当 $ASDA < TODA$ 时，可以适当减小 V_1 来增大跑道限重。

(2) 可用加速停止距离大于可用继续起飞距离（安全道比净空道长）

考虑可用加速停止距离和可用继续起飞距离不相等，如安全道比净空道长或者只考虑安全道的情况，即 $ASDA>TODA$。若此时达到场长限重，则相关分析如图 2.4.5 所示，I 点对应的速度为中断起飞的最大速度 V_{STOP}，J 点对应的速度为继续起飞最小速度 V_{GO}，$V_{GO}=V_{STOP}$ 时达到场长限重，此时起飞决断速度 $V_1=V_{GO}=V_{STOP}$。

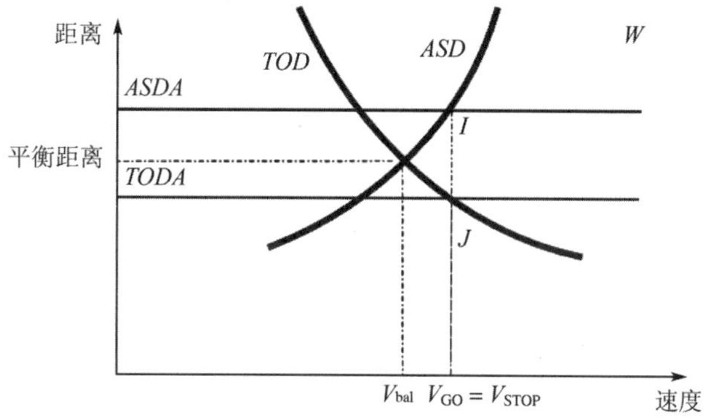

图 2.4.5　可用加速停止距离大于可用继续起飞距离的分析

只使用安全道或安全道比净空道长时，可增大跑道限重。安全道可用于中断起飞，因此其对应的 V_1 大于平衡速度；使用的安全道越长，跑道限重越大，V_1 比平衡速度大得越多。因此，当 $ASDA>TODA$ 时，可以适当增加 V_1 来增大跑道限重。

2.5 起飞性能的优化

满足了各因素对起飞重量的限制后，得到的最小值即为飞机允许的最大起飞重量。在实际飞行中，由于装载情况和各种条件的变化，往往还要根据实际情况对起飞性能进行优化，以提高飞机的运输经济性。例如，在场道条件好（跑道长）的机场，由场道确定的最大起飞重量可能远远大于由上升梯度条件确定的最大起飞重量，如果简单以上升梯度条件限制确定的重量作为最大起飞重量，将会“浪费”很长一段跑道，飞机最大起飞重量较小，经济效益也很差。在这种情况下，就应该改进起飞程序，优化起飞性能，提高起飞限重。

实际运行中有时由于航线较短或客、货源较少，飞机的实际起飞重量可能比最大起飞重量小很多，如果仍以最大起飞推力起飞，飞机将在滑跑不长的距离后就离地，且初始上升梯度很大，远远超过了法规关于最小上升梯度的要求，这样起飞当然是安全的，但是发动机在大推力下工作的时间过长，会使发动机的可靠性变差，使用寿命变短，发动机的维护费用也会增加。为了提高发动机的可靠性，降低发动机的维护费用，在实际起飞重量比最大起飞重量小的情况下，有必要选择较小的起飞油门即进行减功率或减推力起飞。

优化起飞性能的目的包括两方面：一方面是在满足所有适航要求（即前述各种性能和

结构限制）的同时，获得最大的可能起飞重量；另一方面是在实际起飞重量比最大起飞重量小的情况下，通过选择较小的起飞油门进行减功率或减推力起飞，来节省运营成本。

2.5.1 优化起飞程序

虽然限制最大起飞重量的因素有很多，但起飞性能的优化主要针对场长限重和上升梯度限重，因此要对这种可供选择的参数进行优化选择。虽然要考虑的限制和影响因素很多，但对于特定机场，已知机型的起飞性能和最大起飞重量，可供选择的影响因素只有四个：起飞襟翼角度、发动机引气使用、V_1 和 V_2。下面主要讨论对这几个方面的优化。

2.5.1.1 合理地选择起飞襟翼角度

一般来说，采用较小角度的起飞襟翼可以使飞机以速度 V_2 上升时的升阻比较大，飞机的上升能力就会好一些，使上升梯度限制的最大起飞重量增加。但起飞襟翼角度越小，相同飞机迎角的升力系数越小，相同起飞重量的离地速度越大，所需跑道越长，使场道限制的最大起飞重量减小。尽管减小起飞襟翼可使场道限制的最大起飞重量减小，但也会使上升梯度限制的最大起飞重量增大。

起飞襟翼角度越大，所需跑道长度越短，场长限重越大，但飞机的上升能力越差，上升梯度限重越小。在实际飞行中，当跑道长度相对较短，而净空条件比较好时，可以采用大角度襟翼起飞，增大该机场的最大起飞重量；当跑道长度相对较长，而净空条件比较差时，可以采用小角度襟翼起飞，增大该机场的最大起飞重量，即小角度襟翼对场长限重不利，对上升梯度限重有利。

综上所述，当跑道长度相对较长时，通过减小起飞襟翼角度的方法可以使最大起飞重量增大；当跑道长度相对较短时，通过增大起飞襟翼角度的方法可以使最大起飞重量增大。

2.5.1.2 发动机引气使用

在起飞过程中，如果发动机的引气开，比如发动机中部分气体引出用于空调使用和防冰，会使发动机推力下降，从而降低了起飞性能。因此，建议起飞时暂时关闭空调，以使起飞距离较短。但是也存在一些限制，如天气炎热导致客舱温度较高或受公司政策限制，并不总能这样做，除非使用辅助动力装置（APU）。

2.5.1.3 起飞速度的优化

V_1 和 V_2 对不同因素的起飞限重有不同的影响，因此，理论上应该根据实际情况合理选择 V_1 和 V_2。在实际运行中，为方便起见，通常用 V_1/V_R 和 V_2/V_S 代替 V_1 和 V_2 作为速度优化的变量。其中，V_1/V_R 的大小选择主要针对场长限制的最大起飞重量进行优化，而 V_2/V_S 的大小选择主要针对上升梯度限制的最大起飞重量进行优化。

(1)优化的速度变量和范围

对于某一给定机型,在机场和气象等外界条件一定的情况下,V_R 是通过试飞确定的,而 V_1 和 V_R 存在一定联系,所以可用 V_1/V_R 代替 V_1。根据前面内容可知,V_1 不能大于 V_R,所以 V_1/V_R 的最大值为 1;而减小 V_1 会使得继续起飞距离延长,加速停止距离缩短。验证表明,对于空客机型,如果 V_1/V_R 小于 0.84,虽然加速停止距离缩短,但继续起飞距离延长,限制了最大起飞重量,所以更小的 V_1/V_R 无实际意义。因此,V_1/V_R 的优化范围为[0.84,1]。

同理,用 V_2/V_S 代替 V_2。根据前面内容可知,V_2 不能小于 $1.2V_S$,因此,V_2/V_S 可选范围的最小值 $(V_2/V_S)_{min}$ 为 1.2;如果 V_2/V_S 增大,一方面使起飞场长限重减小,另一方面使上升梯度限重增大。但是,并不是 V_2 越大,上升梯度就越大,只有当 V_2 增加到相应重量下的陡升速度时上升梯度才达到最大,如果继续增大 V_2,上升梯度则减小。因此,达到最大上升梯度对应的 V_2 时,V_2/V_S 达到最大值$(V_2/V_S)_{max}$。对于不同机型,$(V_2/V_S)_{max}$ 不同,如 A320 机型,$(V_2/V_S)_{max} = 1.35$;A330 机型,$(V_2/V_S)_{max} = 1.4$。

(2) V_1/V_R 对起飞重量的影响

在讨论 V_1/V_R 对起飞重量的影响时,跑道参数(包括机场标高、跑道长度、跑道坡度、障碍物、净空道和停止道等),外界条件(包括 *QNH*、外界大气温度、风分量)和飞机数据(包括襟缝翼位置、空调和防冰的使用、飞机状态和 V_2/V_S 等)是固定的。

对于场长限重,当 V_1/V_R 增大时,一发失效后继续起飞的滑跑距离缩短,对应的场长限重增大;一发失效后加速停止距离延长,对应的场长限重减小。

对于上升梯度限重,上升梯度的大小取决于飞机重量、构型和推力,与 V_1 无关。因此,V_1/V_R 的变化不会影响航道阶段上升梯度的限重。

(3) V_2/V_S 对起飞重量的影响

在讨论 V_2/V_S 对起飞重量的影响时,假定其他参数都是固定的,如 V_1/V_R 等。

对于场长限重,当 V_2/V_S 增大时,全发起飞距离、一发失效继续起飞距离和一发失效后的加速停止距离都延长,对应的场长限重减小。

对于上升梯度限重,当 V_2/V_S 增大时,也就是当 V_2 增大时(小于相应重量下的陡升速度),上升梯度增大,对应的上升梯度限重增加。

2.5.1.4 起飞性能优化的方法

不同的飞机制造厂商,优化起飞性能(即优化速度)的方法也不相同,事实上这些优化都是由性能软件后台进行计算的。波音公司提出的是改进上升的优化方法。使用改进上升的前提是场长限重大于上升梯度限重。最大起飞重量的限制是上升梯度,即上升梯度较小,出现这种现象的原因是 V_2 小于对应重量下的陡升速度,因此,增大起飞速度就能增大上升梯度,从而增大上升梯度限重。当上升梯度限制的最大起飞重量小于场地长度限制的最大起飞重量时,可以利用富余的跑道继续增速,使飞机的离地速度比正常的离地速度大,这样起飞初始上升速度更接近陡升速度,于是就增大了起飞航道Ⅱ段的上升梯度，在保证法规规定的最低上升梯度的前提下可以增大上升梯度的限重。故采用改进上升的起飞速度 $V_1/V_R/V_2$ 比对应重量下正常的 $V_1/V_R/V_2$ 大。图 2.5.1 给出了使用改进上升方法后上升梯度限重的增加量和 $V_1/V_R/V_2$ 的增加量。在实际运行中，优化后的最大起飞重量和起飞速度以起飞性能分析表给出，具体图表的使用将在下一节详细介绍。

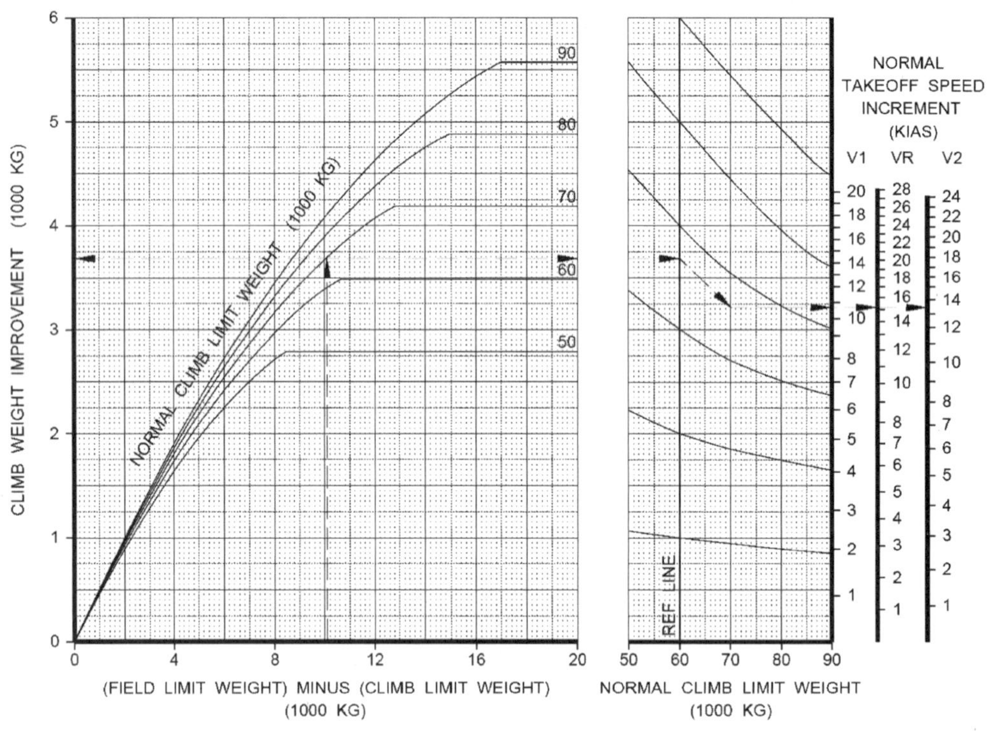

图 2.5.1 使用改进上升方法后上升梯度限重的增加量和 $V_1/V_R/V_2$ 的增加量

空客采用的是全程优化的方法。空客主要是针对每一种机翼位置进行 V_1/V_R 和 V_2/V_S 的优化，找出该襟翼状态时的最佳 V_1/V_R 和 V_2/V_S 及相关的最大起飞重量。而后比较几种可能的襟翼状态，就很容易选出最合适的襟翼角度、最优的最大起飞重量以及最佳的 V_1 和 V_2。通常在优选出 V_1/V_R 和 V_2/V_S 后，根据选出的最优起飞重量，计算 V_1 和 V_2。该数据最终以起飞性能分析表的形式给出。空客机型的起飞性能分析表给出的最大起飞重量和起飞速度都是经过全程优化后的结果，具体图表的使用将在下一节详细介绍。

2.5.2 减推力起飞

为提高发动机的使用可靠性、降低发动机的维护费用,在实际起飞重量小于最大允许起飞重量的情况下,有必要选择较小油门起飞,即减推力起飞。

在实际运行中,飞机的实际起飞重量往往小于最大允许起飞重量。因此,在某些情况下,可以用小于最大起飞推力的推力起飞,同时满足规章对起飞重量的各种限制要求,这种比最大推力小的推力称为减推力。按照实际重量调整推力是有利的,可以延长发动机的使用寿命并提高其可靠性,同时降低维护和运营成本。

发动机热部件的损坏和发动机连续工作时间的长短与涡轮进口温度有直接关系。起飞推力的减小,可以降低涡轮进口温度以及发动机的热力水平和机械应力水平。实践表明,使用减推力起飞可以降低发动机停车率和拆换率,延长发动机的使用寿命,提高发动机的使用可靠性,减少维修费用,降低成本。因此,现代喷气式客机的飞行手册都有关于使用减推力起飞的说明,并给出了确定减推力的方法。目前,常用的两种减推力起飞的类型是减额定功率减推力(常称为 Derate)和假设温度(灵活温度)减推力(常称为 FLEX)。

2.5.2.1 减额定功率减推力

减额定功率减推力相当于选用了一台功率较小的发动机。现代先进的燃气涡轮发动机可以通过对燃油系统的调节,使发动机的最大推力发生变化,例如,某燃气涡轮发动机具有单台发动机最大静推力 18.5K、20K 和 22K 三个挡位。在起飞前,飞行员通过机载控制面板,根据跑道情况和飞机的重量,选择相应的起飞功率;选择减额定功率减推力后,计算机将自动控制发动机燃油调节系统的供油量,使发动机起飞最大功率保持在选定的挡位。

飞机与不同额定功率减小量的发动机组合,都要经过局方适航审定,达到法规要求。目前,A330、A340 等机型减额定功率减推力起飞是基本配置,包括 6 个等级,减小额定功率为 4%~24%,等级间增加量为 4%;A340-500/600 还有 2 个补充的减额定推力水平,即 32%和 40%。波音的 B757、B767 等分 2 个等级,额定功率减小量为 10%和 20%。

每架飞机的飞行手册中都备有相关的限制、程序和性能数据(起飞重量计算表)。当使用减额定功率减推力起飞时,起飞性能分析必须使用以减额定功率减推力计算出来的起飞性能分析表。因此,对于具备减额定功率减推力起飞能力的飞机,手册中应有一组性能图表,每一张图表应基于不同减额定功率的等级计算得到。

值得注意的是,如果使用减额定功率减推力起飞,在整个飞行过程中,只能使用降级的推力,原来的推力是不可使用的。如在复飞时,就不能获得原来未降低功率时的最大起飞复飞推力。

减额定功率减推力起飞没有其他运行限制,只要实际起飞重量小于最大起飞重量,在飞机性能允许的范围内,任何情况下均可使用,即可以用于湿跑道和污染跑道。

在短跑道、湿跑道或污染跑道上起飞时，减额定功率减推力可以增大起飞重量，起飞重量主要受一发失效后继续起飞距离和加速停止距离要求的限制。由于起飞推力减小了，在一发失效后，发动机产生的不对称力矩减小，因此，为保持航向所需的 V_{MCA} 和 V_{MCG} 要减小，如图 2.5.2 所示。起飞速度 V_1、V_R 和 V_2 均与 V_{MCA} 和 V_{MCG} 有关，比如规章要求$V_R>1.05V_{MCA}$，故 V_{MCA}会影响 V_R 的大小，而 V_R 会对 V_2 产生影响；同时，规章要求 $V_1 \geq V_{1(MCG)}$，故 V_{MCG}会影响 V_1 的大小。V_1 的大小会影响中断起飞所需距离，V_R 和 V_2 的大小会影响继续起飞所需距离。因此，在短跑道、湿跑道或污染跑道上使用减额定功率减推力起飞会使 V_{MCA}和 V_{MCG}减小，故继续起飞距离和加速停止距离减小；当跑道长度较短时，与全推力起飞相比，起飞重量增大。

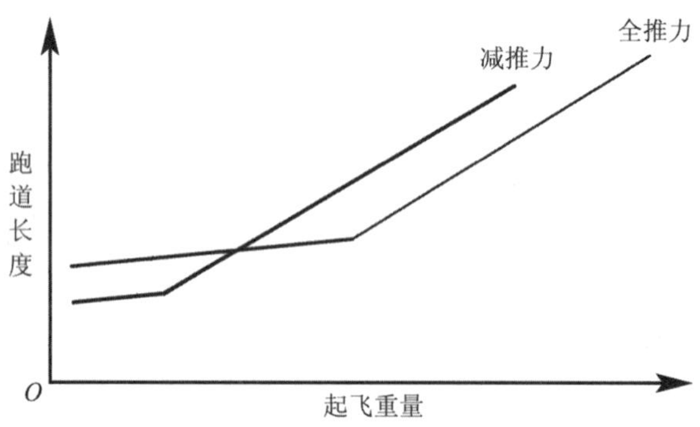

图 2.5.2　全推力和减推力下 V_{MCG} 限制的最小场长

2.5.2.2　假设温度（灵活温度）减推力

（1）假设温度（灵活温度）减推力简介

由涡轮风扇发动机的温度-推力曲线图（见图 1.4.8）可知，在外界温度高于参考温度 T_{ref}后，发动机推力会随着温度的升高而减小。假设温度（灵活温度）减推力起飞是通过输入一个比实际外界大气温度（*OAT*）更高的温度值来确定需要的推力，用此推力和实际的起飞重量能够满足场地条件、上升梯度、越障、轮胎速度、刹车能量及最小操纵速度等的限制要求，这种确定推力的方法称为假设温度法，所确定的比实际温度高的温度称为假设温度或灵活温度。波音飞机习惯用假设温度（Assumed Temperature）的说法，而空客飞机习惯用灵活温度（Flexible Temperature）的说法。

在确定了假设温度的大小后，可根据假设温度和机场气压高度来确定相应的发动机压力比（*EPR*）调定值，该值小于实际温度对应的 *EPR* 值，从而减小了起飞推力。若以假设温度起飞，使用起飞推力，则实际起飞重量恰好为最大起飞重量，符合场道和航道上升要求。

（2）确定假设温度（灵活温度）的基本原理

图 2.5.3 给出了最大起飞重量和发动机推力随温度的变化规律。通过对图 2.5.3 分析可知，若实际外界大气温度为 $T_{实际}$，根据起飞性能分析，最大起飞重量为 W_{max}，如果飞机以

W_{max}起飞,需要的推力为全推力 *EPR* 才能保证安全。实际起飞重量 $W_{实际}$小于 W_{max},理论上不需要全推力 *EPR*,飞机也能安全起飞,因此可以使用减推力 *EPR* 起飞。按照前面的分析,只需要给控制发动机的计算机输入一个比 $T_{实际}$更高的温度即可达到减推力的目的,输入的温度越高,推力减小量越大,但必须保证减小后的推力能使飞机安全起飞。故把实际起飞重量看成最大起飞重量,反查出一个温度,该温度比 $T_{实际}$高,用 $T_{假设}$表示;将 $T_{假设}$输入控制发动机的计算机,此时发动机会产生一个较小的推力值,达到了减推力的目的。因此,假设温度就是通过把实际起飞重量看作最大起飞重量来确定温度的。

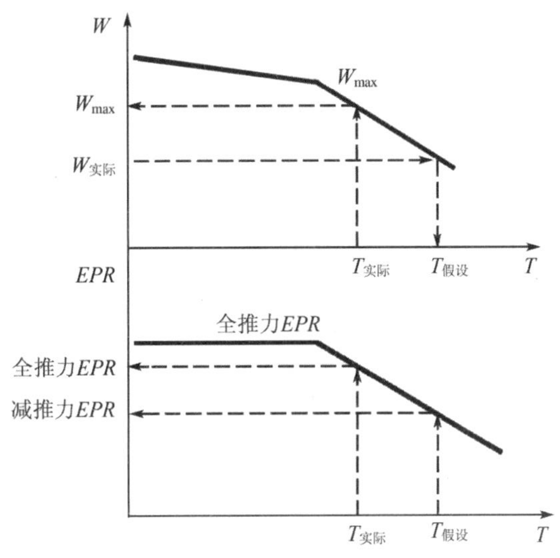

图 2.5.3 最大起飞重量和发动机推力随温度的变化规律

(3)假设温度(灵活温度)减推力起飞的限制

①假设温度不能超过正常起飞、着陆的温度限制(即把实际起飞重量看作最大起飞重量确定的温度),根据该限制确定 *EPR* 的最小值。这种限制也称为性能限制的最大假设温度。该值可从起飞性能表中查出。

②根据规章的要求,使用假设温度法减推力起飞时,减推力的最大值不得超过全推力的 25%,减推力后的油门不得小于最大上升油门。这种限制也称为最大减推力限制的最大假设温度。该值可从表 2.5.1 中查出。

③最小假设温度:通常为 T_{ref},因为如果假设温度小于最小假设温度,在用假设温度法减推力起飞时,推力并不发生变化,该值可从表 2.5.2 中查出。最小假设温度还应该比外界大气温度高,故确定的最小假设温度值是 T_{ref} 和 *OAT* 中的较大值。

④使用假设温度减推力必须建立发动机状态监控系统或进行定期检查,以保证发动机在需要时能产生规定的起飞推力。

⑤当防滞系统不工作或在冰、雪、积水和雪浆等污染跑道上起飞时,不得使用假设温度(灵活温度)法起飞。

在实际运行中，假设温度应该在最大假设温度和最小假设温度范围内，以保证飞行安全。最大假设温度为性能限制的最大假设温度和减25%推力限制的最大假设温度中的较小者。通过表2.5.2和表2.5.3还可以确定使用假设温度法减推力起飞的发动机的$\%N_1$值。

表2.5.1　减25%推力对应的最大假设温度的确定

Assumed Temperature Reduced Thrust (22K Derate)
Maximum Assumed Temperature (Table 1 of 3)
Based on 25% Takeoff Thrust Reduction

OAT (°C)	AIRPORT PRESSURE ALTITUDE (FT)											
	-1000	0	1000	2000	3000	4000	5000	6000	7000	8000	9000	10000
55	73	71	69	67								
50	73	71	69	67	65	63						
45	73	71	69	67	65	63	61	59	57			
40	72	71	69	67	65	63	61	59	57	55		
35	66	66	66	66	65	63	61	59	57	55	53	
30	63	61	61	61	61	61	61	59	57	55	53	51
25	63	61	59	57	56	56	56	56	56	55	53	51
20	63	61	59	57	55	53	51	51	51	50	50	50
15	63	61	59	57	55	53	51	50	47	45	45	45
10 & BELOW	63	61	59	57	55	53	51	50	47	45	43	41

表2.5.2　最小假设温度和$\%N_1$的确定

Takeoff %N1 (Table 2 of 3)
Based on engine bleed for packs on and engine anti-ice on or off

ASSUMED TEMP (°C)	AIRPORT PRESSURE ALTITUDE (FT)											
	-1000	0	1000	2000	3000	4000	5000	6000	7000	8000	9000	10000
75	85.7	86.0	86.7	87.4	88.2	88.9	89.5	90.1	90.2	90.2	90.6	91.1
70	86.6	87.0	87.1	87.1	87.5	88.3	88.9	89.4	89.5	89.6	90.0	90.4
65	87.4	87.8	88.0	88.0	88.2	88.3	88.3	88.8	88.9	88.9	89.4	89.8
60	88.3	88.7	88.8	88.9	89.1	89.2	89.2	89.1	88.6	88.3	88.7	89.2
55	89.1	89.5	89.7	89.8	89.9	90.0	90.0	90.0	89.5	89.0	88.8	88.6
50	89.8	90.4	90.5	90.6	90.7	90.9	90.8	90.8	90.4	89.9	89.7	89.6
45	90.7	91.2	91.3	91.4	91.5	91.7	91.6	91.6	91.2	90.8	90.7	90.5
40	91.6	92.1	92.2	92.3	92.4	92.5	92.4	92.4	92.1	91.7	91.6	91.5
35	92.5	93.0	93.1	93.2	93.2	93.3	93.3	93.2	92.9	92.5	92.5	92.4
30	92.6	93.8	93.9	94.0	94.0	94.1	94.0	93.9	93.7	93.4	93.3	93.2
25	91.9	93.1	93.7	94.4	94.8	94.9	94.8	94.8	94.4	94.0	94.0	94.0
20	91.1	92.3	93.0	93.6	94.3	95.0	95.6	95.6	95.3	94.9	94.8	94.7
15	90.4	91.6	92.2	92.8	93.6	94.3	94.8	95.3	95.9	96.1	95.9	95.5
10	89.6	90.8	91.4	92.1	92.8	93.5	94.0	94.5	95.1	95.7	96.4	97.1
MINIMUM ASSUMED TEMP (°C)	32	30	28	26	24	22	20	18	16	15	12	10

With engine bleed for packs off, increase %N1 by 0.9.

表 2.5.3 假设温度和实际温度对$\%N_1$ 的修正

Assumed Temperature Reduced Thrust (22K Derate)
%N1 Adjustment for Temperature Difference (Table 3 of 3)

ASSUMED TEMP MINUS OAT (°C)	OUTSIDE AIR TEMPERATURE (°C)													
	-40	-20	0	5	10	15	20	25	30	35	40	45	50	55
110	11.6													
100	10.3	7.9												
90	10.8	8.4												
80	12.2	7.1	5.0											
70	11.0	7.6	5.4	5.2	3.5									
60	9.6	9.0	4.1	4.0	3.9	3.8	2.1							
50	8.0	7.7	4.5	2.8	2.6	2.7	2.6	2.4	0.8					
40		6.2	5.9	4.7	3.0	2.6	2.7	2.8	2.6	2.5	2.9			
30		4.7	4.6	4.5	4.4	4.2	4.1	4.0	4.0	3.9	3.8	3.7	3.6	
20			3.1	3.0	3.0	3.0	2.9	2.8	2.7	2.7	2.6	2.6	2.5	2.4
10			1.5	1.5	1.5	1.5	1.5	1.5	1.4	1.4	1.4	1.3	1.3	1.3
0			0	0	0	0	0	0	0	0	0	0	0	0

1. **Determine Maximum Assumed Temperature allowed from Table 1.**
2. **Find Maximum %N1 from Table 2 using the desired assumed temperature (no greater than temperature from Table 1).**
3. **Use the difference between assumed temperature and OAT to determine the %N1 adjustment from Table 3.**
4. **Subtract %N1 adjustment from Maximum %N1 in Table 2.**

■ 2.5.2.3 假设温度（灵活温度）减推力起飞的安全水平

以假设温度确定起飞推力并以实际温度起飞的安全水平大于以假设温度确定起飞推力并以假设温度起飞的安全水平。在相同的 $EPR(N_1)$ 下，由于实际温度比假设温度低，故实际温度对应的推力大；在相同的表速下，由于实际温度比假设温度低，故实际温度的真空速小。

2.6 起飞性能分析表的使用

在实际运行中，飞机性能工程师必须根据具体的运行条件和飞行手册的规定核算飞机的最大起飞重量，一般情况下，应该选择以上各种限制条件下的最小值作为实际使用的最大起飞重量。飞行员起飞前需根据起飞条件确定最大允许起飞重量及相应的起飞速度，若实际起飞重量比最大允许起飞重量小，则通常要求根据实际起飞重量确定一个假设温度及相应的起飞速度。目前，航空公司的飞机性能工程师会根据实际运行的要求通过性能软件将这些内容呈现在一张表中，通常称为起飞分析表。起飞分析表供飞行员起飞前查阅，包含机型、跑道、各种限重及相应起飞速度。通过这张表，飞行员就可以根据实际起飞条件确定最大允许的起飞重量及起飞速度或根据实际起飞重量确定相应的假设温度及相应起飞速度。

起飞性能分析的主要工作是根据实际运行条件，确定最大允许起飞重量以及实际起飞重量下的起飞特征速度 $V_1/V_R/V_2$。前面已经详细介绍了最大起飞重量的限制因素及其计算方法，由于每一个限重需要查一张图表，最后取所有限重的最小值，在需要时还得通过优化性能计算来优化起飞重量和速度，故在实际运行中使用起来不方便。为此，制造商通过其计算软件生成一张图表，通过该图表，可以直接查出优化后的最大起飞重量和起飞速度，方便快捷，将该图表称为起飞性能分析表。

2.6.1 最大起飞重量和起飞速度确定的流程

对于不同机型，确定最大起飞重量的方法可能略有差异，但主要内容和计算顺序基本相同。步骤如下：

（1）除必要的飞机空气动力特性和发动机性能数据外，还需要将起飞机场数据、气象资料和飞机情况作为计算的原始数据。

（2）计算场地长度限制、航道Ⅱ段上升梯度限制和轮胎速度限制的最大起飞重量，经比较后，选最小值作为允许的最大起飞重量。

（3）如无影响起飞的障碍物，则采用最低改平高度上升程序，同时检查场地长度限制、上升梯度限制和结构强度限制的最大起飞重量，如上升梯度限制的最大起飞重量最小，可以使用起飞性能优化的方法（如改进上升），并计算出使用优化后的最大起飞重量以确定最终的最大起飞重量。如有障碍物，则应求出障碍物限制的最大起飞重量和改平高度等参数值。如障碍物限制的起飞重量小于之前确定的最大起飞重量，则替换之；否则不变。

（4）用按第（3）步确定的最大起飞重量或实际起飞重量计算起飞速度，并按规定检查这些速度是否符合要求，如不符合，则减小最大起飞重量，直至满足速度限制要求为止。

（5）如在干跑道上起飞，且飞机实际起飞重量小于最大起飞重量，可使用减推力起飞的方法。如在湿跑道和污染跑道上起飞，则参照具体机型的使用手册与机场分析手册中的数据和建议处理。

计算最大起飞重量和起飞速度的方法主要有两种：一种是查图查表法；另一种是利用计算机软件，针对具体机场和机型列出起飞性能分析表。查图查表法可以用飞机飞行手册提供的曲线进行，曲线精确度高一些，但图表数量大，比较费时费力，不可能用于日常航务工作，但可用于没有客户化性能软件的机型。对于这些图表本章的相应部分已做介绍，需要指出的是，熟悉这些图表的使用，对深入了解起飞受到的各种限制因素有很大的帮助。利用性能软件计算生成的起飞性能分析表，内容全面简单，使用方便。目前，波音公司可以通过 PET 性能软件计算起飞性能分析表，空客公司可以通过 PEP 性能软件计算起飞性能分析表。每架飞机上都有航空公司性能工程师计算出的各个机场的起飞性能分析表（通常装订成册，称为机场分析手册）。飞行员在每次起飞前的驾驶舱准备过程中通过起飞性能分析表确定起飞速度。现在很多飞机驾驶舱使用电子飞行包(EFB),如果电子飞行包嵌入了性能软件,那么飞行员在起飞前通过电子飞行包的性能页面输入当时的起飞条件就可以直接获取起飞速度 $V_1/V_R/V_2$ 和假设温度。

下面重点介绍目前两大飞机制造商(波音和空客)的起飞性能分析表的使用方法。其他飞机制造商的起飞性能分析表的使用与波音和空客的基本一致。

2.6.2 波音机型起飞性能分析表的使用

波音机型典型的起飞性能分析表如表 2.6.1 所示。通过这张起飞分析表,可以确定三个方面的性能数据:第一,不考虑改进上升时,根据外界大气温度和风的大小确定最大允许起飞重量 $MTOW$ 和对应的起飞速度 $V_1/V_R/V_2$;第二,考虑改进上升时,根据外界大气温度和风的大小确定最大允许起飞重量 $MTOW$ 和对应的起飞速度 $V_1/V_R/V_2$;第三,若实际起飞重量小于最大允许起飞重量,则根据实际起飞重量和风的大小确定假设温度和对应的起飞速度 $V_1/V_R/V_2$。

例 2.6.1 B737-300 甘肃敦煌莫高国际机场 08 号跑道起飞性能分析表如表 2.6.1 所示。机场气温为 34 ℃,逆风分量为 10 kt,起飞襟翼为 1,空调关,防冰关,试分别确定不考虑改进上升和考虑改进上升时的最大允许起飞重量及对应的起飞速度 $V_1/V_R/V_2$。如果实际起飞重量为 51 900 kg,试确定最大假设温度和对应的起飞速度 $V_1/V_R/V_2$。

解:

(1)计算不考虑改进上升时的最大允许起飞重量及对应的起飞速度 $V_1/V_R/V_2$。

①根据外界大气温度为 34 ℃,逆风分量为 10 kt,查出障碍物限重为 57 800 kg,起飞速度为 146 kt/148 kt/153 kt 。

②上升梯度限重为 55 600 kg。

③飞机审定的最大起飞重量为 61 234 kg。

实际允许的最大起飞重量为上面三步计算中的最小值 55 600 kg,起飞速度 $V_1/V_R/V_2$ 为 146 kt/148 kt/153 kt。

(2)计算考虑改进上升时的最大允许起飞重量及对应的起飞速度 $V_1/V_R/V_2$。

根据外界大气温度为 34 ℃,逆风分量为 10 kt,查出改进上升限重为 56 800 kg,起飞速度 $V_1/V_R/V_2$ 为 152 kt/154 kt/159 kt。

(3)根据实际起飞重量 51 900 kg,确定最大假设温度和对应的起飞速度 $V_1/V_R/V_2$。

根据实际起飞重量为 51 900 kg,在上升限重栏找出与 51 900 kg 对应的温度为 42 ℃,而逆风分量 10 kt 这一列对应的温度为 48 ℃,故实际使用的最大假设温度为 42 ℃,对应的起飞速度 $V_1/V_R/V_2$ 为 141 kt/143 kt/148 kt。

表 2.6.1　B737-300 甘肃敦煌莫高国际机场 08 号跑道起飞性能分析表(起飞襟翼 1,空调关)

ELEVATION 1126 M　　　　　　　　RUNWAY 08　　ZLDH

*** FLAPS 01 ***　AIR COND OFF　ANTI-ICE OFF　　DUNHUANG
PCN=80/F/B/W/T

737-300　CFM56-3-B1　　　　　　DATED 08-MAR-2013

A INDICATES OAT OUTSIDE ENVIRONMENTAL ENVELOPE

OAT	CLIMB	WIND COMPONENT IN KNOTS (MINUS DENOTES TAILWIND)			
C	100KG	-10	0	10	20
66					
63A	376	376*/20-20-25	376*/20-20-25	376*/20-20-25	376*/20-20-25
		397**31 35 37	407**39 43 44	409**41 46 46	411**43 48 48
60A	398	402*/23-23-28	402*/23-23-28	402*/23-23-28	402*/23-23-28
		419**33-35-38	430**40-44-45	433**42-46-47	435**44-48-49
57A	420	430*/27-27-31	430*/27-27-31	430*/27-27-31	430*/27-27-31
		437**34-36-39	450**41-44-47	453**43-47-49	457**45-49-51
54A	443	455*/30-30-35	462*/30-30-35	462*/30-30-35	462*/30-30-35
		456**36-37-41	470**43-45-48	473**45-48-50	476**47-50-52
51A	468	476*/34-34-39	494*/34-34-39	494*/34-34-39	494*/34-34-39
		476**38-39-43	490**45-47-50	493**47-49-52	497**49-51-54
48A	492	496*/38-38-43	514*/38-38-43	519*/38-38-43	519*/38-38-43
		495**39-40-45	509**47-48-52	513**49-50-54	517**51-52-56
45	508	506F/38-41-46	529*/39-41-46	534*/40-41-46	535*/40-41-46
			523**46-49-53	527**49-51-55	530**51-53-57
42	519	514F/39-42-47	541*/41-43-48	546*/41-43-48	550*/42-43-48
			533**47-50-54	537**50-52-56	541**52-54-58
40	528	520F/40-42-48	549*/43-44-49	554*/43-44-49	558*/43-44-49
			541**48 50 55	545**50 53 57	548**52 55 59
38	537	526F/40-43-49	557*/43-45-51	562*/44-45-51	566*/44-45-51
			548**48-51-55	552**50-53-57	556**53-55-59
36	546	532F/41-44-50	564*/45-47-52	570*/45-47-52	575*/45-47-52
			556**49-51-56	560**51-54-59	564**54-56-61
34	556	537F/42-45-50	571F/46-48-53	578*/46-48-53	583*/46-48-53
			563**49-52-57	568**52-54-59	572**54-57-61

MAX BRAKE RELEASE WT MUST NOT EXCEED MAX CERT TAKEOFF WT OF 61234 kg

MINIMUM FLAP RETRACTION HEIGHT IS 122 M

LIMIT CODE IS F=FIELD, T=TIRE SPEED, B=BRAKE ENERGY, V=VMCG,
*=OBSTACLE/LEVEL-OFF, **=IMPROVED CLIMB

RUNWAY IS 2800 M LONG WITH 0 M OF CLEARWAY AND 60 M OF STOPWAY

RUNWAY SLOPES ARE -0.12 PERCENT FOR TODA AND -0.12 PERCENT FOR ASDA

LINE-UP DISTANCES: 30 M FOR TODA, 30 M FOR ASDA　OBS FROM LO-M /M

RUNWAY	HT	DIST	OFFSET	HT	DIST	OFFSET	HT	DIST	OFFSET
08	9	900	0						

例 2.6.2　B737-700 成都双流国际机场 02L 跑道起飞性能分析表如表 2.6.2 所示。若机场气温为 34 ℃,逆风分量为 10 kt,起飞襟翼为 5,空调关,防冰关,试分别确定不考虑改进上升和考虑改进上升时的最大允许起飞重量及对应的起飞速度 $V_1/V_R/V_2$。如果实际起飞重量为 51 000 kg,试确定最大假设温度和对应的起飞速度 $V_1/V_R/V_2$。

解:

(1)计算不考虑改进上升时的最大允许起飞重量及对应的起飞速度 $V_1/V_R/V_2$。

①根据外界大气温度为 34 ℃,逆风分量为 10 kt,查出障碍物限重为 53 100 kg,对应的起飞速度为 135 kt/137 kt/143 kt 。

②上升梯度限重为 54 500 kg。

③飞机审定的最大起飞重量为 69 400 kg。

实际允许的最大起飞重量为上面三步计算中的最小值 53 100 kg,对应的起飞速度 $V_1/V_R/V_2$ 为 135 kt/137 kt/143 kt。

(2)计算考虑改进上升时的最大允许起飞重量及对应的起飞速度 $V_1/V_R/V_2$。

根据外界大气温度为 34 ℃,逆风分量为 10 kt,查出改进上升限重为 57 500 kg,起飞速度 $V_1/V_R/V_2$ 为 159 kt/164 kt/168 kt 。

(3)根据实际起飞重量 51 000 kg 确定最大假设温度和对应的起飞速度 $V_1/V_R/V_2$。

根据实际起飞重量为 51 000 kg,在逆风 10 kt 限重栏找出与 51 000 kg 相关的数据栏,通过线性插值可以确定出最大假设温度为 39 ℃,对应的起飞速度 $V_1/V_R/V_2$ 为 133 kt/134 kt/141 kt(四舍五入)。

表 2.6.2　B737-700 成都双流国际机场 02L 跑道起飞性能分析表(起飞襟翼 5,空调关)

ELEVATION　512 M　　　　RUNWAY 02L　　ZUUU

*** FLAPS 05 ***　AIR COND OFF　ANTI-ICE OFF　　CHENGDU
PCN=80/R/B/W/T

737-300　CFM56-3-B1　　DATED 08-MAR-2013

A INDICATES OAT OUTSIDE ENVIRONMENTAL ENVELOPE

OAT　CLIMB　WIND COMPONENT IN KNOTS (MINUS DENOTES TAILWIND)

OAT C	CLIMB 100KG	-10	0	10	20
66A	382	357*/10-11-17	359*/11-11-17	359*/11-11-17	360*/11-11-17
		387**30-37-39	389**31-38-39	390**31-38-39	390**31-38-39
63A	401	376*/13-14-20	378*/14-14-20	379*/14-14-20	379*/15-15-20
		408**34 41 43	411**35 42 43	411**36 42 43	412**36 42 43
60A	419	396*/16-17-23	399*/17-17-23	399*/17-17-23	400*/17-17-24
		430**37-44-46	432**39-45-47	433**39-45-47	433**39-45-47
57A	438	416*/19-20-26	419*/20-20-26	419*/20-20-26	420*/20-20-27
		452**42-48-50	454**43-49-51	455**43-49-51	456**43-49-51
54A	457	436*/22-23-29	439*/23-23-29	440*/23-23-29	440*/23-23-30
		470**43-48-51	478**47-53-55	479**48-53-55	480**48-53-55
51	476	456*/24-26-32	458*/25-26-32	459*/25-26-32	460*/25-26-32
		488**44-49-53	505**49-54-57	509**53-58-60	511**54-59-61
48	490	469*/26 27 34	472*/27 28 34	473*/27 28 35	473*/27 28 35
		499**47-51-55	517**51-55-58	521**54-58-61	525**56-61-63
45	502	483*/28-29-36	484*/29-30-36	485*/29-30-36	486*/29-30-37
		510**48-53-57	528**53-57-60	533**55-59-62	537**58-63-65
42	514	496*/29-31-38	497*/30-32-38	498*/30-32-38	498*/31-32-38
		520**48-53-57	539**54-59-62	544**55-60-63	549**59-64-66
40	522	505*/30-33-39	505*/31-33-39	506*/32-33-40	507*/32-33-40
		529**51-56-60	549**55-60-63	554**57-62-65	559**61-66-68
38	530	513*/32-34-41	514*/32-34-41	514*/33-34-41	515*/33-34-41
		537**51 56 60	556**56 61 64	561**58 62 65	566**61 65 68
36	538	521*/33-35-42	521*/34-35-42	522*/34-35-42	523*/34-36-42
		543**52-57-61	563**57-62-66	568**59-63-66	573**61-66-69
34	545	529*/33-36-43	530*/34-36-43	531*/35-37-43	531*/35-37-43
		550**52-57-61	569**58-63-67	575**59-64-68	580**61-66-69

MAX BRAKE RELEASE WT MUST NOT EXCEED MAX CERT TAKEOFF WT OF 69400 kg
MINIMUM FLAP RETRACTION HEIGHT IS　346 M
LIMIT CODE IS F=FIELD, T=TIRE SPEED, B=BRAKE ENERGY, V=VMCG,
*=OBSTACLE/LEVEL OFF, **=IMPROVED CLIMB
RUNWAY IS　3600 M　LONG WITH　0 M　OF CLEARWAY AND　0 M　OF STOPWAY
RUNWAY SLOPES ARE　0.13 PERCENT FOR TODA　AND　0.13 PERCENT FOR ASDA
LINE-UP DISTANCES:　30 M　FOR TODA,　30 M　FOR ASDA　　OBS FROM LO-M /M

RUNWAY	HT	DIST	OFFSET	HT	DIST	OFFSET	HT	DIST	OFFSET
02L	8	475	0	19	656	0	53	2357	0
	216	14095	0						

从波音起飞性能分析表可以看出,不同的襟翼位置对应着不同的起飞性能分析表,表 2.6.1 是 B737-300 起飞襟翼 1、空调关时在甘肃敦煌莫高国际机场 08 号跑道的起飞性能分析表,表 2.6.3 是 B737-300 起飞襟翼 5、空调关时在甘肃敦煌莫高国际机场 08 号跑道的起飞性能分析表。此外,空调开时是另外一张起飞性能分析表。表 2.6.4 是 B757-200 起飞襟翼 5、空调开时在九寨黄龙机场 20 号跑道的起飞性能分析表。

表 2.6.3 B737-300 甘肃敦煌莫高国际机场 08 号跑道的起飞性能分析表(起飞襟翼 5,空调关)

ELEVATION 1126 M RUNWAY 08 ZLDH

*** FLAPS 05 *** AIR COND OFF ANTI-ICE OFF DUNHUANG
PCN=80/F/B/W/T

737-300 CFM56-3-B1 DATED 08-MAR-2013

A INDICATES OAT OUTSIDE ENVIRONMENTAL ENVELOPE

OAT	CLIMB	WIND COMPONENT IN KNOTS (MINUS DENOTES TAILWIND)			
C	100KG	-10	0	10	20
32	552	562*/37-40-46	583*/38-40-46	585*/39-40-46	585*/39-40-46
		558**40-43-49	575**48-52-57	579**51-54-59	583**53-56-61
30	561	569*/39-41-47	590*/39-41-47	595*/40-41-47	595*/40-41-47
		565**40-43-49	582**49-52-57	586**51-54-59	590**54-57-61
28	564	572*/39-42-48	594*/40-42-48	599*/40-42-48	599*/40-42-48
		569**41-44-50	585**49-52-57	590**52-55-60	594**54-57-62
26	566	574*/39-42-48	595*/40-42-48	600*/40-42-48	600*/40-42-48
		570**41-44-50	587**49-53-58	591**52-55-60	595**54-57-62
24	566	575*/39-42-48	596*/40-42-48	600*/40-42-48	600*/40-42-48
		571**41-44-50	588**50-53-58	592**52-55-60	596**55-58-62
22	566	576*/39-42-48	597*/40-42-48	601*/40-42-48	601*/41-42-48
		572**42-45-51	589**50-53-58	593**53-56-60	597**55-58-63
20	567	577*/39-42-48	598*/40-42-48	601*/40-42-48	601*/41-42-48
		573**42-45-51	590**50-54-59	594**53-56-61	598**55-58-63
18	567	578*/39-42-48	599*/40-42-48	601*/40-42-48	601*/41-42-48
		574**42-45-51	590**51-54-59	595**53-56-61	599**55-59-63
15	568	579*/39-42-48	600*/40-42-48	602*/41-42-48	602*/41-42-48
		576**43-46-52	592**51-54-59	596**54-57-62	600**56-59-64
10	568	581*/40-42-48	602*/40-42-48	603*/41-42-48	603*/41-42-48
		578**44-47-53	594**52-55-60	598**55-58-62	602**57-60-65
5	569	583*/40 42 49	603*/41 42 49	603*/41 42 49	603*/41 42 49
		580**44-48-54	596**53-56-61	600**55-59-63	604**58-61-65
0	570	586*/40-42-49	604*/41-42-49	604*/41-42-49	604*/41-42-49
		583**45-49-54	599**54-57-62	603**56-60-64	606**59-62-66
-5	570	588*/40-42-49	604*/41-42-49	604*/41-42-49	604*/41-42-49
		585**46-50-55	601**55-58-63	605**57-61-65	609**60-63-67

MAX BRAKE RELEASE WT MUST NOT EXCEED MAX CERT TAKEOFF WT OF 61234 kg
MINIMUM FLAP RETRACTION HEIGHT IS 122 M
LIMIT CODE IS F=FIELD, T=TIRE SPEED, B=BRAKE ENERGY, V=VMCG,
*=OBSTACLE/LEVEL-OFF, **=IMPROVED CLIMB
RUNWAY IS 2800 M LONG WITH 0 M OF CLEARWAY AND 60 M OF STOPWAY
RUNWAY SLOPES ARE 0.12 PERCENT FOR TODA AND 0.12 PERCENT FOR ASDA
LINE-UP DISTANCES: 30 M FOR TODA, 30 M FOR ASDA OBS FROM LO-M /M

RUNWAY	HT	DIST	OFFSET	HT	DIST	OFFSET	HT	DIST	OFFSET
08	9	900	0						

表 2.6.4　B757-200 九寨黄龙机场 20 号跑道的起飞性能分析表(起飞襟翼 5,空调开)

ELEVATION 11311 FT　　　　　　　　　　　　RUNWAY 20　　ZUJZ

*** FLAPS 05 ***　AIR COND ON　　ANTI-ICE OFF　　　九寨黄龙(EOSID)
干跑道 空调开　　　　　　　　　　　　　　　　PCN=50R/B/X/T
757-200　　RB211-535E4　　　　　　　　　　　DATED 10-NOV-2010
A INDICATES OAT OUTSIDE ENVIRONMENTAL ENVELOPE

OAT C	CLIMB 100KG	WIND COMPONENT IN KNOTS (MINUS DENOTES TAILWIND) -10	-6	-4	0
27A	837	777F/32-35-38	800F/35-38-40	812F/36-39-41	831*/39-41-42
26	844	782F/32-36-38	805F/35-38-40	816F/37-39-41	837*/40-41-43
25	850	786F/32-36-38	809F/36-39-40	821F/37-40-41	843*/40-42-43
24	856	790F/33-36-39	814F/36-39-41	826F/38-40-42	847*/40-42-44
23	862	795F/33-37-39	818F/36-39-41	830F/38-40-42	852*/41-43-44
22	868	799F/33-37-39	823F/37-40-42	835F/38-41-43	857*/41-43-45
21	874	803F/34-37-40	827F/37-40-42	839F/38-41-43	862*/41-43-45
20	880	808F/34-38-40	831F/37-40-42	844F/39-41-43	867*/42-44-45
19	885	812F/34-38-41	836F/38-41-43	848F/39-42-44	872*/42-44-46
18	890	816F/35-38-41	840F/38-41-43	852F/39-42-44	876*/43-44-46
17	896	820F/35-39-41	844F/38-41-43	856F/40-42-44	881*/43-45-47
16	901	824F/35-39-42	848F/38-41-44	860F/40-43-45	885*/43-45-47
15	906	828F/35-39-42	852F/39-42-44	865F/40-43-45	890*/44-46-47
14	911	831F/36-40-42	856F/39-42-44	869F/41-43-45	894*/44-46-48
13	916	835F/36-40-43	860F/39-42-45	873F/41-44-46	898*/44-46-48
12	921	839F/36-40-43	864F/40-43-45	877F/41-44-46	902*/44-46-48
11	926	843F/37-40-43	868F/40-43-45	881F/42-44-46	907*/45-47-49
10	931	847F/37-41-43	872F/40-43-46	885F/42-45-47	911*/45-47-49
9	933	848F/37-41-44	874F/40-43-46	887F/42-45-47	913*/45-47-49
8	933	850F/37-41-44	875F/41-44-46	888F/42-45-47	914*/45-47-49
7	933	852F/37-41-44	877F/41-44-46	890F/42-45-47	915*/45-47-49
6	933	853F/37-41-44	878F/41-44-46	891F/42-45-47	916*/46-48-49
5	933	854F/38-41-44	880F/41-44-46	893F/43-45-47	917*/46-48-50
4	933	856F/38-42-44	881F/41-44-46	894F/43-45-48	918*/46-48-50
3	933	857F/38-42-44	882F/41-44-47	895F/43-46-48	919*/46-48-50
2	933	858F/38-42-44	884F/41-44-47	897F/43-46-48	921*/46-48-50
1	933	860F/38-42-45	885F/41-45-47	898F/43-46-48	922*/46-48-50
0	933	861F/38-42-45	886F/42-45-47	899F/43-46-48	923*/46-48-50
-1	933	862F/38-42-45	888F/42-45-47	901F/43-46-48	923*/46-48-50
-2	933	864F/38-42-45	889F/42-45-47	902F/44-46-48	924*/46-48-50
-3	933	865F/39-43-45	891F/42-45-47	904F/44-46-48	924*/46-48-50
-4	933	866F/39-43-45	892F/42-45-47	905*/44-47-49	924*/46-48-50
-5	933	868F/39-43-45	893F/42-45-48	906*/44-47-49	925*/46-48-50

MAX BRAKE RELEASE WT MUST NOT EXCEED MAX CERT TAKEOFF WT OF　108862 KG
MINIMUM FLAP RETRACTION HEIGHT IS　400 FT
LIMIT CODE IS F=FIELD, T=TIRE SPEED, B=BRAKE ENERGY, V=VMCG,
*=OBSTACLE/LEVEL-OFF, **=IMPROVED CLIMB
RUNWAY IS　3370 M　LONG WITH　0 M　OF CLEARWAY AND　0 M　OF STOPWAY
RUNWAY SLOPES ARE -0.50 PERCENT FOR TODA　AND　-0.50 PERCENT FOR ASDA
LINE-UP DISTANCES:　60 M　FOR TODA,　60 M　FOR ASDA　OBS FROM LO-FT/M

RUNWAY	HT	DIST	OFFSET	HT	DIST	OFFSET	HT	DIST	OFFSET
20	23	450	0	236	4500	0			

2.6.3 空客机型起飞性能分析表的使用

空客通过 PEP 性能软件中的 TLO 模块计算起飞性能分析表。相比波音来说，空客起飞性能分析表包含更多内容，在一张空客起飞性能分析表中甚至可以有几种襟翼构型，在表下方还可以有几项修正，因此，有时一张空客起飞性能分析表的内容需要几张波音起飞性能分析表来呈现。通过空客起飞性能分析表，可以查出最大起飞重量及对应的起飞速度 $V_1/V_R/V_2$，也可以根据实际起飞重量确定假设温度。

例 2.6.3 A319-115 九寨黄龙机场 02 号跑道起飞性能分析表如表 2.6.5 所示。若机场气温为 15 ℃，静风，起飞襟翼位置为 CONF 2，湿跑道，*QNH* 为 1 013 hPa，空调关，防冰关，试确定该条件下的最大起飞重量及对应的起飞速度 $V_1/V_R/V_2$。若实际起飞重量为 53 900 kg，试确定该重量下的假设温度及对应的 $V_1/V_R/V_2$。

解：

(1)根据外界大气温度为 15 ℃，静风，襟翼位置为 CONF 2，查出最大起飞重量为 59 400 kg（该重量是受到障碍物限制的最大起飞重量），限制代码为 4 和 4，$V_1/V_R/V_2$ = 138 kt/138 kt/141 kt。

(2)表 2.6.5 的右上部分表明该表正文部分的数据是干跑道数据，而本例题给出的条件是湿跑道，因此需要使用湿跑道的修正。根据表中的修正项，对于湿跑道，最大起飞重量的修正值为−3.3 t，$V_1/V_R/V_2$ 的修正项为−11 kt/−2 kt/−2 kt。

因此，最大起飞重量 *MTOW* = 59 400−3 300 = 56 100 kg，$V_1/V_R/V_2$ 为 127 kt/136 kt/139 kt。

(3)由于实际起飞重量 *ATOW* 为 53 900 kg，小于最大起飞重量，所以可以使用假设温度减推力起飞。

(4)将实际起飞重量看作最大起飞重量，在 CONF 2、静风一列中找到起飞重量为 53 900 kg 的一行，反查温度即为假设温度。通过线性插值可求出假设温度为 28 ℃，相应地，53 900 kg 起飞重量对应的起飞速度 $V_1/V_R/V_2$ 为 131 kt/131 kt/134 kt。

(5)对湿跑道进行修正。根据表中的修正项，对于湿跑道，假设温度的修正值为 −8 ℃，$V_1/V_R/V_2$ 的修正项为−11 kt/−2 kt/−2 kt。

(6)若实际起飞重量为 53 900 kg，则假设温度为 28 − 8 = 20 ℃，对应的起飞速度 $V_1/V_R/V_2$ 为 120 kt/129 kt/132 kt。

表 2.6.5　A319-115 九寨黄龙机场 02 号跑道起飞性能分析表

A319115 - JAA	CFM56-5B7 engines Fadec 5BK-L	ZUJZ	02	23.3.0 16-OCT-06 AD115D02 V16
QNH 1013.25 HPA Air cond. Off Anti-icing Off All reversers operating Dry check No reversers on dry runway		Elevation 11309 FT TORA 3370 M Isa temp -7 C TODA 3370 M rwy slope 0.50% ASDA 3370 M FOR EOSID PCN=50R/B/X/T	2 obstacles	DRY

OAT C	CONF 1+F TAILWIND -6 KT	CONF 1+F TAILWIND -2 KT	CONF 1+F WIND 0 KT	CONF 2 TAILWIND -6 KT	CONF 2 TAILWIND -2 KT	CONF 2 WIND 0 KT
30	52.6 4/4 131/131/135	53.4 4/4 132/132/136	53.8 4/4 133/133/137	52.1 4/4 129/129/132	52.8 4/4 128/128/132	53.1 4/4 129/129/132
29	53.0 4/4 131/131/136	53.8 4/4 134/134/138	54.2 4/4 133/133/137	52.4 4/4 129/129/132	53.2 4/4 130/130/133	53.6 4/4 130/130/134
28	53.4 4/4 132/132/136	54.1 4/4 133/133/137	54.6 4/4 133/133/138	52.8 4/4 130/130/133	53.6 4/4 130/130/134	53.9 4/4 131/131/134
27	53.8 4/4 132/132/136	54.5 4/4 133/133/137	54.9 4/4 134/134/138	53.2 4/4 130/130/134	54.0 4/4 131/131/134	54.3 4/4 131/131/135
26	54.1 4/4 132/132/137	54.9 4/4 136/136/140	55.3 4/4 135/135/139	53.6 4/4 131/131/134	54.3 4/4 131/131/135	54.7 4/4 132/132/135
25	54.5 4/4 133/133/137	55.3 4/4 133/133/138	55.7 4/4 136/136/140	53.9 4/4 131/131/135	54.7 4/4 132/132/135	55.1 4/4 132/132/135
24	54.9 4/4 135/135/139	55.6 4/4 133/133/138	56.1 4/4 137/137/141	54.3 4/4 132/132/135	55.1 4/4 132/132/136	55.4 4/4 133/133/136
23	55.2 4/4 134/134/138	56.0 4/4 136/136/140	56.4 4/4 135/135/139	54.6 4/4 132/132/136	55.4 4/4 133/133/136	55.8 4/4 133/133/136
22	55.5 4/4 134/134/139	56.4 4/4 137/137/141	56.8 4/4 137/137/141	55.0 4/4 133/133/136	55.8 4/4 133/133/137	56.2 4/4 133/133/137
21	56.0 4/4 134/134/139	56.9 4/4 136/136/141	57.3 4/4 137/137/141	55.5 4/4 133/133/137	56.3 4/4 134/134/138	56.7 4/4 134/134/138
20	56.6 4/4 136/136/141	57.4 4/4 137/137/141	57.9 4/4 138/138/142	56.1 4/4 134/134/138	56.9 4/4 135/135/138	57.3 4/4 135/135/139
19	57.0 4/4 136/136/141	57.9 4/4 137/137/142	58.3 4/4 139/139/143	56.5 4/4 135/135/138	57.3 4/4 135/135/138	57.7 4/4 135/135/139
18	57.5 4/4 137/137/141	58.3 4/4 137/137/141	58.7 4/4 138/138/142	56.9 4/4 135/135/139	57.7 4/4 136/136/139	58.1 4/4 137/137/140
17	57.9 4/4 138/138/142	58.7 4/4 138/138/142	59.2 4/4 138/138/143	57.3 4/4 136/136/139	58.2 4/4 136/136/140	58.6 4/4 137/137/140
16	58.3 4/4 137/137/142	59.1 4/4 138/138/142	59.6 4/4 138/138/143	57.7 4/4 136/136/140	58.6 4/4 137/137/140	59.0 4/4 137/137/141
15	58.7 4/4 138/138/143	59.6 4/4 138/138/143	60.0 4/4 141/141/145	58.2 4/4 137/137/141	59.0 4/4 137/137/141	59.4 4/4 138/138/141
14	59.1 4/4 139/139/143	60.0 4/4 139/139/144	60.4 4/4 140/140/144	58.6 4/4 137/137/141	59.4 4/4 138/138/141	59.9 4/4 138/138/142
13	59.5 4/4 138/138/143	60.4 4/4 140/140/144	60.8 4/4 140/140/145	59.0 4/4 138/138/142	59.8 4/4 138/138/142	60.3 4/4 139/139/142
12	59.9 4/4 139/139/143	60.8 4/4 140/140/145	61.2 4/4 140/140/145	59.3 4/4 138/138/142	60.2 4/4 139/139/143	60.6 4/4 139/139/143
11	59.9 4/4 139/139/143	60.8 4/4 140/140/145	61.3 4/4 142/142/146	59.4 4/4 138/138/142	60.3 4/4 139/139/143	60.7 4/4 139/139/143
10	60.0 4/4 139/139/143	60.8 4/4 140/140/145	61.3 4/4 142/142/146	59.4 4/4 138/138/142	60.3 4/4 139/139/143	60.7 4/4 139/139/143
5	60.2 4/4 140/140/145	61.0 4/4 140/140/144	61.5 4/4 142/142/146	59.6 4/4 138/138/142	60.5 4/4 139/139/143	60.9 4/4 139/139/143
0	60.3 4/4 141/141/145	61.2 4/4 143/143/147	61.6 4/4 141/141/146	59.7 4/4 139/139/142	60.6 4/4 139/139/143	61.1 4/4 140/140/143
-5	60.5 4/4 141/141/146	61.4 4/4 142/142/147	61.8 4/4 141/141/146	59.9 4/4 139/139/143	60.8 4/4 139/139/143	61.2 4/4 140/140/144
	INFLUENCE OF RUNWAY CONDITION					
WET	-2.9 -8 -9/ -6/ -6 (+30) -3.2 -8 -10/ 0/ 0	-2.7 -7 -9/ -7/ -7 (+30) -3.5 -9 -10/ 0/ 0	-2.5 -6 -9/ -6/ -6 (+30) -3.2 -8 -9/ 0/ 0	-3.7 -10 -14/ -9/ -9 (+30) -4.1 -11 -13/ 0/ 0	-4.6 -11 -14/ -9/ -9 (+30) -4.6 -11 -17/ 0/ 0	-3.3 -8 -11/ -2/ -2 (+30) -3.4 -9 -11/ 0/ 0
	INFLUENCE OF AIR COND.					
On	-4.1 -11 -1/ -1/ -2 (+30) -4.1 -11 0/ 0/ 0	-3.9 -10 -2/ -2/ -3 (+30) -3.9 -10 -1/ 0/ 0	-3.9 -10 -2/ -2/ -3 (+30) -3.9 -10 -1/ 0/ 0	-4.4 -11 -7/ -7/ -7 (+30) -4.4 -11 -1/ 0/ 0	-4.0 -10 -4/ -4/ -4 (+30) -4.0 -10 -1/ 0/ 0	-4.5 -11 0/ 0/ -1 (+30) -4.5 -11 0/ 0/ 0
D QNH HPA	INFLUENCE OF DELTA PRESSURE					
-10.0	-3.5 -9 -2/ -1/ -1 (+30) -3.5 -9 -2/ 0/ 0	-3.6 -9 -3/ -2/ -2 (+30) -3.6 -9 -2/ 0/ 0	-3.4 -9 -4/ -2/ -2 (+30) -3.4 -9 -2/ 0/ 0	-3.8 -10 -3/ -1/ -1 (+30) -3.8 -10 -2/ 0/ 0	-3.4 -9 -2/ -2/ -3 (+30) -3.4 -9 -2/ 0/ 0	-3.4 -9 -2/ -2/ -3 (+30) -3.4 -9 -2/ 0/ 0
+10.0	0.0 0 +2/ -2/ +1 (+30) 0.0 0 0/ 0/ 0	0.0 0 +2/ +2/ 0 (+30) ***** *** ***/***/***	0.0 0 +2/ +2/ +1 (+30) 0.0 0 0/ 0/ 0	0.0 0 +2/ +2/ +1 (+30) 0.0 0 0/ 0/ 0	0.0 0 +2/ +2/ +1 (+30) 0.0 0 0/ 0/ 0	0.0 0 +1/ +1/ +1 (+30) 0.0 0 0/ 0/ 0

LABEL FOR INFLUENCE DW (1000 KG) DTFLEX DV1-DVR-DV2 (KT) (TVMC OAT C) DW (1000 KG) DTFLEX DV1-DVR-DV2 (KT)	MTOW(1000 KG) codes V1min/VR/V2 (kt)	VMC LIMITATION	Tref (OAT) = 12 C Tmax (OAT) = 32 C	Min acc height 741 FT Max acc height 1930 FT	Min QNH alt 12050 FT Max QNH alt 13239 FT
	LIMITATION CODES: 1=1st segment 2=2nd segment 3=runway length 4=obstacles 5=tire speed 6=brake energy 7=max weight 8=final take-off 9=VMU			Min V1/VR/V2 = 104/106/112 CHECK VMU LIMITATION Correct. V1/VR/V2 = 1.0 KT/1000 KG	

例 2.6.4　已知 A319-115 九寨黄龙机场 20 号跑道起飞性能分析表如表 2.6.6 所示。若起飞构型为 CONF 1+F,空调开,防冰关,干跑道,顺风分量为 2 kt,起飞机场的温度为 10 ℃,试确定在实际运行条件下的最大允许起飞重量和对应的起飞速度 $V_1/V_R/V_2$。如果实际起飞重量为 60 000 kg,试确定最大假设温度和对应的起飞速度 $V_1/V_R/V_2$。

解:

(1)根据外界大气温度为 10 ℃,顺风分量为 2 kt,起飞构型为 CONF 1+F,查出最大起飞重量为 67 500 kg(该重量是受障碍物限制和轮胎速度限制的最大起飞重量),限制代码为 4 和 6,$V_1/V_R/V_2$ 为 137 kt/143 kt/148 kt。

(2)表的右上部分表明该表正文部分是空调关数据,而本例题给出的条件是空调开,因此需要使用空调开的修正。根据表中的修正项,对于空调开,最大起飞重量的修正值为 −4 400 kg,$V_1/V_R/V_2$ 的修正项为 0 kt/−1 kt/−2 kt。

因此,修正湿跑道和空调开后的最大起飞重量 $MTOW=67\ 500-4\ 400=63\ 100$ kg,起飞速度 $V_1/V_R/V_2$ 为 137 kt/142 kt/146 kt。

(3)由于实际起飞重量 $ATOW$ 为 60 000 kg,小于最大起飞重量,所以可以使用假设温度减推力起飞。

(4)将实际起飞重量看作最大起飞重量,在起飞构型 CONF 1+F、顺风分量 2 kt 一列中找到起飞重量为 60 000 kg 的一行,反查温度即为假设温度,即 30 ℃;相应地,60 000 kg 起飞重量对应的起飞速度 $V_1/V_R/V_2$ 为 136 kt/137 kt/141 kt。

(5)对空调开进行修正。根据表中的修正项,对于空调开,假设温度的修正值为 −11 ℃,$V_1/V_R/V_2$ 不做修正。

(6)若实际起飞重量为 60 000 kg,则假设温度为 30−11=19 ℃,对应的起飞速度 $V_1/V_R/V_2$ 为 136 kt/137 kt/141 kt。

表 2.6.6　A319-115 九寨黄龙机场 20 号跑道起飞性能分析表

A319115 - JAA	CFM56-5B7 engines Fadec 5BK-L	ZUJZ	20	23.3.0 16-OCT-06 AD115D02 V16
QNH 1013.25 HPA Air cond. Off Anti-icing Off All reversers operating Dry check No reversers on dry runway		Elevation 11309 FT　TORA 3370 M Isa temp -7 C　TODA 3370 M rwy slope -0.50%　ASDA 3370 M FOR EOSID PCN=50R/B/X/T	2 obstacles	DRY

OAT C	CONF 1+F			CONF 2		
	TAILWIND -6 KT	TAILWIND -2 KT	WIND 0 KT	TAILWIND -6 KT	TAILWIND -2 KT	WIND 0 KT
30	59.2 3/4 133/136/141	60.0 3/4 136/137/141	60.5 3/4 137/138/142	58.7 3/4 133/133/137	59.6 3/4 136/136/140	59.9 3/4 138/138/142
29	59.6 3/4 133/137/141	60.4 3/4 136/138/142	60.9 3/4 137/138/142	59.2 3/4 134/134/137	60.0 3/4 136/136/140	60.3 3/4 138/138/142
28	60.0 3/4 133/136/141	60.8 3/4 136/137/141	61.3 3/4 137/139/143	59.6 3/4 134/134/138	60.4 3/4 136/137/140	60.8 3/4 138/138/142
27	60.4 3/4 134/136/141	61.3 3/4 136/139/143	61.7 3/4 138/139/143	60.0 3/4 134/134/138	60.8 3/4 137/137/140	61.2 3/4 138/139/142
26	60.8 3/4 134/137/141	61.6 3/4 136/139/143	62.1 3/4 138/139/143	60.4 3/4 134/135/138	61.2 3/4 137/137/140	61.6 3/4 138/139/142
25	61.1 3/4 134/138/142	62.0 3/4 136/140/144	62.5 3/4 138/140/144	60.8 3/4 134/135/138	61.6 3/4 137/137/141	62.0 3/4 138/139/143
24	61.5 3/4 134/138/142	62.4 3/4 137/140/144	62.8 3/4 138/140/144	61.1 3/4 134/136/139	62.0 3/4 137/137/141	62.4 3/4 138/139/143
23	61.9 3/4 134/138/142	62.8 3/4 137/140/145	63.2 3/4 138/140/144	61.5 3/4 134/136/139	62.3 3/4 137/137/141	62.8 3/4 139/140/143
22	62.3 3/4 134/138/142	63.2 3/4 137/141/145	63.6 3/4 138/142/146	61.9 3/4 135/136/140	62.8 3/4 137/138/142	63.2 3/4 139/140/143
21	62.8 3/4 134/139/143	63.7 3/4 137/141/145	64.1 3/4 138/140/145	62.4 3/4 135/136/140	63.3 3/4 137/138/142	63.7 3/4 139/140/144
20	63.3 4/6 134/139/144	64.2 3/4 137/141/145	64.7 3/4 138/141/146	63.0 3/4 135/138/141	63.9 3/4 138/139/143	64.3 3/4 139/140/144
19	63.8 4/6 134/140/144	64.7 4/6 137/141/146	65.2 3/4 139/142/147	63.4 3/4 135/137/140	64.3 3/4 138/139/143	64.8 3/4 139/141/144
18	64.1 4/6 134/140/144	65.1 4/6 137/142/147	65.6 4/6 139/143/147	63.9 4/6 135/137/141	64.8 3/4 138/139/143	65.2 3/4 139/141/145
17	64.5 4/6 134/140/144	65.6 4/6 137/142/147	66.0 4/6 139/143/147	64.3 4/6 135/138/142	65.2 3/4 138/139/143	65.6 3/4 139/141/145
16	64.9 4/6 134/140/144	65.9 4/6 137/142/147	66.5 4/6 139/143/148	64.7 4/6 135/138/142	65.6 4/6 138/140/143	66.1 3/4 140/141/145
15	65.3 4/6 133/140/144	66.3 4/6 137/142/147	66.9 4/6 139/144/148	65.1 4/6 135/139/143	66.1 4/6 138/140/144	66.5 4/6 140/142/146
14	65.6 4/6 133/140/144	66.7 4/6 137/143/147	67.2 4/6 139/144/148	65.4 4/6 134/139/143	66.5 4/6 138/140/144	67.0 4/6 140/142/146
13	66.0 4/6 133/140/144	67.1 4/6 136/143/147	67.6 4/6 138/144/149	65.8 4/6 134/139/143	66.8 4/6 138/140/144	67.3 4/6 140/142/146
12	66.3 4/6 133/140/145	67.4 4/6 136/143/147	67.9 4/6 138/144/149	66.1 4/6 134/140/144	67.2 4/6 138/141/145	67.7 4/6 140/142/146
11	66.4 4/6 133/140/145	67.5 4/6 136/143/148	68.0 4/6 138/144/149	66.2 4/6 134/140/144	67.2 4/6 138/141/145	67.7 4/6 140/142/146
10	66.4 4/6 133/140/145	67.5 4/6 137/143/148	68.1 4/6 139/144/149	66.2 4/6 134/140/144	67.3 4/6 138/141/145	67.8 4/6 140/142/146
5	66.7 4/6 134/141/146	67.8 4/6 138/144/149	68.3 4/6 140/145/150	66.5 4/6 135/140/144	67.5 4/6 139/142/146	68.1 4/6 141/143/148
0	67.0 4/6 135/142/147	68.1 4/6 139/145/150	68.6 4/6 141/145/150	66.8 4/6 137/140/144	67.8 4/6 140/142/147	68.3 4/6 142/144/149
-5	67.3 4/6 136/143/148	68.4 4/6 140/146/151	68.9 4/6 142/147/152	67.0 4/6 138/142/146	68.0 4/6 142/143/147	68.6 4/6 144/146/150
	INFLUENCE OF RUNWAY CONDITION					
WET	-3.3 -9 -10/ -2/ -2 (+30) -4.1 -11 -10/ 0/ 0	-3.2 -8 -10/ -2/ -2 (+30) -3.9 -10 -9/ 0/ 0	-3.4 -9 -9/ -1/ -1 (+30) -4.1 -10 -9/ 0/ 0	-3.3 -9 -10/ -2/ -2 (+30) -4.0 -10 -10/ 0/ 0	-3.5 -9 -10/ -4/ -4 (+30) -3.7 -9 -9/ 0/ 0	-3.5 -9 -9/ -4/ -4 (+30) -3.5 -9 -10/ 0/ 0
	INFLUENCE OF AIR COND.					
On	-4.1 -11 0/ -1/ -1 (+30) -4.1 -11 0/ 0/ 0	-4.4 -11 0/ -1/ -2 (+30) -4.4 -11 0/ 0/ 0	-3.8 -10 0/ -1/ -2 (+30) -3.8 -10 0/ 0/ 0	-4.3 -11 0/ 0/ -2 (+30) -4.3 -11 0/ 0/ 0	-4.0 -10 0/ 0/ -2 (+30) -4.0 -10 0/ 0/ 0	-4.2 -10 0/ 0/ 0 (+30) -4.4 -11 0/ 0/ 0
D QNH HPA	INFLUENCE OF DELTA PRESSURE					
-10.0	-3.0 -8 0/ -1/ -1 (+30) -3.0 -8 -1/ 0/ 0	-3.5 -9 0/ -1/ -2 (+30) -3.5 -9 -1/ 0/ 0	-3.5 -9 0/ -1/ -1 (+30) -3.5 -9 -1/ 0/ 0	-3.6 -9 0/ 0/ -2 (+30) -3.6 -9 -1/ 0/ 0	-3.2 -8 0/ 0/ -1 (+30) -3.3 -8 0/ 0/ 0	-3.3 -8 0/ 0/ -1 (+30) -3.4 -8 -1/ 0/ 0
+10.0	0.0 0 +9/ +6/ +4 (+30) 0.0 0 +9/ +3/ +3	0.0 0 +10/ +9/ +4 (+30) 0.0 0 +9/ +3/ +3	0.0 0 +10/ +9/ +4 (+30) 0.0 0 +9/ +3/ +3	0.0 0 +12/+12/ +6 (+30) 0.0 0 +1/ 0/ 0	0.0 0 +11/+11/ +5 (+30) 0.0 0 0/ 0/ 0	0.0 0 +12/+11/ +7 (+30) 0.0 0 +2/ +3/ +3

LABEL FOR INFLUENCE	MTOW(1000 KG) codes V1min/VR/V2 (kt)	VMC LIMITATION	Tref (OAT) = 12 C Tmax(OAT) = 32 C	Min acc height 400 FT Max acc height 1345 FT	Min QNH alt 11709 FT Max QNH alt 12654 FT
DW (1000 KG) DTFLEX DV1-DVR-DV2 (KT) (TVMC OAT C) DW (1000 KG) DTFLEX DV1-DVR-DV2 (KT)	LIMITATION CODES: 1=1st segment 2=2nd segment 3=runway length 4=obstacles 5=tire speed 6=brake energy 7=max weight 8=final take-off 9=VMU			Min V1/VR/V2 = 103/106/112 CHECK VMU LIMITATION Correct. V1/VR/V2 = 1.0 KT/1000 KG	

2.6.4 商飞 ARJ21 起飞性能分析表的使用

利用中国商飞提供的性能软件 PES 可以计算起飞性能分析表，通过起飞性能分析表，可以查出最大起飞重量及对应的起飞速度 $V_1/V_R/V_2$，也可以根据实际起飞重量确定假设温度。

例 2.6.5 ARJ21-700STD 成都双流国际机场 02L 跑道起飞性能分析表如表 2.6.7 所示。若机场气温为 12 ℃，静风，襟翼位置为 15，干跑道，*QNH* 为 1 013.25 hPa，空调开，防冰关，确定该条件下的最大起飞重量及对应的速度 $V_1/V_R/V_2$。若实际起飞重量为 44 900 kg，确定该重量下的假设温度及对应的 $V_1/V_R/V_2$。

解：

(1) 根据外界大气温度为 12 ℃，无风，襟翼位置为 15，干跑道，*QNH* 为 1 013.25 hPa，空调开，防冰关，查出最大起飞重量为 46 300 kg，限制代码为 6（受刹车能量限制），$V_1/V_R/V_2$ = 148 kt/151 kt/157 kt 。

(2) 若实际起飞重量为 44 900 kg，根据表 2.6.7 可以确定最大假设温度为 30 ℃，对应的 $V_1/V_R/V_2$ = 146 kt/149 kt/154 kt。

(3) 需要说明的是，ARJ21-700 的最大审定起飞重量为 40 500 kg，因此，实际运行最大起飞重量达不到 44 900 kg。大部分情况下，ARJ21-700 的起飞重量受最大审定起飞重量的限制。

例 2.6.6 ARJ21-700STD 新疆和静巴音布鲁克机场 24 号跑道起飞性能分析表如表 2.6.8 所示。若机场气温为 16 ℃，逆风分量为 20 kt，起飞襟翼位置为 15，干跑道，*QNH* 为 1 013.25 hPa，空调开，防冰关，试确定该条件下的最大起飞重量及对应的速度 $V_1/V_R/V_2$。若实际起飞重量为36 500 kg，试确定该重量下的假设温度及对应的 $V_1/V_R/V_2$。

解：

(1) 根据外界大气温度为 16 ℃，逆风分量为 20 kt，襟翼位置为 15，干跑道，*QNH* 为 1 013.25 hPa，空调开，防冰关，查出最大起飞重量为 42 400 kg，限制代码为 6（受刹车能量限制），$V_1/V_R/V_2$ = 143 kt/145 kt/150 kt。

(2) 若实际起飞重量为 36 500 kg，根据表 2.6.8 可以确定最大假设温度为 32 ℃，对应的 $V_1/V_R/V_2$ = 133 kt/134 kt/139 kt。

表 2.6.7　ARJ21-700STD 成都双流国际机场 02L 跑道起飞性能分析表

ARJ21-700STD	CF34-10A	ZUUU CTU 成都/双流	02L	DRY
QNH 1013.25hPa AC ON　　AI All OFF All reversers inoperative Dry Check	Elevation 1681ft　　TORA 11811ft ISA Temp 11.67℃　　TODA 11811ft Rwy Slope 0.13%　　ASDA 11811ft Line Up Dist. TOD/ASD：0ft/0ft		Obstacle Numb: 1 Date:2019/3/17 Version：CA700B01 V1.3.1.006 Comments:	

OAT(℃)	FLAP15		
	Wind -10Kt	Wind 0Kt	Wind 20Kt
-10	44.9　6 144/148/154	47.9　6 152/154/159	50.0　7 156/158/163
-5	44.6　6 144/148/154	47.5　6 150/153/158	49.8　6 156/157/162
0	44.2　6 143/147/153	47.1　6 150/152/158	49.4　6 155/157/162
3	44.0　6 142/146/152	46.9　6 149/152/158	49.2　6 154/156/161
6	43.8　6 142/146/152	46.7　6 149/152/157	48.9　6 154/156/161
9	43.6　6 141/146/152	46.5　6 148/151/157	48.6　6 153/155/160
12	43.4　6 141/145/151	46.3　6 148/151/157	48.4　6 153/155/160
15	43.2　6 141/145/151	46.2　6 148/151/156	48.2　6 152/154/160
18	43.0　6 140/144/151	45.9　6 147/150/156	47.9　6 152/154/159
21	42.8　6 140/144/150	45.7　6 147/150/156	47.7　6 151/154/159
24	42.7　6 139/144/150	45.5　6 146/150/155	47.5　6 151/153/158
27	42.5　6 139/144/150	45.4　6 146/149/155	47.3　6 150/153/158
30	42.1　6 139/143/149	44.9　6 146/149/154	46.9　6 150/152/158

MTOW(1000kg)　LC V1/VR/V2(Kt)	VMC Limitation		TREF（OAT）=27℃ TMAX（OAT）=52℃	Min Acc Height 400ft Max Acc Height 3262ft	Min Acc PA 2081ft Max Acc PA 4943ft
DW(1000kg) DFLEX DV1-DVR-DV2（Kt）	LC(Limitation Codes)　1.1st Segment 2.2nd Segment 3.Runway Length 4.Obstacles　5.Tire Speed 6.Brake Energy 7.Max Weight 8.Final Take-off				

表 2.6.8 ARJ21-700STD 新疆和静巴音布鲁克机场 24 号跑道起飞性能分析表

ARJ21-700STD	CF34-10A	ZWHJ WHJ BYBLK/HEJING	24	DRY
QNH 1013.25hPa AC ON AI All OFF All reversers inoperative Dry Check	Elevation 8231ft TORA 10497ft ISA Temp -1.30℃ TODA 10497ft Rwy Slope 0.6% ASDA 10487ft Line Up Dist. TOD/ASD：0ft/0ft		Obstacle Numb: 0 Date:2019/3/20 Version：CA700B01 V1.3.1.006 Comments:	
	FLAP15			
OAT(℃)	Wind -10Kt	Wind 0Kt	Wind 20Kt	
-10	39.7 6 136/139/145	42.4 6 143/145/150	44.4 6 147/149/153	
-5	39.4 6 136/139/144	42.0 6 142/144/149	44.0 6 146/148/152	
0	39.3 6 135/138/144	41.7 6 141/143/148	43.6 6 145/147/152	
4	39.0 6 134/138/144	41.4 6 140/143/148	43.3 6 145/147/151	
8	38.8 6 134/138/143	41.2 6 140/143/148	43.0 6 144/146/151	
12	38.5 6 133/137/143	40.9 6 139/142/147	42.7 6 143/145/150	
16	38.2 6 133/136/142	40.6 6 139/141/146	42.4 6 143/145/150	
20	37.9 6 133/136/141	40.2 6 139/141/146	42.0 6 143/145/149	
24	37.4 6 132/136/141	39.8 6 138/140/145	40.9 8 141/143/147	
28	36.6 3 131/134/139	38.6 8 137/138/143	38.6 8 137/138/143	
32	35.7 3 130/133/137	36.5 8 132/134/139	36.5 8 133/134/139	
MTOW(1000kg) LC V1/VR/V2(Kt)	VMC Limitation	TREF（OAT）=14℃ TMAX（OAT）=39℃	Min Acc Height 400ft Max Acc Height 2832ft	Min Acc PA 8631ft Max Acc PA 11063ft
DW(1000kg) DFLEX DV1-DVR-DV2（Kt）	LC(Limitation Codes) 1.1st Segment 2.2nd Segment 3.Runway Length 4.Obstacles 5.Tire Speed 6.Brake Energy 7.Max Weight 8.Final Take-off			

思考题

1. 请阐述民航运输机起飞的定义。起飞航迹和起飞飞行航迹有何区别？

2. 请分析飞机在起飞滑跑过程中所受的作用力和这些作用力随着滑跑速度增加如何变化。

3. 请解释净空道和停止道是怎么规定的，平衡距离和平衡跑道是怎么定义的。

4. 请解释可用起飞距离、可用起飞滑跑距离和可用中断起飞距离是如何定义的。

5. 请说明增加 V_1 后，继续起飞所需距离 *TODR* 和中断起飞所需距离 *ASDR* 将如何变化。

6. 请说明安全起飞和中断起飞的要求有哪些。

7. 请解释机场气温和气压高度增加对起飞滑跑距离和起飞上升梯度有什么影响。

8. 请解释增大飞机重量对起飞滑跑距离和起飞上升梯度有什么影响。

9. 请说明起飞航道分为几个阶段，通常上升梯度限制的最大起飞重量是由起飞航道第几段上升梯度决定的。

10. 请说明重量增加、顺风起飞对中断起飞所需距离、继续起飞所需距离、中断起飞最大速度以及继续起飞最小速度的影响。

11. 请说明总上升梯度和净上升梯度的关系，总飞行航迹和净飞行航迹有何区别。

12. 若上升梯度限制的最大起飞重量显著小于场地长度限制的最大起飞重量，可采取什么措施增大最大起飞重量？

13. 飞机的上升梯度随飞机速度的增大如何变化？什么是陡升速度？在 V_2 小于陡升速度的前提下，增大 V_2 对上升梯度和最大起飞重量有什么影响？

14. 使用减推力起飞的前提条件是什么？

15. 以假设温度法减推力起飞的原理是什么？如何确定减推力值？为什么以假设温度法减推力起飞是安全的？

16. 减功率法减推力起飞与假设温度法减推力起飞有何区别？

17. 起飞过程中，考虑净空道与不计净空道相比最大起飞重量和起飞决断速度 V_1 如何变化？

18. 在直线起飞航道上有障碍物时，飞机的净航迹应高于障碍物顶点多少英尺？

19. 起飞重量增大对中断起飞最大速度和继续起飞最小速度有何影响？

20. 增大起飞襟翼角度对起飞滑跑距离和初始上升性能有何影响？为了尽可能增大最大起飞重量，起飞襟翼角度应如何选择？

21. 请阐述在确定最大允许起飞重量时主要考虑的限制因素。通常哪几个因素最容易限制最大起飞重量?

22. 飞机起飞为什么通常选逆风方向? 顺风起飞对起飞距离和起飞上升梯度有什么不利影响?

23. 机场气压高度为 1 000 ft,气温为 25 ℃,跑道长度为 8 000 ft,起飞襟翼为 5°,跑道上坡 1%,逆风分量为 10 kt,空调组件的发动机引气关,发动机防冰开。试根据表 2.3.2 和表 2.3.3 确定跑道长度限制的最大起飞重量。

24. 机场气压高度为 1 000 ft,气温为 24 ℃,起飞襟翼为 5°,空调组件的发动机引气关,发动机防冰开。试根据表 2.3.4 确定上升梯度限制的最大起飞重量。

25. 某 B737-800 在干跑道上起飞,实际起飞重量为 68 000 kg,机场气压高度为 3 000 ft,气温为 20 ℃,起飞襟翼为 1°,逆风分量为 10 kt,跑道上坡 1%,无净空道和停止道。试根据表 2.4.1 确定实际起飞重量下的起飞速度 $V_1/V_R/V_2$。

26. 某机场附近有一距离起飞松刹车点 20 000 ft、高 450 ft 的障碍物,机场气压高度为 2 500 ft,气温为 32 ℃,起飞襟翼为 5,逆风分量为 10 kt,发动机引气关,发动机和机翼防冰开。试根据表 2.3.6 确定障碍物限制的最大起飞重量。

27. 已知某 B737-300 飞机在甘肃敦煌莫高国际机场 08 号跑道起飞,起飞襟翼为 5,空调关,机场外界温度为 10 ℃,逆风分量为 10 kt。试根据表 2.6.3 确定不使用改进上升和使用改进上升能够允许的最大起飞重量及起飞速度。

28. 已知 B757-200 飞机在九寨黄龙机场 20 号跑道起飞,起飞襟翼为 5,空调开,机场外界温度为 10 ℃,无风。试根据表 2.6.4 确定飞机在九寨黄龙机场 20 号跑道起飞所允许的最大起飞重量、起飞速度及限制代码。

29. 已知 A319-115 飞机在九寨黄龙机场 20 号跑道起飞,起飞构型为 CONF 2,空调开,防冰关,湿跑道,顺风分量为 2 kt,起飞机场的温度为 10 ℃。试根据表 2.6.6 确定在实际运行条件下的最大允许起飞重量和对应的起飞速度 $V_1/V_R/V_2$。如果实际起飞重量为 60 000 kg,试确定最大假设温度和对应的起飞速度 $V_1/V_R/V_2$。

30. ARJ21-700 飞机在成都双流国际机场的 02L 跑道起飞,机场气温为 15 ℃,逆风分量为 10 kt,起飞襟翼为 15,干跑道,QNH 为 1 013.25 hPa,空调开,防冰关。试根据表 2.6.7 确定该条件下的最大起飞重量及对应的速度 $V_1/V_R/V_2$。若实际起飞重量为 45 900 kg,确定该重量下的假设温度和对应的起飞速度 $V_1/V_R/V_2$。

第 3 章

飞机的上升和下降性能

民用飞机的上升是指从飞机起飞飞行航迹结束点(起飞机场上空 1 500 ft 高度或越过相关障碍物后)到达规定的巡航高度和速度的过程,又称作航线上升;下降是指从巡航段终点下降到进近开始点(通常取着陆机场上空 1 500 ft 高度)。民航飞机典型航线上升策略为在中低空保持等表速上升、在高空保持等马赫数上升,民航飞机典型的上升剖面如图 3.0.1 所示。民航飞机典型的航线下降策略为双发慢车、全收气动外形、在高空保持等马赫数下降、在低空保持等表速下降,民航飞机典型的下降剖面如图 3.0.2 所示。

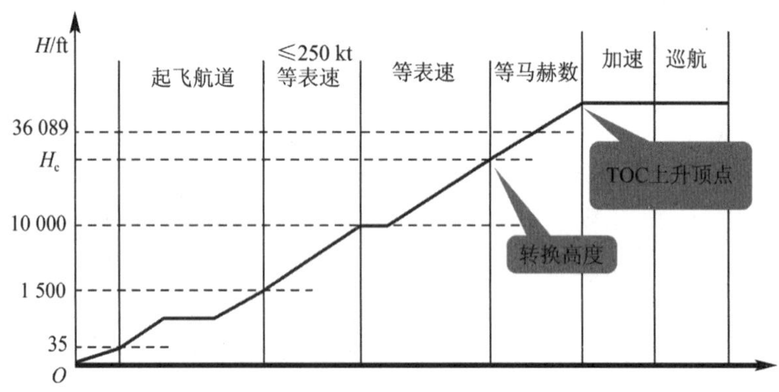

图 3.0.1　民航飞机典型的上升剖面

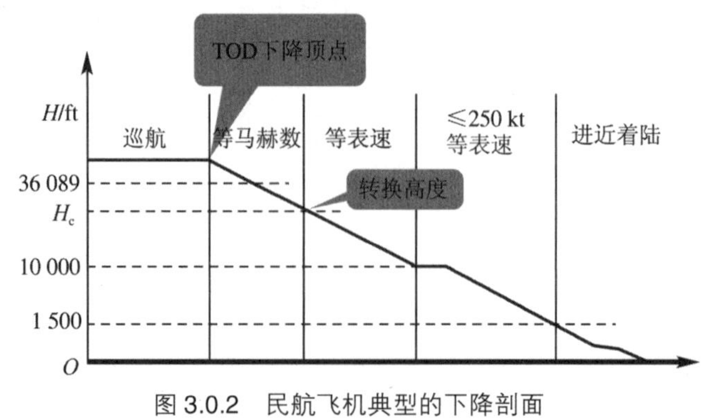

图 3.0.2　民航飞机典型的下降剖面

3.1 飞机的上升性能

3.1.1 上升受力分析及其特性参数

飞机上升过程中所受的作用力有升力(L)、阻力(D)、推力(T)和重力(W)。上升时重力与飞行轨迹不垂直,为便于分析问题,把重力分解为垂直于飞行轨迹的分力(重力第一分力 $W\cos\theta_{上}$)和平行于飞行轨迹的分力(重力第二分力 $W\sin\theta_{上}$)。$\theta_{上}$表示飞机的上升角,是指上升轨迹与水平面的夹角,如图 3.1.1 所示。反映上升特性的主要参数是上升梯度和上升率。

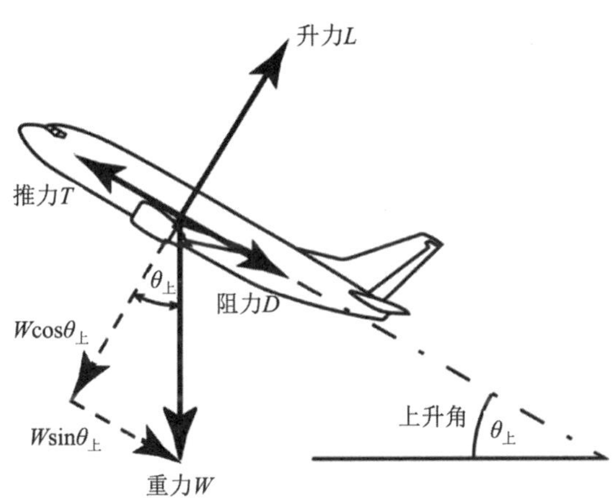

图 3.1.1　飞机上升过程中的受力情况

飞机上升的运动方程如式(3.1.1)所示:

$$\begin{cases} L = W\cos\theta_{上} \\ D + W\sin\theta_{上} = T \end{cases} \tag{3.1.1}$$

3.1.1.1　上升梯度

上升梯度 GoC(Gradient of Climb)是指上升高度 H 与前进的水平距离 $Dist$ 之比。飞机的上升角通常较小,一般仅有几度,故上升梯度较小,如图 3.1.2 所示。由于上升角 $\theta_{上}$较小时,$\sin\theta_{上} \approx \tan\theta_{上}$,因此由式(3.1.1)分析可知,上升梯度的计算如式(3.1.2)所示:

$$GoC = \frac{H}{Dist} = \tan\theta_{上} = \frac{T - D}{W} = \frac{\Delta T}{W} \tag{3.1.2}$$

其中，ΔT 表示剩余推力。

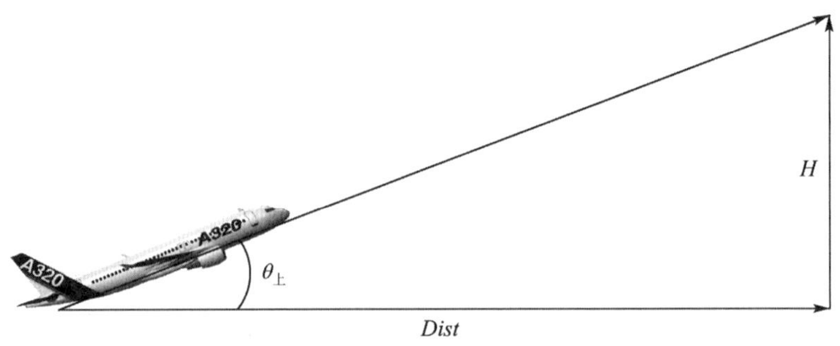

图 3.1.2　飞机的上升梯度示意图

上升梯度（上升角）大，说明通过同样的水平距离，飞机上升的高度高，飞机的越障能力好。

由式（3.1.2）分析可知，上升梯度的大小主要与剩余推力和飞机重力有关，剩余推力越大或者重力越小，飞机的上升角和上升梯度就越大。因此，飞机上升时的推力必须大于阻力。由式（3.1.1）分析可知，稳定上升要求有正的剩余推力以平衡重力的一个分量，剩余推力越大，能够平衡的重力分量就越大；在飞机重量一定的情况下，飞机所能保持的上升角和上升梯度越大；在剩余推力一定的情况下，飞机重量越小，重力的分量越小，飞机所能保持的上升角和上升梯度越大。

对于同一架飞机，如果飞机重量不变，则上升角、上升梯度仅取决于剩余推力的大小，而剩余推力的大小主要取决于油门的大小和上升速度。如果保持同样的速度上升，油门越大，剩余推力越大，则上升角和上升梯度越大。如果保持最大油门位置，则用不同速度上升时的剩余推力不同，从上升的推力与阻力曲线（如图 3.1.3 所示）可知，以最小阻力速度 V_{MD} 上升，剩余推力最大，可获得最大上升角和最大上升梯度，此时的速度称为陡升速度 V_X。

飞机的重量、构型和高度对飞机上升梯度和陡升速度的影响如图 3.1.4、图 3.1.5 以及图 3.1.6 所示。

在可用推力不变的条件下，随着飞机重量的增大，平飞阻力增大，平飞所需速度增加，因此平飞所需推力曲线（总阻力曲线）向上向右移动（如图 3.1.4 中实线所示），所需推力增大，剩余推力减小，上升角也减小，但能够获得最大上升角的速度（即陡升速度 V_X）增大。

在可用推力不变的条件下，由于飞机襟翼角度增大或者起落架放下（即非光洁构型），飞机的阻力会增大，即总阻力曲线会向上、向左移动（如图 3.1.5 中实线所示），因此剩余推力减小，上升角减小，最大上升角速度（即陡升速度 V_X）减小。

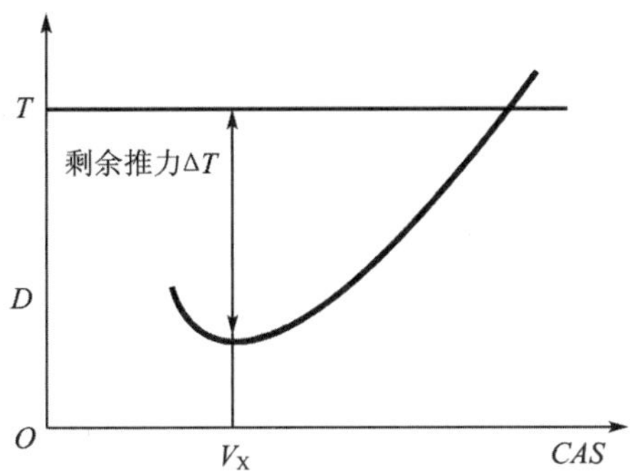

图 3.1.3　上升的推力与阻力曲线图

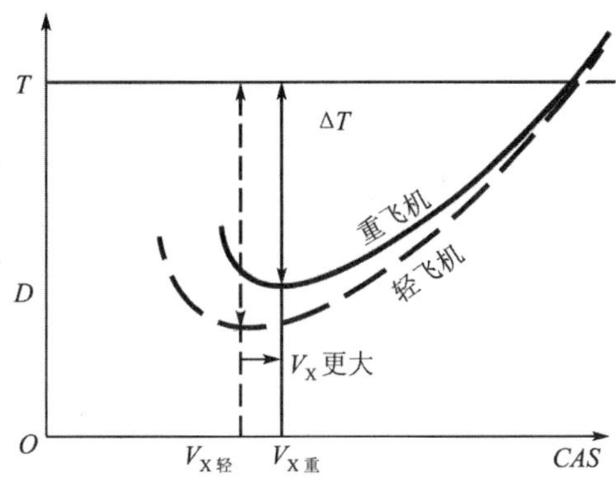

图 3.1.4　重量对上升梯度和陡升速度的影响

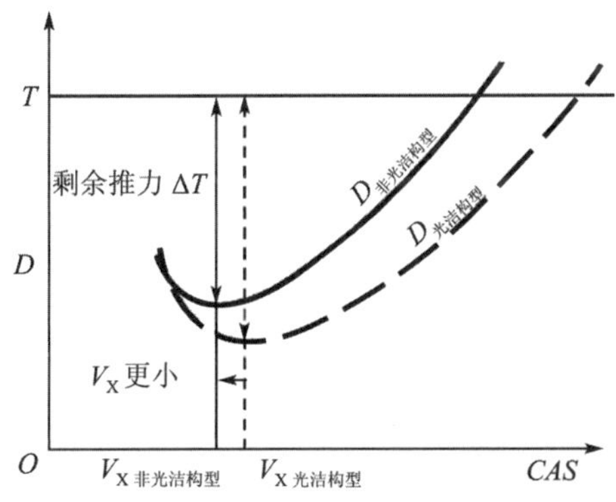

图 3.1.5　飞机构型对上升梯度和陡升速度的影响

随着高度增加,总阻力曲线与校正空速的对应关系不会变化,但空气密度减小,可用推力减小(如图 3.1.6 中实线所示),因此剩余推力减小,最大上升角速度(即陡升速度

V_X）保持恒定。

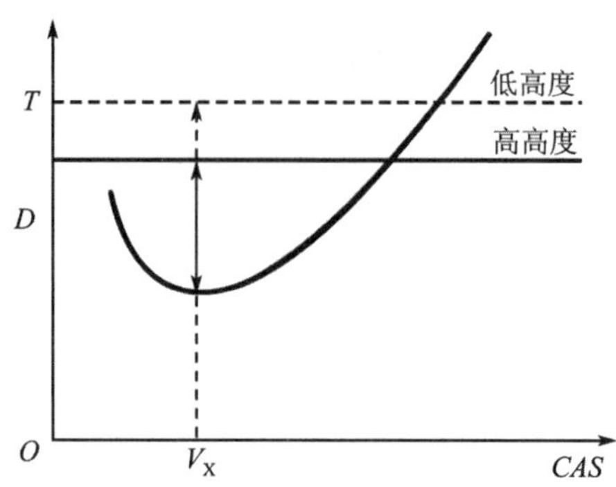

图 3.1.6 高度对上升梯度和陡升速度的影响

标准仪表离场程序设计的标准梯度为 3.3%，单发运行规章要求航道Ⅱ段最低梯度为 2.4%。正常全发起飞时，民航运输机的上升角一般为几度（如 4°~8°），上升梯度为 9%~14%，而如果飞机起飞后一台发动机失效，飞机的上升性能明显降低，上升梯度为 3%~5%，甚至更小。飞行程序设计仅考虑全发运行，标准仪表离场程序的程序设计梯度 *PDG*（Procedure Design Gradient）为 3.3%，如果离场航迹下方有较高障碍物，离场程序设计梯度可以提高，但程序设计梯度一旦超过 5%，很多航空公司运行的飞机可能面临减载的问题。如果飞机上升梯度为 5%，则飞机在上升过程中，前进 1 NM 大约能上升 300 ft（即上升梯度为 300 ft/NM）；如果飞机上升梯度为 10%，则飞机在上升过程中，前进 1 NM 大约能上升 600 ft（即上升梯度为 600 ft/NM）。

■ 3.1.1.2 上升率

上升率 *RoC*（Rate of Climb）是指飞机单位时间内上升的高度，即飞机上升时的垂直分速度。因此，上升率不仅与上升角 $\theta_上$ 有关，还与上升速度（真空速）$V_上$ 有关，如图 3.1.7 所示。

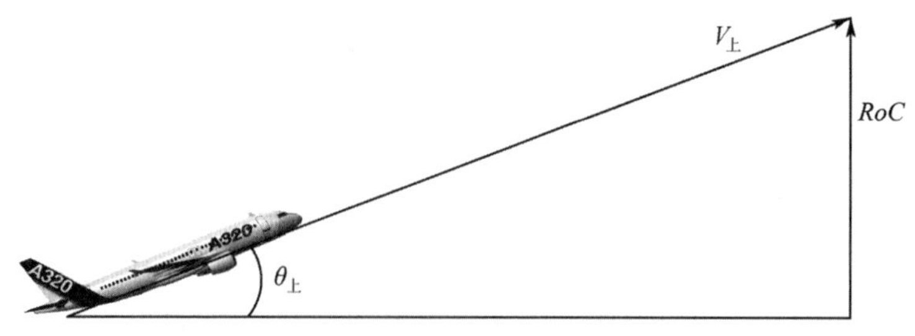

图 3.1.7 飞机的上升率示意图

飞机的上升率计算公式如式(3.1.3)所示。

$$RoC = V_{上}\sin\theta_{上} = V_{上}\frac{T - D}{W} = V_{上}\frac{\Delta T}{W} = \frac{\Delta N}{W} \tag{3.1.3}$$

其中,ΔT 表示剩余推力,ΔN 表示剩余功率。

由式(3.1.3)可知,剩余功率越大或飞机重量越小,飞机的上升率就越大,飞机上升到同一高度所需的时间越短。

在飞机重量不变的情况下,剩余功率越大,飞机的上升率就越大;在剩余功率一定的情况下,飞机重量越小,上升率就越大。能获得最大上升率的速度称为快升速度 V_Y,如图3.1.8 所示,图中实线表示可用功率曲线,虚线表示所需功率曲线。民航运输机的快升速度远大于最小功率速度 V_{MP},通常也大于最小阻力速度 V_{MD}(即陡升速度 V_X)。

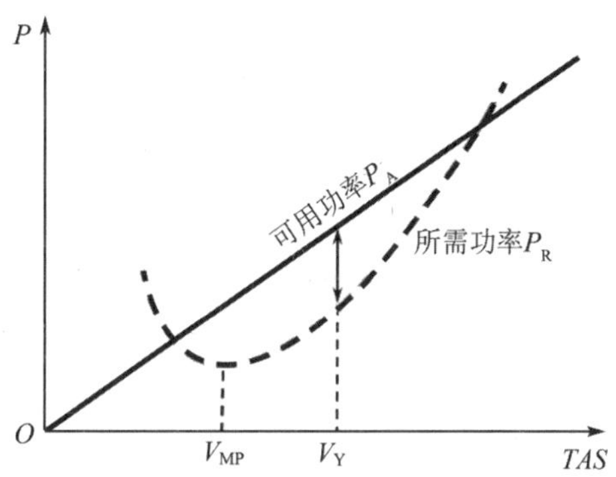

图 3.1.8 上升的可用和所需功率曲线

影响上升率和快升速度的主要因素包括飞机重量、飞机构型和高度等,如图 3.1.9、图3.1.10 和图 3.1.11 所示。

在可用功率不变的条件下(如图 3.1.9 中实线所示),随着飞机重量的增加,所需功率增大,剩余功率减小,因此上升率也会减小,但快升速度 V_Y 增大。

在可用功率不变的条件下,襟翼角度增大或放下起落架,总阻力增大,所需功率曲线会向上向左移动,因此剩余功率减小,上升率减小,快升速度 V_Y 也会减小(如图3.1.10 所示)。

随着高度增加,可用功率减小(如图 3.1.11 实线所示)。由于所需功率等于阻力乘以真空速,随着高度增加,对应校正空速的总阻力曲线不移动,但为保持校正空速不变,真空速会随着空气密度的减小而增大,因此真空速对应的总阻力曲线会向右移动,所需功率曲线也会向右移动,如图 3.1.11 所示。因此,随着高度的增加,剩余功率减小,上升率减小,快升速度 V_Y(校正空速)减小,快升速度 V_Y(真空速)会有少量增加。事实上,随着高度的增加,快升速度 V_Y(校正空速)会一直减小,直到理论升限处与 V_X 相等。

民航运输机一般上升率比较大,上升率较小时一般为 1 000~2 000 ft/min,上升率较

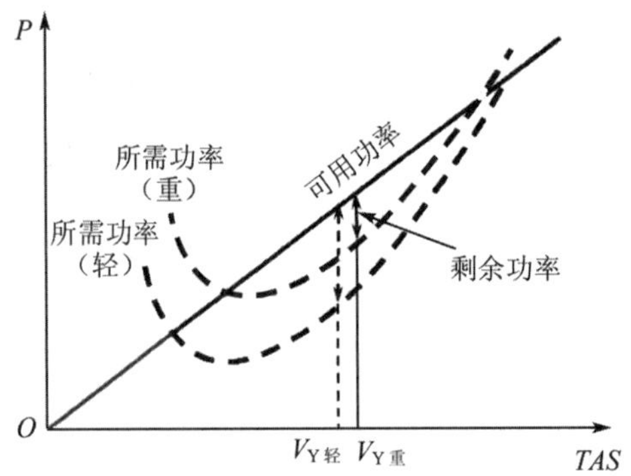

图 3.1.9　飞机重量对上升率和快升速度的影响

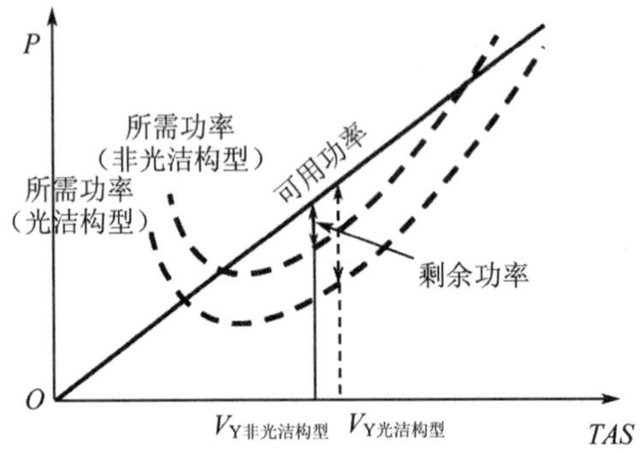

图 3.1.10　飞机构型对上升率和快升速度的影响

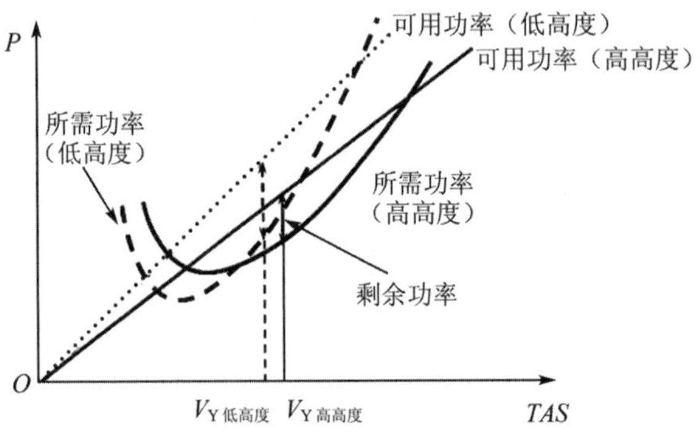

图 3.1.11　高度对上升率和快升速度的影响

大时一般为 3 000~4 000 ft/min。例如，在飞机上升角为 5°时，若飞机上升速度（真空速）为 200 kt，根据式（3.1.3）可以计算出飞机的上升率，约为 1 772 ft/min；若飞机上升速度（真空速）为 350 kt，则上升率约为 3 100 ft/min；若飞机上升速度（真空速）为 500 kt，则上升率约为 4 430 ft/min。

3.1.2 上升方式和上升策略

在航路上升过程中，通常要求在确保飞行安全的前提下尽可能提高经济性，即省时，或者省油，或者省钱。因此，民航运输机常用的上升方式有陡升方式、快升方式、燃油最省上升方式、总成本最低上升方式等。

陡升方式就是以最大上升梯度上升的方式。飞机以这种上升方式上升同样的高度经过的水平距离最短或者经过同样的水平距离上升的高度最高。这种上升方式主要适用于上升过程中地形等障碍物比较突出的情况。由于飞机以陡升速度 V_X 上升可以获得最大上升梯度，因此实际运行中飞行员只需选择陡升速度上升即可实现这种上升方式。

快升方式就是以最大上升率上升的方式。飞机以这种上升方式上升可以在最短时间内达到给定的高度。这种方式可以使飞机尽快上升高度，有利于提高空域利用率。由于飞机以快升速度 V_Y 上升可以获得最大上升率，因此实际运行中飞行员只需选择快升速度上升即可实现这种上升方式。

燃油最省上升方式能使飞机上升过程中所消耗的燃油最少。由于燃油价格不断上涨，燃油消耗在运行成本中所占的比例不断上升，因此航空公司不得不把节省燃油消耗作为一项重要指标。实际运行中的关键是确定燃油最省的上升速度，用该速度上升就可以使燃油消耗最小。

总成本最低上升方式是指使航班总成本（包括时间成本和燃油成本）最低的上升方式。对于这种上升方式，要根据航空公司的情况，确定其具体的成本指数（即小时成本与燃油成本的比值，将在巡航部分详细介绍）。该成本指数由航空公司性能工程师给出，按航班总成本最低的准则来确定上升、巡航、下降各段的飞行速度和马赫数，而不是仅由上升段来确定。在实际运行中，飞行员只需在驾驶舱准备阶段将成本指数输入飞行管理计算机（FMC）即可。飞行管理计算机会根据成本指数及其他参数算出总成本最低的上升速度。

通过前面的分析发现，无论哪种上升方式均需要确定一个上升速度，因此实际运行中通常采用在低空等表速上升、在高空等马赫数上升的上升策略，这种上升策略的上升速度与快升速度比较接近。

起飞后飞行员完成标准操作程序 SOP（Standard Operating Procedure）或其他 ATC 要求后，飞机将迅速上升高度，实际上升是根据上升策略的合适速度来进行的。上升策略是在低空保持等表速上升，在高空保持等马赫数上升，如在低空保持等表速 240 kt，在高空保持等马赫数 M0.74，表示为 240 kt/M0.74。

飞机保持指定的校正空速上升时，短时间内忽略重量的变化，则迎角不变，但随着高度增加（对流层内），空气密度减小，温度降低，音速减小，真空速增大，飞机的飞行马赫数会迅速增加，如图 3.1.12 所示。当飞机的飞行马赫数达到了上升策略中的马赫数时，就保持等马赫数上升。随着高度增加(对流层内),保持等马赫数上升时,空气密度减小,温度降低,音速减小,为保持马赫数不变,飞机的真空速必须减小,则校正空速也必须减小;随着高度增加(平流层底部),保持等马赫数上升时,空气密度减小,温度不变,音速不变,为保持马赫数不变,飞机的真空速必须保持不变,但由于高度增加,校正空速会减小。240 kt/*M*0.74 的上升策略如图 3.1.13 所示。

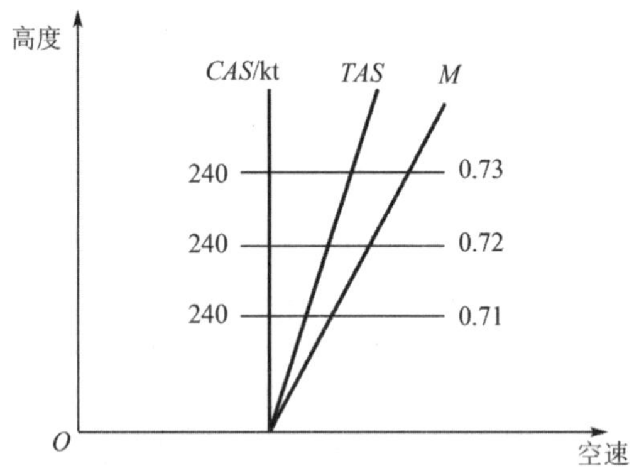

图 3.1.12　飞机上升过程中校正空速、真空速与马赫数的变化

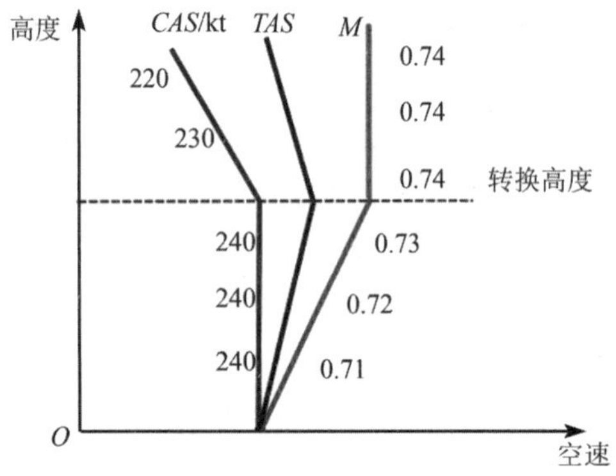

图 3.1.13　240 kt/*M*0.74 上升策略中校正空速、真空速和马赫数的变化

如图 3.1.13 所示,保持校正空速 240 kt 上升时,在某个特定高度,马赫数增加到了上升策略所指定的马赫数 *M*0.74,这个特定高度称为转换高度,在此高度以上飞机保持恒定马赫数上升。在等马赫数上升过程中,高度不断增加,由于上升中马赫数不变,而音速减小,则真空速必须减小,因此校正空速减小,而飞机迎角增大。

但是,转换高度会随上升策略的变化而变化。图 3.1.13 所示的上升速度策略是 240 kt/*M*0.74,而图 3.1.14 对应的上升策略为 250 kt/*M*0.74。上升策略中的校正空速增加将导致相同高度上的马赫数更大,所以转换高度更低。因此,只要上升策略中的校正空速增大或者马赫数减小，转换高度就会降低；反之，转换高度会随着上升策略中校正空速的减小或马赫数的增大而升高。

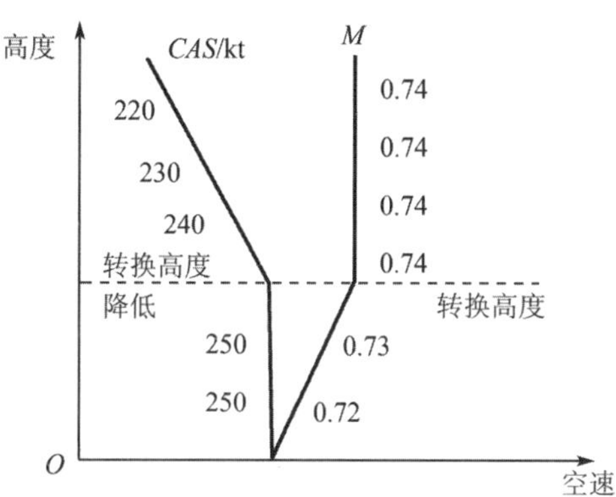

图 3.1.14　250 kt/M0.74 上升策略中校正空速和马赫数的变化

3.1.3 上升性能图表

飞机的上升性能通常使用上升时间、上升距离和上升耗油这几个参数来表示。上升时间是指飞机上升一定高度所需时间；上升距离是指飞机上升一定高度所前进的水平距离；上升耗油是指飞机上升一定高度所消耗的燃油。

例 3.1.1　A320 上升性能表如表 3.1.1 所示，已知飞机从某机场起飞的松刹车重量为 60 000 kg，机场气压高度为 5 000 ft，巡航气压高度为 FL330，温度为标准大气温度 *ISA*，上升过程中有顺风 50 kt，发动机防冰开，空调正常。试确定上升需要的燃油、上升时间和上升经过的地面距离。

解：

（1）根据大气温度为 *ISA*，松刹车重量为 60 000 kg，机场气压高度为 5 000 ft，巡航气压高度为 FL330，首先确定从海平面上升至 5 000 ft 和 FL330 的上升时间、所需燃油和距离分别为：

$$5\ 000\ \text{ft}:\begin{cases}\text{上升时间} = 2\ \text{min}\\ \text{上升所需燃油} = 260\ \text{kg}\\ \text{上升距离} = 7\ \text{NM}\end{cases}\qquad \text{FL330}:\begin{cases}\text{上升时间} = 17\ \text{min}\\ \text{上升所需燃油} = 1\ 331\ \text{kg}\\ \text{上升距离} = 102\ \text{NM}\end{cases}$$

（2）因此，静风条件下，A320 从 5 000 ft 上升到 FL330 所需的时间、所需燃油和距离分别为：

$$\text{FL330} - 5\ 000\ \text{ft}:\begin{cases}\text{上升时间} = 15\ \text{min}\\ \text{上升所需燃油} = 1\ 071\ \text{kg}\\ \text{上升距离} = 95\ \text{NM}\end{cases}$$

(3)由于上升过程中有顺风 50 kt,因此需要对上升距离进行修正,修正后的上升距离为:

$$上升距离=95+50\times\frac{15}{60}=107.5\ \text{NM}$$

(4)上升过程中发动机防冰开,空调正常,根据表 3.1.1 可知,需要对所需燃油进行修正,修正后的所需燃油为:

$$上升所需燃油=1\ 071\times(1+0.025)\approx1\ 097.8\ \text{kg}$$

(5)因此,修正后 A320 从 5 000 ft 上升到 FL330 所需的时间、所需燃油和距离分别为:

$$\text{FL330}-5\ 000\ \text{ft}:\begin{cases}上升时间=15\ \text{min}\\上升所需燃油\approx1\ 097.8\ \text{kg}\\上升距离=107.5\ \text{NM}\end{cases}$$

例 3.1.2 B737-700(22K)上升性能表如表 3.1.2 所示。已知飞机从某机场起飞的松刹车重量为 60 000 kg,机场气压高度为 3 000 ft,巡航气压高度为 FL330,温度为标准大气温度 *ISA*, 上升过程中有顺风 50 kt。试确定上升需要的燃油、时间和经过的地面距离。

解:

(1)根据大气温度为 *ISA*,松刹车重量为 60 000 kg,巡航气压高度为 FL330,首先确定从海平面上升至 FL330 处的时间、所需燃油和距离分别为:

$$\text{FL330}:\begin{cases}上升时间=14\ \text{min}\\上升所需燃油=1\ 300\ \text{kg}\\上升距离=80\ \text{NM}\end{cases}$$

(2)由于上升过程中有顺风 50 kt,因此需要对上升距离进行修正,修正后的上升距离为:

$$上升距离=80+50\times\frac{14}{60}\approx91.7\ \text{NM}$$

(3)根据表下方的说明可知,机场气压高度对时间和距离的影响可以忽略不计。

(4)根据表下方的说明可知,机场气压高度 3 000 ft 对燃油的影响需要修正,修正后的所需燃油为:

$$上升所需燃油=1\ 300-75=1\ 225\ \text{kg}$$

(5)因此,最终确定 B737-700(22K)上升到 FL330 所需的时间、燃油和距离分别为:

$$\text{FL330}:\begin{cases}上升时间=14\ \text{min}\\上升所需燃油=1\ 225\ \text{kg}\\上升距离\approx91.7\ \text{NM}\end{cases}$$

表 3.1.1 A320 上升性能表

CLIMB - 250KT/300KT/M.78

MAX. CLIMB THRUST NORMAL AIR CONDITIONING ANTI-ICING OFF	ISA CG=33.0%	**FROM BRAKE RELEASE** **TIME (MIN)** **FUEL (KG)** **DISTANCE (NM)** **TAS (KT)**

FL	WEIGHT AT BRAKE RELEASE (1000KG)													
	52		**54**		**56**		**58**		**60**		**62**		**64**	
390	18	1326	19	1400	21	1478	22	1563	23	1657	25	1763	27	1884
	118	387	126	388	134	389	143	390	153	392	165	393	179	396
370	16	1240	17	1304	18	1371	19	1442	20	1517	21	1598	23	1685
	104	380	110	381	116	381	122	382	129	383	137	384	146	385
350	15	1168	16	1226	16	1287	17	1351	18	1417	19	1487	20	1560
	93	373	98	374	103	375	108	375	114	376	120	377	127	377
330	14	1102	14	1156	15	1212	16	1270	17	1331	17	1394	18	1459
	84	366	88	367	92	367	97	368	102	368	107	369	112	370
310	13	1038	13	1088	14	1140	14	1193	15	1249	16	1306	17	1366
	75	358	79	359	83	359	87	360	91	360	95	361	100	361
290	11	970	12	1016	13	1063	13	1112	14	1163	14	1215	15	1270
	66	348	70	349	73	349	77	350	80	350	84	351	88	351
270	10	887	11	928	11	971	12	1015	12	1060	13	1107	13	1155
	57	335	59	336	62	336	65	336	68	337	71	337	74	337
250	9	811	9	849	10	887	10	927	11	968	11	1010	12	1053
	48	322	51	323	53	323	56	323	58	324	61	324	63	324
240	9	776	9	811	9	848	10	886	10	925	11	965	11	1006
	45	316	47	316	49	317	51	317	54	317	56	318	58	318
220	8	709	8	741	8	774	9	808	9	843	9	879	10	916
	38	303	40	304	42	304	44	304	46	305	48	305	50	305
200	7	645	7	674	7	704	8	735	8	767	8	799	9	833
	33	291	34	291	36	291	37	292	39	292	41	292	42	292
180	6	585	6	611	7	638	7	666	7	695	7	724	8	754
	28	278	29	278	30	278	32	279	33	279	34	279	36	279
160	5	528	6	551	6	576	6	601	6	626	7	653	7	679
	23	264	24	264	25	265	27	265	28	265	29	265	30	266
140	5	473	5	494	5	516	5	538	6	561	6	585	6	609
	19	250	20	250	21	251	22	251	23	251	24	251	25	251
120	4	421	4	440	4	459	5	479	5	499	5	520	5	542
	16	234	17	235	17	235	18	236	19	236	20	236	21	236
100	3	336	3	351	3	367	4	383	4	399	4	416	4	433
	11	207	12	207	12	208	13	208	13	208	14	208	14	209
50	2	220	2	229	2	239	2	250	2	260	3	271	3	282
	6	169	6	169	6	169	7	170	7	170	7	170	8	171
15	1	138	1	144	1	150	2	156	2	163	2	170	2	177
	3	120	3	120	3	120	3	120	3	121	3	121	3	121

LOW AIR CONDITIONING	**HIGH AIR CONDITIONING**	**ENGINE ANTI ICE ON**	**TOTAL ANTI ICE ON**
ΔFUEL = − 0.6 %	ΔFUEL = + 0.6 %	ΔFUEL = + 2.5 %	ΔFUEL = + 5 %

表 3.1.2　B737-700(22K)上升性能表

280/.78 Enroute Climb
ISA & Below

PRESSURE ALTITUDE (FT)	UNITS MIN/KG NM/KTAS	BRAKE RELEASE WEIGHT (1000 KG)										
		80	75	70	65	60	55	50	45	40	35	30
41000	TIME/FUEL					23/1750	19/1500	16/1300	14/1150	12/1000	11/850	9/750
	DIST/SPD					145/407	119/404	101/401	87/400	74/398	63/397	53/396
40000	TIME/FUEL				26/1950	21/1650	18/1450	16/1250	14/1100	12/950	10/850	9/700
	DIST/SPD				160/408	128/403	109/400	94/398	81/397	70/396	60/394	50/393
39000	TIME/FUEL			29/2200	23/1800	19/1550	17/1400	15/1200	13/1050	11/950	10/800	8/700
	DIST/SPD			182/409	139/402	117/399	101/397	88/395	76/394	66/393	57/392	48/390
38000	TIME/FUEL			25/2000	21/1700	18/1500	16/1350	14/1200	12/1050	11/900	9/800	8/650
	DIST/SPD			150/401	125/398	108/395	94/394	82/392	72/391	62/390	54/389	45/388
37000	TIME/FUEL		27/2150	22/1850	19/1650	17/1450	15/1300	13/1150	12/1000	10/900	9/750	8/650
	DIST/SPD		163/401	134/396	115/394	101/392	88/391	78/389	68/388	59/387	51/386	43/385
36000	TIME/FUEL	29/2350	24/2000	21/1800	18/1600	16/1400	14/1250	13/1100	11/1000	10/850	9/750	7/650
	DIST/SPD	178/400	144/395	123/392	107/390	94/389	83/388	73/387	64/386	56/385	48/384	41/382
35000	TIME/FUEL	26/2200	22/1950	20/1700	18/1550	16/1350	14/1200	12/1100	11/950	10/850	8/750	7/650
	DIST/SPD	156/394	132/391	115/389	101/387	89/386	79/385	69/384	61/383	53/382	46/381	39/380
34000	TIME/FUEL	24/2100	21/1850	19/1650	17/1500	15/1350	13/1200	12/1050	10/950	9/850	8/700	7/600
	DIST/SPD	141/389	122/387	107/385	95/384	84/383	74/382	66/381	58/380	51/379	44/378	37/377
33000	TIME/FUEL	23/2000	20/1800	18/1600	16/1450	14/1300	13/1150	11/1050	10/900	9/800	8/700	7/600
	DIST/SPD	131/385	114/383	101/382	89/380	80/379	71/378	63/377	55/377	48/376	41/375	35/373
32000	TIME/FUEL	21/1900	19/1700	17/1550	15/1400	14/1250	12/1100	11/1000	10/900	8/800	7/700	6/600
	DIST/SPD	120/380	106/378	94/377	84/376	74/375	66/374	59/373	52/373	45/372	39/371	33/369
31000	TIME/FUEL	20/1800	18/1650	16/1500	14/1350	13/1200	12/1100	10/950	9/850	8/750	7/650	6/550
	DIST/SPD	109/374	97/373	86/372	77/371	69/370	61/370	55/369	48/368	42/367	36/366	31/365
30000	TIME/FUEL	19/1750	17/1550	15/1400	14/1300	12/1150	11/1050	10/950	9/850	8/750	7/650	6/550
	DIST/SPD	100/369	89/368	80/367	72/367	64/366	57/365	51/364	45/364	39/363	34/362	29/360
29000	TIME/FUEL	17/1650	16/1500	14/1350	13/1250	12/1100	10/1000	9/900	8/800	7/700	6/600	5/500
	DIST/SPD	92/365	83/364	74/363	66/362	60/361	53/361	47/360	42/360	37/359	32/358	27/356
28000	TIME/FUEL	16/1600	15/1450	14/1300	12/1200	11/1100	10/950	9/850	8/750	7/700	6/600	5/500
	DIST/SPD	85/360	76/359	69/359	62/358	55/357	50/357	44/356	39/356	34/355	29/353	25/352
27000	TIME/FUEL	16/1500	14/1400	13/1250	12/1150	10/1050	9/950	8/850	7/750	7/650	6/550	5/500
	DIST/SPD	79/356	71/355	64/355	57/354	52/353	46/353	41/352	36/352	32/351	27/349	23/348
26000	TIME/FUEL	15/1450	13/1350	12/1200	11/1100	10/1000	9/900	8/800	7/700	6/650	5/550	5/450
	DIST/SPD	73/352	65/351	59/351	53/350	48/350	43/349	38/349	34/348	30/347	26/346	22/344
25000	TIME/FUEL	14/1400	13/1300	12/1150	10/1050	9/950	9/850	8/800	7/700	6/600	5/550	4/450
	DIST/SPD	67/348	61/348	55/347	50/347	45/346	40/345	36/345	32/344	28/343	24/342	20/340
24000	TIME/FUEL	13/1350	12/1200	11/1100	10/1000	9/950	8/850	7/750	6/650	6/600	5/500	4/450
	DIST/SPD	62/344	56/344	51/343	46/343	42/343	37/342	33/341	29/341	26/340	22/338	19/337
23000	TIME/FUEL	12/1300	11/1150	10/1100	9/1000	9/900	8/800	7/700	6/650	5/550	5/500	4/400
	DIST/SPD	58/341	52/340	47/340	43/340	39/339	35/339	31/338	27/337	24/336	21/335	18/333
22000	TIME/FUEL	12/1250	11/1150	10/1050	9/950	8/850	7/750	7/700	6/600	5/550	5/450	4/400
	DIST/SPD	53/337	48/337	44/337	40/336	36/336	32/335	29/335	26/334	22/333	19/332	16/330
21000	TIME/FUEL	11/1150	10/1100	9/1000	9/900	8/800	7/750	6/650	6/600	5/500	4/450	4/400
	DIST/SPD	49/334	45/334	41/333	37/333	33/333	30/332	27/332	24/331	21/330	18/328	15/326
20000	TIME/FUEL	11/1100	10/1050	9/950	8/850	7/800	7/700	6/650	5/550	5/500	4/450	3/400
	DIST/SPD	45/331	41/331	37/330	34/330	31/330	28/329	25/328	22/328	19/327	17/325	14/323
18000	TIME/FUEL	9/1000	9/950	8/850	7/800	7/700	6/650	5/600	5/500	4/450	4/400	3/350
	DIST/SPD	38/325	35/325	32/324	29/324	26/324	24/323	21/322	19/322	16/321	14/319	12/317
16000	TIME/FUEL	8/950	8/850	7/800	6/750	6/650	5/600	5/550	4/500	4/400	3/350	3/300
	DIST/SPD	32/319	29/319	27/319	24/318	22/318	20/317	18/317	16/316	14/315	12/313	10/311
14000	TIME/FUEL	7/850	7/750	6/700	6/650	5/600	5/550	4/500	4/450	3/400	3/350	3/300
	DIST/SPD	26/314	24/313	22/313	20/313	18/312	16/312	15/311	13/310	11/309	10/307	8/305
10000	TIME/FUEL	5/650	5/600	5/550	4/500	4/450	4/450	3/400	3/350	3/300	2/250	2/250
	DIST/SPD	16/303	15/303	14/303	12/302	11/302	10/302	9/301	8/300	7/299	6/297	5/294
1500	TIME/FUEL	2/300	2/300	2/250	2/250	2/200	2/200	1/200	1/150	1/150	1/150	1/100

FUEL ADJUSTMENT FOR HIGH ELEVATION AIRPORTS	AIRPORT ELEVATION	2000	4000	6000	8000	10000	12000
EFFECT ON TIME AND DISTANCE IS NEGLIGIBLE	FUEL ADJUSTMENT	-50	-100	-150	-200	-250	-350

Shaded area approximates optimum altitude at LRC.

3.2 飞机的下降性能

民航运输机从巡航终点下降到进近开始点(离着陆机场 1 500 ft 高度处)的过程称为下降。民航飞机典型的航线下降策略为双发慢车,全收气动外形,在高空保持等马赫数下降,在低空保持等表速下降。

3.2.1 下降受力分析及其特性参数

飞机在空中稳定下降时,受到四个力的作用,包括升力(L)、重力(W)、推力(T)、阻力(D),如图 3.2.1 所示。飞机的下降运动方程如式(3.2.1)所示:

$$\begin{cases} L = W\cos\theta_{下} \\ D = W\sin\theta_{下} + T \end{cases} \tag{3.2.1}$$

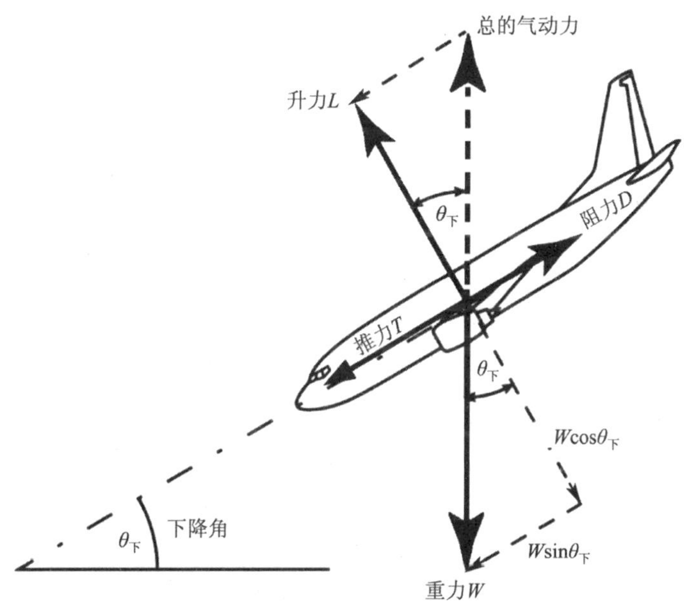

图 3.2.1 飞机下降时的受力情况

飞机下降角是指下降轨迹与水平面的夹角,用 $\theta_{下}$ 表示。下降梯度 GoD(Gradient of Descent)是指下降高度与前进的水平距离之比,与上升梯度定义类似。由于下降角 $\theta_{下}$ 较小时,$\sin\theta_{下} \approx \tan\theta_{下}$,因此,根据式(3.2.1)可知,下降梯度的计算公式如式(3.2.2)所示:

$$GoD = \frac{H}{Dist} = \tan\theta_{下} = \frac{D - T}{W} \tag{3.2.2}$$

由式(3.2.2)可知，在飞机重量一定时，当阻力与推力的差值(剩余阻力)最小(对应最小阻力速度)时，下降梯度最小，下降角最小，如图3.2.2所示。从图中可知，飞机高速飞行时的剩余阻力要比低速飞行时大，因此保持高速飞行可以得到较大的下降角，高速飞行时使用减速板，下降角可以进一步增大。

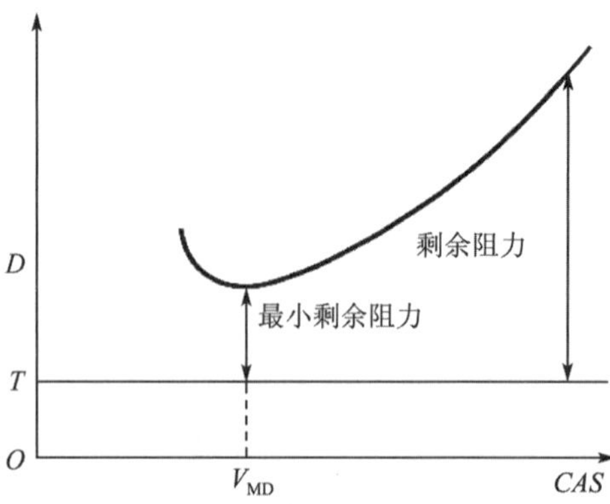

图3.2.2　下降时的阻力与推力曲线图

飞机下降过程中通常采用慢车下降，若此时忽略推力，即零推力下降，则式(3.2.1)变为式(3.2.3)，式(3.2.2)变为式(3.2.4)，如下所示：

$$\begin{cases} L = W\cos\theta_{下} \\ D = W\sin\theta_{下} \end{cases} \tag{3.2.3}$$

$$GoD = \frac{H}{Dist} = \tan\theta_{下} = \frac{D}{L} = \frac{1}{K} \tag{3.2.4}$$

其中，K表示升阻比。飞机正常下降通常是慢车下降，如果忽略推力，则下降梯度和下降角取决于升阻比，升阻比越大，下降梯度和下降角越小；当升阻比取最大值(对应最小阻力速度V_{MD})时，下降梯度和下降角最小，飞机下降同样高度前进的距离最远。

飞机的下降率是指飞机下降的垂直分速度。飞机下降通常是慢车下降，下降角较小，从进场到起始进近、中间进近和最后进近，飞机的下降梯度通常保持在4%~5%。如飞机下降角为3°，则下降梯度约为5.2%，飞机前进1 NM能够下降的高度约为318 ft，为了实际应用中方便记忆，经常就说1 NM下降300 ft。

下降率是指飞机单位时间内下降的高度，即飞机下降时的垂直分速。因此，下降率不仅与下降角有关，还与下降速度有关。下降率的计算如式(3.2.5)所示：

$$RoD = V_{下}\sin\theta_{下} \tag{3.2.5}$$

由式(3.2.5)可知，下降率的大小与下降角和下降速度均有关，虽然在最小阻力速度处飞机的下降角最小，但最小阻力速度不是最小速度，所以下降率不是最小的。通常用最

小功率速度 V_{MP} 下降时下降率最小（如图 3.2.3 所示）。

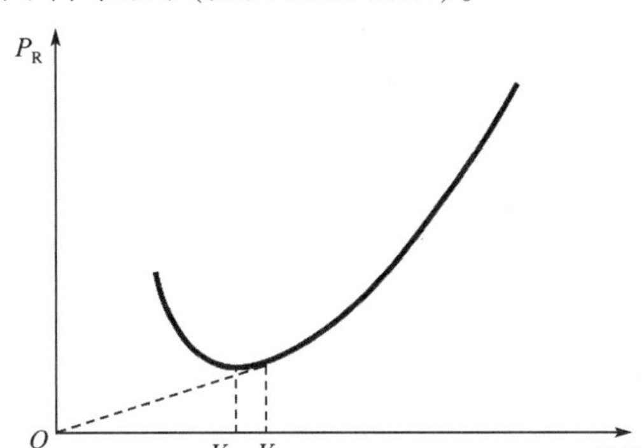

图 3.2.3　下降所需功率曲线图

飞机的下降率取决于下降角和下降速度，如果飞机的下降角为 3°，下降真空速为 300 kt，则飞机的下降率约为 1 592 ft/min。高速下降时，若飞机的下降角也较大，则下降率可以很大，比如某飞机下降真空速为 500 kt，下降角为 5°，则飞机的下降率约为 4 429 ft/min。

3.2.2 下降方式和下降策略

民航运输机航路下降方式主要有燃油最省下降、总成本最低下降、低速下降、高速下降与应急下降等方式。

燃油最省下降方式是指下降过程中所消耗的燃油最少的下降方式。与上升相似，燃油最省下降需要确定一个燃油最省的下降速度。通过分析发现，在整个下降过程中，燃油最省的下降速度仅是飞机着陆重量的函数，其他因素影响很小，通常可以忽略不计。

总成本最低下降方式是指在下降阶段总成本（包括时间成本和燃油成本）最低的下降方式。这种方式要根据航空公司的情况，确定具体的成本指数，该成本指数由航空公司性能工程师给出，按航班总成本最低的准则来确定上升、巡航、下降各段的飞行速度和马赫数，而不是仅由下降段来确定。在实际运行中，飞行员只需在驾驶舱准备阶段将成本指数输入飞行管理计算机即可，飞行管理计算机会根据成本指数及其他参数算出总成本最低的下降速度。

低速下降方式通常以最小功率速度下降，下降率最小，下降的时间比较长，但前进的水平距离长，消耗的燃油少，因此正常下降中都采用低速下降方式。

高速下降方式与低速下降方式相反（两者的对比见图 3.2.4），通常以较大速度下降，下降率大，下降时间短，前进的水平距离也短，燃油消耗也多。实际运行中只有在特殊情况下才会使用高速下降，因此高速下降也称应急下降。高速下降过程中一定要确保安全，可使用的下降速度根据具体情况来确定，但一定要小于最大运行速度限制 V_{MO}/M_{MO}。

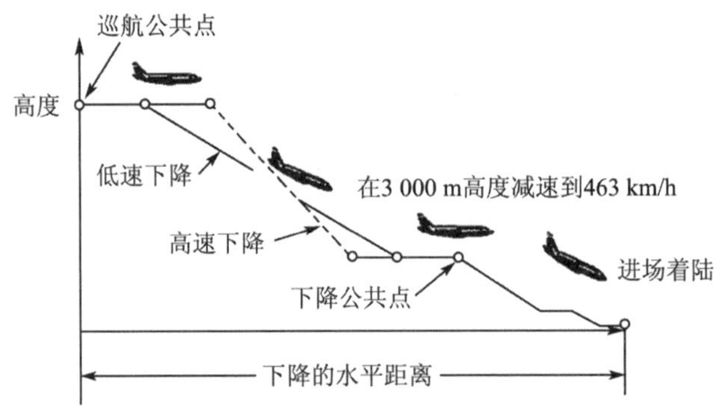

图 3.2.4　低速下降方式与高速下降方式的对比

民航运输机典型的下降策略为双发慢车，全收气动外形，先保持等马赫数，然后保持等表速下降。如 A320 的标准下降剖面为 *M*0.78/300 kt/250 kt，具体下降过程如下：

(1) 飞机从巡航高度以 *M*0.78 等马赫数下降到转换高度，在下降过程中，保持 *M* 不变，飞机的校正空速逐渐增大。

(2) 当飞机的校正空速达到 300 kt 时，即达到了转换高度，飞机的下降方式改为等表速下降。

(3) 当飞机下降到转换高度以下时，飞机保持校正空速 300 kt 继续下降，在等表速下降过程中，真空速逐渐减小。

(4) 通常下降到 10 000 ft 时，飞机减速到 250 kt，然后保持校正空速 250 kt 继续下降，直到进场着陆。

3.2.3 下降性能图表

飞机的下降性能通常使用下降时间、下降距离和下降耗油这几个参数来表示。下降时间是指飞机下降一定高度所需时间；下降距离是指飞机下降一定高度所前进的水平距离；下降耗油是指飞机下降一定高度所消耗的燃油。B737-800(24K) 的正常下降性能表如表 3.2.1 所示。若飞机预计着陆重量为 60 000 kg，在无风条件下从巡航高度 FL310 下降到海平面时，下降时间约为 22 min，下降所消耗的燃油为 310 kg，下降距离为 103 NM。

例 3.2.1　B737-800(24K) 从巡航高度 FL330 下降，下降剖面为 *M*0.78/280 kt/250 kt，预计着陆机场气压高度为 1 500 ft，预计着陆重量为 60 000 kg，下降过程中有顺风 50 kt，计算飞机的下降时间、下降所需燃油和下降距离。

解：

(1) 根据巡航高度为 FL330，预计着陆重量为 60 000 kg，预计着陆机场气压高度为 1 500 ft，巡航气压高度为 FL330，首先确定从 1 500 ft 和 FL330 高度下降至海平面的下降时间、下降所需燃油和下降距离分别为：

$$1\ 500\ \text{ft}:\begin{cases}\text{下降时间}=4\ \text{min}\\ \text{下降所需燃油}=110\ \text{kg}\\ \text{下降距离}=9\ \text{NM}\end{cases}\qquad \text{FL330}:\begin{cases}\text{下降时间}=23\ \text{min}\\ \text{下降所需燃油}=320\ \text{kg}\\ \text{下降距离}=109\ \text{NM}\end{cases}$$

(2)因此，静风条件下，B737-800(24K)从 FL330 下降到 1 500 ft 的下降时间、下降所需燃油和下降距离分别为：

$$\text{FL330}-1\ 500\ \text{ft}:\begin{cases}\text{下降时间}=19\ \text{min}\\ \text{下降所需燃油}=210\ \text{kg}\\ \text{下降距离}=100\ \text{NM}\end{cases}$$

(3)由于下降过程中有顺风 50 kt，因此需要对下降距离进行修正，修正后的下降距离为：

$$\text{下降距离}=100+50\times\frac{19}{60}\approx115.8\ \text{NM}$$

(4)因此修正后 B737-800(24K)从 FL330 下降到 1 500 ft 的下降时间、下降所需燃油和下降距离分别为：

$$\text{FL330}-1\ 500\ \text{ft}:\begin{cases}\text{下降时间}=19\ \text{min}\\ \text{下降所需燃油}=210\ \text{kg}\\ \text{下降距离}\approx115.8\ \text{NM}\end{cases}$$

表 3.2.1　B737-800(24K)的正常下降性能表

Descent
.78/280/250

PRESSURE ALTITUDE (FT)	TIME (MIN)	FUEL (KG)	DISTANCE (NM)			
			LANDING WEIGHT (1000 KG)			
			40	50	60	70
41000	26	340	101	118	130	137
39000	25	330	96	112	124	132
37000	24	330	92	107	119	127
35000	24	320	88	102	113	121
33000	23	320	84	98	109	116
31000	22	310	80	93	103	110
29000	21	310	75	87	96	103
27000	20	300	70	82	90	96
25000	19	290	66	76	84	90
23000	18	280	61	71	78	83
21000	17	270	57	65	72	76
19000	16	260	52	60	66	70
17000	15	250	48	55	60	63
15000	14	240	43	49	54	57
10000	10	200	30	34	36	38
5000	7	150	18	19	20	21
1500	4	110	9	9	9	9

Allowances for a straight-in approach are included.

例 3.2.2　A320 下降性能表如表 3.2.2 所示。A320 从巡航高度 FL330 下降，下降剖面为 M0.78/300 kt/250 kt，预计着陆机场气压高度为 5 000 ft，机场温度为 ISA+10 ℃，预计着陆重量为 65 000 kg，下降过程中有顺风 50 kt，空调正常，发动机防冰打开，计算飞机的下降时间、下降所需燃油和下降距离。

解：

（1）根据巡航高度为 FL330，预计着陆重量为 60 000 kg，预计着陆机场气压高度为 5 000 ft，首先确定从 5 000 ft 和 FL330 处下降至海平面的下降时间、下降所需燃油和下降距离分别为：

$$5\ 000\ \text{ft}:\begin{cases}\text{下降时间}=2.1\ \text{min}\\ \text{下降所需燃油}=18\ \text{kg}\\ \text{下降距离}=9\ \text{NM}\end{cases}\qquad \text{FL330}:\begin{cases}\text{下降时间}=15.4\ \text{min}\\ \text{下降所需燃油}=153\ \text{kg}\\ \text{下降距离}=91\ \text{NM}\end{cases}$$

（2）因此静风条件下，A320 从 FL330 下降到 5 000 ft 的下降时间、下降所需燃油和下降距离分别为：

$$\text{FL330}-5\ 000\ \text{ft}:\begin{cases}\text{下降时间}=13.3\ \text{min}\\ \text{下降所需燃油}=135\ \text{kg}\\ \text{下降距离}=82\ \text{NM}\end{cases}$$

（3）根据发动机防冰打开和机场温度为 $ISA+10$ ℃，对下降时间、下降所需燃油和下降距离进行修正，修正后结果为：

$$\text{FL330}-5\ 000\ \text{ft}:\begin{cases}\text{下降时间}=13.3\times(1+0.06)=14.098\ \text{min}\\ \text{下降所需燃油}=135\times(1+0.28+0.002\times10)=175.5\ \text{kg}\\ \text{下降距离}=82\times(1+0.03+0.003\times10)=86.92\ \text{NM}\end{cases}$$

（4）由于下降过程中有顺风 50 kt，因此还需要对下降距离进行修正，修正后的下降距离为：

$$\text{下降距离}=86.92+50\times\frac{14.098}{60}\approx98.7\ \text{NM}$$

（5）因此，最终修正后的 A320 从 FL330 下降到 5 000 ft 的下降时间、下降所需燃油和下降距离分别为：

$$\text{FL330}-5\ 000\ \text{ft}:\begin{cases}\text{下降时间}=14.098\ \text{min}\\ \text{下降所需燃油}=175.5\ \text{kg}\\ \text{下降距离}\approx98.7\ \text{NM}\end{cases}$$

表 3.2.2 A320 下降性能表

DESCENT - M.78/300KT/250KT									
IDLE THRUST NORMAL AIR CONDITIONING ANTI-ICING OFF			ISA CG=33.0%		MAXIMUM CABIN RATE OF DESCENT 350FT/MIN				
WEIGHT (1000KG)	45				65				
FL	TIME (MIN)	FUEL (KG)	DIST. (NM)	N1	TIME (MIN)	FUEL (KG)	DIST. (NM)	N1	IAS (KT)
390	16.1	204	101	68.8	17.4	165	106	IDLE	241
370	14.6	174	89	69.9	16.7	160	100	IDLE	252
350	12.9	134	77	72.1	16.0	156	95	IDLE	264
330	12.0	119	70	IDLE	15.4	153	91	IDLE	277
310	11.6	117	67	IDLE	14.8	149	86	IDLE	289
290	11.1	114	64	IDLE	14.2	145	82	IDLE	300
270	10.6	110	59	IDLE	13.4	141	76	IDLE	300
250	10.0	107	55	IDLE	12.7	136	71	IDLE	300
240	9.7	105	53	IDLE	12.3	133	68	IDLE	300
220	9.1	100	49	IDLE	11.5	127	62	IDLE	300
200	8.5	94	45	IDLE	10.6	119	56	IDLE	300
180	7.8	86	40	IDLE	9.8	109	51	IDLE	300
160	7.1	78	36	IDLE	8.8	97	45	IDLE	300
140	6.3	67	31	IDLE	7.9	83	39	IDLE	300
120	5.6	57	27	IDLE	6.9	70	33	IDLE	300
100	4.9	48	23	IDLE	6.0	58	28	IDLE	300
50	1.7	15	7	IDLE	2.1	18	9	IDLE	250
15	.0	0	0	IDLE	.0	0	0	IDLE	250

CORRECTIONS	LOW AIR CONDITIONING	ENGINE ANTI ICE ON	TOTAL ANTI ICE ON	PER 1° ABOVE ISA
TIME	–	+ 6 %	+ 6 %	–
FUEL	– 2 %	+ 28 %	+ 44 %	+ 0.2 %
DISTANCE	–	+ 3 %	+ 4 %	+ 0.3 %

3.3 上升和下降时飞行高度与座舱高度的关系

现代运输机由于实际飞行中高度较高,因此其座舱都必须是增压座舱。座舱增压是指通过专门的控制系统控制座舱气压高度(简称为“座舱高度”)、座舱高度变化率及座舱余压。

座舱高度是指与飞机座舱内压强相对应的气压高度,是飞机在海平面以上的运行高度。对于座舱无增压的飞机,座舱高度和飞行高度是相同的。

3.3.1 座舱高度

座舱高度是指座舱内绝对压力值所对应的高度。座舱高度反映的不是飞机的飞行高度,而是座舱内的压强对应的高度,通常情况下增压座舱飞机的座舱高度与飞机的飞行高度是不同的。为了降低飞机压强变化速率对人造成的不舒适感,确保乘客和机组人员有舒适的座舱环境,理论上座舱高度应该和地面上保持一致,但如果这样设计,飞机在巡航时座舱内外压差将非常大,这将对飞机结构材料提出更高的要求。实际上,飞机的座舱高度也在随着飞行高度的变化而变化,只是座舱高度变化率较小。座舱高度可能大于飞行高度(如在飞机急速下降时)、等于飞行高度(如在地面自由通风时)或小于飞行高度(如在正常飞行时)。一般不允许飞机座舱高度高于飞行高度,飞机座舱增压控制系统的负压活门就是为了防止飞机的座舱高度高于其飞行高度。在正常情况下,飞机的座舱高度一般不超过 8 000 ft(2 438 m)。

3.3.2 座舱高度变化率

座舱高度变化率反映的是单位时间内座舱高度的变化情况,是座舱压力的变化速度。飞机在上升或下降过程中,飞行高度的变化会导致座舱高度产生变化。飞机的升降速度较大,即外界压强变化速率较大时,舱内压强变化的幅度应当较小,并具有比较缓和的变化率。飞机急剧上升或下降时,大气压强在短时间内变化很大,飞机座舱压强也相应迅速变化,会引起人体肺腔、腹腔和耳腔等部位的疼痛,这是因为人体各器官腔室内压强来不及与外部压强平衡,引起组织器官膨胀或压缩。因此,在增压控制系统设计上必须对座舱高度的变化速率加以限制。现代民航飞机座舱高度的变化速率在上升时一般不超过 500 ft/min,下降时不超过 350 ft/min(有些机型是 300 ft/min)。一般情况下,人体对座舱内压强增大(即座舱高度降低)速率感觉灵敏,这也是座舱高度增大和减小时所允许的座舱高度变化率不同的原因之一。

3.3.3 座舱余压

座舱余压指的是座舱内外的压强差,即座舱内的压强减去座舱外的大气压强。影响座舱余压的因素是飞机座舱结构强度、座舱绝对压强的最小值和爆炸减压对人体的影响。

座舱内的压强高于座舱外的压强,称为正压(强);座舱内的压强低于座舱外的压强,称为负压(强)。机身的结构应该能够承受座舱内外的压(强)差。座舱内外的压(强)差过大会造成飞机结构的损坏。座舱内外产生负压也会使飞机结构产生损坏,因为飞机座舱属于薄壁结构,不能承受负压引起的应力作用。

座舱余压必须限定在一定范围内。不同设计巡航高度的飞机的最大余压有所不同。现代民航客机最大座舱余压一般不超过 8.6~9.1 psi。B737-800 座舱余压的相关数据如表 3.3.1 所示。

表 3.3.1　B737-800 座舱余压相关数据表

座舱最大压差	9.1 psi
正常升限座舱高度	8 400 ft(飞行高度 41 000 ft)
警告喇叭响的座舱高度	10 000 ft
氧气面罩自动放出的座舱高度	14 000 ft
巡航高度为 28 000 ft 以下的压差	7.45 psi
巡航高度为 28 000~37 000 ft 的压差	7.80 psi
巡航高度为 37 000~41 000 ft 的压差	8.35 psi

思考题

1. 请写出稳定上升时飞机受力的运动学方程,并阐述影响飞机上升角的因素有哪些,运输机的陡升速度如何确定。

2. 飞机重量、构型和高度变化对飞机上升梯度和陡升速度有何影响?

3. 飞机重量、构型和高度变化对飞机上升率和快升速度有何影响?

4. 飞机典型的上升方式有哪些? 常用的上升策略是什么?

5. 在对流层内,等表速上升,真空速、音速和马赫数是怎么变化的? 在平流层底部,等表速上升,真空速、音速和马赫数是怎么变化的?

6. 在对流层内,等马赫数上升,真空速、音速和表速是怎么变化的？在平流层底部,等马赫数上升,真空速、音速和表速是怎么变化的？

7. 已知 A320 飞机从某机场起飞的松刹车重量为 62 000 kg,机场气压高度为 3 000 ft,巡航气压高度 FL350,温度为标准大气温度 *ISA*,上升过程中有逆风 50 kt,上升过程中发动机防冰打开,空调正常。试根据表 3.1.1 确定上升需要的燃油、上升时间和上升经过的地面距离。

8. 已知 B737-700(22K)飞机从某机场起飞的松刹车重量为 65 000 kg,机场气压高度为 5 000 ft,巡航气压高度 FL350,温度为标准大气温度 *ISA*,上升过程中有逆风 50 kt。试根据表 3.1.2 确定上升需要的燃油、上升时间和上升经过的地面距离。

9. 请写出稳定下降时飞机受力的运动学方程,并阐述影响飞机下降角的因素有哪些。

10. 请阐述高速下降和低速下降的区别。实际运行中最常用的是高速下降还是低速下降？为什么？

11. 请说明现代民航飞机航路上升和下降时发动机推力分别处于什么工作状态？

12. 已知 B737-800(24K)飞机从巡航高度 FL350 下降,下降策略为 *M*0.78/280 kt/250 kt,预计着陆机场气压高度为 3 000 ft,预计着陆重量为 65 000 kg,下降过程中有顺风 50 kt。试根据表 3.2.1 计算飞机的下降时间、下降所需燃油和下降距离。

13. 已知 A320 飞机从巡航高度 FL350 下降,下降策略为 *M*0.78/300 kt/250 kt,预计着陆机场气压高度为 2 000 ft,机场温度为 *ISA*+5 ℃,预计着陆重量为 65 000 kg,下降过程中有顺风 50 kt,空调正常,总防冰打开。试根据表 3.2.2 计算飞机的下降时间、下降所需燃油和下降距离。

14. 请阐述现代民航飞机的飞行高度和座舱高度的区别、座舱余压的含义、现代民航客机最大座舱余压一般不超过多少。

15. 请阐述现代民航飞机座舱高度变化率在上升和下降过程中有何限制。

第4章

飞机的巡航性能

巡航阶段是民航运输机飞行的主要阶段,也是决定飞行经济性的主要阶段。巡航阶段的主要要求是节省燃油、缩短航时。巡航性能指标有巡航时间(航时)、巡航距离(航程)和巡航油耗。巡航阶段主要需要确定巡航高度、巡航速度和巡航推力等。

航时是指飞机耗尽其可用燃油在空中所能持续飞行的时间。航程是指飞机耗尽其可用燃油沿预定方向所飞过的水平距离。巡航油耗是指巡航飞行过程中所耗燃油量。对应于海里耗油量最小的飞行速度称为远航速度。对应于小时耗油量最小的飞行速度称为久航速度。民航运输机通常在执行远距离、长时间的飞行任务时选择低耗油飞行状态。

飞机的巡航速度与很多因素有关,如飞行距离、所需时间、载荷要求、飞行的安全性、发动机的可靠性和经济性等。民航运输机的巡航速度通常为最大平飞速度的70%~80%。

民航运输机几乎都是高亚音速飞机。高亚音速飞机在高空的巡航效率通常比在低空高,因为随着高度的增加海里耗油量和小时耗油量都减小。远航高度和久航高度一般比实用升限低3 000~10 000 ft。

4.1 平飞的受力分析

平飞是巡航飞行的主要飞行状态。平飞通常是指飞机做等高、等速的直线飞行。它是飞机的一种主要飞行状态。平飞时,作用在飞机上的力有升力(L)、重力(W)、推力(T)和阻力(D),如图4.1.1所示。

飞机平飞的运动方程如式(4.1.1)所示:

$$\begin{cases} L = W \\ D = T \end{cases} \tag{4.1.1}$$

根据升力公式 $L = C_L \cdot \frac{1}{2}\rho V^2 \cdot S$,分析可知平飞所需速度 $V_{平飞} = \sqrt{\frac{2W}{C_L \rho S}}$。因此,在其

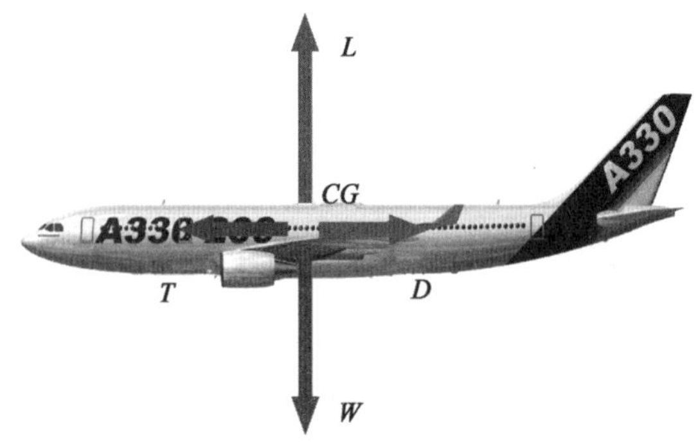

图 4.1.1　飞机平飞时的受力情况

他条件不变时，飞机的重量越大，平飞所需速度越大；飞机放襟翼使升力系数增大，则平飞所需速度减小。如果飞机重量不变，则飞机平飞所需升力不变，因此飞机的迎角越大（在正常迎角范围内），升力系数越大，平飞所需速度越小，即大迎角，小速度；相反，小迎角，大速度。正常巡航平飞时，飞机的迎角很小，一般在 4°～5°。

由式(4.1.1)分析可知，飞机平飞所需推力如式(4.1.2)所示：

$$T = \frac{W}{L/D} = \frac{W}{K} \tag{4.1.2}$$

根据升阻比(K)随迎角变化的关系以及迎角与速度的关系，可以得出飞机平飞所需推力(T)及可用推力随校正空速(V)变化的曲线，如图 4.1.2 所示。

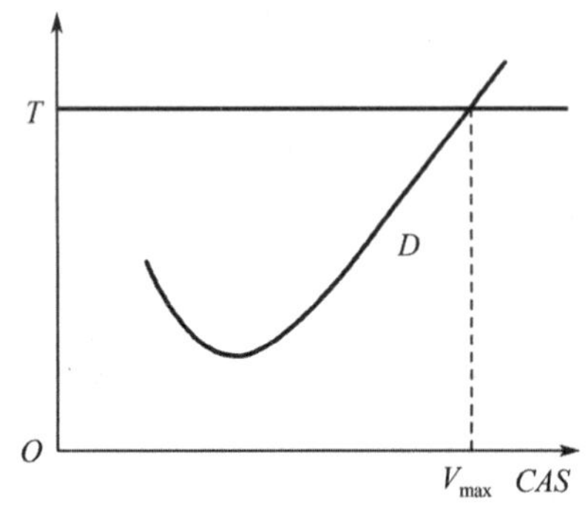

图 4.1.2　飞机平飞所需推力及可用推力随校正空速变化的曲线

从图中分析可知，平飞所需推力随校正空速的增加先减小后增大，平飞可用推力基本不随校正空速的变化而变化，平飞可用推力的大小主要取决于发动机的工作状态。当平飞所需推力与可用推力相等时，飞机处于平飞状态。飞机平飞时，如果需要增加校正空速，飞行员需要加油门（可用推力曲线上移），但由于校正空速增大、飞机升力增大，飞机将上升。因此，为了保持飞机平飞，飞行员需要向前推驾驶杆减小迎角，从而使飞机的升力等于重力。

随着高度增加,空气密度减小,在相同的发动机工作状态下发动机可用推力减小,平飞最大速度减小,如图 4.1.3 所示。由于高度增加,在相同的校正空速下,真空速增加,因此平飞最大校正空速和平飞最大真空速随高度变化的关系如图 4.1.4 所示。

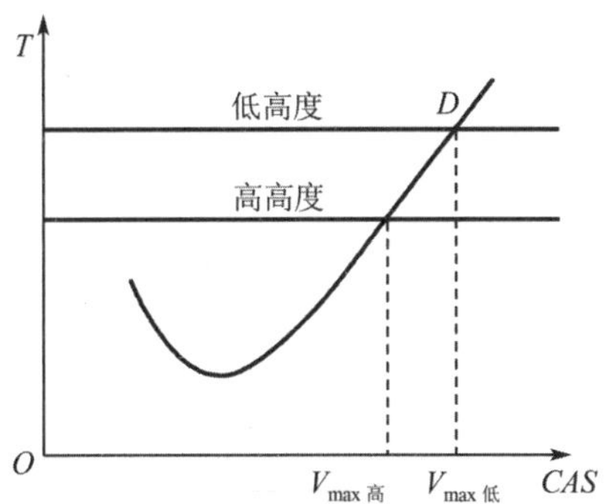

图 4.1.3 高度对平飞推力曲线的影响

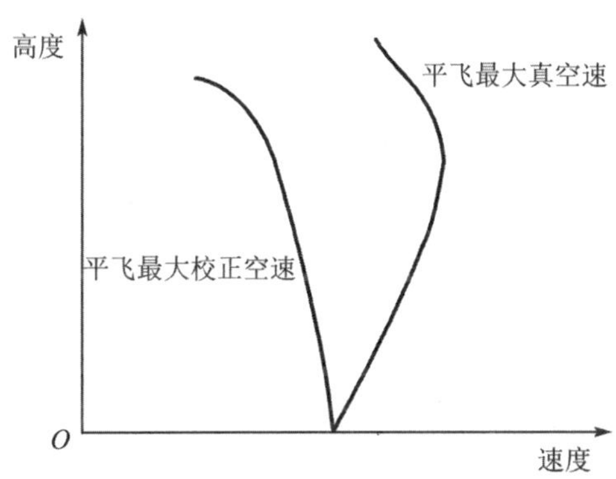

图 4.1.4 平飞最大校正空速和平飞最大真空速随高度变化的关系

飞机能在空中稳定飞行主要是因为飞机的升力克服了重力,飞机的升力将飞机托起在空中。飞机在光洁构型(襟缝翼收上时)的飞行速度取决于飞机发动机推力的大小,发动机推力越大,飞机的速度可能就越大。现代飞机的发动机最大推力远小于飞机的重力,现代涡扇发动机飞机的推重比为 0.3~0.5。如某 B737-700(CFM56-7B24)飞机,其最大审定起飞重量为 69 000 kg,而飞机单台发动机的最大推力约为 24 000 lb(约 10 800 kg),因此两台发动机的最大推力约为 21 600 kg,推重比约为 0.313。

4.2 巡航性能分析

民航运输机典型的飞行剖面如图 4.2.1 所示。

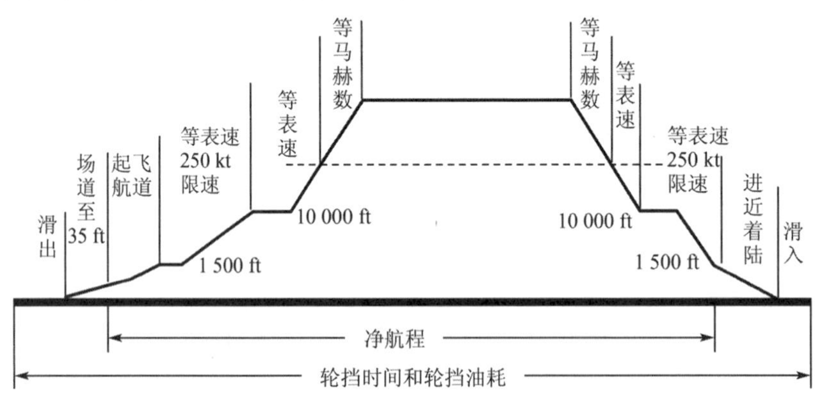

图 4.2.1　民航运输机典型的飞行剖面

从图中分析可知，通常民航运输机从停机坪滑到起飞位置起飞上升至 1 500 ft，并增速到校正空速 250 kt；在高度为 1 500～10 000 ft 时，飞机以 250 kt 的校正空速等表速上升；高度超过 10 000 ft 时，加速到 290 kt 继续以等表速上升；当马赫数达到 0.78 时，保持等马赫数上升直到巡航高度巡航飞行。

轮挡油耗是指飞机从停机坪滑出到完成飞行任务后滑入停机坪所消耗的燃油。

轮挡时间是指飞机从停机坪滑出到完成飞行任务后滑入停机坪所用的时间。

净航程是指从起飞场道阶段结束（35 ft）到进场着陆（1 500 ft）所经过的距离。

飞机巡航时需要重点考虑巡航的经济性和安全性，需要根据巡航经济性和安全性的要求确定巡航速度和巡航高度。下面着重分析影响航程的各个因素及巡航性能图表的使用。

4.2.1 燃油里程

燃油里程 *SR*（Specific Range）也称航程燃油比，是指消耗单位燃油飞机所飞行的距离。燃油里程越大，航程越远，如式（4.2.1）所示：

$$\text{航程燃油比} = \frac{\text{距离}}{\text{燃油量}} \tag{4.2.1}$$

式（4.2.1）右边上下同时除以时间可得：

$$SR=\frac{TAS}{FF} \tag{4.2.2}$$

式中，TAS 为真空速，FF(Fuel Flow)为燃油流量。

燃油流量 FF 是指飞机单位时间内消耗的燃油量。

燃油消耗率 SFC(Specific Fuel Consumption)是指产生单位推力，在单位时间内所消耗的燃油量(即所需燃油流量)。

由于 $FF=SFC\times T_R$，$T_R=\frac{W}{K}$，$TAS=c\times M$，$c=\sqrt{kgRt}=c_0\sqrt{t/t_0}$，因此由式(4.2.2)可以推导出式(4.2.3)：

$$SR=\frac{TAS}{FF}=\frac{cMK}{SFC\times W}=\frac{c_0MK}{\frac{SFC}{\sqrt{t/t_0}}\times W} \tag{4.2.3}$$

式中，W 表示飞机巡航重量；T_R 表示平飞所需推力；K 表示升阻比；M 表示马赫数；c 表示音速；c_0 表示海平面标准大气的音速(c_0 是常数，$c_0=661$ kt)；k 表示气流绝热常值，等于 1.4；R 表示气态常数，等于 29.3；t 表示温度；t_0 表示海平面标准大气温度。

由式(4.2.3)分析可知，航程燃油比主要取决于三方面。第一方面是 MK，即马赫数与升阻比的乘积。通常将 MK 称为气动效率，它主要与飞机的气动性能有关。MK 的大小决定了飞机气动性能的好坏，MK 值越大表示气动性能越好，SR 越大。通常低速飞机仅用升阻比的大小表示飞机气动性能的好坏。第二方面是$\frac{SFC}{\sqrt{t/t_0}}$，即燃油消耗率和温度对 SR 的影响，这主要与发动机性能有关。在正常巡航高度(考虑在平流层底部)时，燃油消耗率和外界温度变化很小，因此，正常巡航时燃油消耗率和外界温度对 SR 的影响基本可以忽略不计。第三方面就是飞机的重量，飞机越重，SR 越小；飞机越轻，SR 越大。

4.2.2 MRC 与 LRC 巡航

最大航程巡航 MRC(Maximum Range Cruise)是指航程最长的巡航方式，即给定巡航距离时，采用最大航程巡航消耗的燃油最少。最大航程巡航要求气动效率 MK 值最大，即可以获得最大的燃油里程。一个机型理想的最大航程巡航对应的马赫数 M 和气动效率 MK 最大值是固定的。

民航运输机在高亚音速飞行时，每个马赫数 M 都对应一个最大升阻比 K_{max}，而随着马赫数的增加，最大升阻比是逐渐减小的，如图 4.2.2 所示。因此，气动效率 MK 与马赫数 M 的关系如图 4.2.3 所示，从图中分析可知气动效率 MK 随着马赫数 M 的增加是先增加然后减小的，在某一马赫数 M 下气动效率 MK 值取得最大值。

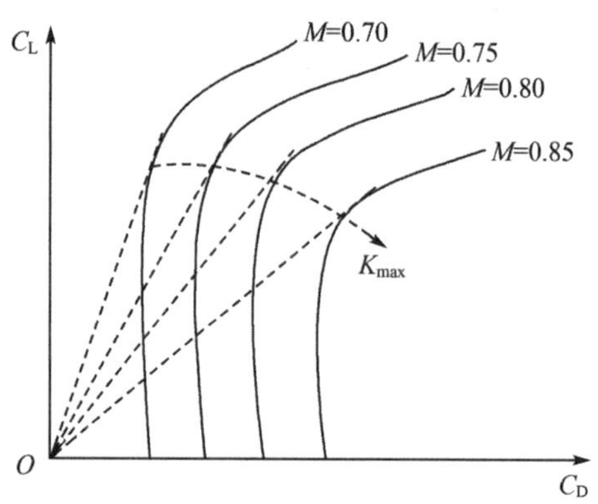

图 4.2.2　最大升阻比 K_{max} 与马赫数 M 的关系

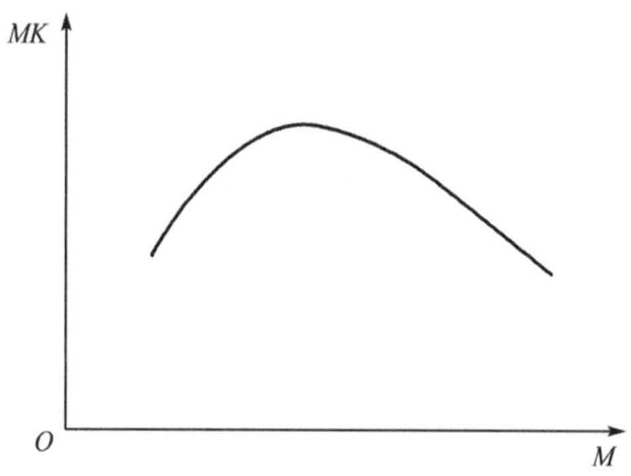

图 4.2.3　气动效率 MK 与马赫数 M 的关系

在给定高度和重量时，由式(4.2.3)分析可知燃油里程 SR 的大小主要取决于气动效率 MK 的大小，因此燃油里程随马赫数的变化关系如图 4.2.4 所示。从图中分析可知，随着马赫数增加，燃油里程先增大后减小，在某一马赫数下燃油里程取最大值，此马赫数称为最大航程巡航马赫数 M_{MRC}。

由式(4.2.3)分析可知飞机越重，燃油里程越小。随着巡航的进行，燃油不断消耗，飞机重量必将减小，燃油里程将逐渐增大，并且对应的最大航程巡航马赫数 M_{MRC} 将逐渐减小，如图 4.2.5 所示。

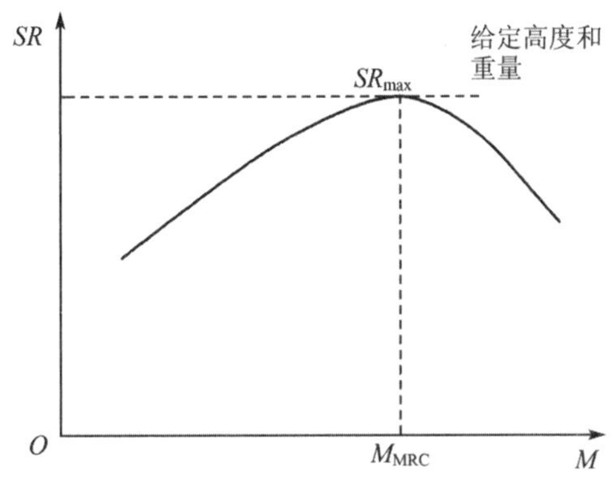

图 4.2.4 *SR* 随马赫数的变化关系

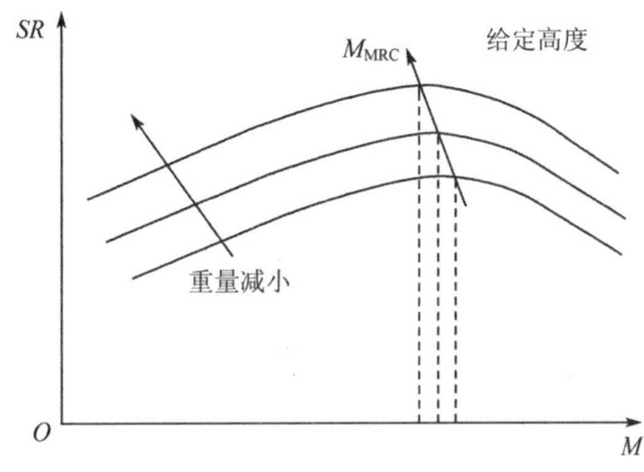

图 4.2.5 重量对 *SR* 和 M_{MRC} 的影响

长航程巡航 LRC(Long Range Cruise)是指适当增大 M_{MRC}，以最大 *MK* 值确定的燃油里程的 99%对应的较大马赫数巡航的巡航方式。LRC 虽然航程有所缩短，但巡航速度增大，速度稳定性好，航时短。

由于最大航程巡航马赫数 M_{MRC} 在实际运行中偏小，速度稳定性较差，因此增大巡航速度可以提高速度的稳定性，但要损失一部分燃油里程。长航程巡航马赫数 M_{LRC} 的燃油里程是最大航程巡航燃油里程的 99%，如图 4.2.6 所示。在 M_{MRC} 附近，燃油里程随马赫数的变化较平缓，减小 1%燃油里程可使巡航马赫数提高 2%~3%。与采用 M_{MRC} 巡航相比，采用 M_{LRC} 巡航虽然损失了 1%的燃油里程，但巡航速度增大所带来的经济效益可以补偿燃油里程的损失，因此实际运行中更多采用长航程巡航马赫数 M_{LRC} 巡航。

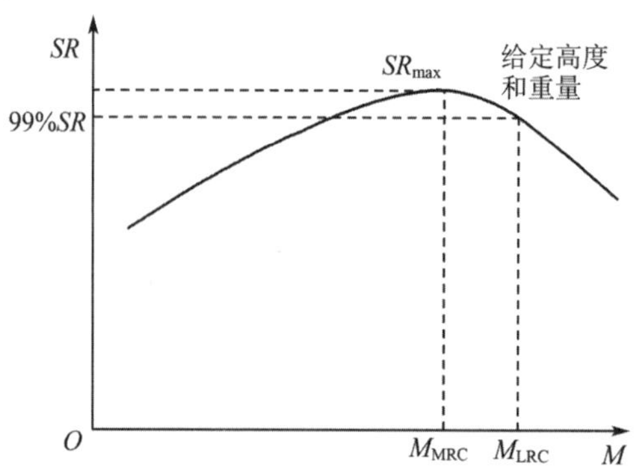

图 4.2.6　M_{LRC}和 M_{MRC}与 SR 的关系

重量对 M_{LRC}的影响与对 M_{MRC}的影响一致，也就是说，当飞行高度保持不变时，随着巡航的进行，燃油不断消耗，飞机重量减小，M_{LRC}和 M_{MRC}均减小，如图 4.2.7 所示。

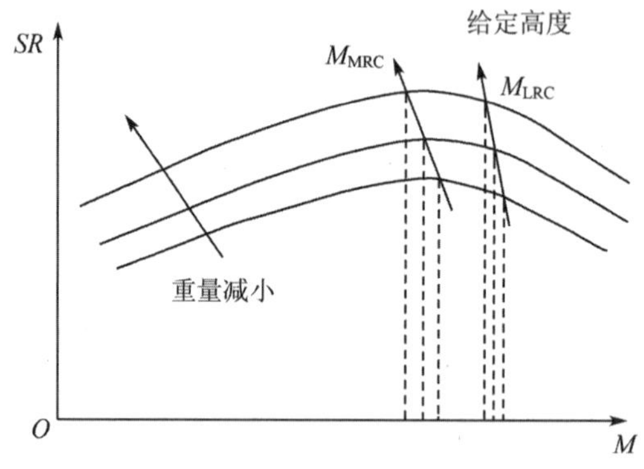

图 4.2.7　重量对 M_{LRC}和 M_{MRC}的影响

在实际运行中，受空中交通管制 ATC 的要求或其他要求，需要飞机在给定高度以固定马赫数巡航。固定马赫数巡航与 M_{LRC}巡航的区别如图 4.2.8 所示。如果在巡航开始把马赫数设定为 M_{LRC}，则随着巡航进行，燃油消耗，飞机的重量逐渐减小，固定马赫数巡航的马赫数与长航程巡航的 M_{LRC}之间的差值越大，固定马赫数巡航的燃油里程比长航程巡航的燃油里程小得越多，因此固定马赫数巡航的燃油消耗比长航程巡航的燃油消耗更多。但是随着重量减小，固定马赫数巡航的马赫数比长航程巡航的马赫数更大些，这样飞行时间更短，能节省时间成本。

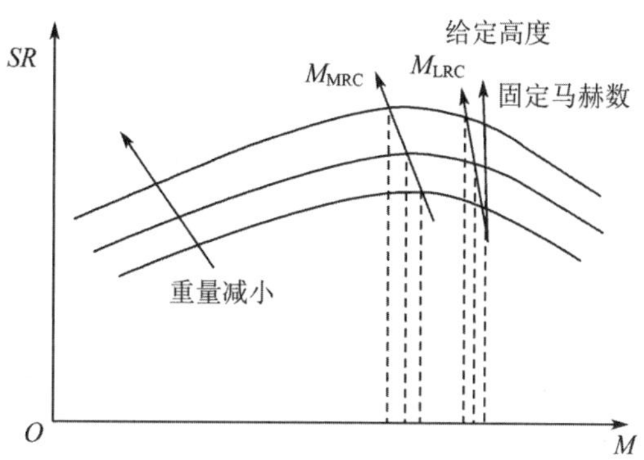

图 4.2.8　固定马赫数巡航与 M_{LRC} 巡航的区别

飞机在实际巡航过程中常使用固定高度和固定马赫数巡航，由于燃油的消耗，飞机的重量不断减小，要相应减小升力才能保持高度不变。根据升力公式可知，应通过减小迎角来减小升力系数，而迎角减小将使飞机阻力减小，为保持马赫数不变，推力也应随之减小。实际中巡航都是通过自动驾驶和自动油门来实现的。

4.2.3 最佳巡航高度的确定

为确定飞机巡航飞行的高度，先对巡航平飞时飞机升力等于飞机重力进行分析，如式(4.2.4)所示：

$$W=L=C_L\cdot\frac{1}{2}\rho V^2\cdot S=C_L\cdot S\cdot\frac{1}{2}\rho c^2M^2 \tag{4.2.4}$$

由气体状态方程分析可得：

$$P=\rho gRt\Rightarrow\rho=\frac{P}{gRt} \tag{4.2.5}$$

又根据音速 $c=\sqrt{kgRt}$，即 $c^2=kgRt$，可得：

$$\rho c^2=\frac{P}{gRt}kgRt=kP \tag{4.2.6}$$

其中，R 为气态常数，取 29.3；P 为气压；t 为气体温度(开氏度，单位为 K)；k 为气流绝热常数，取 1.4。因此式(4.2.4)可变换为式(4.2.7)：

$$W=L=C_L\cdot\frac{1}{2}\rho V^2\cdot S=C_L\cdot S\cdot\frac{1}{2}\rho c^2M^2=C_L\cdot S\cdot\frac{1}{2}kPM^2 \tag{4.2.7}$$

在给定重量和马赫数的条件下，机翼面积 S 和气流绝热常数 k 均为常数，因此巡航高度就由式(4.2.7)中的气压 P 和升力系数 C_L 确定。随着气压高度 PA 增加，气压 P 将减小，为满足式(4.2.7)，则要求升力系数 C_L 增大，即要求增大迎角。根据升阻比曲线可知，随着迎角增大，升阻比 K 先增大后减小，而根据燃油里程公式可知，燃油里程与升阻比是呈正比关系的。因此，在给定重量和马赫数的条件下，燃油里程随着气压高度的增大先增大后减小，在某一高度时燃油里程最大（此时升阻比最大），气压高度与燃油里程的关系如图 4.2.9 所示。通过对图 4.2.9 的分析可知，在给定重量和马赫数的条件下，能获得最大燃油里程的高度称为最佳巡航高度，民航运输机的最佳巡航高度一般偏高。

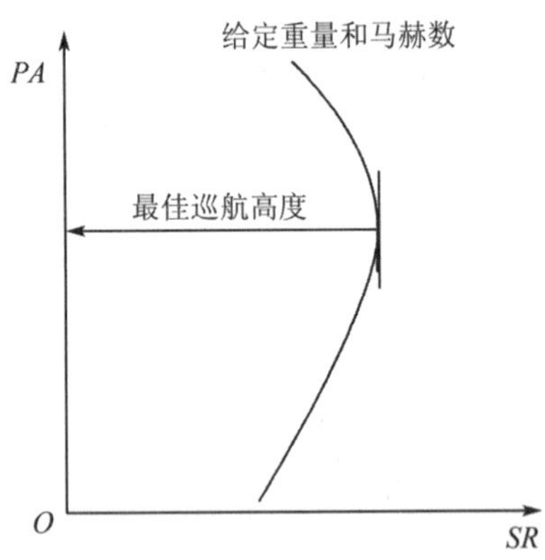

图 4.2.9　气压高度与燃油里程的关系

随着巡航的进行，燃油不断消耗，飞机重量不断减小，最佳巡航高度逐渐增加，如图 4.2.10 所示。

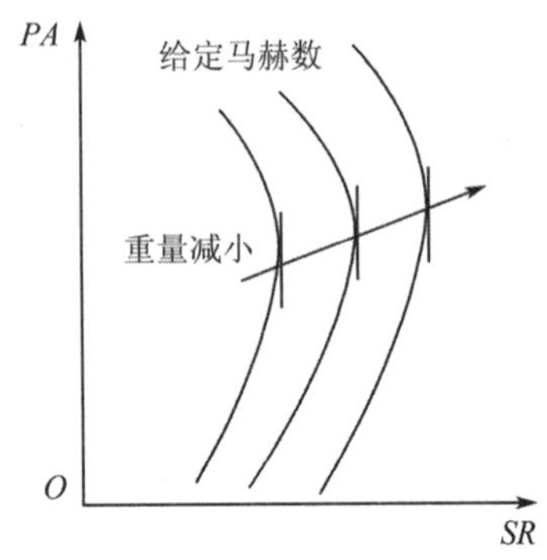

图 4.2.10　重量对最佳巡航高度的影响

理想的巡航高度应该与最佳巡航高度一致。但通过前面的分析可以发现，最佳巡航高度不是固定的，随着巡航的进行，燃油不断消耗，飞机重量必然减小，而理论上的最佳巡航高度将逐渐增加。这就意味着为了节省燃油，随着巡航的进行，飞行机组必须不断地增加高度，但如果这样做，在实际运行中空中交通管制将无法调配飞机的垂直间隔。因此，实际运行中采用了折中的方案，即采用阶梯上升巡航方式。阶梯上升巡航就是把巡航阶段分为几个航段，飞机在巡航的每个阶段中必须在固定的高度飞行，并尽可能接近最佳巡航高度。

4.2.4 民航运输机最大运行高度

民航运输机推荐的最大运行高度为以下最大高度的最小值,包括:最大审定高度(Maximum Certified Altitude)、最大巡航高度(Maximum Cruise Altitude)、上升升限(Climb Ceiling)以及抖振限制高度(Buffet Limited Altitude)。

最大审定高度是指在环境包线上确定的最大运行高度,此高度通常是考虑了座舱内外压差限制的最大飞行高度。

最大巡航高度是指使用最大巡航推力使飞机能够巡航的最大高度。

上升升限是指使用最大上升推力上升到指定剩余上升率对应的高度。不同机型对应的指定剩余上升率不同,如有些机型使用的剩余上升率是 100 ft/min,有些机型使用的剩余上升率是 300 ft/min。

抖振限制高度是指在给定载荷因数(通常使用 1.3,即坡度 40°对应的载荷因数)下出现抖振时对应的高度。抖振限制高度由抖振开始边界图(BOB 图)确定。抖振开始边界图的具体使用方法见第 1 章例 1.2.1 和例 1.2.2 的分析。

民航运输机在实际运行中的最大巡航高度和最佳巡航高度是由飞行管理计算机 FMC(Flight Management Computer)计算确定的,并显示在控制显示组件 CDU(Control Display Unit)的页面上,如图 4.2.11 所示。

图 4.2.11　CDU 上的最大巡航高度和最佳巡航高度

波音和空客机型在手册中给出了制造商推荐的最大巡航高度和最佳巡航高度图或表。图 4.2.12 给出了 A320 的最大巡航高度和最佳巡航高度图。该图给出了长航程速度和 M0.78 两种巡航方式不同温度下的最大巡航高度和最佳巡航高度。从图中分析可知,飞机的最大高度随着温度的升高而减小,随着重量的增加而减小。

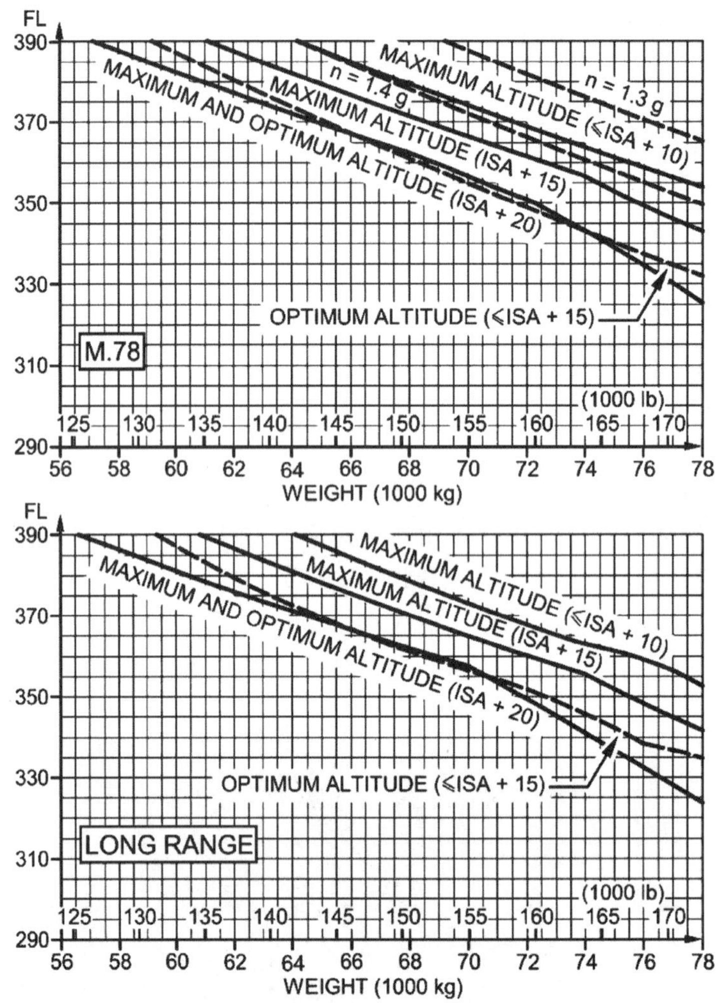

CORRECTIONS	ENGINE ANTI ICE	TOTAL ANTI ICE
ISA	Max ALT : -150 ft Opt ALT : -450 ft	Max ALT : -350 ft Opt ALT : -450 ft
ISA +10	Max ALT : -950 ft Opt ALT : -250 ft	Max ALT : -1 750 ft Opt ALT : -450 ft
ISA +15	Max ALT : -1 150 ft Opt ALT : -500 ft	Max ALT : -2 350 ft Opt ALT : -1 900 ft
ISA +20	Max ALT : -3 100 ft Opt ALT : -2 950 ft	Max ALT : -8 350 ft Opt ALT : -8 350 ft

图 4.2.12　A320 的最大巡航高度和最佳巡航高度图

表 4.2.1 为 B737-800 的长航程巡航最大巡航高度和最佳巡航高度表。该表给出了不同温度下的最大巡航高度和最佳巡航高度。

表 4.2.1 B737-800 的长航程巡航最大巡航高度和最佳巡航高度表

Long Range Cruise Maximum Operating Altitude
Max Cruise Thrust
ISA + 10°C and Below

WEIGHT (1000 LB)	OPTIMUM ALT (FT)	TAT (°C)	MARGIN TO INITIAL BUFFET 'G' (BANK ANGLE)				
			1.20 (33°)	1.25 (36°)	1.30 (39°)	1.40 (44°)	1.50 (48°)
170	31800	-9	35300*	35300*	35300*	34300	32900
160	33100	-12	36600*	36600*	36600*	35500	34200
150	34500	-15	37900*	37900*	37900*	36900	35500
140	36000	-19	39200*	39200*	39200*	38300	37000
130	37500	-19	40600*	40600*	40600*	39900	38500
120	39200	-19	41000	41000	41000	41000	40200
110	41000	-19	41000	41000	41000	41000	41000
100	41000	-19	41000	41000	41000	41000	41000
90	41000	-19	41000	41000	41000	41000	41000
80	41000	-19	41000	41000	41000	41000	41000

ISA + 15°C

WEIGHT (1000 LB)	OPTIMUM ALT (FT)	TAT (°C)	MARGIN TO INITIAL BUFFET 'G' (BANK ANGLE)				
			1.20 (33°)	1.25 (36°)	1.30 (39°)	1.40 (44°)	1.50 (48°)
170	31800	-4	34100*	34100*	34100*	34100*	32900
160	33100	-7	35700*	35700*	35700*	35500	34200
150	34500	-10	37000*	37000*	37000*	36900	35500
140	36000	-13	38300*	38300*	38300*	38300	37000
130	37500	-13	39700*	39700*	39700*	39700*	38500
120	39200	-13	41000	41000	41000	41000	40200
110	41000	-13	41000	41000	41000	41000	41000
100	41000	-13	41000	41000	41000	41000	41000
90	41000	-13	41000	41000	41000	41000	41000
80	41000	-13	41000	41000	41000	41000	41000

ISA + 20°C

WEIGHT (1000 LB)	OPTIMUM ALT (FT)	TAT (°C)	MARGIN TO INITIAL BUFFET 'G' (BANK ANGLE)				
			1.20 (33°)	1.25 (36°)	1.30 (39°)	1.40 (44°)	1.50 (48°)
170	31800	2	32300*	32300*	32300*	32300*	32300*
160	33100	-1	34200*	34200*	34200*	34200*	34200
150	34500	-4	35800*	35800*	35800*	35800*	35500
140	36000	-7	37200*	37200*	37200*	37200*	37000
130	37500	-8	38600*	38600*	38600*	38600*	38500
120	39200	-8	40000*	40000*	40000*	40000*	40000*
110	41000	-8	41000	41000	41000	41000	41000
100	41000	-8	41000	41000	41000	41000	41000
90	41000	-8	41000	41000	41000	41000	41000
80	41000	-8	41000	41000	41000	41000	41000

***Denotes altitude thrust limited in level flight, 100 fpm residual rate of climb.**

4.2.5 影响航程的因素

影响航程的因素包括风、温度、飞机构型以及高度等。飞机巡航飞行时，顺风使航程延长，逆风使航程缩短。温度升高，发动机耗油率会增加，因此燃油里程和航程会缩短。放下起落架和襟翼等，飞机阻力增大，所需推力增大，飞机的升阻比减小，燃油里程和航程缩短，因此，在正常巡航过程中不得放起落架和襟翼。飞机巡航飞行时，高度应该尽可能接近最佳巡航高度，偏离了最佳巡航高度，燃油里程和航程将缩短。

需要特别强调的是梯度风对航程的影响。梯度风是指风速或风向随高度变化而变化的风。在梯度风中巡航飞行时，飞行员适当地改变巡航高度，可以改善飞机的巡航能力。比如遇到逆风风速随高度的增加而增大或者顺风风速随高度的增加而减小的梯度风，通常应适当降低飞行高度，则逆风风速将减小或顺风风速将增加，可以延长航程，这是有利的。但同时也需考虑到降低飞行高度后，飞机将偏离最佳巡航高度（如果原来是在最佳巡航高度附近飞行），巡航性能会变差，航程会缩短。因此，是否改变飞行高度取决于梯度风的大小和偏离最佳巡航高度巡航性能变差的快慢。

波音和空客制造商在手册中都给出了巡航时风和高度的换算关系。表 4.2.2 给出了 B737-800 长航程巡航时风和高度的换算关系。图 4.2.13 给出了 A320 巡航时风和高度的换算关系图。表和图的使用方法略有差异，下面举例说明。

表 4.2.2　B737-800 长航程巡航时风和高度的换算关系表

Long Range Cruise Wind-Altitude Trade

PRESSURE ALTITUDE (1000 FT)	CRUISE WEIGHT (1000 KG)									
	85	80	75	70	65	60	55	50	45	40
41						12	2	0	6	18
39				24	10	2	0	5	16	32
37			18	7	1	1	5	15	29	48
35	25	12	4	0	1	6	15	27	44	65
33	7	2	0	2	7	16	27	42	61	82
31	1	0	3	9	17	28	42	58	77	99
29	1	5	11	19	30	43	58	75	94	116
27	7	14	22	32	44	58	74	91	111	132
25	17	25	35	47	60	74	90	107	126	147

例 4.2.1　飞机重量为 65 000 kg，预报 FL370 逆风 40 kt，FL350 逆风 30 kt，FL330 逆风 20 kt，FL310 逆风 5 kt，试根据表 4.2.2 确定最佳巡航高度。

解：

（1）根据表 4.2.2 分析可知，飞机重量为 65 000 kg 时的静风最佳巡航高度为 FL360。在静风条件下偏离该高度航程会缩短。表格中的数值就是偏离最佳巡航高度后使航程缩短相当的逆风量。根据飞行高度层上预报的风速，就可以得到实际飞行高度层上的当量风。航路上顺风为正，逆风为负。

(2)FL370 的当量风是-40-1=-41 kt;FL350 的当量风是-30-1=-31 kt;FL330 的当量风是-20-7=-27 kt;FL310 的当量风是-5-17=-22 kt。

(3)由于飞行高度层 FL310 逆风为 22 kt,最小,因此实际的最佳巡航高度是 FL310。

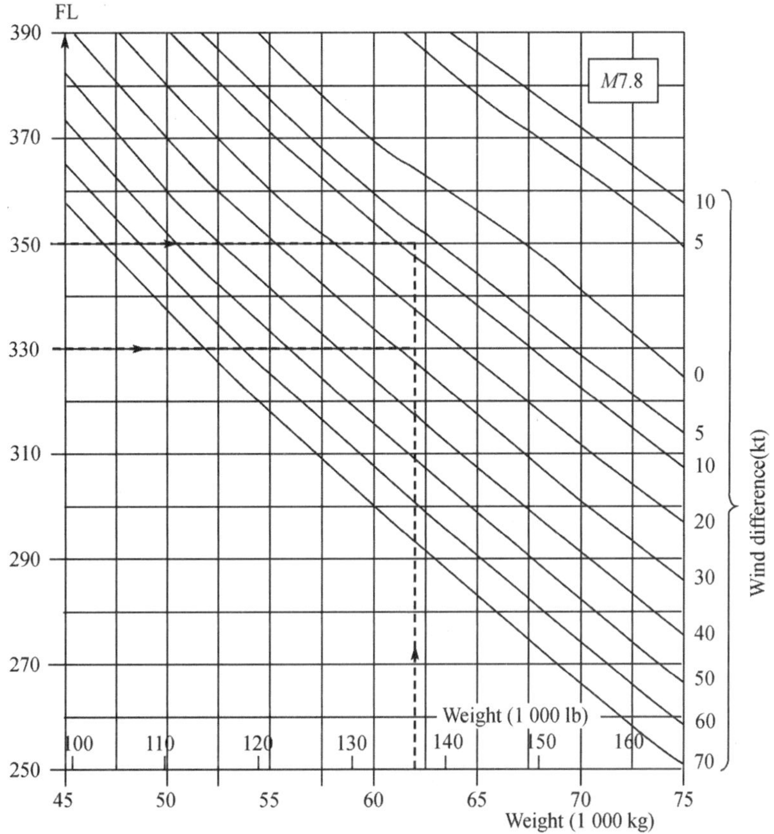

图 4.2.13 A320 巡航时风和高度的换算关系图

例 4.2.2 A320 飞机重量为 60 000 kg,预报 FL370 逆风 40 kt,FL350 逆风 30 kt,FL330 顺风 20 kt,FL310 顺风 5 kt,试根据图 4.2.13 确定最佳巡航高度。

解:

(1)根据图 4.2.13 分析可知,飞机重量为 60 000 kg,静风时最佳巡航高度为 FL370。在静风条件下偏离该高度航程会缩短。曲线对应的数值就是偏离最佳巡航高度后使航程缩短相当的逆风量。根据飞行高度层上预报的风速,就可以得到实际飞行高度层上的当量风。航路上顺风为正,逆风为负。

(2)FL370 的当量风是-40+0=-40 kt;FL350 的当量风是-30-15=-45 kt;FL330 的当量风是 20-35=-15 kt;FL310 的当量风是 5-58=-53 kt。

(3)由于飞行高度层 FL330 逆风为 15 kt,最小,因此实际的最佳巡航高度是 FL330。

例 4.2.3　A320 飞机重量为 62 000 kg,现在 FL350 高度巡航,已知 FL350 高度有逆风 10 kt,如果飞行员想将巡航高度降为 FL330 以获取更大航程,需要满足什么条件?

解:

(1)根据图 4.2.13 分析可知,飞机重量为 62 000 kg,在 FL350 高度飞行时的当量逆风为 7 kt,在 FL330 高度飞行时的当量逆风为 27 kt,当量逆风差值为 27−7=20 kt。

(2)由于飞机在 FL350 高度巡航有 10 kt 的逆风,因此如果飞行员想将巡航高度降为 FL330 以获取更大航程,则在 FL330 高度应该有的风量为 10−20=−10 kt,即应有 10 kt 以上的顺风量。

(3)因此只有 FL330 高度有 10 kt 以上的顺风,飞行员将高度从 FL350 降低为 FL330 才对运行有利。

4.2.6 巡航性能图表

在正常巡航中,巡航性能图表提供主要的巡航性能参数并给出航程耗油和航程时间。表 4.2.3 给出了 A320 在 *M*0.78 的巡航性能参数,包括巡航 *EPR*、马赫数、单台发动机燃油流量、指示空速、燃油里程和真空速,表下方还给出了空调和防冰的修正。

例 4.2.4　已知 A320 飞机巡航重量为 60 000 kg,巡航马赫数固定为 0.78,温度为 *ISA*,重心为 33%,试根据表 4.2.3 确定巡航高度为 FL330、空调正常、发动机防冰开时的燃油流量和燃油里程。

解:

(1)根据表 4.2.3 分析可知,飞机重量为 60 000 kg、巡航高度为 FL330 时燃油流量 *FF* 和燃油里程 *SR* 为:

$$FF=1\ 166\ \text{kg/(h·台)},\ SR=194.6\ \text{NM/1 000 kg}$$

(2)分析可知,发动机防冰打开需对燃油流量 *FF* 修正,需要对燃油里程修正,因此修正后的燃油流量 *FF* 和燃油里程 *SR* 为:

$$FF=1\ 166\times1.03\times2=2\ 401.96\ \text{kg/h},SR=194.6\times(1-0.03)\approx188.8\ \text{NM/1 000 kg}$$

表 4.2.4 给出了 A320 长航程巡航的巡航性能参数,主要包括 *EPR* 值、单台发动机燃油流量、燃油里程、巡航马赫数、表速和真空速,具体使用方法与表 4.2.3 相似,此处不再举例说明。

表 4.2.5 给出了 A320 快速检查在巡航中任意一点到着陆的航程油耗和时间。

表 4.2.3　A320 在 *M*0.78 的巡航性能参数表

CRUISE - M.78

MAX. CRUISE THRUST LIMITS NORMAL AIR CONDITIONING ANTI-ICING OFF	ISA CG=33.0%	**EPR** **KG/H/ENG** **NM/1000KG**	**MACH** **IAS (KT)** **TAS (KT)**

WEIGHT (1000KG)	**FL290**		**FL310**		**FL330**		**FL350**		**FL370**		**FL390**	
50	1.217	.780	1.223	.780	1.232	.780	1.246	.780	1.265	.780	1.293	.780
	1280	302	1177	289	1087	277	1019	264	969	252	930	241
	180.3	462	194.4	458	208.7	454	220.5	450	230.7	447	240.5	447
52	1.219	.780	1.226	.780	1.237	.780	1.253	.780	1.274	.780	1.305	.780
	1284	302	1183	289	1099	277	1036	264	987	252	949	241
	179.7	462	193.4	458	206.3	454	217.1	450	226.6	447	235.7	447
54	1.221	.780	1.229	.780	1.242	.780	1.259	.780	1.284	.780	1.320	.780
	1290	302	1190	289	1115	277	1053	264	1005	252	973	241
	178.9	462	192.2	458	203.5	454	213.4	450	222.6	447	229.8	447
56	1.223	.780	1.233	.780	1.248	.780	1.266	.780	1.295	.780	1.337	.780
	1296	302	1200	289	1131	277	1072	264	1023	252	1006	241
	178.1	462	190.6	458	200.6	454	209.7	450	218.6	447	222.3	447
58	1.225	.780	1.237	.780	1.253	.780	1.275	.780	1.307	.780	1.355	.780
	1302	302	1215	289	1148	277	1090	264	1044	252	1041	241
	177.2	462	188.4	458	197.6	454	206.3	450	214.3	447	214.9	447
60	1.228	.780	1.242	.780	1.260	.780	1.284	.780	1.321	.780	1.376	.780
	1311	302	1230	289	1166	277	1108	264	1070	252	1078	241
	176.1	462	186.0	458	194.6	454	202.9	450	209.1	447	207.4	447
62	1.232	.780	1.247	.780	1.266	.780	1.294	.780	1.337	.780	1.399	.780
	1321	302	1247	289	1185	277	1127	264	1103	252	1120	241
	174.7	462	183.5	458	191.5	454	199.5	450	202.9	447	199.8	447
64	1.236	.780	1.252	.780	1.274	.780	1.305	.780	1.354	.780		
	1336	302	1264	289	1203	277	1148	264	1138	252		
	172.8	462	181.0	458	188.5	454	195.9	450	196.6	447		
66	1.241	.780	1.258	.780	1.282	.780	1.318	.780	1.372	.780		
	1352	302	1283	289	1221	277	1173	264	1176	252		
	170.7	462	178.4	458	185.7	454	191.7	450	190.3	447		
68	1.245	.780	1.264	.780	1.291	.780	1.332	.780	1.393	.780		
	1369	302	1302	289	1240	277	1206	264	1216	252		
	168.7	462	175.8	458	182.9	454	186.5	450	183.9	447		
70	1.250	.780	1.270	.780	1.301	.780	1.347	.780	1.415	.780		
	1386	302	1321	289	1261	277	1240	264	1261	252		
	166.5	462	173.2	458	179.9	454	181.2	450	177.4	447		
72	1.256	.780	1.278	.780	1.312	.780	1.364	.780				
	1405	302	1339	289	1284	277	1278	264				
	164.3	462	170.9	458	176.6	454	175.8	450				
74	1.261	.780	1.286	.780	1.325	.780	1.382	.780				
	1424	302	1358	289	1316	277	1318	264				
	162.1	462	168.5	458	172.4	454	170.6	450				
76	1.267	.780	1.295	.780	1.339	.780	1.402	.780				
	1443	302	1378	289	1350	277	1360	264				
	159.9	462	166.1	458	168.0	454	165.3	450				

LOW AIR CONDITIONING	**ENGINE ANTI ICE ON**	**TOTAL ANTI ICE ON**
ΔFUEL = − 0.4 %	ΔFUEL = + 3 %	ΔFUEL = + 5.5 %

表 4.2.4　A320 长航程巡航的巡航性能参数表

<table>
<tr><th colspan="13">LONG RANGE CRUISE</th></tr>
<tr><td colspan="7">MAX. CRUISE THRUST LIMITS
NORMAL AIR CONDITIONING
ANTI-ICING OFF</td><td colspan="2">ISA
CG=33.0%</td><td colspan="2">EPR
KG/H/ENG
NM/1000KG</td><td colspan="2">MACH
IAS (KT)
TAS (KT)</td></tr>
<tr><th>WEIGHT
(1000KG)</th><th colspan="2">FL290</th><th colspan="2">FL310</th><th colspan="2">FL330</th><th colspan="2">FL350</th><th colspan="2">FL370</th><th colspan="2">FL390</th></tr>
<tr><td rowspan="3">50</td><td>1.122</td><td>.629</td><td>1.147</td><td>.650</td><td>1.184</td><td>.689</td><td>1.215</td><td>.714</td><td>1.247</td><td>.743</td><td>1.291</td><td>.777</td></tr>
<tr><td>887</td><td>240</td><td>877</td><td>237</td><td>889</td><td>242</td><td>885</td><td>240</td><td>897</td><td>239</td><td>925</td><td>240</td></tr>
<tr><td>209.9</td><td>372</td><td>217.4</td><td>381</td><td>225.2</td><td>401</td><td>232.6</td><td>412</td><td>237.6</td><td>426</td><td>241.0</td><td>446</td></tr>
<tr><td rowspan="3">52</td><td>1.131</td><td>.636</td><td>1.163</td><td>.670</td><td>1.195</td><td>.696</td><td>1.229</td><td>.732</td><td>1.260</td><td>.755</td><td>1.310</td><td>.784</td></tr>
<tr><td>916</td><td>243</td><td>925</td><td>245</td><td>917</td><td>244</td><td>931</td><td>246</td><td>939</td><td>244</td><td>960</td><td>242</td></tr>
<tr><td>205.6</td><td>377</td><td>212.6</td><td>393</td><td>220.6</td><td>405</td><td>226.5</td><td>422</td><td>230.5</td><td>433</td><td>234.3</td><td>450</td></tr>
<tr><td rowspan="3">54</td><td>1.141</td><td>.645</td><td>1.177</td><td>.684</td><td>1.207</td><td>.707</td><td>1.239</td><td>.738</td><td>1.279</td><td>.771</td><td>1.326</td><td>.785</td></tr>
<tr><td>948</td><td>246</td><td>964</td><td>251</td><td>954</td><td>249</td><td>964</td><td>249</td><td>988</td><td>249</td><td>989</td><td>243</td></tr>
<tr><td>201.3</td><td>382</td><td>208.2</td><td>401</td><td>215.5</td><td>411</td><td>220.8</td><td>426</td><td>223.8</td><td>442</td><td>227.6</td><td>450</td></tr>
<tr><td rowspan="3">56</td><td>1.155</td><td>.662</td><td>1.189</td><td>.694</td><td>1.220</td><td>.723</td><td>1.250</td><td>.749</td><td>1.297</td><td>.782</td><td>1.344</td><td>.787</td></tr>
<tr><td>993</td><td>253</td><td>997</td><td>255</td><td>1000</td><td>255</td><td>1005</td><td>253</td><td>1028</td><td>253</td><td>1026</td><td>243</td></tr>
<tr><td>197.1</td><td>392</td><td>204.3</td><td>407</td><td>210.3</td><td>421</td><td>214.8</td><td>432</td><td>218.1</td><td>448</td><td>219.9</td><td>451</td></tr>
<tr><td rowspan="3">58</td><td>1.169</td><td>.677</td><td>1.198</td><td>.698</td><td>1.231</td><td>.735</td><td>1.263</td><td>.760</td><td>1.313</td><td>.785</td><td>1.363</td><td>.787</td></tr>
<tr><td>1037</td><td>259</td><td>1021</td><td>256</td><td>1041</td><td>259</td><td>1047</td><td>257</td><td>1059</td><td>254</td><td>1063</td><td>243</td></tr>
<tr><td>193.2</td><td>401</td><td>200.5</td><td>410</td><td>205.4</td><td>428</td><td>209.0</td><td>438</td><td>212.7</td><td>451</td><td>212.4</td><td>452</td></tr>
<tr><td rowspan="3">60</td><td>1.181</td><td>.689</td><td>1.210</td><td>.712</td><td>1.241</td><td>.742</td><td>1.281</td><td>.775</td><td>1.327</td><td>.786</td><td>1.384</td><td>.787</td></tr>
<tr><td>1075</td><td>264</td><td>1066</td><td>262</td><td>1075</td><td>262</td><td>1097</td><td>262</td><td>1089</td><td>255</td><td>1101</td><td>244</td></tr>
<tr><td>189.7</td><td>408</td><td>196.0</td><td>418</td><td>200.7</td><td>431</td><td>203.5</td><td>447</td><td>207.0</td><td>451</td><td>205.1</td><td>452</td></tr>
<tr><td rowspan="3">62</td><td>1.191</td><td>.698</td><td>1.221</td><td>.727</td><td>1.251</td><td>.751</td><td>1.297</td><td>.782</td><td>1.344</td><td>.787</td><td>1.407</td><td>.786</td></tr>
<tr><td>1108</td><td>268</td><td>1112</td><td>268</td><td>1116</td><td>265</td><td>1134</td><td>265</td><td>1126</td><td>255</td><td>1140</td><td>243</td></tr>
<tr><td>186.5</td><td>413</td><td>191.7</td><td>427</td><td>195.7</td><td>437</td><td>198.8</td><td>451</td><td>200.5</td><td>451</td><td>197.8</td><td>451</td></tr>
<tr><td rowspan="3">64</td><td>1.199</td><td>.701</td><td>1.232</td><td>.738</td><td>1.263</td><td>.761</td><td>1.311</td><td>.786</td><td>1.361</td><td>.787</td><td></td><td></td></tr>
<tr><td>1132</td><td>269</td><td>1153</td><td>272</td><td>1158</td><td>269</td><td>1165</td><td>267</td><td>1161</td><td>255</td><td></td><td></td></tr>
<tr><td>183.3</td><td>415</td><td>187.7</td><td>433</td><td>190.9</td><td>442</td><td>194.3</td><td>453</td><td>194.4</td><td>451</td><td></td><td></td></tr>
<tr><td rowspan="3">66</td><td>1.210</td><td>.715</td><td>1.240</td><td>.743</td><td>1.279</td><td>.775</td><td>1.324</td><td>.786</td><td>1.381</td><td>.788</td><td></td><td></td></tr>
<tr><td>1179</td><td>275</td><td>1186</td><td>274</td><td>1210</td><td>275</td><td>1194</td><td>267</td><td>1201</td><td>255</td><td></td><td></td></tr>
<tr><td>179.5</td><td>423</td><td>183.8</td><td>436</td><td>186.3</td><td>451</td><td>189.7</td><td>453</td><td>188.1</td><td>452</td><td></td><td></td></tr>
<tr><td rowspan="3">68</td><td>1.220</td><td>.728</td><td>1.250</td><td>.752</td><td>1.294</td><td>.782</td><td>1.340</td><td>.787</td><td>1.401</td><td>.787</td><td></td><td></td></tr>
<tr><td>1225</td><td>280</td><td>1228</td><td>278</td><td>1248</td><td>278</td><td>1230</td><td>267</td><td>1239</td><td>255</td><td></td><td></td></tr>
<tr><td>175.9</td><td>431</td><td>179.6</td><td>441</td><td>182.3</td><td>455</td><td>184.4</td><td>454</td><td>182.1</td><td>451</td><td></td><td></td></tr>
<tr><td rowspan="3">70</td><td>1.230</td><td>.739</td><td>1.260</td><td>.760</td><td>1.307</td><td>.786</td><td>1.355</td><td>.787</td><td>1.422</td><td>.785</td><td></td><td></td></tr>
<tr><td>1268</td><td>285</td><td>1270</td><td>281</td><td>1280</td><td>279</td><td>1267</td><td>267</td><td>1279</td><td>254</td><td></td><td></td></tr>
<tr><td>172.6</td><td>438</td><td>175.6</td><td>446</td><td>178.5</td><td>457</td><td>179.1</td><td>454</td><td>176.0</td><td>450</td><td></td><td></td></tr>
<tr><td rowspan="3">72</td><td>1.237</td><td>.742</td><td>1.273</td><td>.771</td><td>1.320</td><td>.786</td><td>1.372</td><td>.788</td><td></td><td></td><td></td><td></td></tr>
<tr><td>1296</td><td>286</td><td>1317</td><td>286</td><td>1309</td><td>279</td><td>1306</td><td>267</td><td></td><td></td><td></td><td></td></tr>
<tr><td>169.5</td><td>439</td><td>171.7</td><td>452</td><td>174.7</td><td>457</td><td>173.9</td><td>454</td><td></td><td></td><td></td><td></td></tr>
<tr><td rowspan="3">74</td><td>1.245</td><td>.750</td><td>1.288</td><td>.781</td><td>1.332</td><td>.787</td><td>1.390</td><td>.787</td><td></td><td></td><td></td><td></td></tr>
<tr><td>1337</td><td>289</td><td>1363</td><td>290</td><td>1342</td><td>279</td><td>1344</td><td>267</td><td></td><td></td><td></td><td></td></tr>
<tr><td>165.9</td><td>444</td><td>168.1</td><td>458</td><td>170.5</td><td>458</td><td>168.8</td><td>454</td><td></td><td></td><td></td><td></td></tr>
<tr><td rowspan="3">76</td><td>1.255</td><td>.758</td><td>1.300</td><td>.785</td><td>1.346</td><td>.788</td><td>1.410</td><td>.786</td><td></td><td></td><td></td><td></td></tr>
<tr><td>1379</td><td>293</td><td>1396</td><td>291</td><td>1379</td><td>280</td><td>1386</td><td>267</td><td></td><td></td><td></td><td></td></tr>
<tr><td>162.6</td><td>448</td><td>164.9</td><td>460</td><td>166.1</td><td>458</td><td>163.5</td><td>453</td><td></td><td></td><td></td><td></td></tr>
<tr><td colspan="5">LOW AIR CONDITIONING
ΔFUEL = – 0.3 %</td><td colspan="4">ENGINE ANTI ICE ON
ΔFUEL = + 2 %</td><td colspan="4">TOTAL ANTI ICE ON
ΔFUEL = + 5 %</td></tr>
</table>

例 4.2.5 已知 A320 在巡航飞行中某一点检查，飞机重量为 65 000 kg，距离着陆机场 1 000 NM，无风，巡航高度为 FL330，温度为 *ISA*，重心为 33%，试根据表 4.2.5 确定空调正常、发动机防冰关从 FL330 到着陆机场所需的燃油量和时间。

解：

（1）根据表 4.2.5 分析可知，空中距离为 1 000 NM、飞机重量为 60 000 kg、巡航高度为 FL330 时所需燃油和时间为：

所需燃油量 = 5 023 kg，时间 = 2 h 21 min

（2）对重量进行修正。根据表右侧修正分析可知，在 FL330 到 FL350 高度之间，飞机重量每增加 1 000 kg，燃油增加 30 kg。由于实际重量是 65 000 kg，空调正常、发动机防冰关，因此修正后的燃油量和时间为：

所需燃油 = 5 023+30×5 000/1 000 = 5 173 kg，所需时间 = 2 h 21 min

表 4.2.6 给出了 B737-800 长航程巡航的空中距离与地面距离转换表，地面距离和空中距离换算公式如式（4.2.8）所示：

$$NAM = NGM \times \frac{TAS}{TAS \pm V_W} \tag{4.2.8}$$

式中，*NAM* 表示空中距离；*NGM* 表示地面距离；*TAS* 表示真空速；V_W 表示风速，逆风取负号，顺风取正号。

因此，已知地面距离，根据顺逆风大小给出修正后的空中距离，如地面距离为 1 000 NM，顺风 60 kt 的空中距离是 879 NM，而逆风 60 kt 的空中距离是 1 194 NM。

表 4.2.5　A320 长航程巡航的巡航性能表

IN CRUISE QUICK CHECK AT A GIVEN MACH NUMBER

IN CRUISE QUICK CHECK FROM ANY MOMENT IN CRUISE TO LANDING - ALL ENGINES

CRUISE : M.78 - DESCENT : M.78/300KT/250KT

IMC PROCEDURE : 120 KG (6 MIN)

REF. INITIAL WEIGHT = 60000 KG NORMAL AIR CONDITIONING ANTI ICE OFF	ISA CG=33.0%	**FUEL CONSUMED (KG)** **TIME (H.MIN)**

AIR DIST. (NM)	FLIGHT LEVEL						CORRECTION ON FUEL CONSUMPTION (KG/1000KG)		
	290	**310**	**330**	**350**	**370**	**390**	**FL290 FL310**	**FL330 FL350**	**FL370 FL390**
200	974 0.35	915 0.35	863 0.36	818 0.36	782 0.36	758 0.36	0	1	4
400	2147 1.01	2023 1.02	1913 1.02	1822 1.03	1756 1.03	1727 1.03	5	9	16
600	3315 1.27	3124 1.28	2957 1.28	2818 1.29	2720 1.29	2682 1.29	10	16	33
800	4477 1.53	4218 1.54	3993 1.55	3806 1.56	3674 1.56	3622 1.56	15	23	45
1000	5634 2.19	5306 2.20	5023 2.21	4787 2.22	4617 2.23	4549 2.23	20	30	56
1200	6786 2.45	6387 2.46	6045 2.48	5759 2.49	5551 2.50	5463 2.50	24	37	67
1400	7933 3.11	7464 3.13	7062 3.14	6724 3.16	6475 3.17	6365 3.17	29	43	77
1600	9076 3.37	8537 3.39	8075 3.41	7683 3.42	7392 3.43	7256 3.43	33	49	86
1800	10214 4.03	9604 4.05	9081 4.07	8636 4.09	8302 4.10	8135 4.10	34	54	95
2000	11347 4.29	10665 4.31	10083 4.33	9582 4.36	9203 4.37	9004 4.37	41	60	103
2200	12475 4.55	11721 4.57	11078 5.00	10521 5.02	10098 5.04	9863 5.04	45	65	111
2400	13599 5.21	12775 5.23	12068 5.26	11454 5.29	10984 5.31	10711 5.31	49	70	118
2600	14718 5.47	13824 5.50	13052 5.53	12382 5.56	11863 5.57	11550 5.57	52	74	125

CORRECTIONS	**LOW AIR CONDITIONING**	**ENGINE ANTI ICE ON**	**TOTAL ANTI ICE ON**
FUEL	- 0.5 %	+ 3 %	+ 6 %

表 4.2.6 某机型等待燃油流量表

Holding Planning
Flaps Up

WEIGHT (1000 KG)	TOTAL FUEL FLOW (KG/HR)								
	PRESSURE ALTITUDE (FT)								
	1500	5000	10000	15000	20000	25000	30000	35000	41000
85	3080	3030	3020	2990	2970	2980	3080		
80	2910	2870	2840	2830	2780	2790	2860	3130	
75	2750	2700	2670	2650	2600	2600	2660	2800	
70	2590	2540	2500	2480	2430	2420	2470	2550	
65	2420	2370	2340	2310	2270	2230	2280	2330	
60	2260	2210	2180	2140	2110	2050	2090	2130	
55	2100	2050	2010	1980	1940	1890	1910	1940	2110
50	1950	1890	1850	1810	1780	1730	1750	1770	1890
45	1790	1730	1690	1680	1640	1610	1590	1590	1670
40	1670	1620	1560	1520	1480	1450	1440	1420	1480

This table includes 5% additional fuel for holding in a racetrack pattern.

由于飞机等待重量和等待高度不同,对应的等待燃油流量也不同,因此在确定等待高度后,如果用等待起始重量对应的燃油流量计算,燃油量会偏大,如果用等待结束重量对应的燃油流量计算,燃油量会偏小。通常比较精确的计算方法是使用等待平均重量来计算燃油流量。

若已知等待起始重量,则

$$W_{平均}=W_{起始}-等待时间\times\frac{FF_{起始}}{2}$$

若已知等待结束重量,则

$$W_{平均}=W_{结束}+等待时间\times\frac{FF_{结束}}{2}$$

例 4.2.6 已知某机场标高 3 500 ft,某飞机等待结束的重量 70 000 kg,等待模式为跑马场型(Racetrack Pattern),试根据表 4.2.6 计算等待 30 min 所需的燃油量。

解:

(1)根据机场标高为 3 500 ft,飞机等待高度默认为机场标高加上 1 500 ft,即等待高度为 5 000 ft,根据等待结束重量为 70 000 kg,查表 4.2.6 确定燃油流量为 2 540 kg/h。

(2)计算平均等待重量

$$W_{平均}=W_{结束}+等待时间\times\frac{FF_{结束}}{2}=70\ 000+\frac{30}{60}\times\frac{2\ 540}{2}=70\ 635\ \text{kg}$$

(3)计算平均燃油流量

$$FF_{平均}=2\ 540+\frac{2\ 700-2\ 540}{75\ 000-70\ 000}\times(70\ 635-70\ 000)\approx 2\ 560\ \text{kg/h}$$

(4)计算实际等待所需燃油量

$$HF_{平均} \approx 2\ 560 \times \frac{30}{60} = 1\ 280\ \text{kg}$$

因此,某飞机在该机场上空等待 30 min 所需燃油量为 1 280 kg。

4.3 经济巡航与成本指数

前文巡航性能分析重点关注的是怎样节省燃油使燃油里程更大,但在实际运行中燃油成本只是航空公司运行成本的一部分,事实上还有很多方面的成本需要考虑,比如时间成本等。本节重点考虑怎样选择巡航速度以使与飞行运行直接相关的运行成本最低。

4.3.1 经济巡航马赫数的确定

航空公司的运营成本包括直接运营成本和间接运营成本。直接运营成本 DOC(Direct Operating Costs)包括空/地勤人员的工资、奖金、津贴、福利费、取暖/降温费、制服费,航空油料消耗,高价周转件摊销,飞机、发动机折旧费,飞机、发动机修理费,经营性租赁飞机的租赁费,国内外机场起降服务费,国内外餐饮及供应品费,飞行训练费,客舱服务费,行李、货物邮件赔偿,其他直接营运费。间接运营成本 IOC(Indirect Operating Costs)主要包括保证飞行安全及维护管理部门发生的费用。间接运营成本与飞行无直接关系,也就是说不管是否进行航班运行,这些费用都需要支出。

下面重点讨论与飞行运行直接相关的直接运营成本。总的来说,直接运营成本可以表示成下面三部分之和。

第一部分与耗油有关,称为油费,用符号 $Q_{油}$ 表示;

第二部分与时间有关,称为时费,用符号 $Q_{时}$ 表示;

第三部分为常值费用,比如一次飞行,起落架的折旧和航空港使用费用,用符号 $Q_{定}$ 表示。

因此,直接运营成本 DOC 可用式(4.3.1)表示如下:

$$DOC = Q_{油} + Q_{时} + Q_{定} = C_{油} \cdot W_{油} + C_{时} \cdot t + Q_{定} \tag{4.3.1}$$

其中,$C_{油}$ 表示燃油价格,$W_{油}$ 表示燃油消耗量,$C_{时}$ 表示每小时需要支付的费用(除油费外),t 表示总飞行时间。

图 4.3.1 给出了 $Q_{油}$、$Q_{时}$、$Q_{定}$ 以及直接运营成本 DOC 随飞行马赫数的变化曲线。从图中分析可知,在航线距离固定的条件下,若燃油价格 $C_{油}$ 不变,燃油里程随飞行马赫数的增加先增大后减小,以最大航程巡航速度 M_{MRC} 飞行时,燃油里程最大,耗油量最小,即油费 $Q_{油}$ 最小。若每小时需要支付的费用 $C_{时}$ 不变,则随着飞行马赫数增加,飞行时间 t

将减小，时间费用 $Q_{时}$ 减小。$Q_{定}$ 不随飞行马赫数的增加而变化。将每一个马赫数下 $Q_{油}$、$Q_{时}$ 和 $Q_{定}$ 加起来，就得到了 *DOC* 随飞行马赫数的变化，曲线的最低点即表示直接运营成本 *DOC* 最小。直接运营成本 *DOC* 最小对应的马赫数称为经济巡航马赫数。

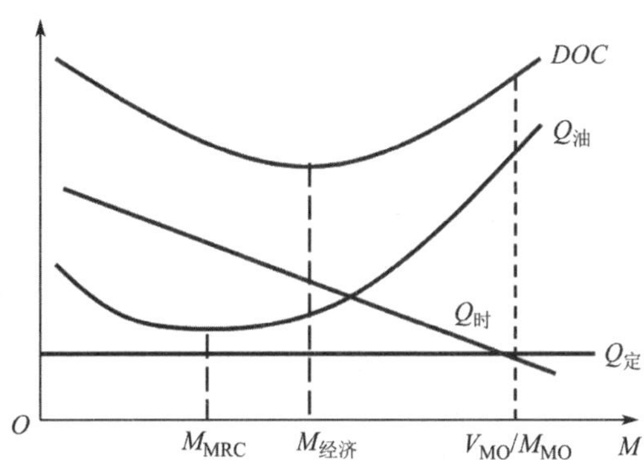

图 4.3.1 $Q_{油}$、$Q_{时}$、$Q_{定}$ 以及直接运营成本 *DOC* 随飞行马赫数的变化曲线

4.3.2 成本指数与经济巡航马赫数的关系

在航空公司实际运行中，燃油价格 $C_{油}$ 和每小时需要支付的费用 $C_{时}$ 经常会发生变化，这就会使图 4.3.1 中 $Q_{油}$ 和 $Q_{时}$ 的曲线发生变化，从而使直接运营成本 *DOC* 曲线发生变化，导致经济巡航马赫数增大或者减小。为了方便描述燃油价格 $C_{油}$ 和每小时需要支付的费用 $C_{时}$ 对经济巡航马赫数的影响，通常引入成本指数的概念。成本指数 *CI*(Cost Index)定义为每小时需要支付的费用与燃油价格的比值，如式(4.3.2)所示：

$$CI=\frac{C_{时}}{C_{油}} \tag{4.3.2}$$

因此，引入成本指数后，经济巡航速度的大小主要取决于成本指数的大小。经济巡航马赫数随成本指数和重量的变化如图 4.3.2 所示。

若燃油价格 $C_{油}$ 上涨，而每小时需要支付的费用 $C_{时}$ 不变或减小，则成本指数减小，应适当减小飞行速度（经济巡航速度减小），使其接近 M_{MRC}，使飞行更省油。若不计时间成本，则成本指数为零，那么为了尽可能省油，应使用 M_{MRC} 巡航。

若每小时需要支付的费用 $C_{时}$ 上涨，而燃油价格 $C_{油}$ 不变或减小，则成本指数增加，应适当增大飞行速度（经济巡航速度增加），使飞行时间更短。但飞行速度不可能无限增大，最大增大到 V_{MO}/M_{MO}，实际运行中总需要留有一定的安全余度，因此经济巡航马赫数最大为 $V_{MO}-10$ kt 或 $M_{MO}-0.02$。

实际使用的成本指数通常以飞机制造商手册推荐的典型长航程巡航状态相近的成本指数为基础，然后由航空公司性能工程师根据飞行任务修正后确定。这种确定成本指数

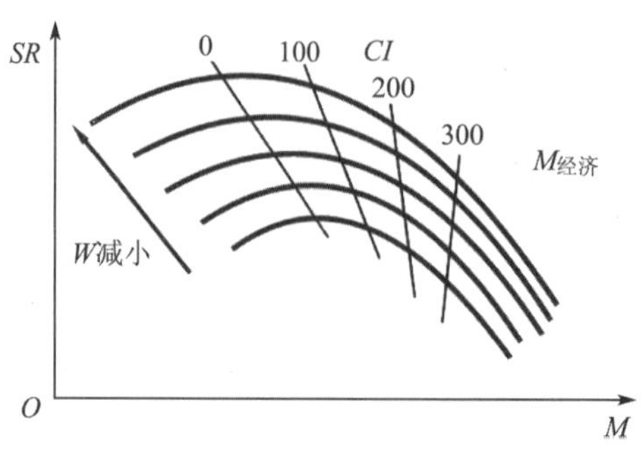

图 4.3.2　经济巡航马赫数随成本指数和重量的变化

的方法比较简单。A320 系列机型的长航程巡航成本指数如表 4.3.1 所示。

表 4.3.1　A320 系列机型的长航程巡航成本指数表

AIRCRAFT	ENGINE	CILRC	
		kg/min	100 lb/h
A318/A319/A320/A321	CFM 56-5-A1/A3	45	60
	CFM 56-5-A4/A5	40	55
	CFM 56-5-B1/B2/B3	65	85
	CFM 56-5-B4 (A321)	65	85
	CFM 56-5-B4 (A320)	55	75
	CFM 56-5-B4/P	25	35
	CFM 56-5-B5/B6/B7	25	35
	CFM 56-5-B5/2P CFM 56-5-B6/2P CFM 56-5-B7/2P	30	40
	CFM 56-5-B8/B9	15	20
	PW6122/PW6124	20	30
	V2500-A1	45	60
	V2522-A5/V2524-A5/ V2527M-A5	50	70
	V2530-A5/V2533-A5	50	70
	V2527-A5/V2527E-A5	40	55

另外一种计算成本指数的方法是根据定义进行计算。先确定时间相关项目，得出时间相关成本和燃油相关成本，然后根据成本指数公式确定成本指数。这种方法相对来说比较困难，主要是因为时间相关的成本项目较多，涉及的环节和部门也很多，统计起来比较困难。

在实际飞行中，飞行员在驾驶舱准备过程中只需要将成本指数输入 CDU 的性能初始页面即可。

4.3.3 商载航程图

飞机航程可根据商载、燃油和起飞重量的不同分为三个范围，如图 4.3.3 所示。

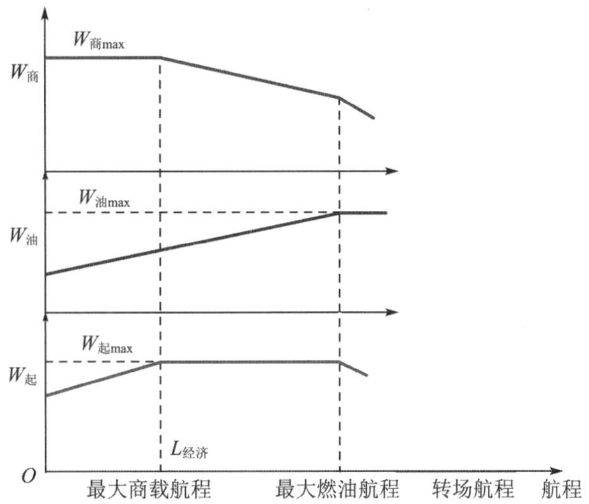

图 4.3.3 商载、燃油和起飞重量随航程的变化

从图 4.3.3 分析可知,第一个范围是飞行距离小于或等于最大商载航程(也称为经济航程)。经济航程是指飞机在最大商载的条件下能飞行的最远距离。在经济航程范围内,保持商载最大,随着航程的增加,需要增加载油量,这就使飞机的起飞重量增大了。当航程等于经济航程时,起飞重量就达到了最大允许起飞重量。在这个距离范围内飞行,航程增加使耗油增加,可以通过增加载油量来满足,不需要减小商载,只是起飞重量增大了。

第二个范围是指航程距离大于经济航程,且可以保持最大起飞重量的距离范围。在这个距离范围内,起飞重量已达到了最大值,因耗油增加必须减小商载,但燃油的增加也是有限制的,最多增加到油箱装满。因此,当燃油增加到油箱装满时达到的距离为最大燃油航程。

第三个范围是指载油量已达到最大值,为了飞行更远的距离必须进一步减小商载使起飞重量减小,但通过减小商载来减小起飞重量会使经济效益变差,最后商载减小为零能达到的最远距离就是转场航程,此时几乎没有经济效益。

商载随航程变化的曲线图就是商载航程图,商载航程图是用于评估特定航线商载大小的计划工具,如图 4.3.4 所示。

从图中分析可知,纵坐标是飞机的商载,横坐标是飞机的航程。*A*—*B* 这一段中飞机的商载始终可以保持最大,飞机的最大商载受最大零燃油重量限制。*A*—*B* 这一段商载保持不变,随着燃油装载的增加,航程也会增加,但加装的燃油越多,飞机的起飞重量越大。在 *B* 点时,飞机的起飞重量达到最大起飞重量,为了飞行更远的距离必须多加油,因为飞机重量已达到了最大值,所以只有减小商载来换取燃油的增加。在 *C* 点,飞机的油箱已经装满,如果要飞行更远的距离,唯一的办法就是继续减小商载。从 *C* 点到 *D* 点,飞机加装的燃油不变,但飞机的总重量不断减小,飞机飞行的距离更远。*D* 点就是飞机加满油后,不带商载能够飞行的最远距离。

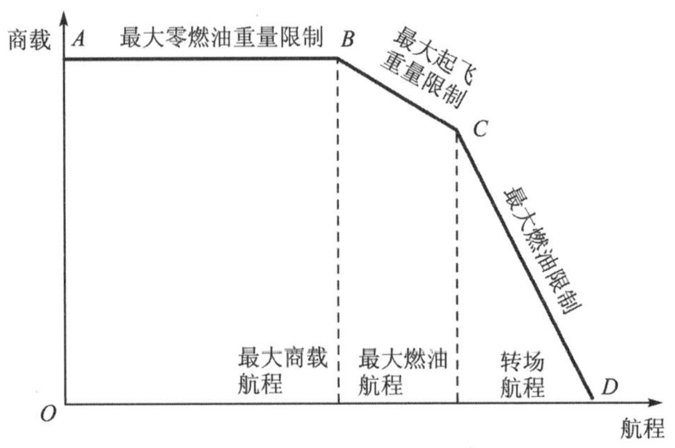

图 4.3.4　商载航程图

为了方便航空公司进行航线规划，飞机制造商通常在飞机特性手册中给出飞机的商载航程图。图 4.3.5 是 ARJ21-700 的商载航程图，从图中分析可知，ARJ21-700STD（即标准型，如图中粗线所示）的最大商载航程约为 2 000 km，最大燃油航程约为 3 900 km，转场航程约为 4 250 km；ARJ21-700ER（即延程型，如图中细线所示）的最大商载航程约为 3 300 km，最大燃油航程约为 3 672 km，转场航程约为 4 250 km。ARJ21-700STD 和 ARJ21-700ER 在 90 名旅客（90.7 千克/人）的条件下设计航程分别为 2 330 km 和 3 672 km。图 4.3.6 为 B737-800 运行空重加商载与航程之间的关系图，从图中分析可知，最大商载航程约为 2 000 NM，最大燃油航程约为 2 800 NM，转场航程约为 3 600 NM。

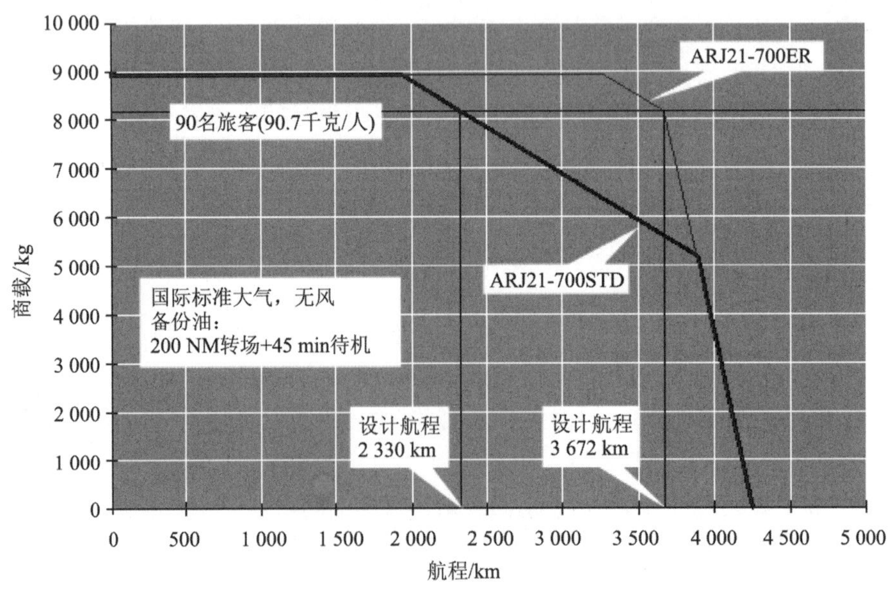

图 4.3.5　ARJ21-700 的商载航程图

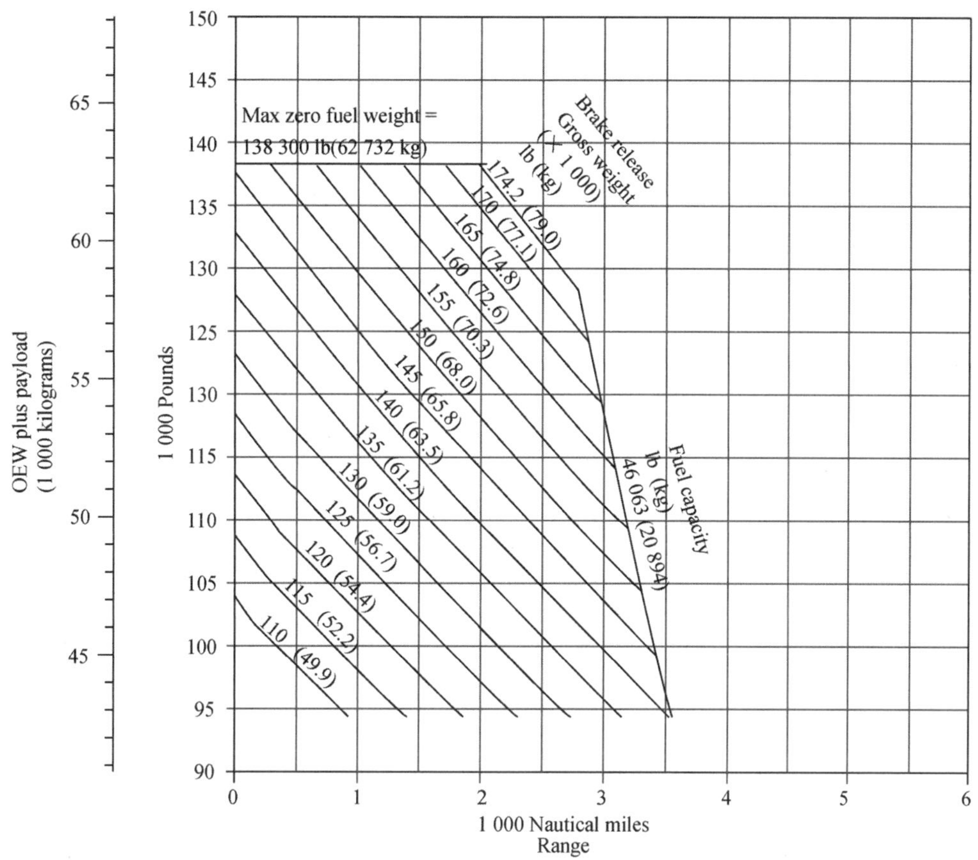

图 4.3.6 B737-800 运行空重加商载与航程之间的关系

4.4 航路中发动机失效的性能分析

发动机空中停车的概率尽管很小,但还是有可能发生。发动机停车一般是零件损坏、滑油中断、振动过大、超温等发动机自身原因造成的。发动机在平均每 1 000 飞行小时中空中停车的次数是表征发动机可靠性的主要指标。发动机重复或不可控制的喘振、发动机叶片或燃油管断裂、燃油污染或泄漏、发动机失火等情况都可能导致发动机空中停车的发生。

中国民用航空局使用困难报告系统 SDR(System of Difficulties Report)收集统计千时率。SDR 千时率为每千空地飞行小时 SDR 次数,发动机空中停车千时率为每千发动机使用小时发生的空中停车次数。我国航空公司发动机空中停车 13 个月滚动千时率变化情况如图 4.4.1 所示(截至 2016 年 6 月)。各型号发动机 13 个月滚动千时率对比如图4.4.2

所示(截至2016年6月)。

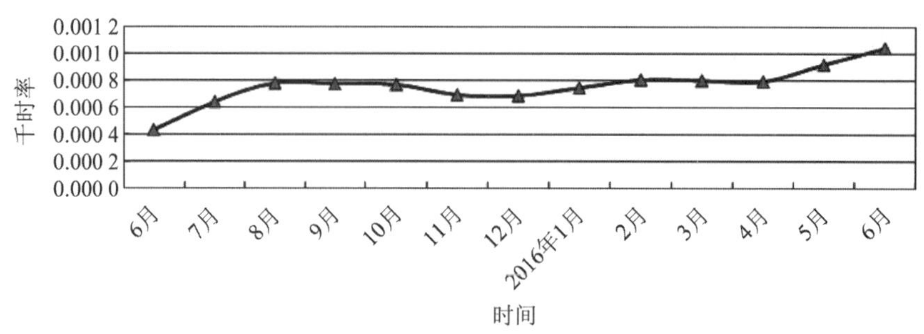

图 4.4.1　发动机空中停车13个月滚动千时率变化情况

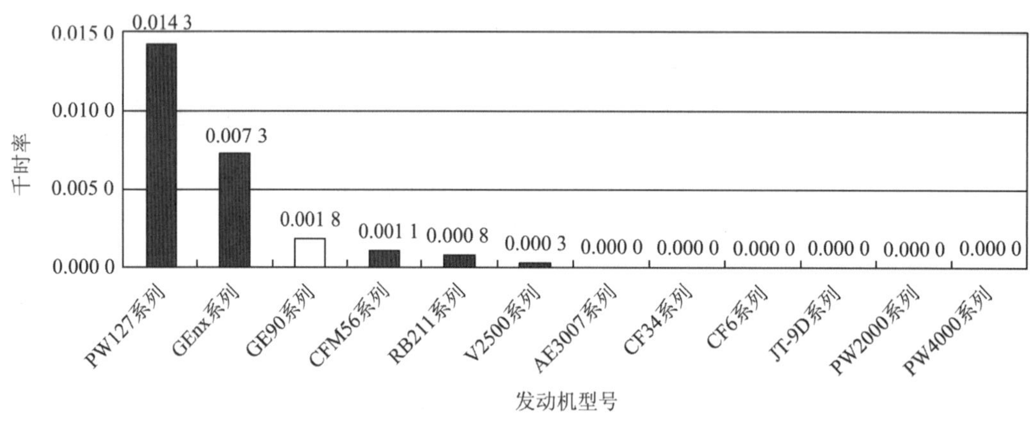

图 4.4.2　各型号发动机13个月滚动千时率对比(截至2016年6月)

空中飞行的飞机在发动机失效后,飞机的阻力系数会增大。发动机失效后产生的阻力主要包括两部分:一部分是停车发动机的风车阻力,另一部分是偏航阻力。现代民航飞机的发动机绝大多数是对称布局的,一旦一台发动机失效,为了阻止飞机机头偏转和滚转,需要偏转副翼和方向舵(使用扰流板辅助副翼操纵时可能还会升起副翼上偏一侧的飞行扰流板),这势必会产生一定的阻力,这部分阻力称为偏航阻力。以某型飞机为例,当飞机在7 800 m高度上一台发动机失效时,飞机重量为50 000 kg,把速度调到马赫数为0.6,则由于一台发动机失效而引起的风车阻力系数为0.002 3,占飞机总阻力的6.6%,而偏航阻力系数为0.000 8,占飞机总阻力的2.3%。也就是说,对于该例中的飞机,一台发动机停车后,飞机总阻力增大约9%。

一台发动机失效后,由于发动机推力明显减小,飞机飞行性能明显变差,如飞机的高度能力明显降低,即能够飞行的最大高度明显减小(通常从FL370左右降低到FL300或者更低)；又如远航能力明显变差，一发失效后阻力显著增大，飞机海里耗油量增加，燃油里程减小。

4.4.1 法规要求

CCAR25.123 条(b)款规定，单发停车净飞行航迹数据必须为真实上升性能数据减去一定数值的上升梯度；所减去的上升梯度，双发飞机为 1.1%，三发飞机为 1.4%，四发飞机为 1.6%。

根据《大型飞机公共航空运输承运人运行合格审定规则》(CCAR-121-R7)：

第 121.191 条　涡轮发动机驱动的飞机的航路限制——一台发动机不工作

(a)涡轮发动机驱动的飞机不得超过某一重量起飞，在该重量下，考虑到正常的燃油、滑油消耗和航路上预计的环境温度，根据经批准的该飞机飞行手册确定的一台发动机不工作时的航路净飞行轨迹数据应当能够符合下列两项要求之一：

(1)在预定航迹两侧各 25 km(13.5 NM)范围内的所有地形和障碍物上空至少 300 m(1 000 ft)的高度上有正梯度，并且在发动机失效后飞机要着陆的机场上空 450 m(1 500 ft)的高度上有正梯度。

(2)净飞行轨迹允许飞机由巡航高度继续飞到可以按照本规则第 121.197 条要求进行着陆的机场，能以至少 600 m(2 000 ft)的余度垂直超越预定航迹两侧各 25 km(13.5 NM)范围内所有地形和障碍物，并且在发动机失效后飞机要着陆的机场上空 450 m(1 500 ft)的高度上有正梯度。

(b)根据(a)款第(2)项而言，假定：

(1)发动机在航路上最临界的一点失效；

(2)飞机在发动机失效点之后飞越临界障碍物，该点距临界障碍物的距离不小于距最近的经批准的无线电导航定位点的距离，除非局方为充分保障运行安全批准了一个不同的程序；

(3)使用经批准的方法考虑了不利的风的影响；

(4)如果合格证持有人证明，机组人员进行了恰当的训练，并且采取了其他安全措施，能保证程序的安全性，则允许应急放油；

(5)在签派或者放行单中指定了备降机场，且该备降机场符合规定的最低气象条件；

(6)发动机失效后燃油和滑油的消耗与飞机飞行手册中经批准的净飞行轨迹数据所给定的消耗相同。

第 121.193 条　三台或者三台以上涡轮发动机驱动的飞机的航路限制——两台发动机不工作

三台或者三台以上涡轮发动机驱动的飞机沿预定航路运行时，应当符合下列两款要求之一：

(a)预定航迹上任何一点到符合本规则第 121.197 条要求的机场的飞行时间不超过所有发动机以巡航功率工作飞行 90 min。

(b)根据飞机飞行手册中航路上两台发动机不工作的净飞行轨迹数据，其重量允许该飞机假定两台发动机同时失效的地点飞到符合本规则第 121.197 条要求的某一机场。在这段飞行中，考虑到沿该航路的预计环境温度，其净飞行轨迹在垂直方向上应至少高出预定航迹两侧各 25 km(13.5 NM)范围内所有地形和障碍物 600 m(2 000 ft)。就本款而言，假定：

(1)两台发动机在航路上最临界的地点失效；

(2)这些发动机失效后在预定着陆的机场正上空 450 m(1 500 ft)处，该净飞行轨迹具有正梯度；

(3)如果合格证持有人证明，机组人员进行了恰当的训练，并且采取了其他预防措施，能保证程序的安全性，则可以批准应急放油；

(4)在两台发动机失效的那一点，该飞机重量包含有足够的燃油，使其能继续飞到该机场正上空至少 450 m(1 500 ft)的高度，此后还能以巡航功率或者推力飞行 15 min；

(5)发动机失效后，燃油和滑油的消耗与飞机飞行手册中净飞行轨迹数据所给定的消耗相同。

4.4.2 航路飞行中一发失效性能分析

飞机在正常巡航高度飞行时，如果一台发动机停车，由于推力减小、阻力增大，推力不足以平衡阻力和维持适当的巡航速度。因此，飞机必须下降到一个较低的高度，使推力等于阻力，飞机能够平飞，能够平飞的最大高度就是升限。但在下降过程中一个重要的问题就是飞机能否满足航路越障要求。下降过程中的速度不同，下降能够改平的高度和时机也就不同。在航路上，为了尽可能满足越障要求，通常以有利飘降速度下降，能够改平的高度最高。上升或巡航阶段若在地形复杂的山区航路上空发生发动机故障，则应该采用飘降策略进行下降，如图 4.4.3 所示。飘降策略的程序包括：

(1)一台发动机失效后平衡好飞机，将剩余的发动机推力选择为最大连续推力(MCT)。

(2)在上升或巡航过程中将飞机速度调整到有利飘降速度(对于空客飞机，该速度又称为绿点速度)。

(3)以有利飘降速度上升或下降，直至达到飘降升限。

飘降升限是飞机保持有利飘降速度所能达到的最大高度。波音和空客机型在手册里都给出了以有利飘降速度和 LRC 速度下降的最大高度，如表 4.4.1、表 4.4.2 和图 4.4.4 所示。但需要说明的是，波音手册图表中明确指出其飘降改平高度考虑了 100 ft/min 的剩余上升率。

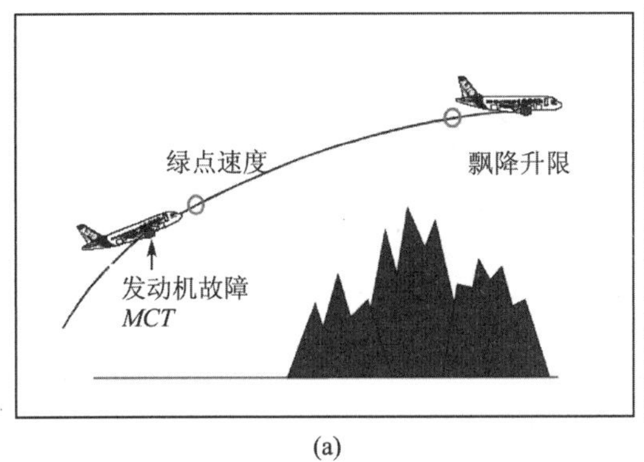

(a)

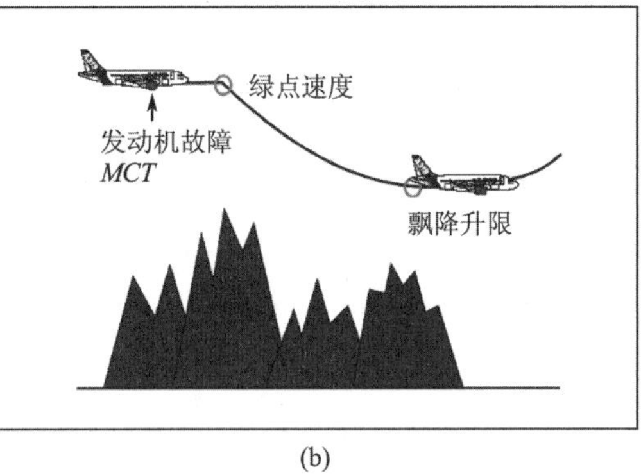

(b)

图 4.4.3 航路上一发失效后的飘降策略示意图

例 4.4.1 B737-800(CFM56-7B26)在航路上 FL330 巡航时一台发动机失效,航路温度为-31 ℃,一台发动机失效时飞机重量为 60 000 kg,试根据表 4.4.1 和表 4.4.2 确定其以有利飘降速度和 LRC 速度下降的改平高度。

解:

(1)根据飞机巡航高度为 FL330,航路温度为-31 ℃,确定 *ISA* 偏差为 *ISA*+20 ℃,计算如下:

$$\Delta t = -31-(15-33\times2) = 20\ ℃$$

(2)由表 4.4.1 确定重量为 60 000 kg 时,一发失效以有利飘降速度下降的改平高度为 23 900 ft。

(3)由表 4.4.2 确定重量为 60 000 kg 时,一发失效以 LRC 速度下降的改平高度为 20 700 ft。

例 4.4.2 A320 在航路上 FL350 巡航时一台发动机失效,航路温度为-35 ℃,发动机防冰和总防冰关。一台发动机失效时飞机重量为 62 000 kg,试确定其以绿点速度和 LRC 速度下降的总升限,并确定以绿点速度飘降的净升限。

解:

(1)根据飞机巡航高度为 FL350,航路温度为-35 ℃,确定 *ISA* 偏差为 *ISA*+20 ℃,计算如下:

$$\Delta t = -35-(15-35\times2) = 20\ ℃$$

(2)根据温度为 *ISA*+20 ℃,发动机防冰和总防冰关,由图 4.4.4 确定重量为 62 000 kg 时,一发失效以有利飘降速度下降的改平高度为 25 000 ft。

(3)根据温度为 *ISA*+20 ℃,发动机防冰和总防冰关,由图 4.4.4 确定重量为 62 000 kg 时,一发失效以 LRC 速度下降的改平高度为 23 200 ft。

(4)根据温度为 *ISA*+20 ℃,发动机防冰和总防冰关,由图 4.4.4 确定飘降净升限 = 25 000−4 150 = 20 850 ft。

表 4.4.1 B737-800(CFM56-7B26)以有利飘降速度下降的改平高度

ENGINE INOP

MAX CONTINUOUS THRUST

Driftdown Speed/Level Off Altitude

100 ft/min residual rate of climb

WEIGHT (1000 KG)		OPTIMUM DRIFTDOWN SPEED (KIAS)	LEVEL OFF ALTITUDE (FT)		
START DRIFTDOWN	LEVEL OFF		ISA + 10°C & BELOW	ISA + 15°C	ISA + 20°C
85	81	270	17500	16200	15000
80	77	262	19200	18000	16700
75	72	255	20800	19800	18500
70	67	246	22300	21300	20300
65	62	238	23900	23000	22000
60	57	228	25800	24800	23900
55	53	219	28100	27100	26000
50	48	209	30300	29500	28500
45	43	198	32500	31800	30900
40	38	187	34900	34100	33300

Includes APU fuel burn.

表 4.4.2 B737-800(CFM56-7B26)以 LRC 速度下降的改平高度

ENGINE INOP

MAX CONTINUOUS THRUST

Long Range Cruise Altitude Capability

100 ft/min residual rate of climb

WEIGHT (1000 KG)	PRESSURE ALTITUDE (FT)		
	ISA + 10°C & BELOW	ISA + 15°C	ISA + 20°C
85	13800	11300	8900
80	16100	13700	11400
75	18100	16300	14000
70	20200	18500	16300
65	21800	20600	18600
60	23400	22300	20700
55	25300	24100	22700
50	28100	26700	24800
45	30700	29700	28100
40	33200	32300	31100

With engine anti-ice on, decrease altitude capability by 2100 ft.
With engine and wing anti-ice on, decrease altitude capability by 5700 ft.

GROSS CEILINGS AT LONG RANGE AND GREEN DOT SPEEDS

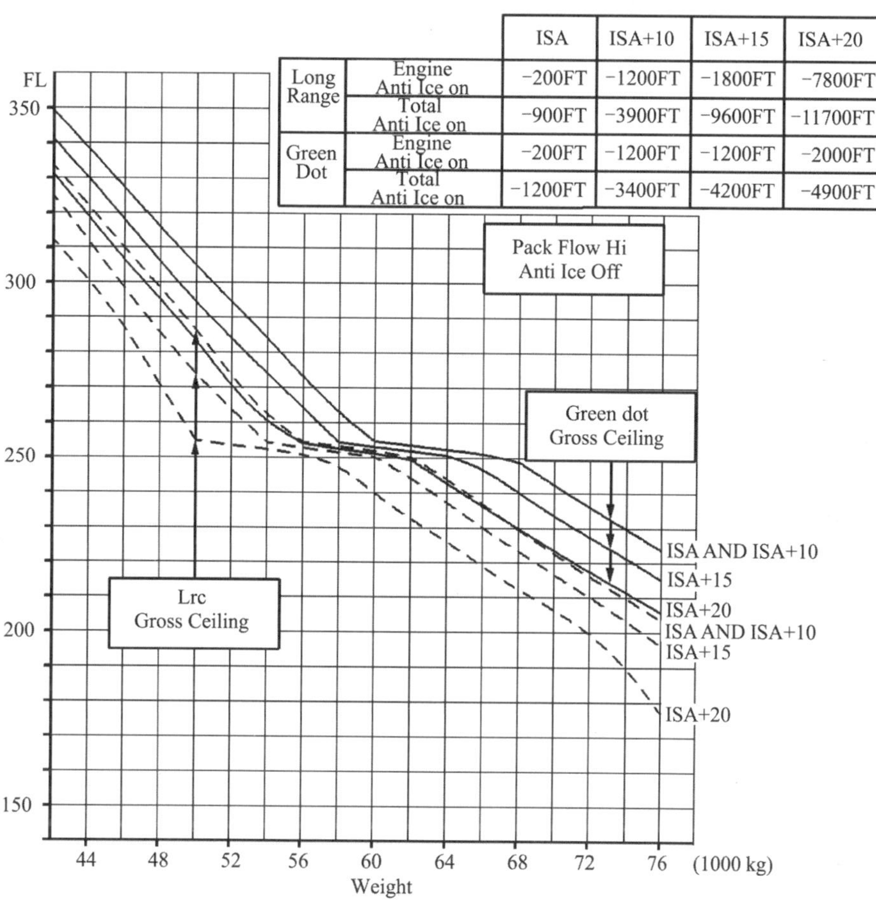

		ISA	ISA+10	ISA+15	ISA+20
Long Range	Engine Anti Ice on	-200FT	-1200FT	-1800FT	-7800FT
	Total Anti Ice on	-900FT	-3900FT	-9600FT	-11700FT
Green Dot	Engine Anti Ice on	-200FT	-1200FT	-1200FT	-2000FT
	Total Anti Ice on	-1200FT	-3400FT	-4200FT	-4900FT

Note : If severe icing conditions are encountered, ice formation may build up on non heated structure and therefore the ceiling will be reduced by 2000 feet.

NET CEILING AT GREEN DOT SPEED

To obtain the net ceiling at green dot speed, apply the following corrections to the gross ceiling at green dot speed :

	WEIGHT (1000 KG)							
	48	52	56	60	64	68	72	76
≤ISA+10	– 5800 FT	– 4200 FT	– 2700 FT	– 2400 FT	– 3600 FT	– 4700 FT	– 5100 FT	– 6100 FT
ISA+20	– 4200 FT	– 2800 FT	– 2600 FT	– 3800 FT	– 4500 FT	– 6300 FT	– 10100 FT	– 11800 FT

图 4.4.4 A320 以绿点速度和 LRC 速度下降的改平高度

巡航中一台发动机失效后通常需要下降到较低的高度，然后在一发失效的条件下飞往目的地机场或备降场着陆。通常在下降到较低的高度改平后可以采用三种巡航方式飞往目的地机场或备降场。

(1)保持飘降速度飞行，随着燃油的消耗，飞机重量减小，飞机高度不断增加。

(2)根据改平点高度、飞机重量可查出 LRC 巡航速度。以保持飞行高度不变的 LRC 速度巡航，并取得该高度下的较大航程。

(3)降低高度到 MRC 的远航高度，然后以该高度的 MRC 巡航速度巡航，这样可以取得最大的航程。

波音和空客机型在手册中给出的航路一发失效后飘降性能图表和一发失效巡航性能图表略有差异。波音机型的一发失效后飘降和巡航性能表及改航燃油和时间表分别如表 4.4.3 和表 4.4.4 所示。空客机型的一发失效后飘降和巡航性能表如表 4.4.5 和表 4.4.6 所示。空客机型也给出表 4.4.7 和表 4.4.8 形式的一发失效条件下 LRC 巡航的其他性能参数表(包括 N_1、马赫数、指示空速、真空速、燃油流量和燃油里程)。下面举例说明波音和空客机型巡航一发失效后下降和改航到备降场所需的燃油和时间。

例 4.4.3 B737-800(CFM56-7B26)巡航一台发动机失效时飞机重量为 70 000 kg，巡航高度为 FL310，航路温度为 *ISA*，无风，一台发动机失效位置到备降场距离为 500 NM，飞机以有利飘降速度下降，然后改平以 LRC 速度保持飞行高度不变的 LRC 巡航，试根据表 4.4.3 确定飞行所需燃油和时间。

解：

根据表 4.4.3 确定飞行所需燃油和时间分别为 3 300 kg 和 1 h 24 min。

例 4.4.4 B737-800(CFM56-7B26)一台发动机失效后飘降到高度 FL220 巡航，以 LRC 速度巡航，巡航过程中检查飞机重量为 60 000 kg，无风，此时到备降场距离为 600 NM，试根据表 4.4.4 确定飞行所需燃油和时间。

解：

根据表 4.4.4 确定参考燃油和时间分别为 3 100 kg 和 1 h 52 min，考虑检查点重量对燃油修正+420 kg，则飞行所需燃油为 3 520 kg，飞行所需时间为 1 h 52 min。

表 4.4.3　B737-800(CFM56-7B26)以有利飘降速度下降、以 LRC 速度巡航的性能表

ENGINE INOP

MAX CONTINUOUS THRUST

Driftdown/LRC Cruise Range Capability

Ground to Air Miles Conversion

AIR DISTANCE (NM) HEADWIND COMPONENT (KTS)					GROUND DISTANCE (NM)	AIR DISTANCE (NM) TAILWIND COMPONENT (KTS)				
100	80	60	40	20		20	40	60	80	100
139	129	120	113	106	100	95	90	86	82	78
277	257	240	225	212	200	189	180	171	164	156
416	386	360	338	318	300	284	270	257	245	235
554	515	480	450	424	400	379	360	343	327	313
693	643	600	563	529	500	474	450	428	409	391
831	772	720	675	635	600	568	540	514	491	469
969	900	840	788	741	700	663	630	600	573	548
1108	1029	960	900	847	800	758	720	686	655	626
1246	1157	1080	1012	953	900	853	810	771	736	704
1385	1286	1200	1125	1059	1000	947	900	857	818	783
1523	1414	1320	1237	1165	1100	1042	990	943	900	861
1662	1543	1440	1350	1271	1200	1137	1080	1029	982	939
1800	1672	1560	1463	1376	1300	1232	1170	1114	1064	1017
1939	1800	1680	1575	1482	1400	1326	1260	1200	1145	1095
2078	1929	1800	1688	1588	1500	1421	1350	1285	1227	1174
2217	2058	1921	1800	1694	1600	1516	1440	1371	1309	1252
2356	2187	2041	1913	1800	1700	1610	1530	1457	1390	1330
2496	2317	2161	2026	1906	1800	1705	1619	1542	1472	1408

Driftdown/Cruise Fuel and Time

AIR DIST (NM)	FUEL REQUIRED (1000 KG) WEIGHT AT START OF DRIFTDOWN (1000 KG)										TIME (HR:MIN)
	40	45	50	55	60	65	70	75	80	85	
100	0.4	0.4	0.4	0.4	0.5	0.5	0.5	0.5	0.6	0.6	0:17
200	0.8	0.8	0.9	1.0	1.0	1.1	1.1	1.2	1.3	1.3	0:34
300	1.3	1.3	1.4	1.6	1.7	1.7	1.9	2.0	2.1	2.2	0:50
400	1.7	1.8	2.0	2.2	2.3	2.4	2.6	2.8	2.9	3.1	1:07
500	2.1	2.3	2.5	2.7	2.9	3.1	3.3	3.5	3.7	3.9	1:24
600	2.5	2.8	3.0	3.3	3.5	3.7	4.0	4.2	4.5	4.7	1:40
700	2.9	3.2	3.5	3.8	4.1	4.3	4.6	4.9	5.2	5.5	1:57
800	3.4	3.7	4.0	4.3	4.7	5.0	5.3	5.6	6.0	6.3	2:14
900	3.8	4.1	4.5	4.9	5.3	5.6	6.0	6.4	6.7	7.1	2:30
1000	4.2	4.6	5.0	5.4	5.8	6.2	6.6	7.0	7.5	7.9	2:47
1100	4.6	5.0	5.5	5.9	6.4	6.8	7.3	7.7	8.2	8.7	3:04
1200	5.0	5.4	5.9	6.5	6.9	7.4	7.9	8.4	8.9	9.4	3:21
1300	5.3	5.9	6.4	7.0	7.5	8.0	8.6	9.1	9.7	10.2	3:37
1400	5.7	6.3	6.9	7.5	8.1	8.6	9.2	9.8	10.4	11.0	3:54
1500	6.1	6.7	7.3	8.0	8.6	9.2	9.8	10.4	11.1	11.7	4:11
1600	6.5	7.2	7.8	8.5	9.1	9.8	10.4	11.1	11.8	12.5	4:28
1700	6.9	7.6	8.3	9.0	9.7	10.3	11.1	11.8	12.5	13.2	4:45
1800	7.2	8.0	8.7	9.5	10.2	10.9	11.7	12.4	13.2	13.9	5:02

Includes APU fuel burn.
Driftdown at optimum driftdown speed and cruise at Long Range Cruise speed.

表 4.4.4　B737-800(CFM56-7B26)一发失效后以 LRC 速度巡航的改航燃油和时间表

ENGINE INOP

MAX CONTINUOUS THRUST

Long Range Cruise Diversion Fuel and Time

Ground to Air Miles Conversion

AIR DISTANCE (NM)					GROUND DISTANCE (NM)	AIR DISTANCE (NM)				
HEADWIND COMPONENT (KTS)						TAILWIND COMPONENT (KTS)				
100	80	60	40	20		20	40	60	80	100
309	279	253	233	215	200	190	180	172	164	157
625	564	511	467	432	400	379	360	342	326	312
943	850	769	703	648	600	568	540	513	489	468
1263	1137	1028	939	865	800	758	719	683	652	623
1586	1426	1287	1175	1082	1000	947	898	853	813	778
1912	1717	1548	1412	1299	1200	1136	1076	1023	975	932
2240	2009	1810	1649	1517	1400	1324	1255	1192	1136	1086
2570	2304	2074	1888	1735	1600	1513	1434	1362	1297	1240
2903	2600	2337	2127	1953	1800	1702	1613	1531	1458	1393

Reference Fuel and Time Required at Check Point

AIR DIST (NM)	PRESSURE ALTITUDE (1000 FT)									
	10		14		18		22		26	
	FUEL (1000 KG)	TIME (HR:MIN)	FUEL (1000 KG)	TIME (HR:MIN)	FUEL (1000 KG)	TIME (HR:MIN)	FUEL (1000 KG)	TIME (HR:MIN)	FUEL (1000 KG)	TIME (HR:MIN)
200	1.3	0:46	1.1	0:43	1.0	0:41	0.9	0:39	0.8	0:38
400	2.7	1:30	2.4	1:25	2.2	1:20	2.0	1:15	1.9	1:12
600	4.0	2:14	3.7	2:07	3.4	2:00	3.1	1:52	2.9	1:46
800	5.3	3:00	4.9	2:50	4.5	2:40	4.2	2:29	4.0	2:21
1000	6.7	3:45	6.1	3:33	5.7	3:20	5.3	3:07	5.0	2:56
1200	8.0	4:32	7.3	4:17	6.8	4:01	6.3	3:45	6.0	3:31
1400	9.3	5:18	8.6	5:01	7.9	4:42	7.4	4:23	7.0	4:07
1600	10.5	6:06	9.7	5:45	9.0	5:24	8.4	5:02	7.9	4:43
1800	11.8	6:54	10.9	6:31	10.1	6:07	9.4	5:42	8.9	5:20

Fuel Required Adjustments (1000 KG)

REFERENCE FUEL REQUIRED (1000 KG)	WEIGHT AT CHECK POINT (1000 KG)								
	40	45	50	55	60	65	70	75	80
1	-0.1	0.0	0.0	0.0	0.1	0.2	0.3	0.4	0.5
2	-0.1	-0.1	0.0	0.1	0.3	0.5	0.7	0.9	1.2
3	-0.2	-0.1	0.0	0.2	0.4	0.7	1.0	1.4	1.8
4	-0.3	-0.2	0.0	0.3	0.6	1.0	1.4	1.9	2.4
5	-0.4	-0.2	0.0	0.3	0.7	1.2	1.8	2.4	3.0
6	-0.5	-0.2	0.0	0.4	0.9	1.4	2.1	2.8	3.6
7	-0.6	-0.3	0.0	0.4	1.0	1.6	2.4	3.2	4.2
8	-0.6	-0.3	0.0	0.5	1.1	1.9	2.7	3.6	4.7
9	-0.7	-0.4	0.0	0.6	1.2	2.0	3.0	4.0	5.2
10	-0.8	-0.4	0.0	0.6	1.4	2.2	3.2	4.4	5.6
11	-0.9	-0.4	0.0	0.7	1.5	2.4	3.5	4.7	6.1
12	-1.0	-0.5	0.0	0.7	1.6	2.6	3.7	5.0	6.5
13	-1.0	-0.5	0.0	0.8	1.7	2.7	3.9	5.3	6.9
14	-1.1	-0.6	0.0	0.8	1.8	2.8	4.1	5.6	7.2

Includes APU fuel burn.

例 4.4.5　A320 巡航一台发动机失效时飞机重量为 70 000 kg,防冰关,空调流量高,巡航高度为 FL310,航路温度为 *ISA*,无风,改航到备降场距离为 540 NM,改平后以 LRC 速度保持飞行高度不变的 LRC 巡航,根据图 4.4.4、表 4.4.5 和表 4.4.6 确定飞行所需燃油和时间。

解:

(1)根据图 4.4.4 确定飞机重量为 70 000 kg 时 LRC 改平高度约为 FL220。根据表 4.4.5 确定飞机从 FL310 下降到 FL220 前进的距离,消耗的燃油和下降时间如下:

下降距离=231-151=80 NM;下降所需燃油=1 274-896=378 kg,下降时间=35-24=11 min。

(2)在 FL220 高度以 LRC 速度巡航到着陆,巡航起始重量为 70 000-378=69 622 kg,巡航距离为 540-80=460 NM,根据表 4.4.6 线性插值确定参考着陆重量为55 000 kg,空中距离为 460 NM 时在 FL220 高度巡航需要燃油和时间分别为 2 482 kg 和 1 h 29 min。

(3)考虑实际巡航结束的重量为 69 622 kg,修正燃油为 25 × (69.622 - 55) = 365.55 kg。

(4)因此,飞机一发失效后到备降场飞行所需燃油为 378 + 2 482 + 365.55 = 3 225.55 kg,所需时间为 1 h 29 min+11 min=1 h 40 min。

表 4.4.5　A320 一发失效条件下以 LRC 速度下降的性能表

DESCENT - M.78/300KT - 1 ENGINE OUT									
MAX. CONTINUOUS THRUST LIMITS PACK FLOW HI ANTI-ICING OFF			ISA CG=33.0%	MINIMUM RATE OF DESCENT 500FT/MIN					
WEIGHT (1000KG)	50				70				IAS (KT)
FL	TIME (MIN)	FUEL (KG)	DIST. (NM)	MODE	TIME (MIN)	FUEL (KG)	DIST. (NM)	MODE	
390	41.6	1408	280	MCT					241
370	39.8	1372	267	MCT	39.4	1386	264	MCT	252
350	38.1	1330	255	MCT	38.0	1353	253	MCT	264
330	36.5	1288	243	MCT	36.5	1315	243	MCT	277
310	35.1	1246	231	MCT	35.0	1274	231	MCT	289
290	33.6	1201	220	MCT	33.5	1226	219	MCT	300
270	31.5	1134	205	MCT	31.3	1156	203	MCT	300
250	29.1	1052	187	MCT	28.8	1072	185	MCT	300
230	26.0	942	165	MCT	25.9	967	164	MCT	300
220	24.0	867	151	V/S	24.0	896	151	V/S	300
210	22.0	793	137	V/S	22.0	818	137	V/S	300
200	20.0	719	124	V/S	20.0	741	124	V/S	300
190	18.0	645	111	V/S	18.0	665	111	V/S	300
180	16.0	572	98	V/S	16.0	589	98	V/S	300
170	14.0	499	85	V/S	14.0	514	85	V/S	300
160	12.0	427	72	V/S	12.0	439	72	V/S	300
150	10.0	355	60	V/S	10.0	365	60	V/S	300
140	8.0	283	47	V/S	8.0	291	47	V/S	300
100	.0	0	0	V/S	.0	0	0	V/S	300

CORRECTIONS	ENGINE ANTI ICE ON	TOTAL ANTI ICE ON	PER 1° ABOVE ISA
TIME	− 0.3 %	− 1.5 %	−
FUEL	+ 2 %	+ 4 %	+ 0.3 %
DISTANCE	− 0.5 %	− 1.5 %	+ 0.2 %

表 4.4.6 A320 一发失效条件下以 LRC 速度巡航到着陆所需燃油和时间表(*ISA*)

IN CRUISE QUICK CHECK FROM ANY MOMENT IN CRUISE TO LANDING - ONE ENGINE FAILURE
CRUISE : LONG RANGE - DESCENT : M.78/300KT/250KT
IMC PROCEDURE : 120 KG (6MIN)

REF. INITIAL WEIGHT = 55000 KG PACK FLOW HI ANTI-ICING OFF	ISA CG = 33.0 %	**FUEL CONSUMED (KG)** **TIME (H.MIN)**

AIR DIST. (NM)	FLIGHT LEVEL 100	150	200	220	240	250	CORRECTION ON FUEL CONSUMPTION (KG/1000KG) FL100 FL150	FL200 FL220	FL240 FL250
200	1379 0.45	1188 0.44	1061 0.42	1017 0.42	978 0.41	960 0.41	9	7	8
250	1718 0.56	1500 0.54	1352 0.52	1301 0.51	1256 0.50	1236 0.50	12	11	12
300	2055 1.06	1811 1.03	1641 1.01	1583 1.00	1534 0.59	1511 0.59	15	14	16
350	2391 1.16	2121 1.13	1930 1.10	1865 1.09	1810 1.08	1785 1.08	18	17	20
400	2727 1.26	2430 1.22	2217 1.19	2146 1.18	2085 1.17	2058 1.17	21	21	24
450	3061 1.36	2738 1.32	2504 1.28	2426 1.27	2359 1.25	2330 1.25	24	24	28
500	3394 1.46	3046 1.41	2790 1.37	2705 1.35	2632 1.34	2602 1.34	27	27	32
550	3727 1.56	3352 1.51	3075 1.46	2983 1.44	2904 1.43	2872 1.43	30	30	36
600	4058 2.06	3658 2.00	3358 1.55	3260 1.53	3174 1.52	3141 1.52	33	34	39
650	4388 2.17	3962 2.10	3641 2.05	3537 2.02	3444 2.01	3409 2.00	36	37	43
700	4718 2.27	4266 2.20	3924 2.14	3812 2.11	3713 2.10	3676 2.09	39	40	47
750	5046 2.37	4568 2.29	4205 2.23	4087 2.20	3981 2.19	3942 2.18	41	43	50
800	5373 2.48	4870 2.39	4485 2.32	4360 2.29	4248 2.28	4207 2.27	44	46	54
850	5700 2.58	5171 2.49	4764 2.42	4633 2.38	4514 2.37	4471 2.36	47	49	57
900	6025 3.08	5471 2.59	5042 2.51	4905 2.47	4779 2.46	4734 2.44	50	53	60
950	6350 3.19	5769 3.08	5320 3.00	5175 2.57	5044 2.55	4996 2.53	53	56	64
1000	6673 3.29	6068 3.18	5596 3.10	5445 3.06	5307 3.04	5257 3.02	56	59	67
1050	6995 3.40	6365 3.28	5872 3.19	5715 3.15	5569 3.13	5518 3.11	59	62	70
1100	7316 3.51	6661 3.38	6147 3.28	5983 3.24	5830 3.22	5777 3.20	62	65	74
1150	7636 4.01	6956 3.48	6421 3.38	6250 3.33	6091 3.31	6035 3.29	65	68	77
1200	7955 4.12	7251 3.58	6694 3.47	6517 3.42	6350 3.40	6293 3.37	68	71	80
1250	8273 4.22	7544 4.07	6966 3.56	6782 3.51	6609 3.49	6549 3.46	71	74	83
1300	8590 4.33	7837 4.17	7237 4.06	7047 4.00	6868 3.58	6804 3.55	74	77	86
1350	8906 4.44	8129 4.27	7507 4.15	7311 4.10	7125 4.07	7058 4.04	76	80	89
1400	9222 4.55	8420 4.37	7777 4.25	7574 4.19	7382 4.16	7312 4.13	79	83	92

ENGINE ANTI ICE ON ΔFUEL = + 2.5 %	**TOTAL ANTI ICE ON** ΔFUEL = + 5 %

表 4.4.7　A320 一发失效条件下以 LRC 速度巡航的性能表(*ISA*)

LONG RANGE CRUISE - 1 ENGINE OUT												
MAX. CONTINUOUS THRUST LIMITS PACK FLOW HI ANTI-ICING OFF							ISA CG=33.0%		N1 (%) KG/H NM/1000KG		MACH IAS (KT) TAS (KT)	
WEIGHT (1000KG)	FL210		FL220		FL230		FL240		FL250		FL260	
50	83.3	.533	84.1	.541	84.7	.549	85.2	.554	85.8	.560	86.5	.567
	1778	238	1777	237	1771	236	1759	233	1750	231	1752	229
	183.3	326	185.6	330	188.0	333	190.4	335	192.5	337	194.1	340
52	84.3	.541	85.0	.548	85.5	.554	86.0	.559	86.7	.567	87.2	.568
	1851	242	1846	241	1833	238	1821	235	1825	234	1807	230
	178.8	331	181.1	334	183.4	336	185.4	338	187.0	341	188.5	341
54	85.2	.548	85.7	.553	86.2	.558	86.9	.566	87.4	.568	88.4	.580
	1920	246	1907	243	1896	240	1898	239	1880	235	1912	235
	174.6	335	176.8	337	178.8	339	180.4	342	181.8	342	181.8	348
56	85.9	.553	86.4	.558	87.0	.565	87.6	.569	88.4	.577	88.6	.568
	1983	248	1970	245	1969	243	1958	240	1975	238	1917	229
	170.7	338	172.6	340	174.2	343	175.5	344	175.9	347	177.5	340
58	86.5	.557	87.1	.564	87.7	.569	88.5	.574	89.5	.586	88.5	.539
	2045	250	2041	248	2035	245	2039	242	2075	242	1899	217
	166.8	341	168.3	344	169.7	345	170.3	347	170.1	353	170.2	323
60	87.2	.562	87.9	.569	88.4	.571	89.5	.585	90.6	.595		
	2112	252	2112	250	2100	246	2144	247	2178	246		
	162.9	344	164.2	347	165.2	347	164.9	353	164.5	358		
62	88.0	.569	88.5	.570	89.6	.583	90.6	.593	92.1	.610		
	2190	255	2169	251	2211	251	2243	250	2302	253		
	159.0	348	160.2	347	160.0	354	159.7	358	159.3	367		
64	88.6	.570	89.5	.579	90.5	.590	91.8	.605	92.4	.601		
	2247	256	2270	255	2306	254	2362	256	2323	249		
	155.2	349	155.5	353	155.2	358	154.8	366	155.7	362		
66	89.4	.575	90.4	.587	91.5	.599	92.6	.605	92.6	.582		
	2327	258	2371	259	2413	258	2422	256	2315	241		
	151.2	352	150.9	358	150.6	363	151.0	366	151.3	350		
68	90.3	.584	91.4	.595	92.7	.609	92.9	.594				
	2434	263	2473	262	2523	263	2434	251				
	146.9	358	146.6	363	146.5	370	147.5	359				
70	91.2	.591	92.6	.606	93.1	.601	93.0	.569				
	2529	266	2595	267	2547	260	2418	240				
	142.9	362	142.4	370	143.3	365	142.3	344				
72	92.2	.599	93.2	.605	93.3	.585						
	2638	269	2648	267	2543	252						
	138.9	366	139.3	369	139.7	355						
74	93.3	.609	93.5	.597	93.5	.554						
	2752	274	2666	263	2524	238						
	135.4	373	136.4	364	133.1	336						
76	93.6	.603	93.6	.577								
	2778	271	2656	254								
	132.7	369	132.3	351								
78	93.9	.591										
	2784	265										
	129.8	361										
ENGINE ANTI ICE ON ΔFUEL = + 3.5 %							TOTAL ANTI ICE ON ΔFUEL = + 7 %					

表 4.4.8 A320 一发失效条件下以 LRC 速度巡航的性能表(*ISA*+10 ℃)

LONG RANGE CRUISE - 1 ENGINE OUT												
MAX. CONTINUOUS THRUST LIMITS PACK FLOW HI ANTI-ICING OFF							ISA+10 CG=33.0%		N1 (%) KG/H NM/1000KG		MACH IAS (KT) TAS (KT)	
WEIGHT (1000KG)	FL210		FL220		FL230		FL240		FL250		FL260	
50	85.0	.532	85.8	.540	86.4	.548	87.0	.554	87.5	.559	88.2	.566
	1818	238	1818	237	1814	236	1804	233	1795	231	1794	229
	182.4	332	184.8	336	187.1	339	189.4	342	191.4	344	193.0	346
52	86.0	.540	86.6	.547	87.2	.553	87.7	.558	88.5	.566	89.0	.567
	1892	242	1888	240	1877	238	1868	235	1870	234	1852	229
	178.0	337	180.2	340	182.5	342	184.4	344	186.0	348	187.4	347
54	86.8	.547	87.4	.552	87.9	.557	88.6	.566	89.1	.567	90.2	.579
	1964	245	1952	242	1940	240	1946	239	1928	234	1963	234
	173.8	341	176.0	343	177.9	345	179.4	349	180.8	348	180.6	355
56	87.6	.552	88.1	.557	88.8	.564	89.3	.567	90.3	.577	90.3	.565
	2030	247	2016	245	2017	243	2005	239	2030	239	1962	228
	169.8	345	171.7	346	173.2	349	174.6	350	174.7	355	176.3	346
58	88.2	.556	88.9	.563	89.5	.567	90.2	.574	91.3	.586	90.3	.536
	2092	249	2089	247	2082	244	2091	242	2130	242	1944	216
	165.9	347	167.4	350	168.7	351	169.3	354	168.9	360	168.8	328
60	88.9	.561	89.6	.567	90.2	.571	91.3	.583	92.4	.595		
	2163	252	2162	249	2153	246	2196	246	2237	246		
	162.0	350	163.2	353	164.1	353	163.8	360	163.4	365		
62	89.7	.568	90.2	.568	91.3	.581	92.3	.591	93.9	.608		
	2241	255	2219	250	2263	250	2300	250	2362	252		
	158.0	354	159.2	353	159.0	360	158.6	365	158.2	374		
64	90.3	.569	91.2	.578	92.3	.589	93.6	.603	94.2	.599		
	2301	255	2328	254	2365	254	2420	255	2382	248		
	154.3	355	154.4	359	154.1	365	153.6	372	154.6	368		
66	91.1	.574	92.2	.586	93.3	.597	94.4	.604	94.3	.579		
	2388	258	2432	258	2476	258	2484	255	2369	239		
	150.1	358	149.9	364	149.5	370	149.9	372	150.0	356		
68	92.1	.584	93.2	.594	94.5	.607	94.6	.591				
	2498	262	2538	262	2586	262	2490	250				
	145.8	364	145.5	369	145.4	376	146.4	364				
70	93.0	.591	94.4	.606	94.9	.599	94.8	.565				
	2599	265	2666	267	2610	259	2474	238				
	141.8	369	141.3	377	142.2	371	141.0	349				
72	94.0	.599	95.0	.604	95.0	.581						
	2710	269	2715	266	2600	250						
	137.8	374	138.3	376	138.4	360						
74	95.1	.608	95.2	.593	95.3	.543						
	2822	273	2727	261	2579	233						
	134.4	379	135.3	369	130.3	336						
76	95.4	.601	95.4	.572								
	2850	270	2717	252								
	131.6	375	131.0	356								
78	95.6	.587										
	2850	264										
	128.7	367										
ENGINE ANTI ICE ON ΔFUEL = + 3.5 %							TOTAL ANTI ICE ON ΔFUEL = + 7 %					

4.4.3 飘降性能分析

飘降性能分析的目的是在航路巡航中出现一台发动机失效后确保飞机安全运行。考虑运行的经济性，航空公司通常在起飞性能分析中不考虑航路最低安全高度对最大起飞重量的限制。因此，飘降性能分析方法的首要工作就是使用飘降净升限检查航路最低安全高度，确保预计最大起飞重量对应的净升限均大于这些航线的航路最低安全高度；如果不能满足要求，则需确定一个关键点使用飘降净航迹检查越障能力，确保净航迹越障能力满足要求。

根据2001年12月下发的《飞机航线运营应进行的飞机性能分析》(AC-121FS-006)咨询通告的要求，应对飘降性能按以下要求进行分析。

根据航路上地形和障碍物的标高以及飞机飞到某点时的实际重量，以航路85%可靠性温度确定飞机飘降的净改平高度，结合85%的可靠性航路风检查飞机是否能以规定的余度超越地形或障碍物。对于双发飞机，需考虑一发失效的飘降；对于三发、四发飞机，除考虑一发失效的飘降外，如航路某点离航路备降场的距离大于全发飞行90 min的距离，还需考虑双发同时失效的飘降问题。如果在整个航线上飞机飘降的净改平高度均能以规定的余度超越地形或障碍物，则不存在飘降问题。①

如航线上存在飘降问题，则需要地图作业，确定决断点，根据航路地形剖面可确定1个、2个或多个决断点(一般为1~2个决断点，如必须选用航路备降场，则可能有多个决断点)。对于采用以上办法仍不能安全超障的，可采取以下三种办法：

(1)为飞机申请较高的巡航高度。

(2)航路偏航。

(3)减小飞机的起飞重量。

4.4.3.1 使用飘降净升限检查航路最低安全高度

通常使用预计最大起飞重量对应的一台发动机失效净升限检查航路最低安全高度。预计最大起飞重量已考虑了该航线最低温度情况下性能限制的最大允许起飞重量和着陆重量、航线起飞油量、商载能力等因素的影响，即为该机型该航线可能出现的最大起飞重量。随着飞行过程中燃油的消耗，飞机重量将越来越小，使用预计最大起飞重量对应的一台发动机失效净升限最低且最保守。若航线最低安全高度仍然小于或等于预计最大起飞重量对应的一台发动机失效净升限，则该机型在该航线上任意一点发动机失效飘降净航迹均能满足越障余度的要求。

下面以A319-115在保守的外界温度(ISA+10 ℃)的条件下执行成都—邦达、成都—

① 手册给出的飘降净改平高度及飘降净航迹一般是气压高度，当净改平高度高出航路最低安全高度余度较小时，需将净改平高度换算为几何高度与地形和障碍物进行比较。

迪庆、昆明—迪庆、成都—九寨、重庆—九寨、北京—九寨、西安—九寨等典型高原航线为例进行分析。由于 A319-115 最大着陆重量为 62.50 t,以上这些航线的最大起飞重量均受该机型最大着陆重量限制。该机型在这些航线的航路最低安全高度、预计最大起飞重量及其对应的净升限如表 4.4.9 所示。

表 4.4.9　典型高原航线航路最低安全高度、预计最大起飞重量及其对应的净升限

航线	航路最低安全高度/m	预计最大起飞重量/t	预计最大起飞重量对应的净升限/m
成都—邦达	6 551	65.86	6 684
成都—迪庆	5 179	65.89	6 689
昆明—迪庆	6 188	64.75	6 783
成都—九寨	6 188	63.76	6 894
重庆—九寨	6 188	64.83	6 791
北京—九寨	6 188	68.66	6 344
西安—九寨	6 188	65.13	6 610

从表中可以看出,这些航线预计最大起飞重量对应的净升限均大于这些航线的航路最低安全高度,即这些航线能够满足 CCAR121.191 航路限制要求,不受单发飘降性能限制。

若航路最低安全高度大于预计最大起飞重量对应的一台发动机失效净升限,则可用上升顶点的重量对应的一台发动机失效净升限检查航路最低安全高度。如 A319-115 在保守的外界温度(*ISA*+10 ℃)的条件下执行成都—乌鲁木齐、重庆—乌鲁木齐、兰州—乌鲁木齐、贵阳—乌鲁木齐等高原航线,这些航线的最大起飞重量为 70 000 kg,预计最大起飞重量对应的净升限 6 055 m 低于航路最低安全高度 6 081 m,不满足 CCAR121.191 航路限制要求。但如果用所研究航线上升顶点的重量(保守估计以最大起飞重量的 98%计算)分析,则发现上升顶点飞机重量 69 000 kg 对应的净升限 6 174 m 高于航路最低安全高度6 081 m,即能够满足 CCAR121.191 航路限制要求,不受单发飘降性能限制。

4.4.3.2　使用飘降净航迹检查越障能力

对于有些高原航线,如涉及拉萨机场的航线,航路最低安全高度高达 7 470 m。以 A319-115 在保守的外界温度(*ISA*+10 ℃)的条件下执行这些航线为例,用预计最大起飞重量和上升顶点飞机重量对应的飘降净升限检查航路最低安全高度均不能满足 CCAR121.191 航路限制要求,如表 4.4.10 所示。

表 4.4.10　典型的拉萨进出航线航路最低安全高度、预计最大起飞重量和上升顶点飞机重量及其对应的净升限

航线	航路最低安全高度/m	预计最大起飞重量/t	上升顶点飞机重量/t	预计最大起飞重量对应的净升限/m	上升顶点飞机重量对应的净升限/m
成都—拉萨	7 470	68.22	66.86	6 259	6 401
邦达—拉萨	7 470	65.65	64.34	6 528	6 667
重庆—拉萨	7 470	69.63	68.24	6 098	6 258
北京—拉萨	7 470	70.00	68.60	6 054	6 220
西安—拉萨	7 470	70.00	68.60	6 054	6 220
香港—拉萨	7 470	70.00	68.60	6 054	6 220
迪庆—拉萨	7 470	67.29	65.94	6 357	6 498
西宁—拉萨	6 778	69.37	67.98	6 129	6 285

由于使用飘降净升限检查航路最低安全高度不能满足要求，因此需要通过地图作业的方法确定限制障碍物的位置和高度，绘出障碍物剖面，再来检查飘降净航迹能否满足CCAR121.191航路限制要求。下面介绍这种方法的基本步骤。

使用1：1 000 000（或1：500 000）地图（或其他地形高程模型）确定航路障碍物，通常将初始关键点设置在最高航路障碍物位置附近。关键点是我们假设的发动机失效点，该点的飞机重量为最不利气象条件下预计可能的最大重量。考虑两个关键点，关键点 A 是指假设一台发动机在该点之前失效，飞机返航能保证飘降净航迹满足越障要求；关键点 B 是指假设一台发动机在该点之后失效，飞机继续飞往目的地机场能保证飘降净航迹满足越障要求。由此确定出 A 点和 B 点的关系通常有以下两种情况：

第一种情况如图4.4.5所示，关键点 A 在 B 之后，那么飞机在 B 点之前发动机失效只能返航；飞机在 A 点之后发动机失效只能继续飞往目的地机场；飞机在 A 点和 B 点之间发动机失效既可以返航飞回起飞机场也可以继续飞往目的地机场。

第二种情况如图4.4.6所示，关键点 A 在 B 之前，那么飞机在 A 点之前一台发动机失效只能返航；飞机在 B 点之后一台发动机失效只能继续飞往目的地机场；飞机在 A 点和 B 点之间一台发动机失效，既不能返航，也不能飞往目的地机场，此时只能考虑飞往航路备降场并需确保备降航路障碍物的越障余度，或考虑减小起飞重量，或调整航路。

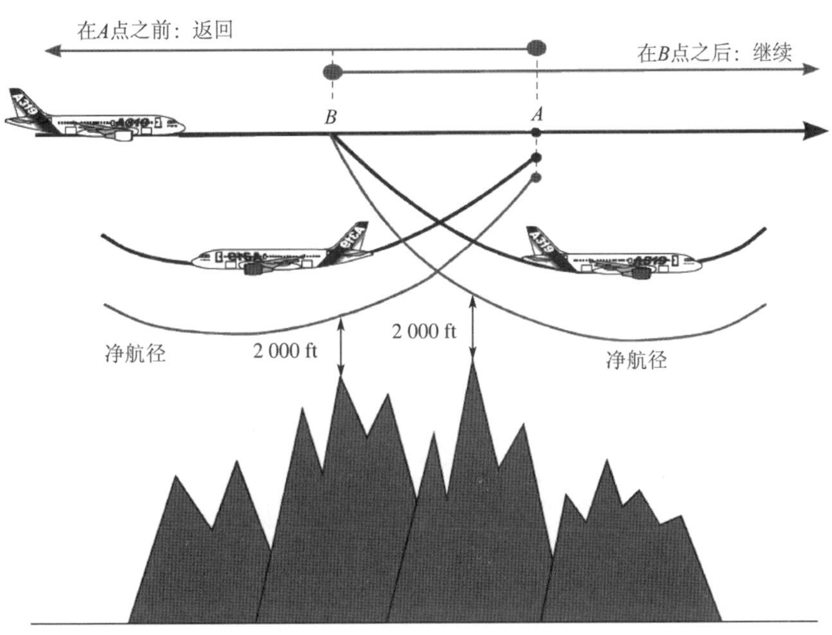

图 4.4.5 一台发动机失效飘降示意图一

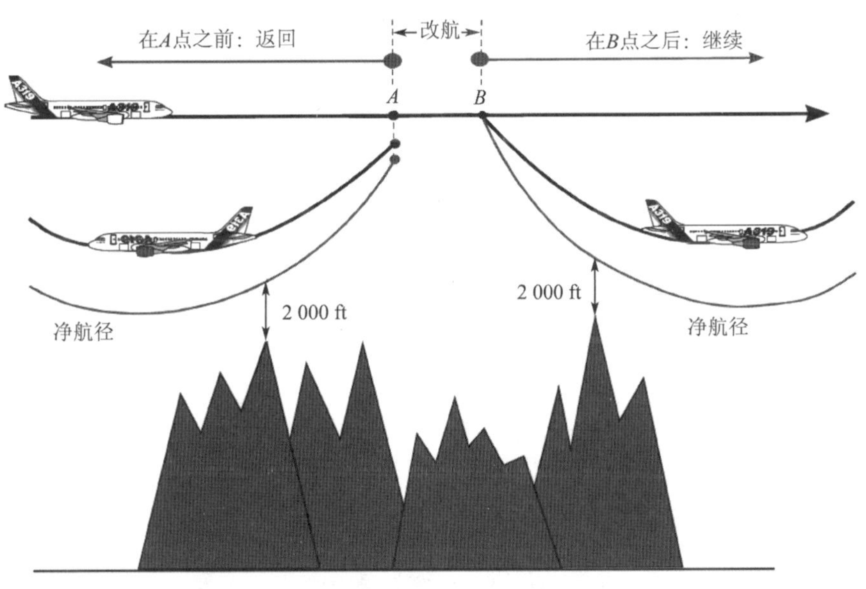

图 4.4.6 一台发动机失效飘降示意图二

CCAR121.191 规定,飘降净航迹要求满足的条件之一就是在预定航迹两侧各25 km (13.5 NM)范围内的所有地形和障碍物上空至少300 m(1 000 ft)的高度上有正梯度,如图

4.4.7 所示。

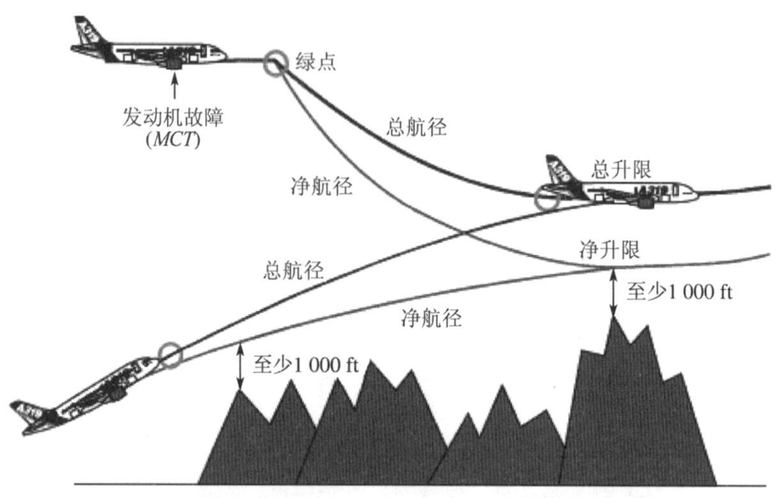

图 4.4.7　一台发动机失效飘降净航迹越障要求一

CCAR121.191 规定,飘降净航迹要求满足的另一个条件就是净飞行轨迹允许飞机由巡航高度继续飞到可以按照 CCAR121.197 条要求进行着陆的机场,能以至少 600 m (2 000 ft)的余度垂直超越预定航迹两侧各 25 km(13.5 NM)范围内所有地形和障碍物,如图 4.4.8 所示。

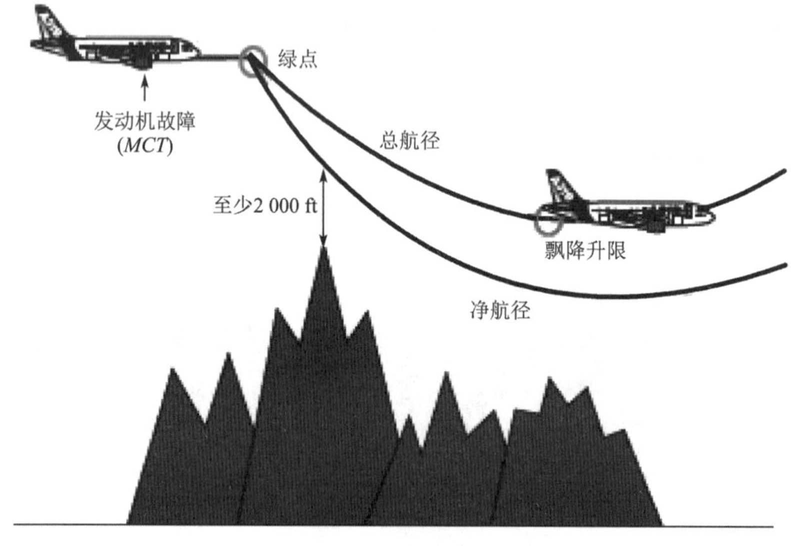

图 4.4.8　一台发动机失效飘降净航迹越障要求二

需要特别强调的是，根据规章的要求，图 4.4.7 和图 4.4.8 的要求只需满足其中之一即可，并不是要求两者同时满足。另外，规章要求一台发动机失效后飞机在要着陆的机场上空 450 m(1 500 ft)的高度上必须有正梯度。

4.5 航路中座舱释压的供氧性能分析

客舱释压发生的概率尽管很小，但还是偶有发生，几乎每年都有几起客舱释压的不安全事件发生。2015 年 9 月 20 日中午，从昆明飞往深圳的 MU5759 航班，飞机客舱释压紧急下降，客舱内氧气面罩脱落。后经确认起因是引气系统显示故障，飞机正常降落，无人员受伤。2018 年 5 月 15 日，从重庆飞往拉萨的 3U8633 航班，在万米高空驾驶舱右风挡玻璃破裂飞脱，座舱严重释压，飞机发生状况时是在高度为 32 000 ft (9 800 m) 的巡航阶段，已经进入青藏高原东南缘，航空器中央电子监视系统 ECAM 出现右风挡防冰故障信息，机组立即按风挡损坏程序处置，下降高度、减速、戴氧气面罩。但很快右风挡爆裂，由于噪声太大无法建立无线电通信联系，机组将应答机编码调至 7700[民航中应答机编码 7700 表示紧急状况，7600 表示通信故障，7500 表示非法行为(比如劫机)]。然后迅速下降高度，降至 24 000 ft(7 200 m)时飞行了几分钟直到飞出山到达盆地上空后开始下降，然后一路下降直到迫降成都双流国际机场。

飞行中离地面越高氧气含量就越少。民航飞机座舱是增压座舱，一旦航路飞行中出现座舱释压，飞机座舱内外大气压基本一致。由于巡航高度上大气压强小，氧气量少，机组和旅客的生命面临威胁，因此民航飞机上都有供应氧气的系统，以便在座舱释压后对机组和旅客供氧，确保机组和旅客的生命安全。

通常飞机在巡航高度飞行遇到飞机释压时，标准的处置程序为紧急下降至 10 000 ft，然后平飞。飞机自带的固体氧气发生器产生的氧气一般能为旅客供氧一二十分钟。如果航路最低安全高度较高，则飞机不能下降到 10 000 ft，需在较高的高度飞行，如在高原航线(如成都—拉萨等)上运行，需按规定精确计算氧气的需要量，必要时还需给飞机加装供氧设备。

航路中座舱释压的供氧问题必须依据《运输类飞机适航标准》(CCAR-25-R4)、《大型飞机公共航空运输承运人运行合格审定规则》(CCAR-121-R7)、《民用飞机运行的仪表和设备要求》(AR93001R2)及《飞机航线运营应进行的飞机性能分析》(AC-121FS-006)中的相关条例进行具体分析。根据相关规则的要求，除非有补充氧气系统，否则营运人不得在 10 000 ft 以上的高度对飞机进行增压运行。

4.5.1 法规要求

CCAR25.1443 条　最小补氧流量

(a)如果装有飞行机组成员使用的连续供氧设备，则每分钟呼吸 15 L(BTPS，即体内温度为 37 ℃，周围压力及饱和水汽)，且(保持固定呼吸时间间隔的)最大潮气量为 700 mL时，每一机组成员所需的最小补氧流量，不得小于保持吸气平均气管氧分压为 19 865 Pa(149 mmHg)所需的氧流量。

(b)如果装有飞行机组成员使用的肺式供氧设备，则每分钟呼吸 20 L(BTPS)时，每一机组成员所需的最小补氧流量，座舱气压高度低于或等于 10 500 m(35 000 ft)时，不得小于保持吸气平均气管氧分压为 16 265 Pa(122 mmHg)所需的氧流量；座舱气压高度在 10 500~12 000 m(35 000~40 000 ft)时，不得小于保持含氧百分比为 95 所需的氧流量。此外，必须具有可供机组成员选用纯氧的手段。

(c)对于旅客和客舱服务员，在不同的座舱气压高度上每人所需的最小补氧流量，不得小于在使用氧气设备(包括面罩)时保持下述吸气平均气管氧分压所需的氧流量：

(1)座舱气压高度超过 3 000 m(10 000 ft)直到 5 600 m(18 500 ft)，每分钟呼吸 15 L(BTPS)，且(保持固定呼吸时间间隔的)潮气量为 700 mL 时，平均气管氧分压为 13 332 Pa(100 mmHg)；

(2)座舱气压高度超过 5 600 m(18 500 ft)直到 12 000 m(40 000 ft)，每分钟呼吸 30 L(BTPS)，且(保持固定呼吸时间间隔的)潮气量为 1 100 mL 时，平均气管氧分压为 11 172 Pa(83.8 mmHg)。

(d)如果装有急救供氧设备，则供每人使用的最小氧流量每分钟不得少于 4 L[STPD，即标准状态：0 ℃，101 325 Pa(760 mmHg)，干燥气体]。然而，可使用某种手段在任何座舱高度下将每分钟氧流量减到不少于 2 L(STPD)，以急救用氧者每人每分钟 3 L 的平均氧流量为依据来确定需用氧量。

(e)如果装有供机组成员使用的手提式氧气设备，则最小补氧流量与本条(a)或(b)规定的相同，取适用者。

CCAR25.1445 条　氧气分配系统设置的规定

(a)当向机组和旅客均供氧时，分配系统必须按下列两种方式之一进行设计：

(1)一个氧源供给值勤的飞行机组，另用单独的氧源供给旅客和其他机组成员；

(2)共用一个氧源，但是应有设施能为值勤的飞行机组单独保留所需的最小用氧量。

(b)手提的连续供氧式、稀释肺式或纯氧肺式供氧装置均可用来满足机组或旅客呼吸的要求。

CCAR25.1447 条　分氧装置设置的规定

如果装有分氧装置，则采用下列规定：

(a)每一需要补氧的乘员必须有各自的分氧装置,分氧装置必须设计成能盖住口鼻,并且必须具有合适的手段将其保持在面部,飞行机组的补氧面罩必须备有使用通话器的设施。

(b)如果申请运行高度低于和等于 7 600 m(25 000 ft)的合格审定,则供每一机组成员立即使用的供氧接头和分氧设备,必须位于易取处,其他乘员所用的供氧接头和分氧设备,必须设置在能够满足中国民用航空规章营运规则的要求来使用氧气的位置上。

(c)如果申请运行高度超过 7 600 m(25 000 ft)的合格审定,则必须有符合下列规定的分氧设备:

(1)必须有接在供氧接头上可供每个乘员就座时立即使用的分氧装置,并且在每个厕所至少要有两个接在供氧接头上的分氧装置。分氧装置和供氧口的总数必须比座位数至少多10%,多余的分氧装置必须尽可能均匀地分布在整个座舱内。如果申请运行高度超过 9 000 m(30 000 ft)的合格审定,则提供所需氧流量的分氧装置必须在座舱气压高度超过 4 500 m(15 000 ft)之前自动送达乘员处,并且必须为机组设置手动装置,在自动系统失效时能使分氧装置立即可供使用。

(2)在驾驶舱内值勤的每一飞行机组成员,必须拥有连接至供氧接头的速戴型分氧装置,且必须当机组成员坐在自己工作位置上时可以立即取用,该分氧装置的设计与安装应满足下列要求:

(i)能用单手在 5 s 内把分氧装置从其待用位置上取下戴到脸上,正确地固定好,密封妥当并按需要供氧,而不碰掉眼镜或延误执行应急任务;

(ii)在戴上分氧装置时,能够完成正常的通信联络任务。

(3)飞行机组的分氧装置必须是:

(i)飞机在 7 600 m(25 000 ft)以上飞行时,稀释肺式、压力肺式(有一个稀释肺式压力呼吸调节器的压力肺式面罩)或其他经批准的能表明其提供有相同保护水平的氧气设备;

(ii)如果不是概率极不可能的释压会使机组处于座舱气压高度超过 10 200 m (34 000 ft)时,面罩装有调节器的压力肺式(有一个稀释肺式压力呼吸调节器的压力肺式面罩)类型或其他经批准的能表明可为机组提供相同保护水平的氧气设备。

(4)手提式供氧设备必须能提供每个客舱服务员立即使用。手提式供氧设备必须有与手提式氧气供应装置相连的氧气分配单元。

CCAR121.327 条　活塞发动机飞机用于生命保障的补充供氧要求

(a)除按照本规则第 121.331 条提供补充供氧的情况外,按照本规则运行的飞机应当按照本条(b)和(c)款的规定装备和使用补充供氧。某一特定运行所需要的补充供氧量,应当根据飞行高度和飞行持续时间,按照为每次运行和航路所制定的运行程序来确定。

(b)机组成员。

(1)在座舱气压高度 3 000 m(10 000 ft)以上至 3 600 m(12 000 ft)(含),应当对

在驾驶舱内值勤的飞行机组每一成员提供氧气，驾驶舱内值勤的飞行机组成员也应当用氧，并且对于在这些高度上超过 30 min 的那部分飞行中，应当对其他机组成员提供氧气。

(2)在座舱气压高度 3 600 m(12 000 ft)以上，应当对在驾驶舱内值勤的飞行机组每一成员提供氧气，驾驶舱内值勤的飞行机组成员也应当用氧，并且在此高度上整个飞行时间内，应当对其他机组成员提供氧气。

(3)当要求某一飞行机组成员用氧时，他应当连续用氧，除非为执行其正常勤务必需除去氧气面罩或者其他氧气分配器时。对那些处于待命状态的或者在完成此次飞行前肯定要在驾驶舱内值勤的后备机组成员，应当按照不在驾驶舱内值勤的其他值勤机组成员供氧量提供氧气。如果某一后备机组成员不在待命状态，并且在剩下的一段飞行中将不在驾驶舱内值勤，则就补充氧气要求而言，可将其视为一名旅客。

(c)旅客。合格证持有人应当按照下列要求提供为保证旅客安全的经批准的氧气源：

(1)对于座舱气压高度 2 400 m(8 000 ft)以上至 4 300 m(14 000 ft)(含)时间超过 30 min 的飞行，足以为 10%的旅客供氧 30 min。

(2)对于座舱气压高度 4 300 m(14 000 ft)以上至 4 600 m(15 000 ft)(含)的飞行，足以为 30%的旅客在这些高度上的那部分飞行提供氧气。

(3)对于座舱气压高度 4 600 m(15 000 ft)以上的飞行，足以在此高度上的整个飞行时间内为机上每一旅客提供氧气。

(d)本章中“座舱气压高度”指与飞机座舱内压力相对应的气压高度，“飞行高度”指飞机在海平面以上的运行高度。对于无增压座舱的飞机，“座舱气压高度”和“飞行高度”是相同的。

CCAR121.329 条　涡轮发动机飞机用于生命保障的补充供氧要求

(a)在运行涡轮发动机驱动的飞机时，每个合格证持有人应当根据本条的规定，在飞机上配备生命保障氧气和分配设备以供使用。

(1)所提供的氧气量应当至少是为遵守本条(b)和(c)款所必需的量。

(2)某一特定运行符合本规则所需要的生命保障和急救用氧气量，应根据座舱气压高度和飞行持续时间，按照为每次飞行和每一航路所制定的运行程序确定。

(3)对具有增压座舱的飞机，氧气量应根据座舱气压高度和下列假设来确定：座舱增压故障发生在供氧需求临界的飞行高度或者飞行中某点，飞机按照飞机飞行手册中规定的应急程序，在不超过其使用限制的情况下，下降到不再需要补充氧气的飞行高度。

(4)发生了这种故障之后，座舱气压高度被认为与飞行高度相同，除非能证明，座舱增压设备任何可能的故障均不会导致座舱气压高度等于飞行高度。在这种情况下，应将达到的最大座舱气压高度作为审定或者确定供氧量的依据，或者它们二者的共同依据。

(b)机组成员。每个合格证持有人应当按照下列要求为机组成员提供氧气源：

(1)在座舱气压高度 3 000 m(10 000 ft)以上至 3 600 m(12 000 ft)(含),应当对在驾驶舱内值勤的每一飞行机组成员提供氧气,他们也应当用氧,并且如果在这些高度上超过 30 min,则对于 30 min 后的那段飞行应当对其他机组成员提供氧气。

(2)在座舱气压高度 3 600 m(12 000 ft)以上,应当对在驾驶舱内值勤的每一飞行机组成员提供氧气,他们也应当用氧,并且在此高度上整个飞行时间内,应当对其他机组成员提供氧气。

(3)当要求某一飞行机组成员用氧时,他应当连续用氧,除非为执行其正常任务需要除去氧气面罩或者其他氧气分配器。对那些处于待命状态的或者在完成此次飞行前肯定要在驾驶舱内值勤的后备飞行机组成员,视为本款第(1)、(2)项所述的其他机组成员。如果某一后备飞行机组成员不在待命状态,并且在剩下的一段飞行中将不在驾驶舱内值勤,则就补充氧气要求而言,可以将其视为一名旅客。

(c)旅客。每个合格证持有人应当按照下列要求为旅客提供氧气:

(1)对于座舱气压高度 3 000 m(10 000 ft)以上至 43 000 m(14 000 ft)(含)的飞行,如果在这些高度上超过 30 min,则对于 30 min 后的那段飞行应当为 10%的旅客提供足够的氧气;

(2)对于座舱气压高度 4 300 m(14 000 ft)以上至 4 600 m(15 000 ft)(含)的飞行,足以为 30%的旅客在这些高度的飞行中提供氧气;

(3)对于座舱气压高度 4 600 m(15 000 ft)以上的飞行,在此高度上整个飞行时间内为机上每一旅客提供足够的氧气。

CCAR121.331 条　具有增压座舱的活塞发动机飞机应急下降和急救用的补充氧气要求

(a)当运行活塞发动机驱动的有增压座舱的飞机时,合格证持有人应当按照本条(b)至(d)款在座舱增压失效时的要求来装备飞机。

(b)对机组成员。当在飞行高度 3 000 m (10 000 ft)以上运行时,合格证持有人应当提供在这些高度上整个飞行时间内每一机组成员充足的氧气,并且对驾驶舱内值勤的每一飞行机组成员提供的氧气量不得少于 2 h。所要求的 2 h 供氧量,是飞机以恒定的下降率从其最大合格审定使用高度用 10 min 下降至 3 000 m(10 000 ft),随后在 3 000 m (10 000 ft)高度上保持 110 min 所必需的氧气量。可用本规则 CCAR121.337 条所要求的供氧量来确定在驾驶舱内值勤的飞行机组人员在座舱增压失效情况下所需要的补充供氧量。

(c)对旅客。当在飞行高度 2 400 m(8 000 ft)以上运行时,合格证持有人应当按照下列要求提供氧气:

(1)当飞机在飞行高度 7 600 m(25 000 ft)(含)以下飞行时,如果在飞行航路上任一点飞机均能在 4 min 之内安全下降到飞行高度 4 300 m(14 000 ft)(含)以下,则足以为 10%的旅客供氧 30 min。

(2)如果飞机不能在 4 min 之内降至飞行高度 4 300 m(14 000 ft)(含)以下,则应当按照下列要求提供氧气：

(i)对于在飞行高度 4 600 m(15 000 ft)以上时间超过 4 min 的那部分飞行，按照本规则 CCAR121.327 条(c)款第(3)项所要求的供氧量；

(ii)对于飞行高度 4 300 m(14 000 ft)以上至 4 600 m(15 000 ft)(含)的飞行，按照本规则 CCAR121.327 条(c)款第(2)项所要求的供氧量；

(iii)对于飞行高度 2 400 m (8 000 ft)以上至 4 300 m(14 000 ft) (含)的飞行，足以为 10%的旅客提供 30 min 的供氧量。

(3)当飞机在飞行高度 7 600 m(25 000 ft)以上飞行时，在飞行高度 2 400 m (8 000 ft)至 4 300 m(14 000 ft) (含)的整个飞行期间(包括应急下降)足以为 10%的旅客提供 30 min 的氧气量，加上在 4 300 m(14 000 ft)以上符合本规则 CCAR121.327 条(c)款第(2)和(3)项要求的供氧量。

(d)就本条而言，假设座舱增压是在最临界的飞行高度或者飞行中某点上出现故障，飞机在不超过其正常使用限制的情况下，下降到能够超越地形障碍的安全飞行高度。

CCAR121.333 条　**具有增压座舱的涡轮发动机飞机应急下降和急救用的补充氧气要求**

(a)当运行具有增压座舱的涡轮发动机飞机时，合格证持有人应当提供氧气和分配设备，以在座舱增压失效时符合本条(b)款至(e)款的要求。

(b)机组成员。当在飞行高度 3 000 m(10 000 ft)以上运行时，合格证持有人应当向在驾驶舱内值勤的每一飞行机组成员提供足以符合本规则 CCAR121.329 条要求的但供氧时间不少于 2 h 的氧气。所要求的 2 h 供氧量，是飞机从其最大审定运行高度以恒定下降率用 10 min 下降至 3 000 m(10 000 ft)，并随后在 3 000 m(10 000 ft)高度上保持 110 min所必需的供氧量。在确定驾驶舱内值勤的飞行机组成员所需要的供氧量时，可以包括座舱增压失效时本规则 CCAR121.327 条所要求的供氧量。

(c)飞行机组人员对氧气面罩的使用。

(1)当在飞行高度 7 600 m(25 000 ft)以上运行时，在驾驶舱内值勤的每一飞行机组成员均应当配备有一个氧气面罩，其设计应保证能将其迅速取下戴在脸上，适当固定并密封，在需要时能立即供氧，并且不妨碍该飞行机组成员与其他机组成员之间用飞机内话系统立即通话。当在飞行高度 7 600 m(25 000 ft)以上未使用氧气面罩时，它应当保持在备用状态，且位于飞行机组人员在其值勤位置上可以立即取用的范围内。

(2)当在飞行高度 7 600 m(25 000 ft)以上运行时，操纵飞机的一名驾驶员应当按照下述规定，始终使用一个固定在脸上、密封并供氧的氧气面罩：

(i)如果在驾驶舱值勤的每一个飞行机组成员均有一个速戴型氧气面罩，合格证持有人已经证明用一只手在 5 s 内即可以戴到脸上，适当固定、密封并在需要时能立即供氧，则在低于下述飞行高度(含)时，驾驶员不需要戴上和使用氧气面罩：

(A)客座数在30以上(不包括任何必需的机组成员座位),或者商载大于3 400 kg(7 500 lb)的飞机,低于飞行高度层12 500 m(41 000 ft)(含);

(B)客座数在31以下(不包括任何必需的机组成员座位),或者商载不大于3 400 kg(7 500 lb)的飞机,低于飞行高度层10 500 m(35 000 ft)(含)。

(ii)合格证持有人还应当证明,佩戴面罩不妨碍戴眼镜,也不会延误飞行机组成员执行其指定的紧急任务。氧气面罩在戴上后,不得妨碍该飞行机组成员与其他机组成员之间用飞机内话系统立即通话。

(3)尽管有本条(c)款第(2)项的规定,当在飞行高度7 600 m(25 000 ft)以上运行时,如果由于任何一种原因,在任一时刻,操纵飞机的一名驾驶员需要离开其工作位置时,则操纵飞机的另一名驾驶员应当戴上并使用氧气面罩,直至那名驾驶员回到其工作位置。

(4)在每次飞行的起飞之前,每个飞行机组成员应当对其所使用的氧气设备进行飞行前检查,以确保氧气面罩功能正常、固定合适并连接到适当的供氧接头上,且供氧源及其压力适于使用。

(d)客舱乘务员对便携式氧气设备的使用。在飞行高度7 600 m(25 000 ft)以上飞行期间,每一客舱乘务员应当携带至少可以供氧15 min的便携式氧气设备,除非经证明,在整个客舱内分布有足够的带有面罩或者备用接口的便携式氧气装置,或者在整个客舱内分布有足够的备用接口和面罩,可以确保在座舱释压时,无论客舱乘务员在何处,每一客舱乘务员均可以立即使用氧气。

(e)旅客。当飞机在飞行高度3 000 m(10 000 ft)以上运行时,应当对旅客提供满足下列要求的氧气源:

(1)经合格审定在飞行高度7 600 m(25 000 ft)以下(含)运行的飞机能在所飞航路的任一点上4 min之内安全下降到飞行高度4 300 m(14 000 ft)(含)以下时,应当按照本规则规定的供氧率为至少10%的旅客提供30 min的氧气。

(2)当飞机运行在飞行高度7 600 m (25 000 ft)(含)以下且不能在4 min之内安全下降到飞行高度4 300 m (14 000 ft)时,或者当飞机运行在飞行高度7 600 m (25 000 ft)以上时,在座舱释压后座舱气压高度3 000 m(10 000 ft)以上至4 300 m (14 000 ft)(含)的整个飞行期间应当能以本规则规定的供氧率为至少10%的旅客供氧,并且按照适用情况,能够符合本规则CCAR121.329条(c)款第(2)和(3)项的要求,但对旅客的供氧时间应当不少于10 min。

(3)为了对那些由于生理上的原因,在从飞行高度7 600 m(25 000 ft)以上的座舱气压高度下降后可能需要纯氧的机上乘员进行急救护理,在座舱失密后座舱气压高度2 400 m(8 000 ft)以上的整个飞行时间内,应当为2%的乘员(但在任何情况下不得少于1人)提供符合《运输类飞机适航标准》(CCAR-25)CCAR25.1443条的氧气源。应当有适当数量(但在任何情况下不得少于2个)的经认可的氧气分配装置,并带有一种装置供客舱乘务员使用这一供氧源。

(f)旅客简介。在飞行高度 7 600 m(25 000 ft)以上的飞行实施之前,机组成员应当将一旦座舱释压时使用氧气的重要性向旅客说明,并向他们指出氧气分配设备的所在位置和向他们演示其使用方法。

4.5.2 机载氧气设备简介

现代民航客机出于生命安全方面的考虑,针对处置各种紧急情况的需要在飞机上安装了四种类型的氧气设备,即飞行机组氧气系统、旅客氧气系统、防护性呼吸保护装置 PBE(Protective Breathing Equipment)及应急救援供氧设备。飞行机组氧气系统用于飞机出现座舱释压或驾驶舱出现烟雾和有毒气体时为机组提供氧气;旅客氧气系统用于飞机出现座舱释压时为旅客和乘务员提供氧气;防护性呼吸保护装置用于机舱内出现失火等紧急情况时,为飞行机组和乘务员灭火提供氧气;应急救援供氧设备用于急救时为机上人员提供氧气。下面重点以 A319-115 为例介绍机载氧气系统的组成及特性。

4.5.2.1 飞行机组氧气系统

A319-115 飞行机组氧气系统的氧气存储在一个 115 ft^3 的高压氧气瓶内,最大瓶压为 1 850 psi。一个压力调节器与氧气瓶直接相连,可向使用者输送适当压力的氧气。驾驶舱每个机组座椅旁有一个全面部、快速佩戴的氧气面罩,面罩上的调节器可提供混合氧气、纯氧或应急情况下的正压氧气。当调节器设在 NORMAL(正常)位时,使用者可吸入客舱空气和氧气的混合气体,直到座舱高度达到调节器提供 100%氧气时为止;当调节器设在 100%(纯氧)位时,使用者在所有座舱高度上都可以吸入纯氧;在应急情况下如驾驶舱出现有毒气体,使用者可通过应急超压旋钮接受压力供氧,以防止有毒气体侵入氧气面罩。

典型飞机的设计性能参数如表 4.5.1 所示。

表 4.5.1 典型飞机的设计性能参数

参考温度		℃	-10	0	10	20	30	40	50
		℉	14	32	50	68	86	104	122
最低氧气瓶压力/psi	2 名机组成员		468	486	504	522	540	558	576
	2 名机组成员+1 名观察员		606	629	652	675	698	721	744
	2 名机组成员+2 名观察员		759	788	817	846	875	904	933
参考温度=(外界环境温度+驾驶舱指示温度)÷2									

在起飞前飞行机组必须检查机组氧气瓶压力,如果运行的航线最低安全高度在 10 000 ft(含)以下,应根据外界环境温度、驾驶舱指示温度及飞行机组成员的人数由表 4.5.1 确定飞行机组最低氧气瓶压力。

如果飞机在高原航线上飞行，航路中发生客舱释压后不能下降到 10 000 ft 以下，飞行机组应根据航线客舱释压后的巡航高度、飞行时间、机组人数确定最低氧气瓶压力。以成都—拉萨航线为例，考虑客舱释压后巡航高度为 25 000 ft，飞行机组成员有 4 名，可确定最低氧气瓶压力为 1 500 psi。

B737-800（CFM56-7B26）机组氧气瓶压力要求如表 4.5.2 所示。从表中分析可知，如果使用 76 ft^3 的高压氧气瓶，若氧气瓶温度为 30 ℃，则 2 名机组成员所需的氧气瓶压力为 690 psi，3 名机组成员所需的氧气瓶压力为 990 psi，4 名机组成员所需的氧气瓶压力为 1 280 psi。

从表 4.5.2 中分析可知，如果使用 114/115 ft^3 的高压氧气瓶，若氧气瓶温度为 30 ℃，则 2 名机组成员所需的氧气瓶压力为 495 psi，3 名机组成员所需的氧气瓶压力为 690 psi，4 名机组成员所需的氧气瓶压力为 885 psi。

表 4.5.2　B737-800（CFM56-7B26）机组氧气瓶压力要求

Flight Crew Oxygen Requirements

Required Pressure (PSI) for 76 Cu. Ft. Cylinder

BOTTLE TEMPERATURE		NUMBER OF CREW USING OXYGEN		
°C	°F	2	3	4
50	122	735	1055	1360
45	113	725	1040	1340
40	104	715	1020	1320
35	95	700	1005	1300
30	86	690	990	1280
25	77	680	975	1255
20	68	670	960	1240
15	59	655	940	1215
10	50	645	925	1195
5	41	635	910	1175
0	32	620	890	1150
-5	23	610	875	1130
-10	14	600	860	1110

Required Pressure (PSI) for 114/115 Cu. Ft. Cylinder

BOTTLE TEMPERATURE		NUMBER OF CREW USING OXYGEN		
°C	°F	2	3	4
50	122	530	735	945
45	113	520	725	930
40	104	510	715	915
35	95	505	700	900
30	86	495	690	885
25	77	485	680	870
20	68	480	670	860
15	59	470	655	840
10	50	460	645	830
5	41	455	635	815
0	32	445	620	800
-5	23	440	610	785
-10	14	430	600	770

4.5.2.2 旅客氧气系统

对于现代民航运输机，在旅客座位、乘务员位、盥洗室和乘务员工作区上方的氧气容器箱内储藏有若干个氧气面罩。飞机发生座舱释压后，当座舱气压高度达到某一设定值（通常为 13 500~14 000 ft）时，氧气容器箱中气动锁定机构自动打开，让氧气面罩落下。旅客向下拉面罩，将面罩戴在口鼻处正常呼吸，就可以获得氧气。如果气动门锁销松锁失效，机组可用人工释放工具放下氧气面罩，人工释放工具储存在客舱乘务员位置。如 A319-115 旅客座位有 128 个，客舱乘务员座位有 6 个。考虑到有携带婴儿的旅客及氧气面罩出现故障等情况，通常氧气面罩的安装数量大于旅客座位数。根据 CCAR25.1447(c) 的规定，氧气面罩的总数至少要超出座位数的 10%，因此，在计算氧气量时，氧气面罩数量可按照客舱旅客座位总数×110%+客舱乘务员座位数计算。对于 A319-115，按照 147 个氧气面罩计算。

目前，民航客机上的旅客氧气系统有两类：化学氧气系统和氧气瓶供氧系统。具体采用哪种氧气系统取决于航空公司购买飞机时的选型和飞机运行的航线。有些航空公司购买飞机时配备的是化学氧气系统，但由于航线运行的需要后来又改装成了氧气瓶供氧系统。

(1) 化学氧气系统

化学氧气系统所提供的氧气由氧气发生器中的氯酸盐等物质发生化学反应产生（如图 4.5.1 所示）。在旅客座椅上方的每个氧气容器箱内分别配有 1 个氧气发生器和若干个与之连接的氧气面罩。

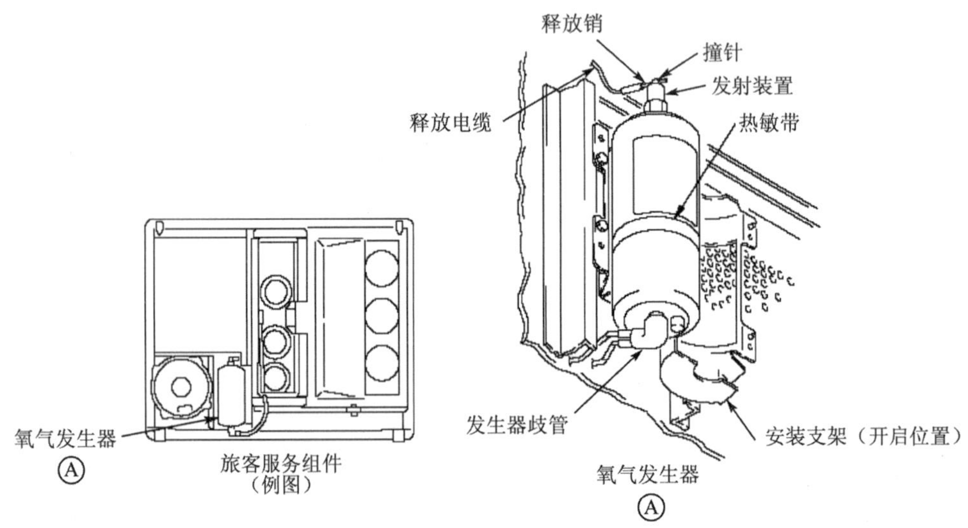

图 4.5.1 化学氧气系统

飞机发生客舱释压后，客舱压力高度达到某一设定值时，氧气面罩会自动放出，当氧气容器箱内任何一个氧气面罩被拉下时，氧气发生器被启动，氧气从该容器箱内的所有氧气面罩中流出，即使不使用也不能停止。化学氧气系统氧气流量不能调节，并且氧气流量与客舱压力高度无关。不同的化学氧气发生器提供的供氧时间有一定差别，通常为12 min、15 min 或 22 min。化学氧气系统供氧时间和最大氧气剖面是固定的，限制了客舱释压后的飞行剖面，在高原运行中往往不能满足航路最低安全高度的要求。A320 12 min 化学氧气系统的最大氧气剖面如图 4.5.2 所示（由飞行机组操作手册提供）。A319-115 22 min化学氧气系统的最大氧气剖面如图 4.5.3 所示（由飞行机组操作手册提供）。

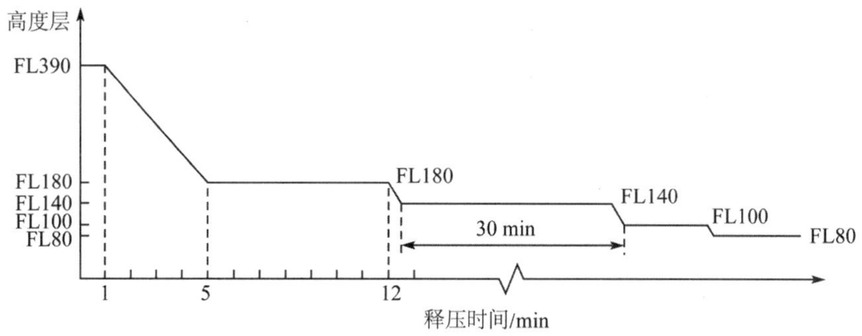

图 4.5.2　A320 12 min 化学氧气系统的最大氧气剖面

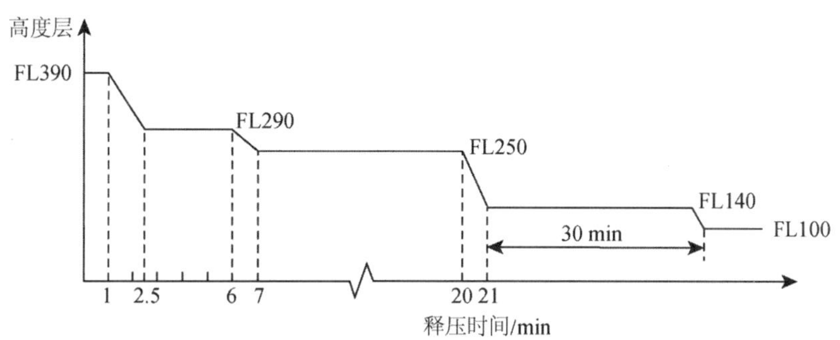

图 4.5.3　A319-115 22 min 化学氧气系统的最大氧气剖面

（2）氧气瓶供氧系统

氧气瓶供氧系统的氧气储存在货舱内的氧气瓶内。氧气经供气管路和管道网状系统传输到客舱氧气容器箱，通常每个氧气容器箱内安装有若干个氧气面罩，每个氧气面罩内有一个能够探测客舱压力高度的氧气流率调节装置。

飞机发生客舱释压后，客舱压力高度达到某一设定值时，氧气面罩会自动放出，只有被拉下的氧气面罩才有氧气流出，而且氧气流率随着客舱压力高度的增加而增大。供氧时间取决于氧气瓶的数量、氧气瓶的压力、氧气面罩使用数量、客舱压力高度、飞行剖面等因素。如 A319-115 的旅客氧气系统为氧气瓶供氧系统，通常该系统选装了 6 个容积为 116.9 ft^3 的氧气瓶，氧气瓶数量最多可以增加到 8 个，具体数量根据飞行的航线确定的供氧时间来最终确定。在温度为 21.1 ℃时，氧气瓶压力为 1 850 psi，对应的可用容积为 105 ft^3。

因此，氧气瓶供氧系统的氧气剖面并不固定，可以根据实际航路的地形来灵活调节氧气剖面。

总之，化学氧气系统和氧气瓶供氧系统各有优缺点。化学氧气系统一般按供氧时间分为 12 min、15 min 和 22 min 等几种不同规格，它比氧气瓶供氧系统的成本低并且重量小，且氧气剖面是固定的。氧气瓶供氧系统的氧气剖面可以根据航线障碍物高度和位置灵活设置，并且其供氧时间明显优于化学氧气系统，增加氧气量比较方便，适合在高原航线运行。在实际运行中，通常只有运行高高原航线的机型使用氧气瓶供氧系统，运行其他航线的机型都采用化学氧气系统。

化学氧气系统改为氧气瓶供氧系统花费巨大，在飞机选型时应该考虑是否预计实施高高原航线运行，并对供氧问题进行仔细分析，避免日后改装造成经济损失。目前，国内航线上主要有 A319-115、A319-133、A330-243/343 以及 B737-700（CFM56-7B24A）这几个机型在高高原航线运营，特别是成都—拉萨航线，因此这几个机型通常采用氧气瓶供氧系统。其他机型采用的几乎都是化学氧气系统，有些机型为了能在短距离高原航线使用，化学氧气系统都采用了 22 min 的规格，如 ARJ21 机型目前交付给航空公司的都是使用 22 min化学氧气系统。

4.5.2.3 防护性呼吸保护装置

防护性呼吸保护装置（PEB）由全封闭烟雾罩、化学氧气发生器［化学物质 $NaClO_3$（氯酸钠）+石蜡］、CO_2 吸收器等部件组成，如图 4.5.4（a）所示。防护性呼吸保护装置能够在机组成员灭火或飞机上出现烟雾和有毒气体时为眼睛和呼吸系统提供保护，通常有效时间为 15 min，工作原理如图 4.5.4（b）所示。

在 A319-115 飞机的驾驶舱右驾驶员座椅的右侧安装了 2 个防护性呼吸装置，客舱共安装了 6 个，另有后厨房 4 个、前厨房 2 个。

4.5.2.4 应急救援供氧设备

《大型飞机公共航空运输承运人运行合格审定规则》（CCAR-121-R7）第 121.333 条（e）（3）规定：为了对那些由于生理上的原因，在从飞行高度 7 600 m（25 000 ft）以上的座舱气压高度下降后可能需要纯氧的机上乘员进行急救护理，在座舱释压后座舱气压高度 2 400 m（8 000 ft）以上的整个飞行时间内，应当为 2%的乘员（但在任何情况下不得少于 1 人）提供符合 CCAR25.1443 条的氧气源。应当有适当数量（但在任何情况下不得少于 2 个）的经认可的氧气分配装置，并带有一种装置供客舱机组成员使用这一供氧源，通常飞机上使用急救用便携式氧气瓶来满足规章要求。

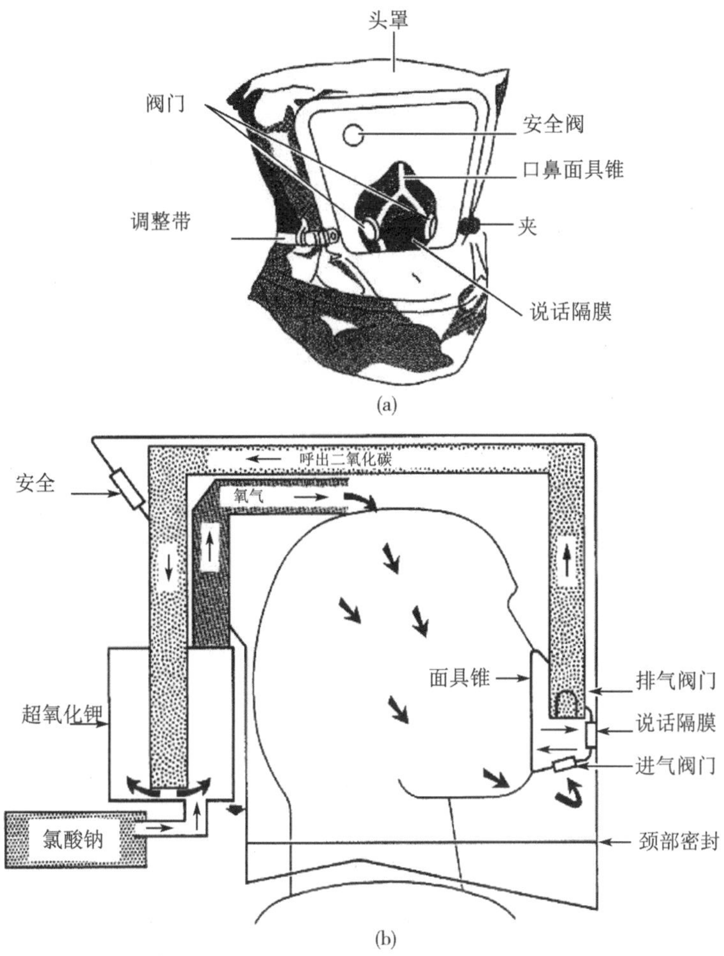

图 4.5.4 防护性呼吸保护装置及其工作原理

A319-115 共配备了 4 个容积为 11 ft^3(310 L)的高压氧气瓶。在温度为 21.1 ℃时氧气瓶压力为 1 800 psi,用于满足机上人员急救护理的需要。急救用氧气瓶放置在行李架内,通常有医用标志。

4.5.3 座舱释压后的应急下降

民航运输机正常飞行中由于座舱是增压的,座舱气压高度通常小于 10 000 ft(如某机型在巡航高度时座舱气压高度为 8 400 ft),因此能够满足飞机上的旅客供氧量。但如果在高空巡航中出现座舱释压,舱压下降,乘客将因为缺氧而丧失有效意识。表 4.5.3 给出了在不同飞行高度层人的有效意识时间。为了确保在座舱释压后旅客的生命安全,在高空巡航释压后飞行机组需要尽快将飞机下降到较低的高度飞往备降场,在地形较高的航路必须确保能够满足航路越障要求，同时在这个过程中还必须按规章要求通过氧气系统给旅客供氧。

表 4.5.3 在不同飞行高度层人的有效意识时间表

高度层	有效意识时间
FL150	60 min 以内
FL180	30 min 以内
FL200	5～10 min
FL250	2～3 min
FL300	75 s
FL350	45 s
FL400	30 s
FL500	10～12 s

巡航中座舱释压后需要应急下降，某飞机进行应急下降程序的规定如下：

（1）断开自动油门并收到慢车，放出扰流板，推杆使飞机以 10°俯角转入下降，但不得出现负过载。

（2）为了尽快转入下降，可以采用转弯的方法使飞机进入预定俯角，在下降中保持 V_{MO}/M_{MO}。

（3）通常在应急下降过程中应放下起落架以增大下降率，但必须满足放下起落架的相应规定。

应急下降过程中飞机的下降率通常很大，高达 4 000～5 000 ft/min，甚至可能更高。

4.5.4 供氧性能分析

通过前面对飞机机载氧气的介绍可知，机载氧气对机组和旅客的供氧通常是两套不同的系统，并且根据规章的要求供给机组的氧气量远大于供给旅客的氧气量。因此，飞机应急下降时的供氧往往仅受旅客供氧限制。虽然飞机在航路中座舱释压后需要应急下降，下降过程中需要给旅客供氧，但由于应急下降的下降率非常大，因此通常飞机从巡航高度（通常约为 30 000 ft）应急下降到 10 000 ft 仅仅需要几分钟。根据规章的要求，飞行高度 10 000 ft 以下不需要给旅客供氧，特殊旅客需要氧气可以通过急救用便携式氧气瓶供氧。因此，对于航路安全高度较低的航线，如航路安全高度低于 14 000 ft 的航线，通常不需要特殊考虑氧气的供应问题，仅需配备有 12 min 及以上的化学氧气系统即可满足规章运行要求。但对于航路安全高度较高的航线，通常化学供氧系统是不能满足要求的，这就要求运行机型使用氧气瓶供氧系统，需要进行供氧分析，以确保飞机在较高的高度上运行时能满足旅客氧气需求。

如果在机场甲与机场乙之间预计开通一条往返航线，由于航路安全高度较高，巡航中出现座舱释压后飞机无法下降到较低高度，需要在满足越障要求的较高高度飞行至目的地机场或备降场，此时就需要分析客舱释压后的供氧问题，具体如图 4.5.5、图 4.5.6 所示。

首先，基于机载氧气量确定航路上的客舱释压关键点 *A* 和 *B*。*B* 点是航路上能够满足旅客用氧要求的距离机场甲最远的点，*A* 点是航路上能够满足旅客用氧要求的距离机场乙最远的点。

如果 *A* 点至机场乙的距离与 *B* 点至机场甲的距离之和大于机场甲至机场乙的航线距离（见图 4.5.5），则：飞机在机场甲与 *A* 点之间出现客舱释压，只能飞往机场甲，否则机载氧气不能满足旅客的用氧要求；飞机在 *B* 点与机场乙之间发生客舱释压，只能飞往机场乙，否则机载氧气不能满足旅客的用氧要求；飞机在 *A* 点与 *B* 点之间发生客舱释压，既可以飞往机场甲，也可以飞往机场乙。实际运行通常是为了飞行机组操作和使用方便，通常需要在 *A* 点和 *B* 点之间确定一个决断点，若飞机在机场甲和决断点之间出现座舱释压，则飞往机场甲；若飞机在决断点和机场乙之间出现座舱释压，则飞往机场乙。通常建议设置 *A* 点与 *B* 点的中点作为客舱释压的决断点。

如果 *A* 点至机场甲的距离与 *B* 点至机场乙的距离之和小于机场甲至机场乙的航线距离，如图 4.5.6 所示，则：飞机在机场甲与 *A* 点之间出现客舱释压，只能飞往机场甲，否则机载氧气不能满足旅客的用氧要求；飞机在 *B* 点与机场乙之间出现客舱释压，只能飞往机场乙，否则机载氧气不能满足旅客的用氧要求；飞机在 *A* 点至 *B* 点之间出现客舱释压，只能考虑飞往航路备降场、调整航路走向或增加机载氧气瓶数量。

虽然有些航路地形复杂、障碍物较高，飞机在航路中出现客舱释压后需要进行详细的供氧分析，但很多航路并不需要通过详细的分析来确定关键点。因此，下面给出一种基于保守假设的简单分析方法，即使用飞行机组操作手册旅客氧气需求图，依据公布的航路最低安全高度数据进行客舱释压保守分析，如图 4.5.7 所示。例如，某 A320 氧气面罩有 160 个，氧气瓶压力为 1 600 psi，运行某航线的航路最低安全高度为 FL160，则能给旅客供氧的时间为 100 min。

这种方法比较保守但非常简单，能够快速获得分析结果，因此可以使用该方法做初步的筛选评估，从而提高工作效率。对于不能得到满意分析结果的航线，可以进行基于航路地形障碍物数据的详细分析。需要说明的是，从图 4.5.7 查出的供氧时间包括：

（1）飞机出现座舱释压后在 40 000 ft 高度延迟 30 min。

（2）以下降率 5 500 ft/min 从 40 000 ft 应急下降到所需的巡航高度。

（3）以下降率 7 500 ft/min 从巡航高度应急下降到 10 000 ft。

（4）由图表确定巡航高度上可用的供氧时间。

由此可见，使用飞行机组操作手册图表做分析时，不能改变下降率，只能根据唯一的巡航高度确定供氧时间，也不能根据不同航段航路最低安全高度的不同改变巡航高度，因此该方法只能用于简单分析。

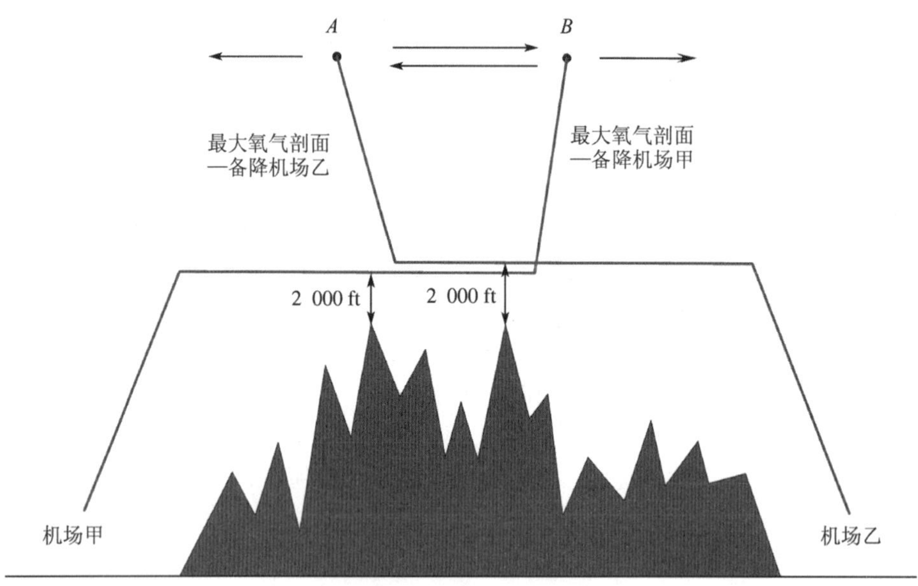

图 4.5.5　客舱释压供氧性能分析示意图一

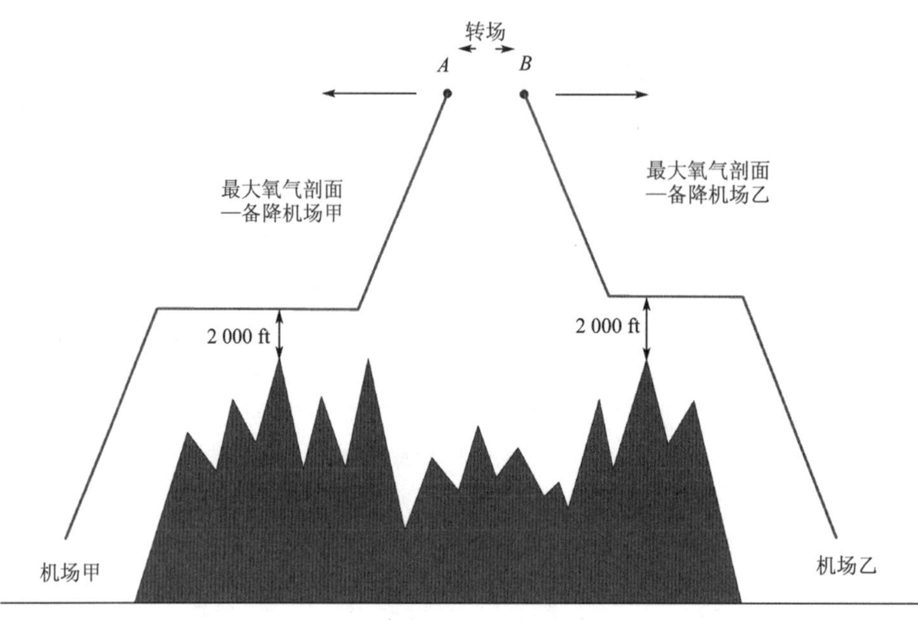

图 4.5.6　客舱释压供氧性能分析示意图二

另外，保守分析方法为了在出现客舱释压后满足机组和旅客的用氧要求，使用最大操作速度应急下降和巡航，然而在有些情况下不允许使用太大的速度，如由于结构受损而导

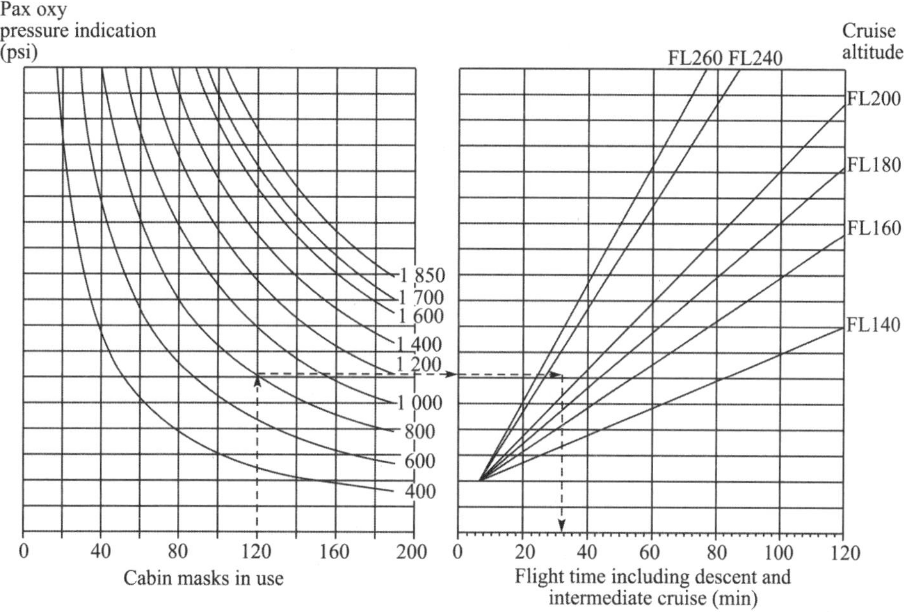

图 4.5.7　A320 飞行机组操作手册旅客氧气需求图

致的座舱释压。因此,一旦机组怀疑是结构受损导致的释压,应限制空速和避免大的机动,并进行详细分析。

对于个别高原航线,客舱释压后飞往备降场的航路最低安全高度高且距离远,为使有限的机载氧气能够满足旅客供氧的要求,必须使用 1 : 1 000 000(或 1 : 500 000)地图(或其他地形高程模型)确定航路障碍物数据,借助飞机制造商提供的专业软件进行客舱释压供氧问题的详细分析。通常需要进行飞行剖面的确定、氧气量的计算、决断点的选择、巡航速度的优化等,这里不再详述。

4.6　一发失效飘降和座舱释压供氧应急下降操作预案

目前,中国民航的高高原航线主要有成都—拉萨航线(进入藏区的主要通道)、成都—昌都航线、成都—林芝航线、成都—拉萨航线、成都—日喀则航线以及成都—阿里航线。这些航线因为航路安全高度很高,需要进行一发失效飘降和座舱释压供氧性能分析,确定一发失效飘降的决断点和座舱释压应急下降的决断点。在实际运行中,有些航空公司直接对航线进行分析来确定决断点,有些航空公司对航段进行分析来确定决断点,因此各航空公司所确定的一发失效飘降的决断点和座舱释压应急下降的决断点可能会有所不同。当然，为了便于机组操作，最好能将一发失效飘降的决断点和座舱释压应急下降的决断点设置为同一个点，但实际在进行分析时可能由于航路地形、氧气剖面等原因不能设置为同一个点，那就只能各设置一个决断点。下面以成都—拉萨航线为例，给出典型航空公司使用的一发失效飘降和座舱释压应急下降操作预案。

4.6.1 成都—拉萨航线高空航路图

2017 年 10 月 10 日，中国民用航空局下发了《关于下发成拉复线空域调整方案的通知》（局发明电〔2017〕2886 号）；2018 年 3 月 1 日，成拉复线正式投入运行，这意味着成都到拉萨航路正式实现双线运行的新格局。成拉复线为现行在成都至拉萨航路（简称“成拉航路”）南侧新辟的一条平行航路。成拉复线启用后，有效提升了成拉航路航班流量，大大提升了西藏地区往返于我国中东部地区及南亚、西亚地区的通行能力和运行效率，显著降低了安全运行风险。调整后的成都—拉萨航线分为北线和南线。成都—拉萨航线的北线经过 B213 航路，航路点主要有 CTU—CZH—P122—KAMAX—PEXUN—DOBSO—RG—PARGU—OMGEV—KADSA—LXA；拉萨—成都航线的南线经过 W9 航路，航路点主要有 LXA—DM—DUMIX—ELNUN—GOMON—IBVUL—DCH—DOLGU—BIGOR—VIPIB—KAMAX—P122—CZH—CTU。

4.6.2 成都—拉萨航线（北线）一发失效飘降和座舱释压应急下降操作预案

某公司 A319-115 成都—拉萨航线（北线经 B213 航路）一发失效飘降和客舱释压紧急下降剖面示意图如图 4.6.1 所示。

4.6.3 日喀则—崇州航段（北线）一发失效飘降与座舱释压紧急下降操作剖面

日喀则在拉萨的西侧，从成都飞往日喀则必经过拉萨，因此有些公司直接制作了日喀则—崇州航段操作剖面，只要涉及该航路的航线均使用这个操作预案。以 A319-115 为例，飞机在日喀则 VOR（RKZ）—崇州 VOR（CZH）航段（北线）出现一发失效，均以 KADSA 航路点处作为决断点 DP，如图 4.6.2 所示。日喀则 VOR—DP 任意一点一发失效后，为确保安全超越地形障碍物，飞机必须沿航路单发飘降/巡航至拉萨机场（A319/A330）、林芝机场（A319）、日喀则机场（A319）；DP—崇州 VOR 之间任意一点一发失效后，为确保安全超越地形障碍物，飞机必须沿航路单发飘降/巡航至邦达机场（A319）、红原机场（A319）、成都机场（A319）或空管指挥的适合机场着陆。

若 A319-115 在日喀则 VOR—崇州 VOR 航段（北线）出现客舱释压，均以 KADSA 航路点作为决断点 DP，如图 4.6.2 所示。日喀则 VOR—DP 任意一点出现客舱释压后，为满足机组和旅客的供氧要求，紧急下降到安全高度尽快飞往拉萨、日喀则或林芝机场；DP—

崇州 VOR 任意一点出现客舱释压后，为满足机组和旅客的供氧要求，紧急下降到安全高度，尽快飞往邦达、成都、红原机场或空管指挥的适合机场着陆。

由于日喀则 VOR—红原 VOR 航段（北线），在 KAMAX 航路点之前都是与日喀则 VOR—崇州 VOR 航段（北线）一致的，只有在 KAMAX 之后不一致，因此 A319-115 日喀则 VOR—红原 VOR 航段（北线）一发失效发飘降与客舱释压供氧紧急下降的决断点仍为 KADSA 航路点，如图 4.6.3 所示。该图具体描述了从 KAMAX 航路点到 AHY（红原 VOR 台）航段的一发失效飘降与客舱释压供氧紧急下降操作剖面，从 KAMAX 航路点到红原机场的过程中，如果出现一发失效飘降，则保持绿点速度前往红原机场；如果出现航路客舱释压，则下降到 KAMAX 航路点至红原机场航路安全高度飞行，并飞往红原机场着陆。

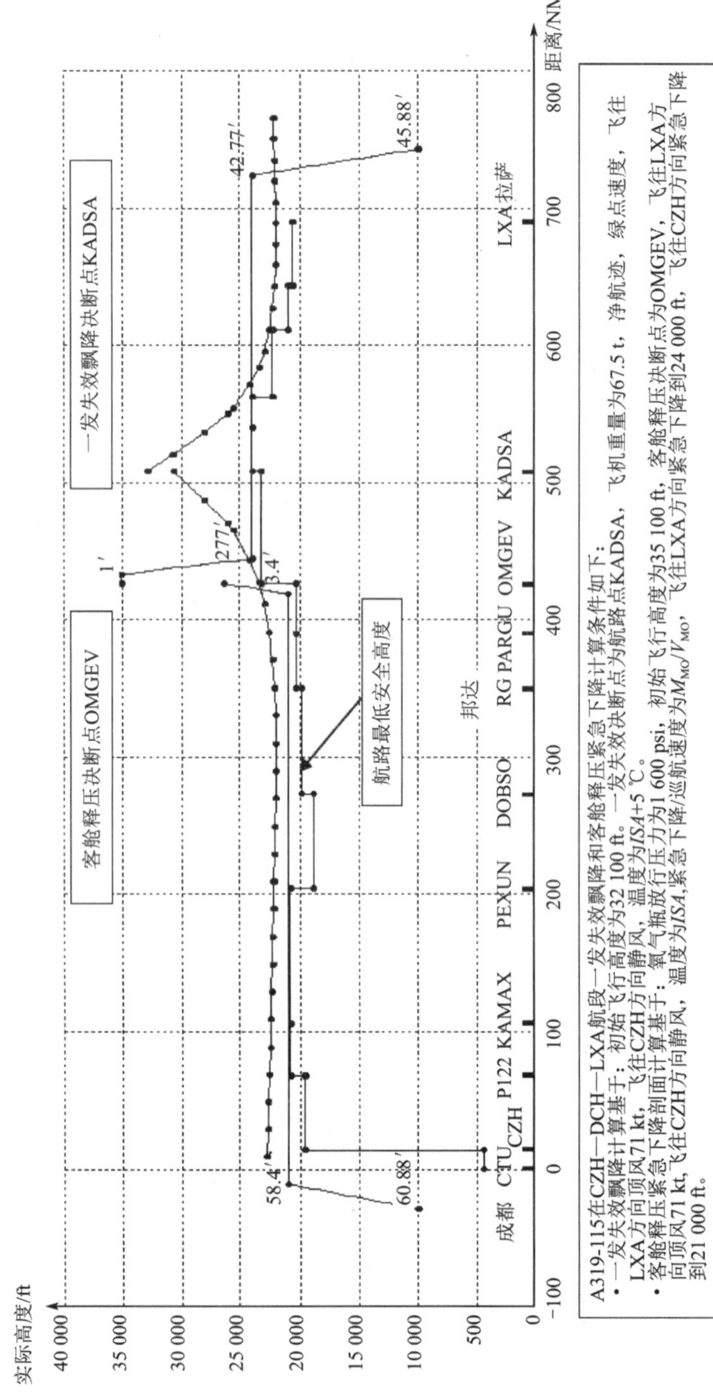

图 4.6.1　A319-115 成都—拉萨航线(北线经 B213 航路)
一发失效飘降和客舱释压紧急下降剖面示意图

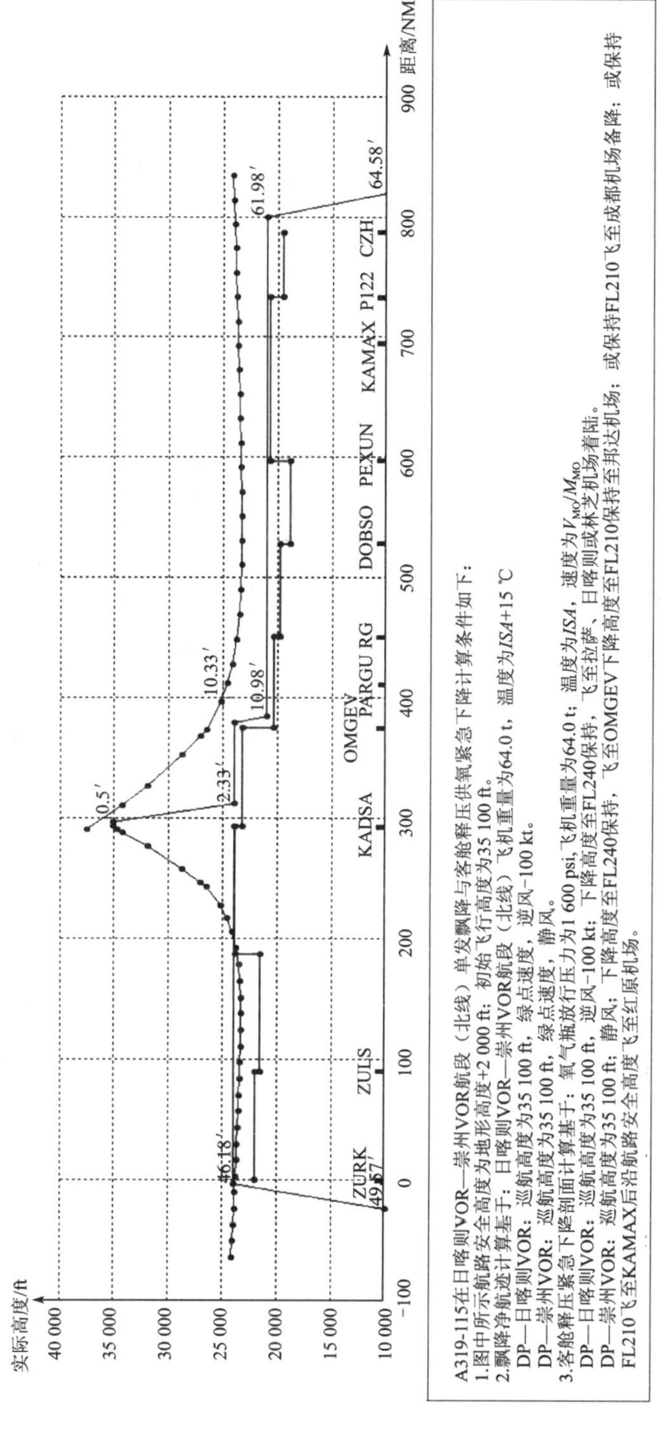

图 4.6.2 A319-115 日喀则 VOR—崇州 VOR 航段(北线)
单发飘降与客舱释压供氧紧急下降操作剖面示意图

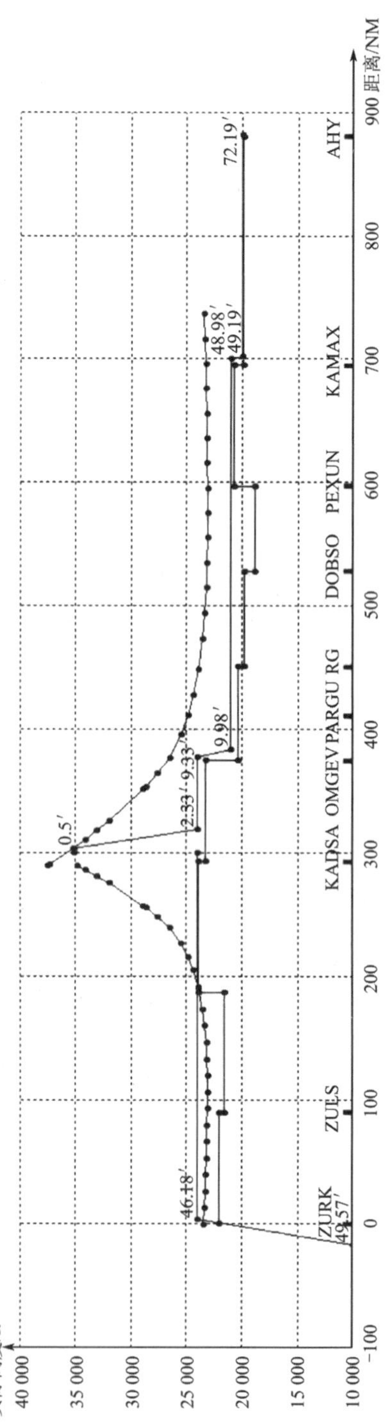

图 4.6.3　A319-115 机型日喀则 VOR—红原 VOR 航段(北线)
一发失效发飘降与客舱释压供氧紧急下降操作剖面示意图

思考题

1. 请绘制运输机平飞拉力曲线，并阐述平飞所需拉力随着速度增加如何变化，平飞最大速度如何定义，平飞最大速度随高度如何变化。

2. 请阐述燃油里程 *SR* 的含义以及影响燃油里程的因素。

3. 请阐述 MRC 和 LRC 巡航的意义和相互关系。实际运行中哪种巡航方式更常用？

4. 重量对长航程巡航马赫数 M_{LRC} 和最大航程巡航马赫数 M_{MRC} 有何影响？重量对最佳巡航高度有何影响？

5. 请阐述现代民航飞机的最大审定高度、最大巡航高度、上升升限以及抖振限制高度的区别，并说明这些最大高度如何使用。

6. 请阐述风对航程的影响，并说明在有梯度风的情况下如何确定最佳巡航高度。

7. B737-800 飞机巡航重量为 60 000 kg，预报 FL370 高度为逆风 20 kt，FL350 高度为逆风 10 kt，FL330 高度为顺风 20 kt，FL310 高度为顺风 25 kt，试根据表 4.2.2 确定实际的最佳巡航高度。

8. 已知 A320 飞机巡航重量为 62 000 kg，巡航马赫数固定为 0.78，*ISA* 温度，重心 *CG* 为 33%，试根据表 4.2.3 确定巡航高度 FL350、空调正常、总防冰开时的燃油流量和燃油里程。

9. B737-800 飞机从 *A* 点巡航到 *B* 点，*AB* 两点间地面距离为 800 NM，顺风 50 kt，在 *A* 点检查飞机重量为 60 000 kg，巡航高度为 FL350，试根据表 4.2.6 和表 4.2.7 计算从 *A* 到 *B* 巡航所需燃油量和时间。

10. 请阐述直接运营成本主要包括哪几部分，经济巡航马赫数与直接运营成本有何关系。

11. 请阐述成本指数的定义以及如果燃油价格上涨，成本指数如何变化，经济巡航马赫数如何变化。

12. 请阐述商载航程图有何意义。在经济航程范围内飞机的商载能达到最大吗？起飞重量、商载、载油量与航程的关系是怎样的？

13. 巡航中一台发动机失效，飞机的性能有哪些变化？

14. 请阐述规章对航路一发失效后飘降越障的要求，水平范围和垂直超障余度如何规定。

15. B737-800(CFM56-7B26)在航路上 FL350 巡航时出现一台发动机失效，航路温度为−35 ℃，一台发动机失效时飞机重量为 65 000 kg，根据表 4.4.1 和表 4.4.2 确定其以有利飘降速度和 LRC 速度下降的改平高度。

16. A320在航路上FL330巡航时出现一台发动机失效，航路温度为-36 ℃，发动机防冰和总防冰关。一台发动机失效时飞机重量为64 000 kg，确定其以绿点速度和LRC速度下降的改平高度以及以绿点速度飘降的净升限。

17. 民航运输机座舱都是增压座舱，一旦航路飞行中座舱释压后对飞行有哪些影响？

18. 民航运输机上的飞行机组氧气系统和旅客氧气系统供氧时间一样吗？哪一系统的供氧时间长？

19. 请阐述旅客氧气系统中化学氧气系统和氧气瓶氧气系统供氧的特点。

20. 请根据规章对涡轮发动机飞机用于生命保障的补充供氧要求，说明座舱高度在多高以上，需要给100%的旅客供氧；座舱高度在多高以上，应当对在驾驶舱内值勤的每一位飞行机组成员及其他机组成员供氧。

第 5 章

飞机的着陆性能

着陆阶段是飞行中的关键阶段,是最复杂、最危险的飞行阶段。虽然着陆阶段时间很短,但事故率很高,几乎是整个飞行阶段事故率的一半。影响着陆安全的因素很多,理解着陆性能,特别是影响着陆性能的各种因素对确保着陆安全是十分必要的。本章讨论了着陆距离和影响着陆距离的主要因素,并介绍了着陆制动措施的使用,分析了限制最大着陆重量的因素,最后给出了着陆限重表及其使用方法。

5.1 着陆距离

着陆是指从跑道入口处离地 50 ft 高度开始,经过直线下滑、拉平、接地、减速滑跑到完全停下(即全停)的过程。着陆距离就是指从跑道入口处离地 50 ft 到完全在跑道上停下来所需的水平距离。着陆距离包括着陆空中段和地面滑跑段,如图 5.1.1 所示。

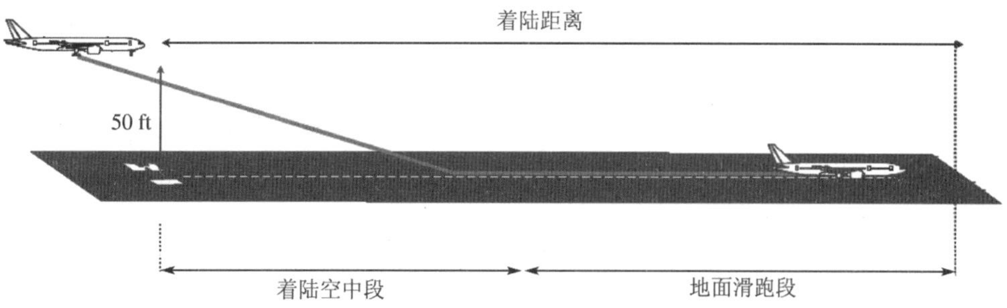

图 5.1.1　民航运输机着陆距离示意图

《航空承运人湿跑道和污染跑道运行管理规定》(AC-121-FS-33R1)给出了审定着陆距离、所需着陆距离、运行着陆距离和可用着陆距离的定义。

5.1.1 审定着陆距离

审定着陆距离 *CLD*(Certificated Landing Distance)是根据 CCAR-25 第 125 条的规定，按人工驾驶着陆、人工最大刹车、以跑道入口速度(V_{REF})、50 ft 高进跑道、水平干跑道、标准大气温度计算的从跑道入口到全停时所用的距离。审定着陆距离也称演示着陆距离(Demonstrated Landing Distance)，它不包含任何安全余量，也不使用自动刹车、自动着陆系统、平视引导(HUD)系统或反推。审定着陆距离通常不等于运行着陆距离。

在干道面审定着陆距离试飞取证时，制动措施可以使用刹车及防滞系统和扰流板，但不使用反推，同时不使用自动刹车、自动着陆系统和平视引导系统。审定着陆距离试飞取证示意图如图 5.1.2 所示。

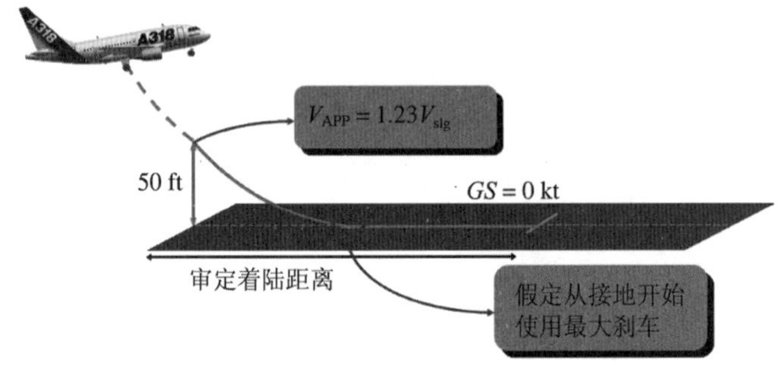

图 5.1.2　审定着陆距离试飞取证示意图

5.1.2 所需着陆距离

所需着陆距离 *RLD*(Required Landing Distance)是在 CCAR-25 第 125 条所要求的审定着陆距离的基础上加上适用的运行规章所定义的飞行前的计划安全余量所得到的着陆距离，如图 5.1.3 所示。

由于跑道道面条件不同，规章规定的所需着陆距离考虑的安全余量也不同。

在干跑道条件下，CCAR-121 第 195 条关于放行所要求的所需着陆距离为审定着陆距离除以 0.6：

$$RLD_{干}=CLD_{干}\div 0.6\approx 1.67CLD_{干} \tag{5.1.1}$$

在湿跑道条件下，所需着陆距离是干跑道所需着陆距离的 1.15 倍：

$$RLD_{湿}=1.15\times RLD_{干}=1.15\times 1.67\,CLD_{干} \tag{5.1.2}$$

在污染跑道条件下，所需着陆距离是 1.15 倍污染跑道审定着陆距离和湿跑道条件下所需着陆距离两者的较大值：

$$RLD_{污染} = \max\begin{cases} 1.15CLD_{污染} \\ RLD_{湿} \end{cases} \tag{5.1.3}$$

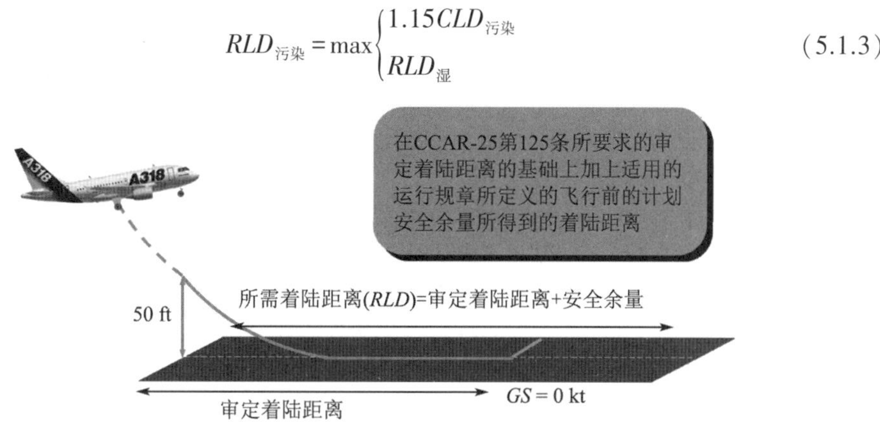

图 5.1.3　所需着陆距离示意图

5.1.3 运行着陆距离

运行着陆距离 *OLD*(Operating Landing Distance)是根据报告的气象和道面条件、标高、跑道坡度、飞机重量、飞机构型、进场速度、自动着陆系统或 HUD 系统的使用,以及预计着陆时将要使用的减速设备等条件所对应的着陆距离。该距离中不包括任何的安全余量,代表了飞机在此条件下的最佳性能。

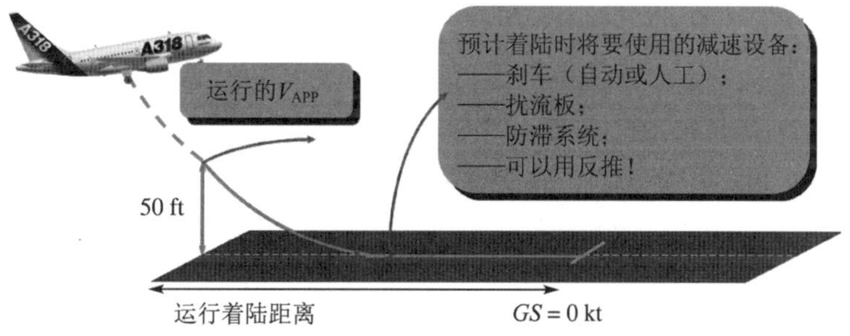

图 5.1.4　运行着陆距离示意图

5.1.4 可用着陆距离

可用着陆距离 *LDA*(Landing Distance Available)是指公布的跑道可用着陆距离,如图 5.1.5 所示。该距离可能会比跑道的总长度更短,如存在跑道入口内移的情况。

可用着陆距离在机场细则中与可用起飞距离一起公布。某机场可用起飞距离和可用

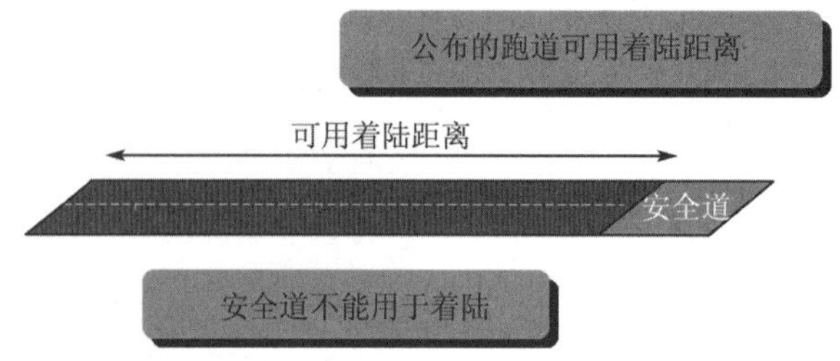

图 5.1.5　可用着陆距离示意图

着陆距离如表 5.1.1 所示。

表 5.1.1　某机场可用起飞距离和可用着陆距离表

跑道号码	可用起飞滑跑距离/m	可用起飞距离/m	可用加速停止距离/m	可用着陆距离/m	备注
18	4 000	4 000	4 000	4 000	无
	3 800	3 800	3 800	4 000	A2 进入
36	4 000	4 000	4 000	4 000	无
	3 360	3 360	3 360	4 000	A7 进入
	3 600	3 600	3 600	4 000	A8 进入

在起飞前放行时，要求所需着陆距离小于等于可用着陆距离。这时需要使用《航空承运人湿跑道和污染跑道运行管理规定》咨询通告中定义的放行前的着陆距离评估。

放行前的着陆距离评估是指基于 CCAR-121 第 195 条的相关规定，考虑到飞行中正常的燃油和滑油消耗后飞机到达目的地机场时的着陆重量，根据飞机飞行手册中对该目的地机场的气压高度和预计在着陆时当地风的情况、道面状态所对应的着陆距离进行评估。

运行着陆距离主要是在进行到达时着陆距离的评估时使用，这是《航空承运人湿跑道和污染跑道运行管理规定》咨询通告中定义的到达时着陆距离评估。到达时的着陆距离评估要求运行着陆距离的 1.15 倍必须不大于可用着陆距离。

到达时的着陆距离评估是指考虑到飞行机组的工作负荷，在尽可能接近目的地机场的地方，根据实际运行条件而不是签派放行时的预报条件来进行的着陆距离评估。到达时着陆距离评估选择接近目的地机场的地方是为了获得最接近实际着陆条件下的气象和道面条件信息，但该位置不得晚于仪表进近程序的起始点或目视进近起落航线的加入点。

5.2 影响着陆距离的主要因素

影响着陆距离的因素主要包括着陆重量、构型(襟翼和起落架等)、机场气压高度、机场温度、风向/风速等,此外,着陆进场高度和进场速度对着陆距离也有很大的影响。着陆重量越大,着陆距离越长;机场气压高度和温度越高,着陆距离越长。下面重点讨论一下进场高度和进场速度、襟翼角度以及风对着陆距离的影响。

5.2.1 进场高度和进场速度

着陆通常容易出现的偏差是进场高度高、进场速度大,实际上这也是绝大多数着陆冲出跑道事故发生的主要原因。

民航大型运输机正常的接地区应该在跑道入口内 1 000~1 500 ft。飞机着陆过跑道入口的规定高度是 50 ft,实际运行中在跑道入口的高度往往会偏高,这就势必引起接地点前移。当最后按照标准的下滑角(2.8°~3.0°)进近时,进场高度每增加 1 ft,接地点将前移大约 20 ft。

进场速度大意味着飞机在着陆过程中需要消耗的能量大,这就必然导致着陆距离延长。通常着陆进场速度每增加 1%,着陆距离会延长约 2%。在实际运行中,着陆滑跑减速率不同,着陆进跑道入口的速度则不同。着陆滑跑速度每增加 1 kt,着陆滑跑距离延长 20~60 ft。进场速度大会导致下降率较大,为了避免重着陆飞行员往往会增加带杆量,这就容易形成飘飞减速,导致飞机着陆空中段延长,着陆距离延长。表 5.2.1 给出了着陆速度偏大和着陆进场高度偏高等因素对着陆距离的影响,并给出了简易计算。

表 5.2.1 着陆距离简易计算表

条件		对着陆距离的影响
不稳定进近		不可预测
速度偏大	干跑道	每 10 kt 增加 300 ft
	湿跑道	每 10 kt 增加 500 ft
	平飘着陆	每 10 kt 增加 2 500 ft

续表

条件		对着陆距离的影响
正常速度	下坡着陆	每 1%的下坡坡度增加 10%的着陆距离
	延迟接地	每秒增加 230 ft
	过跑道头高度高	每高 10 ft 增加 200 ft 着陆距离
	延迟刹车	每秒增加 220 ft

5.2.2 襟翼角度

襟翼角度对飞机着陆距离也有很大的影响。襟翼角度越大,着陆距离越短;襟翼角度越小,则着陆距离越长。着陆时通常选择大角度襟翼,如波音机型通常选择襟翼 40,空客机型通常选择 CONF FULL。但也必须清楚,虽然襟翼角度越大,着陆距离越短,但着陆复飞上升梯度也越小。在高原机场(特别是高高原机场)运行中,由于机场气压高度高,发动机性能衰减得厉害,为了满足规章要求的复飞上升梯度,通常不能使用着陆构型的襟翼,而必须使用较小的襟翼角度,如波音机型通常选择襟翼 30 或襟翼 25,空客机型通常选择 CONF 3。

5.2.3 风

正常要求在逆风条件下着陆,当出现较大顺风时,通常需要更换跑道方向来着陆,在一些机场也允许小顺风着陆。顺风会使接地地速增加,从而导致着陆所需距离延长;逆风会减小地速,缩短着陆所需距离。民航运输机的手册都会给出顺风、逆风和侧风允许的风速最大值。表 5.2.2 给出了 B737-800 飞机的起飞着陆风速限制,表 5.2.3 给出了 A320 飞机的起飞着陆风速限制。

表 5.2.2 B737-800 飞机的起飞着陆风速限制

风况	起飞	着陆
逆风	25 m/s	25 m/s
顺风	5 m/s	5 m/s
侧风	15 m/s(干跑道)	15m/s(干跑道)
	8 m/s(湿跑道)	8 m/s(湿跑道)

表 5.2.3 A320 飞机的起飞着陆风速限制

风况	起飞	着陆
逆风	25 m/s	25 m/s
顺风	5 m/s	5 m/s
侧风	14 m/s(干跑道)	15 m/s(干跑道)
	12 m/s(湿跑道刹车效应好)	12 m/s(湿跑道刹车效应好)
	7 m/s(湿跑道刹车效应差)	7 m/s(湿跑道刹车效应差)
逆风(低能见度)	15 m/s	15 m/s(CAT Ⅱ)
侧风(低能见度)	10 m/s	10 m/s(CAT Ⅱ)

CCAR25.125(f)规定,着陆距离数据必须按照沿着陆航迹不大于逆风分量的50%和不小于顺风分量的150%进行修正。这也是在进行性能分析时一种保守的考虑方式。

5.3 着陆制动措施

为了避免飞行员误操作导致飞机出现重大问题,现代运输机的制动系统通过扰流板、反推、刹车及防滞系统三个重要减速系统的工作设置了自动保护。制动系统通常的工作原理和特点如下。

5.3.1 扰流板

现代运输机的扰流板按作用不同分为减速板(Speed Brakers)、滚转扰流板(Roll Spoilers)和地面扰流板(Ground Spoilers),如图 5.3.1 所示。减速板的作用是增大飞机阻力,使飞机减速或增大下降率,只能在空中由飞行员操纵起作用。滚转扰流板的作用是在低速时辅助副翼进行横侧操纵,不需要飞行员操纵,自动工作。地面扰流板只能在地面使用,在飞机着陆时,地面扰流板完全伸出,减小机翼的升力,增大飞机作用在地面上的正压力,提高刹车效率,同时增大飞机的阻力,从而缩短飞机的着陆滑跑距离。

地面扰流板在飞机着陆接地后与飞行扰流板一起打开,它的作用是减小机翼升力以提高刹车效率,同时也增加了空气阻力,有利于飞机减速。地面扰流板的面积和张开度较大,仅限于在地面制动中使用,其基本作用是通过破坏机翼上翼面绕流从而减小90%的升力,增大作用于机轮上的正压力来增强刹车效果,并增大气动阻力,也可用于改善飞机在滑跑时的方向控制能力。着陆前扰流板自动功能预位(Armed the Speed Brake),在飞机接

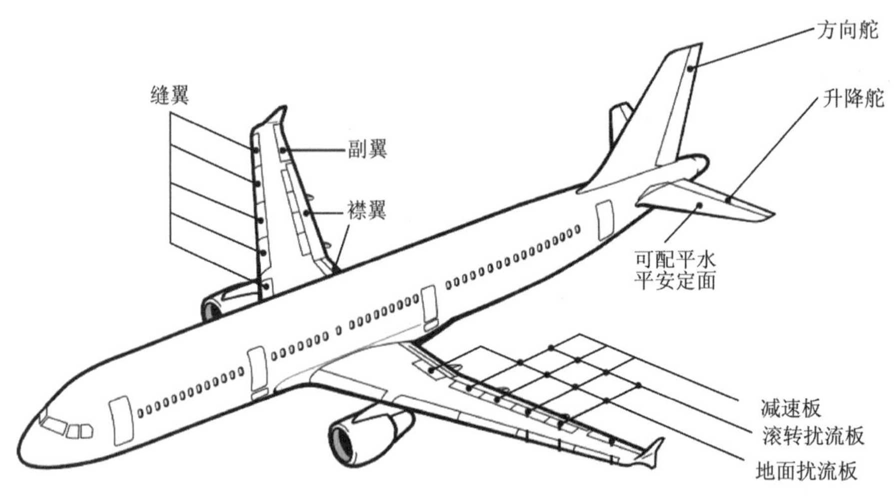

图 5.3.1 现代运输机的扰流板示意图

地后只要有两个以上的主轮开始旋转,减速板随即自动放出;当主起落架减震支柱压缩接通空地安全电门后(为其他制动系统的及时启动创造了必要条件),地面扰流板随即放出,这是提高飞机着陆性能的有力工具。

现代电传操纵飞机的地面扰流板接通工作逻辑是地面扰流板已预位,油门杆处于慢车位或处于反推范围内,系统确认主起落架已接地,地面扰流板伸出;如果地面扰流板未预位,选择反推后,系统确认主起落架已接地,地面扰流板伸出。

5.3.2 反推

反推(Thrust Reversal)装置是飞机发动机中通过暂时改变气流方向,产生与飞机运动方向相反的作用力,从而让飞机减速的装置,广泛应用于民用喷气式运输机。

发动机正常工作时,大量的气体(高温燃气或空气)向后高速喷出,产生与飞机飞行方向一致的推力,克服空气的阻力,推动飞机向前飞行。反推装置则将喷出的发动机气体折向发动机前方,使气体从发动机前方喷出,产生与飞机飞行方向相反的力,即反推力。

在飞机上很难做到将排出发动机的气流折转 180°与飞机运动方向完全一致,一般采用折流板挡住排出气流,使气流斜着向前喷出,如图 5.3.2 所示。一般折流板与飞机轴线呈 45°的夹角。因此,当打开反推装置时,其产生的反推力仅相当于发动机正推力的 40%左右。

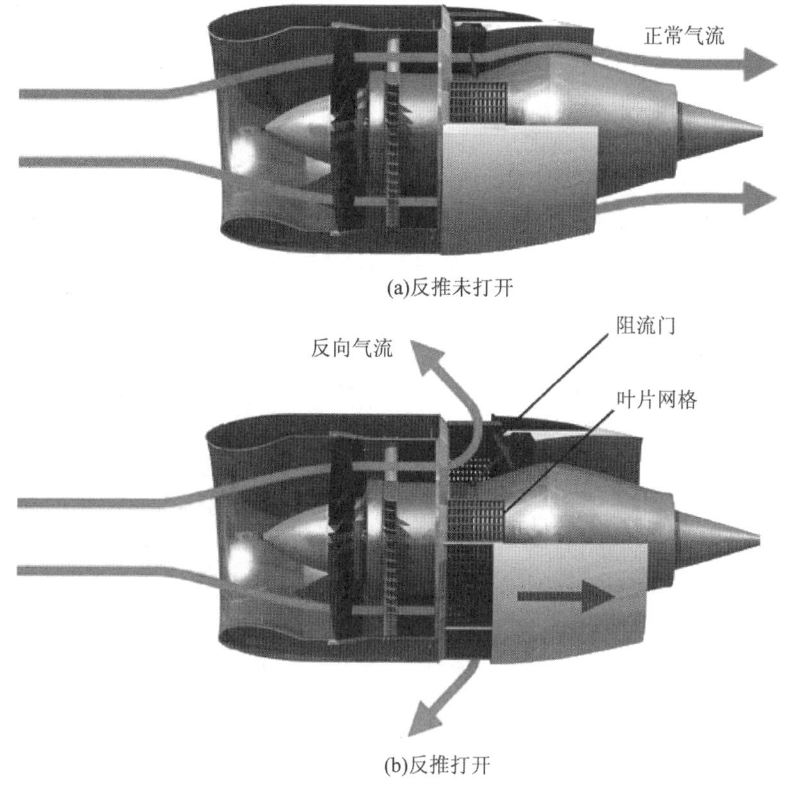

(a)反推未打开

(b)反推打开

图 5.3.2 反推未打开和反推打开工作示意图

典型民航飞机的反推是指民航客机在着陆时,飞行员拉反推手柄,使反推整流罩的移动套筒后移,带起阻流门,露出格栅段,堵住风扇气流向后流的通路使其转向从格栅段流出,产生反推力,使飞机着陆后能较快减速,从而缩短了着陆距离并使飞机着陆安全性大大提高。A304-300 的 CFM56 发动机打开反推,如图 5.3.3 所示。

因此,反推是民航飞机着陆滑跑中的一个重要减速工具,尤其是在道面湿滑的条件下,其减速作用更为显著。反推的最佳效果出现在高速滑跑阶段,随着滑跑速度的减小,反推的减速作用也相应下降。在低速滑跑时,如果仍然保持大功率反推,则容易造成发动机损坏。因此,标准操作程序 SOP(Standard Operating Procedure)要求飞机速度达到 70 kt(或 60 kt)时飞行员要解除反推。

但是也需要指出,通常情况下,在使用自动刹车滑跑时,反推的主要作用是避免刹车的过度磨损,不能显著缩短着陆距离。这是因为自动刹车是根据预选的减速率来调节刹车压力的,当反推提供了大部分的减速力使飞机达到预设减速率要求后,需要由刹车提供的减速力就减小了,自动刹车就会自动释放一部分刹车压力,从而减轻刹车磨损,这样自动刹车预设的减速率没有变化,实际着陆滑跑距离就不会有显著变化。

在湿滑道面条件下或在使用人工刹车的情况下,反推将起到显著缩短着陆距离的作用。这是因为在湿滑跑道上使用自动刹车时，如果不使用反推，则达不到预设的减速率。飞行员拉反推则达到了预设减速率，同时减轻了刹车的磨损，如表 5.3.1 所示。如果使用人工刹车，则拉反推后总制动力显著增大，着陆距离显著缩短。

图 5.3.3　A340-300 的 CFM56 发动机打开反推

表 5.3.1　不同条件下使用反推的比较

着陆条件	反推力/N	气动阻力/N	刹车力	减速率设定值/(m/s^2)	减速率实际值/(m/s^2)	备注
自动刹车，干跑道	0	3 000	最大刹车，7 000 N	5	5	最大刹车
自动刹车，干跑道	5 000	3 000	2 000 N	5	5	刹车磨损减轻
人工刹车，干跑道	5 000	3 000	最大刹车，7 000 N	5	7.5>5	最大刹车，着陆距离缩短
自动刹车，湿跑道	0	3 000	最大刹车，4 000 N	5	3.5<5	最大刹车
自动刹车，湿跑道	5 000	3 000	2 000 N	5	5	刹车磨损减轻，着陆距离缩短
人工刹车，湿跑道	5 000	3 000	最大刹车，4 000 N	5	6>5	最大刹车，着陆距离缩短

现代电传操纵飞机反推工作逻辑是主起落架接地后,飞行员拉反推,系统确认主起落架已接地后反推开始工作。经验显示,并非所有情况下地面扰流板都能保证预位,例如,匆忙进近,没有做着陆检查时。因此,在地面扰流板未预位的情况下,选择反推地面扰流板也可伸出。但是,如果没有选择反推,则地面扰流板不能伸出。因此,SOP 要求飞机着陆接地后飞行员必须拉反推。

5.3.3 刹车及防滞系统

刹车仍然是民航运输机着陆过程中最基本的制动手段,尤其在低速滑跑时,它可以提供近 70%的减速力。民航运输机的刹车包括人工刹车和自动刹车。人工刹车根据人工踩刹车的轻重调节刹车压力,而自动刹车根据预定的减速率来控制刹车压力。

现代运输机普遍采用自动刹车,自动刹车不仅能有效地减轻机组在着陆阶段的工作负荷,而且可以缩短刹车启动的延迟时间进而缩短着陆距离。自动刹车不仅具有刹车压力连续稳定的特点,而且可以有效地减轻刹车和机轮的磨损,从而延长刹车的使用寿命。这是因为自动刹车是根据预定的减速率来控制刹车压力的,当实际减速率高于预定减速率时,自动刹车将减小刹车压力以减轻刹车的磨损。在使用自动刹车时,飞行员只需要根据道面条件在空中选择适当的刹车挡位(即预位自动刹车功能),这样当飞机主机轮已开始旋转并且油门已收到慢车位时,自动刹车功能将自动启动,并按照预先设定的减速率调节刹车压力。

自动刹车工作逻辑是着陆前选择自动刹车的不同模式,当地面扰流板伸出时,自动刹车自动接通,但人工刹车可超控自动刹车。为确保减速系统正确工作,飞行员必须严格遵守标准操作程序,并做到:

(1)在飞机着陆前,地面扰流板必须预位。

(2)在飞机接地前,油门杆必须放置到慢车位。

(3)如果扰流板没有预位,在飞机接地后,必须选择反推方可伸出扰流板,之后自动刹车才能开始工作。

(4)如无刹车,启用刹车失效程序。

需要指出的是,现代电传操纵飞机进近着陆时反推、地面扰流板和自动刹车的工作逻辑未包含中断起飞,至于具体机型特别是非电传操纵飞机,可能略有不同,飞行员应按照机型手册中的具体规定执行。

刹车及防滞系统是为了防止因刹车压力过大致使机轮出现拖胎、锁死现象,并通过调节压力从而使机轮处在最佳打滑率状态,以获得最佳刹车效率。使用时不要频繁移动刹车踏板位置,否则将使防滞系统始终处于刹车压力调定过程而不能建立稳定的刹车压力,导致刹车效率很低。

5.4 限制最大着陆重量的因素

着陆重量是决定飞机着陆性能或进近上升越障能力的一个重要因素，为了保证飞机在进近着陆过程中的安全，必须对最大着陆重量做出限制。限制最大着陆重量的因素与限制最大起飞重量的因素相似，主要包括最大审定着陆重量限制、可用场地长度限制（场长限重）、复飞上升梯度限制、复飞越障限制、轮胎速度限制以及刹车能量限制等。在实际运行中，最大允许着陆重量最容易受到最大审定着陆重量、可用场地长度和复飞上升梯度、轮胎速度和刹车能量这些因素的限制。

5.4.1 最大审定着陆重量限制

最大审定着陆重量主要是考虑到飞机在着陆过程中起落架和机体结构所能承受的着陆冲击载荷，由飞机制造商在试飞取证过程中确定的重量，这个着陆重量在实际运行中不随运行条件的改变而改变，它是一个固定的数值，列在飞机手册限制数据部分。表 5.4.1 所示列出了典型机型的最大审定着陆重量。

表 5.4.1 典型机型的最大审定着陆重量

机型	发动机型号	最大审定着陆重量/kg	备注
B737-700	CFM56-7B24	58 604	
B737-800	CFM56-7B24	65 317	
A319-112	CFM56-5B6	61 000	
A320-214	CFM56-5B4	64 500	
A321-211	CFM56-5B3	77 800	
CRJ-900	CF34-8C5	33 340	主要用于支线运输
ERJ-145	AE3007A1	19 300	主要用于支线运输
ERJ-190	CF34-10E5	43 000	主要用于支线运输
ARJ21-700	CF34-10A16	37 665	主要用于支线运输

5.4.2 可用场地长度限制

着陆重量是决定飞机着陆距离的主要因素，为了保证着陆能在可用的跑道长度内完成，就必须对飞机的着陆重量进行限制。着陆重量越大，着陆所需距离越长，当着陆所需距离增加到着陆可用距离时，着陆重量达到最大值。CCAR121.195 和 CCAR121.197 对着陆目的地机场和备降场着陆距离要求做出了限制：

CCAR121.195 条　涡轮发动机驱动的飞机的着陆限制——目的地机场

(a)涡轮发动机驱动的飞机起飞前，应当在考虑到至目的地机场或者备降机场飞行中正常的燃油和滑油消耗后，使飞机到达时的重量不得超过该飞机飞行手册对该目的地机场或者备降机场的气压高度以及着陆时预计的环境温度所确定的着陆重量。

(b)除本条(c)、(d)、(e)款规定外，涡轮发动机驱动的飞机起飞前，应当在考虑到飞行中正常的燃油和滑油消耗后，使该飞机到达目的地时的重量，根据飞机飞行手册中对该目的地机场的气压高度和预计在着陆时当地风的情况所规定的着陆距离，允许其在预定的目的地机场的下述跑道上，由超障面与该跑道交点上方 15.2 m(50 ft)处算起，在跑道的有效长度 60%以内做全停着陆。为确定在目的地机场的允许着陆重量，假定：

(1)飞机在最理想的跑道上在静止大气中以最理想的方向着陆。

(2)考虑到可能的风速、风向和该飞机的地面操纵特性，以及考虑到诸如着陆助航设备和地形等其他条件，飞机在最适宜的跑道上着陆。

(c)对于不能符合本条(b)款第(2)项的要求而被禁止起飞的涡轮螺旋桨驱动的飞机，如果指定了备降机场，除允许飞机在备降机场跑道有效长度的 70%以内完成全停着陆外，该备降机场符合本条所有其他要求，则可以允许该飞机起飞。

(d)对于涡轮喷气飞机，在有关的气象报告和预报表明目的地机场跑道在预计着陆时刻可能是湿的时，该目的地机场的有效跑道长度应当至少为本条(b)款所要求的跑道长度的 115%，否则该飞机不得起飞。如果在湿跑道上的实际着陆技术证明，对特定型号的飞机，已经批准了某一较短但决不小于本条(b)款要求的着陆距离，并且已经载入飞机飞行手册，则可以按照手册的要求执行。

(e)对于涡轮喷气飞机，在有关的气象报告和预报表明目的地机场跑道在预计着陆时刻可能是污染的时，该目的地机场的有效跑道长度应当至少为以下距离中的较大者：本条(b)款所要求的跑道长度的 115%，以及根据认可的污染跑道实际着陆距离数据确定的着陆距离的 115%，否则该飞机不得起飞。如果上述污染跑道的道面已经进行了特殊处理而且实际着陆技术证明，对特定型号的飞机，已经批准了某一较短但不小于本条(b)款要求的着陆距离，并且已经载入飞机飞行手册，则可以按照手册的要求执行。

(f)由于不能符合本条(b)款第(2)项而被禁止起飞的涡轮喷气动力的飞机，如果指定了符合本条(b)款所有要求的备降机场，则可以起飞。

CCAR121.197 条　涡轮发动机驱动的飞机的着陆限制——备降机场

在涡轮发动机驱动的飞机的签派或者放行单中列为备降机场的机场，应当能使该飞机在到达该备降机场时以根据 CCAR121.195 条(b)款规定的假定条件预计的重量，由超障面与跑道交点上方 15.2 m(50 ft)处算起，在跑道有效长度的 70%(涡轮螺旋桨动力飞机)或者 60%(涡轮喷气动力飞机)以内完成全停着陆。对于 CCAR121.637 条所规定的起飞备降机场，在确定到达时的预计重量时，除正常的燃油和滑油消耗之外，可以考虑应急放油量。

由场长限制的最大着陆重量就是着陆过程中能够在可用跑道长度内完成着陆的最大着陆重量，也就是所需着陆距离等于可用着陆距离对应的着陆重量。根据前面的分析可知在不同的跑道条件下，所需着陆距离规定不同，而可用着陆距离是一样的。因此，在确定场长限制最大着陆重量时必须考虑跑道道面条件。

在干跑道条件下，场长限制的最大着陆重量由干跑道所需着陆距离等于可用着陆距离确定：

$$RLD_{干} = 1.67 \times CLD_{干} = LDA \tag{5.4.1}$$

在湿跑道条件下，场长限制的最大着陆重量由湿跑道所需着陆距离等于可用着陆距离确定：

$$RLD_{湿} = 1.15 \times RLD_{干} = 1.15 \times 1.67 \times CLD_{干} = LDA \tag{5.4.2}$$

在污染跑道条件下，场长限制的最大着陆重量由污染跑道所需着陆距离等于可用着陆距离确定：

$$RLD_{污染} = \max\begin{cases} 1.15 \times CLD_{污染} \\ RLD_{湿} \end{cases} = LDA \tag{5.4.3}$$

由于在相同重量下，通常干跑道条件下所需着陆距离更短，因此在同样可用着陆距离条件下，干跑道条件限制的最大着陆重量更大些。图 5.4.1 为 B737-700(CFM56-7B22)飞机的着陆场长限制的着陆重量图，根据已知条件可从图中确定场长限制的最大着陆重量。

例 5.4.1 已知某机场可用着陆距离为 6 800 ft，机场气压高度为 4 000 ft，考虑 B737-700(CFM56-7B22)飞机在湿跑道条件下着陆，着陆襟翼为 40，逆风 20 kt，试根据图 5.4.1 确定着陆场地长度限制的最大着陆重量。

解：

根据着陆襟翼为 40，湿跑道，*LDA* 为 6 800 ft，逆风 20 kt，机场气压高度为 4 000 ft，如图 5.4.1 中带箭头直线所示，可以确定着陆场长限制的着陆重量是 71 600 kg。

Landing Field Length Limit

Flaps 40

Based on anti-skid operative and automatic speedbrakes

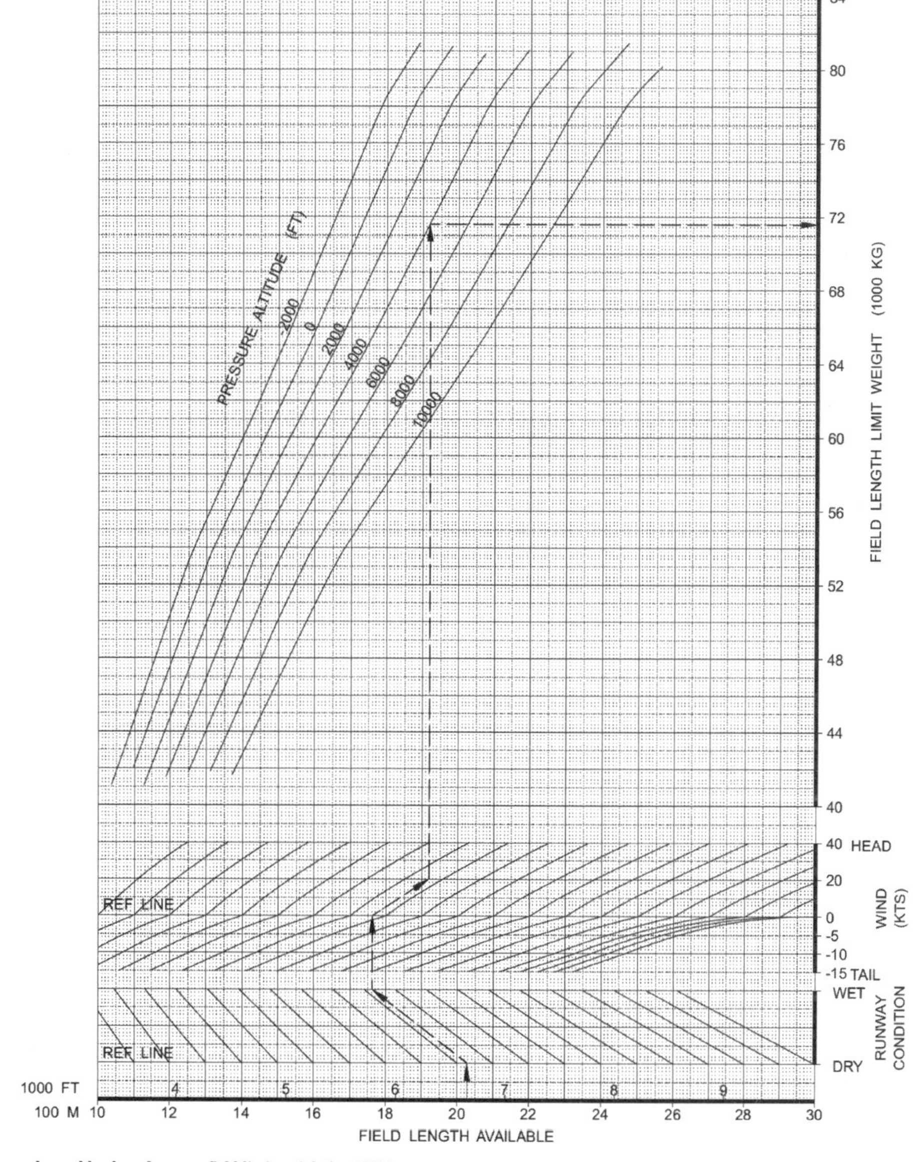

With manual speed brakes, decrease field limit weight by 4500 kg.

图 5.4.1 B737-700(CFM56-7B22)飞机的着陆场长限制的着陆重量图

例 5.4.2 已知某机场可用着陆距离 *LDA* 为 2 200 m，机场气压高度为 4 000 ft，考虑 B737-800(26K) 飞机在干跑道条件下着陆，着陆襟翼为 40，逆风 20 kt，试根据表 5.4.2 确定着陆场地长度限制的最大着陆重量。

解：

(1) 根据着陆襟翼为 40，干跑道，*LDA* = 2 200 m，逆风 20 kt，由表 5.4.2 确定修正风后的跑道场长为 2 400 m。

(2) 修正风后的跑道场长为 2 400 m，机场气压高度为 4 000 ft，根据表 5.4.2 确定着陆场长限制的着陆重量是 88 100 kg。

表 5.4.2 B737-800(26K) 着陆场长限重表

Landing Field Limit Weight - Dry Runway
Flaps 40
Based on anti-skid operative and automatic speedbrakes
Wind Corrected Field Length (M)

FIELD LENGTH AVAILABLE (M)	WIND COMPONENT (KTS)							
	-15	-10	-5	0	10	20	30	40
1200			1090	1200	1270	1350	1420	1500
1400	1060	1160	1270	1400	1480	1560	1640	1720
1600	1240	1340	1460	1600	1680	1770	1850	1940
1800	1420	1520	1650	1800	1890	1980	2070	2170
2000	1600	1710	1840	2000	2090	2190	2290	2390
2200	1770	1890	2030	2200	2300	2400	2500	2610
2400	1950	2070	2220	2400	2500	2610	2720	2830
2600	2110	2250	2380	2600	2710	2820	2930	3050
2800	2210	2350	2530	2800	2910	3030	3150	3280
3000	2300	2450	2680	3000	3120	3240	3360	3500
3200	2390	2540	2840	3200	3320	3450	3580	
3400	2480	2630	2990	3400	3530			
3600	2570	2730	3140	3600				
3800	2660	2820	3290					
4000	2750	2910	3450					
4200	2850	3000	3600					
4400	2940	3100						
4600	3030	3190						
4800	3120	3280						
5000	3210	3380						

Field Limit Weight (1000 KG)

WIND CORR'D FIELD LENGTH (M)	AIRPORT PRESSURE ALTITUDE (FT)					
	0	2000	4000	6000	8000	10000
1200	46.2	43.6	41.1	38.7		
1400	56.0	53.2	50.2	47.3	44.5	41.8
1600	64.0	61.1	58.3	55.6	52.7	49.5
1800	72.7	69.0	65.5	62.5	59.5	56.7
2000	81.8	77.5	73.5	69.7	66.0	62.8
2200		85.6	81.6	77.3	73.2	69.2
2400			88.1	84.8	80.4	75.9
2600					85.9	81.9
2800						85.3

Decrease field limit weight by 4350 kg when using manual speedbrakes.

5.4.3 复飞上升梯度限制

与起飞上升梯度要求相似,规章对复飞上升梯度也有要求。在影响飞机复飞上升性能的因素中,着陆重量是一个非常重要的因素。因此,在确定飞机的最大着陆重量时,必须考虑复飞上升梯度限制,这对于在高温高原机场着陆尤为突出。在高温高原机场着陆时,由于机场气压高度高、温度高,发动机推力减小较多,飞机复飞上升梯度往往成为限制最大着陆重量的主要因素。

根据《运输类飞机适航标准》(CCAR-25-R4)的规定,将复飞上升分为着陆上升(不考虑一发失效情况)和进近上升(考虑一发失效情况)。着陆上升是为了在所有发动机都工作的情况下中断进近时,确保飞机的上升能力。着陆上升考虑复飞性能的依据是着陆形态。着陆上升不考虑一发失效的情况,当然如果在着陆构型下(起落架放下,襟翼着陆位)出现一发失效,则只能选择落地,不能进行复飞,因为复飞时飞机的风险远高于落地时飞机的风险。CCAR25.119 条着陆上升(全发工作)规定,发动机功率(推力)为将油门操纵杆从最小飞行慢车位置开始移向复飞设置位置后 8 s 的可用功率(推力),着陆形态的定常上升梯度不得小于 3.2%。

进近上升的前提是假设一台发动机不工作。进近上升考虑复飞性能依据的是进近形态(起落架收上,襟翼进近位),而不是着陆形态。对于波音机型,可用的进近形态通常是襟翼 15 和襟翼 25;对于空客的电传操纵飞机,可用的进近形态是 CONF 2 和 CONF 3。CCAR25.121 条上升(单发停车)(d)款规定,在进场条件下,相应于正常全发工作操作程序的进场形态,此形态的基准失速速度 V_{SR}不超过对应着陆形态 V_{SR}的 110%,要求的定常上升梯度如下:对于双发飞机不得小于 2.1%,对于三发飞机不得小于 2.4%,对于四发飞机不得小于 2.7%。

对于双发飞机,由于进近上升考虑了一发失效的影响,故进近上升梯度限制的最大着陆重量往往要小于着陆上升梯度限制的最大着陆重量。但对于四发飞机,由于着陆上升考虑的是着陆构型(起落架放下,襟翼着陆位),因此着陆上升梯度限制的最大着陆重量要小于进近上升梯度的最大着陆重量。

例 5.4.3 已知某 B737-800(26K)飞机进近襟翼为 15,着陆襟翼为 40,机场气压高度为 4 000 ft,外界大气温度为 32 ℃,空调开,发动机和机翼防冰均打开,试根据表 5.4.3 确定该飞机着陆上升梯度限制的最大着陆重量。

解:

(1)根据进近襟翼为 15,着陆襟翼为 40,机场气压高度为 4 000 ft,外界大气温度为 32 ℃,由表 5.4.3 初步确定飞机着陆上升梯度限制的最大着陆重量为 68 000 kg。

(2)根据飞机空调开、发动机和机翼防冰均打开,确定需要修正重量减小 1 400 kg,修正后着陆上升限制的着陆重量是 68 000−1 400=66 600 kg。

表 5.4.3　B737-800(26K)着陆上升限重表

Landing Climb Limit Weight
Valid for approach with Flaps 15 and landing with Flaps 40
Based on engine bleed for packs on and anti-ice off

AIRPORT OAT		LANDING CLIMB LIMIT WEIGHT (1000 KG)					
		AIRPORT PRESSURE ALTITUDE (FT)					
°C	°F	0	2000	4000	6000	8000	10000
50	122	66.4	61.4				
48	118	67.8	62.9				
46	115	69.0	64.4	59.4			
44	111	70.2	65.6	60.8			
42	108	71.5	66.8	62.2	57.1		
40	104	72.7	68.0	63.4	58.4		
38	100	74.0	69.1	64.5	59.7	54.4	
36	97	75.3	70.4	65.7	60.8	55.3	
34	93	76.7	71.7	66.9	61.9	56.3	51.5
32	90	78.1	72.9	68.0	62.9	57.3	52.7
30	86	79.4	74.0	68.8	63.8	58.3	53.7
28	82	79.5	75.0	69.6	64.6	59.2	54.5
26	79	79.5	75.9	70.3	65.2	60.1	55.5
24	75	79.6	75.9	70.9	65.7	60.9	56.0
22	72	79.7	76.0	71.4	66.1	61.3	56.6
20	68	79.7	76.0	71.4	66.7	61.7	57.1
18	64	79.8	76.1	71.5	67.1	62.1	57.3
16	61	79.9	76.1	71.5	67.1	62.5	57.8
14	57	79.9	76.2	71.6	67.2	62.9	58.1
12	54	80.0	76.2	71.6	67.2	62.9	58.4
10	50	80.0	76.3	71.6	67.2	62.9	58.8
-40	-40	80.6	76.8	72.1	67.7	63.3	59.3

With engine bleeds for packs off, increase weight by 1200 kg.
With engine anti-ice on, decrease weight by 300 kg.
With engine and wing anti-ice on, decrease weight by 1400 kg.
When operating in icing conditions during any part of the flight with forecast landing temperature below 10°C, decrease weight by 5500 kg.

例 5.4.4　已知某 B737-700(CFM56-7B22)飞机进近襟翼为 15，着陆襟翼为 40，机场气压高度为 4 000 ft，外界大气温度为 32 ℃，空调开，发动机防冰打开，试根据图 5.4.2 确定该飞机着陆上升梯度限制的最大着陆重量。

解：

(1)根据进近襟翼为 15，着陆襟翼为 40，机场气压高度为 4 000 ft，外界大气温度为 32 ℃，由图 5.4.2 初步确定飞机着陆上升梯度限制的最大着陆重量为 59 000 kg。

(2)根据飞机空调开、发动机防冰打开，确定需要修正重量减小 200 kg，修正后着陆上升限制的着陆重量是 59 000−200＝58 800 kg。

实际运行中双发飞机在复飞过程中出现一发失效，将导致飞机复飞上升能力迅速下降、上升梯度减小。表 5.4.4 为 B737-800(26K)复飞上升梯度表。图 5.4.3 为 B737-700(CFM56-7B22)进近上升梯度图。图 5.4.3 的使用跟其他曲线图的使用方法一致。下面仅举例说明表 5.4.4 的使用。

Landing Climb Limit Weight

Valid for approach with flaps 15 and landing with flaps 40
Based on engine bleed for packs on and anti-ice off

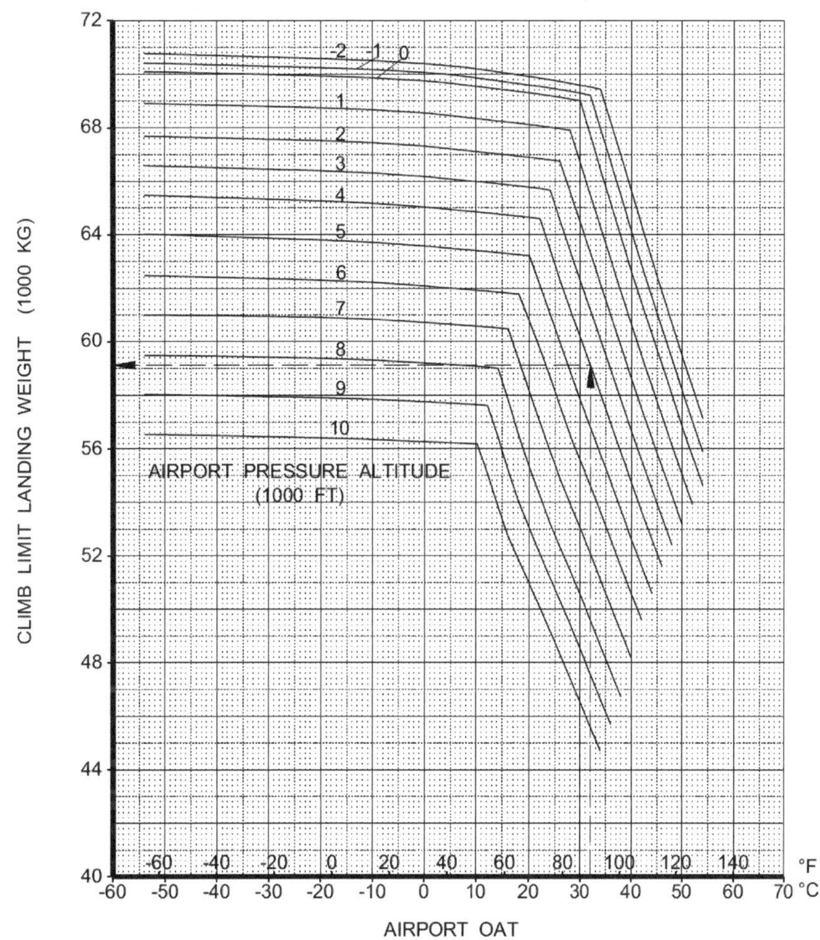

With engine bleed for packs off, increase weight by 1000 kg.
With engine anti-ice on, decrease weight by 200 kg.
With engine and wing anti-ice on, decrease weight by 600 kg.
When operating in icing conditions during any part of the flight with forecast landing temperature below 10°C, decrease weight by 4700 kg.

图 5.4.2 B737-700(CFM56-7B22)着陆上升限制的着陆重量图

例 5.4.5 已知某 B737-800(26K)飞机进近襟翼为 15,预计飞机着陆重量为 65 000 kg,进近速度为 VREF40+10,机场气压高度为 4 000 ft,外界大气温度为 30 ℃,空调开,发动机防冰关,试根据表 5.4.4 确定该飞机的复飞上升梯度。

解：

（1）根据进近襟翼为15，机场气压高度为4 000 ft，外界大气温度为30 ℃，由表5.4.4初步确定飞机参考复飞上升梯度为3.65%；根据着陆重量为65 000 kg，修正后的复飞上升梯度为3.65%−1.09%＝2.56%；再根据进近速度为VREF40+10，修正后的复飞上升梯度为2.56%+0.14%＝2.70%。

（2）根据飞机空调开、发动机防冰关，确定不再需要修正复飞上升梯度，因此复飞上升梯度为2.70%。

表 5.4.4 B737-800(26K)复飞上升梯度表

ENGINE INOP

ADVISORY INFORMATION

Go-Around Climb Gradient
Flaps 15
Based on engine bleed for packs on and anti-ice off

OAT (°C)	REFERENCE GO-AROUND GRADIENT (%)					
	PRESSURE ALTITUDE (FT)					
	0	2000	4000	6000	8000	10000
54	2.54					
50	3.21	2.15				
46	3.72	2.80	1.75			
42	4.23	3.27	2.35	1.29		
38	4.75	3.74	2.79	1.82	0.73	
34	5.27	4.25	3.26	2.25	1.11	0.19
30	5.82	4.71	3.65	2.62	1.52	0.60
26	5.85	5.07	3.94	2.90	1.87	0.94
22	5.88	5.09	4.16	3.09	2.11	1.16
18	5.90	5.11	4.17	3.27	2.27	1.33
14	5.92	5.12	4.18	3.28	2.41	1.47
10	5.95	5.14	4.20	3.29	2.42	1.61
6	5.97	5.16	4.21	3.30	2.44	1.62
2	5.99	5.17	4.22	3.31	2.45	1.63

Gradient Adjustment for Weight (%)

WEIGHT (1000 KG)	REFERENCE GO-AROUND GRADIENT (%)						
	0	1	2	3	4	5	6
80	-2.44	-2.78	-3.08	-3.35	-3.62	-3.88	-4.15
75	-1.98	-2.23	-2.47	-2.68	-2.90	-3.11	-3.32
70	-1.42	-1.60	-1.76	-1.92	-2.07	-2.23	-2.38
65	-0.76	-0.86	-0.95	-1.03	-1.12	-1.20	-1.28
60	0	0	0	0	0	0	0
55	0.90	1.00	1.10	1.21	1.31	1.41	1.52
50	2.01	2.23	2.45	2.67	2.90	3.13	3.37

Gradient Adjustment for Speed (%)

SPEED (KIAS)	WEIGHT ADJUSTED GO-AROUND GRADIENT (%)												
	0	1	2	3	4	5	6	7	8	9	10	11	12
VREF40	-0.25	-0.27	-0.29	-0.30	-0.31	-0.31	-0.30	-0.30	-0.30	-0.30	-0.29	-0.29	-0.27
VREF40+5	0	0	0	0	0	0	0	0	0	0	0	0	0
VREF40+10	0.15	0.14	0.14	0.14	0.13	0.12	0.12	0.12	0.12	0.13	0.13	0.13	0.11
VREF40+15	0.22	0.21	0.20	0.20	0.18	0.16	0.14	0.13	0.14	0.15	0.16	0.16	0.14
VREF40+20	0.24	0.22	0.21	0.19	0.17	0.13	0.10	0.09	0.09	0.10	0.11	0.09	0.05
VREF40+25	0.20	0.17	0.14	0.12	0.08	0.04	-0.01	-0.04	-0.04	-0.03	-0.03	-0.05	-0.11
VREF40+30	0.12	0.07	0.03	-0.02	-0.08	-0.14	-0.19	-0.22	-0.23	-0.23	-0.23	-0.25	-0.31

With engine bleed for packs off, increase gradient by 0.2%.
With engine anti-ice on, decrease gradient by 0.1%.
With engine and wing anti-ice on, decrease gradient by 0.3%.
When operating in icing conditions during any part of the flight with forecast landing temperatures below 10°C decrease gradient by 0.6%.

ENGINE INOP

ADVISORY INFORMATION

GO-AROUND THRUST

Go-Around Climb Gradient

Based on flaps 15 with gear up and engine bleed for packs on

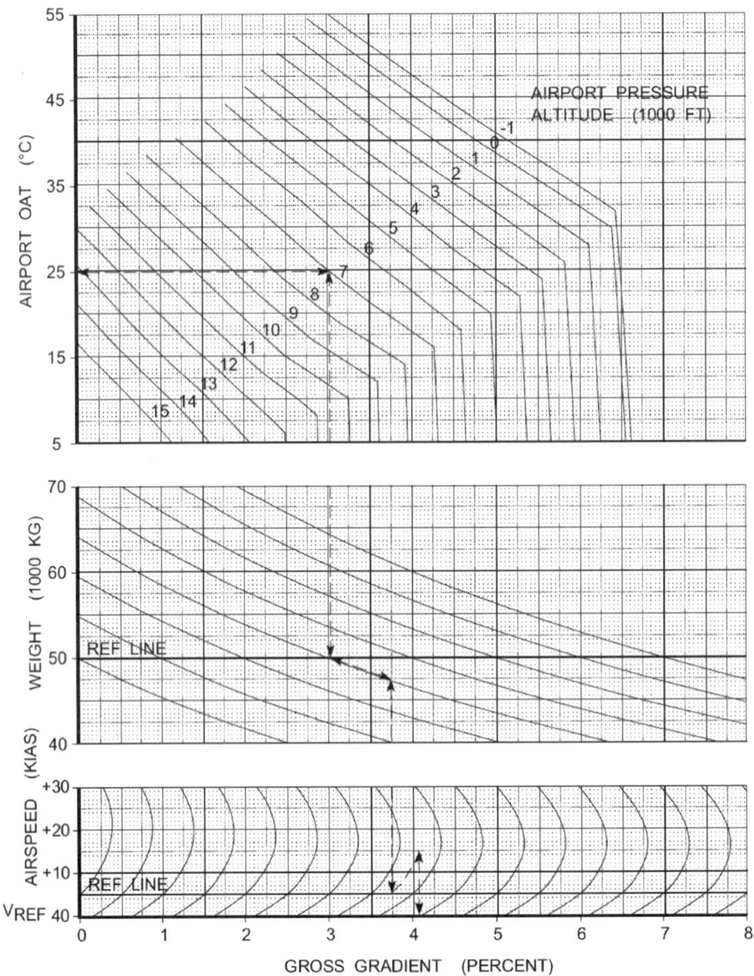

With engine bleed for packs off, increase gradient by 0.3%.
With engine anti-ice on, decrease gradient by 0.1% for altitudes up to 10000 ft and by 0.5% for altitudes above 10000 ft.
With engine and wing anti-ice on, decrease gradient by 0.3% for altitudes up to 10000 ft and by 0.7% for altitudes above 10000 ft.
When operating in icing conditions during any part of the flight with forecast landing temperature below 10°C, decrease gradient by 0.9%.

图 5.4.3 B737-700(CFM56-7B22)进近上升梯度图

5.4.4 轮胎速度限制

轮胎速度限制的最大着陆重量与轮胎速度限制的最大起飞重量相似,即飞机着陆接地地速必须小于限制的轮胎地速。通常情况下,轮胎速度不会限制最大着陆重量。

5.4.5 刹车能量限制

飞机着陆后动能很大,飞行员通过制动措施使飞机动能迅速减小,减小的动能主要转换为热能,而热能主要被飞机机轮刹车片吸收。由于飞机机轮刹车片吸收的热能有一定限制,超过限制刹车片就会融化损坏。因此,实际运行中通常通过限制飞机的最大着陆重量来满足机轮刹车片吸收热能的限制。

波音机型通常规定快速过站最大重量来满足刹车吸收热能的限制。快速过站最大重量即使用刹车达到足以使机轮的热熔断塞融化的温度相对应的飞机着陆重量。当实际着陆重量小于快速过站最大重量时,对飞机的地面过站停留时间没有特殊要求;当实际着陆重量大于快速过站最大重量时,必须先按照最低地面停留冷却时间标准对刹车进行冷却,然后检查机轮热熔断塞的完好性以及刹车温度。具体的快速过站最大重量数据可以从机型手册的快速过站最大重量表中查出。表 5.4.5 和表 5.4.6 分别为 B737-800(26K)机型襟翼 40 时钢刹车和碳刹车快速过站最大着陆重量表。

例 5.4.6 B737-800(26K)机型襟翼为 40,着陆机场气压高度为 3 000 ft,外界温度为 30 ℃,跑道上坡 1%,逆风 10 kt,试确定使用钢刹车和碳刹车时快速过站最大着陆重量。

解:

(1)使用钢刹车时,根据机场气压高度和外界温度初步确定快速过站最大着陆重量为 78 300 kg,考虑跑道上坡 1%,逆风 10 kt,快速过站最大着陆重量增加 700+1 850=2 550 kg,则最终的快速过站最大着陆重量为 78 300+2 550=80 850 kg。

(2)使用碳刹车时,根据机场气压高度和外界温度初步确定快速过站最大着陆重量为 72 250 kg,考虑跑道上坡 1%,逆风 10 kt,快速过站最大着陆重量增加 650+1 550=2 200 kg,则最终的快速过站最大着陆重量为 72 250+2 200=74 450 kg。

表 5.4.5　B737-800(26K)机型钢刹车快速过站最大着陆重量表(襟翼 40)

Quick Turnaround Limit Weight - Category C Steel Brakes
Flaps 40

AIRPORT OAT (°C)	LIMIT WEIGHT (1000 KG)					
	AIRPORT PRESSURE ALTITUDE (FT)					
	0	2000	4000	6000	8000	10000
54	79.6					
50	80.2	77.2				
45	80.9	77.8	74.8			
40	81.6	78.5	75.4	72.4		
35	82.3	79.2	76.1	73.1	70.1	
30	83.0	79.9	76.7	73.7	70.8	67.9
25	83.8	80.6	77.4	74.4	71.4	68.5
20	84.6	81.3	78.1	75.1	72.1	69.1
15	85.4	82.1	78.9	75.8	72.7	69.8
10	86.1	82.9	79.6	76.5	73.4	70.4
5	86.1	83.7	80.4	77.2	74.1	71.1
0	86.1	84.5	81.2	78.0	74.9	71.8
-5	86.1	85.4	82.0	78.8	75.6	72.5
-10	86.1	86.1	82.8	79.6	76.4	73.3
-15	86.1	86.1	83.7	80.4	77.2	74.0
-20	86.1	86.1	84.6	81.2	78.0	74.8
-30	86.1	86.1	86.1	83.0	79.7	76.4
-40	86.1	86.1	86.1	84.9	81.5	78.1
-50	86.1	86.1	86.1	86.1	83.4	79.9
-54	86.1	86.1	86.1	86.1	84.1	80.7

Increase weight by 700 kg per 1% uphill slope. Decrease weight by 1200 kg per 1% downhill slope. Increase weight by 1850 kg per 10 knots headwind. Decrease weight by 7750 kg per 10 knots tailwind. After landing at weights exceeding those shown above, adjusted for slope and wind, wait at least 67 minutes and check that wheel thermal plugs have not melted before executing a subsequent takeoff.

As an alternate procedure, ensure that each brake pressure plate surface temperature, without artificial cooling, is less than 218°C as follows: No sooner than 10 and no later than 15 minutes after parking, measure each brake pressure plate surface temperature at a minimum of two points per brake by an accurate method (using a Doric Microtemp 450 hand held thermometer or equivalent, hold temperature probe in place for 20 seconds or until reading stabilizes). If each measured temperature is less than 218°C, immediate dispatch is allowed; otherwise the required minimum ground wait period of 67 minutes applies.

If a Brake Temperature Monitoring System (BTMS) is installed:

No sooner than 10 and no later than 15 minutes after parking, check the BRAKE TEMP light. If the BRAKE TEMP light is not on, no ground waiting period is required. If the BRAKE TEMP light is on, do not dispatch until at least 67 minutes after landing, or until all the BTMS readings on the systems Display are below 3.5 and the BRAKE TEMP light is off. Check that wheel thermal plugs have not melted before making a subsequent takeoff.
Note: If any brake temperature display digit is blank or indicates 0.0 or 0.1, then this method cannot be used.

表 5.4.6　B737-800(26K)机型碳刹车快速过站最大着陆重量表(襟翼 40)

Quick Turnaround Limit Weight - Category N Carbon Brakes
Flaps 40

OAT		LIMIT WEIGHT (1000 KG)					
		AIRPORT PRESSURE ALTITUDE (FT)					
°C	°F	0	2000	4000	6000	8000	10000
54	129	73.5					
50	122	74.0	71.2				
45	113	74.6	71.8	69.0			
40	104	75.2	72.4	69.6	66.9		
35	95	75.9	73.0	70.2	67.4	64.8	
30	86	76.6	73.7	70.8	68.0	65.3	62.8
25	77	77.3	74.3	71.4	68.6	65.9	63.3
20	68	78.0	75.0	72.1	69.3	66.5	63.9
15	59	78.7	75.7	72.8	69.9	67.1	64.4
10	50	79.4	76.4	73.5	70.6	67.8	65.0
5	41	80.2	77.2	74.2	71.3	68.4	65.6
0	32	81.0	77.9	74.9	72.0	69.1	66.3
-5	23	81.8	78.7	75.6	72.7	69.8	66.9
-10	14	82.6	79.5	76.4	73.4	70.5	67.6
-15	5	83.4	80.3	77.2	74.2	71.2	68.3
-20	-4	84.3	81.1	78.0	74.9	71.9	69.0
-30	-22	86.1	82.9	79.7	76.6	73.5	70.5
-40	-40	86.1	84.7	81.5	78.3	75.2	72.1
-50	-58	86.1	86.1	83.4	80.1	77.0	73.8
-54	-65	86.1	86.1	84.1	80.9	77.7	74.5

Increase weight by 650 kg per 1% uphill slope. Decrease weight by 1200 kg per 1% downhill slope.
Increase weight by 1550 kg per 10 knots headwind. Decrease weight by 8350 kg per 10 knots tailwind.
After landing at weights exceeding those shown above, adjusted for slope and wind, wait at least 48 minutes and check that wheel thermal plugs have not melted before executing a takeoff.

If a Brake Temperature Monitoring System (BTMS) is installed:

No sooner than 10 and no later than 15 minutes after parking, check the BRAKE TEMP light. If the BRAKE TEMP light is not on, no ground waiting period is required. If the BRAKE TEMP light is on, do not dispatch until at least 48 minutes after landing, or until all the BTMS readings on the systems Display are below 3.0 and the BRAKE TEMP light is off. Check that wheel thermal plugs have not melted before making a subsequent takeoff.
Note: If any brake temperature display digit is blank or indicates 0.0 or 0.1, then this method cannot be used.

5.5　着陆性能分析表的使用

在实际运行中,通常情况下不需要使用着陆重量分析表。但对于高原和高高原机场,《高原机场运行》(AC-121-FS-2015-21R1,2015 年 11 月 2 日下发)咨询通告规定,飞机在高原机场运行,需进行着陆分析,如存在着陆限制,则应提供着陆重量分析表;但在高高原机场运行,无论是否存在着陆限制,都应提供着陆重量分析表。

空客和波音机型的着陆重量分析表的格式和内容略有不同,下面分别对空客和波音机型的着陆重量分析表的使用进行说明。

5.5.1 空客着陆性能分析表

表 5.5.1 为 A320 丽江三义机场着陆性能分析表。空客机型着陆性能分析表给出了最大着陆重量、最后进近速度(V_{FA})、限制代码、审定着陆距离和所需着陆距离。

例 5.5.1 A320 着陆构型为 CONF FULL,复飞构型为 CONF 3,外界温度为 30 ℃,逆风 10 kt,试根据表 5.5.1 确定最大允许着陆重量、最后进近速度、限制代码、审定着陆距离和所需着陆距离。

解:

(1)根据表 5.5.1 分析可知,在温度为 30 ℃、无风条件下,最大允许着陆重量为 64 500 kg,最后进近速度为 136 kt,限制代码为 1,即受最大审定重量限制,审定着陆距离为 1 071 m,所需着陆距离为 1 785 m;在温度为 30 ℃、逆风 20 kt 条件下,最大允许着陆重量为 64 500 kg,最后进近速度为 136 kt,限制代码为 1,即受最大审定重量限制,审定着陆距离为 958 m,所需着陆距离为 1 597 m。

(2)使用线性插值可确定在温度为 30 ℃、逆风 10 kt 条件下,最大允许着陆重量为 64 500 kg,最后进近速度为 136 kt,限制代码为 1,即受最大审定重量限制,审定着陆距离为 1 015 m,所需着陆距离为 1 691 m。

5.5.2 波音着陆性能分析表

波音机型着陆性能分析有简化格式和工程格式两种表。表 5.5.2 为 B737-700(24K)丽江三义机场简化格式着陆性能分析表,表 5.5.3 为 B737-700(24K)机型丽江三义机场工程格式着陆性能分析表。简化格式的着陆性能分析表只给出了最大允许着陆重量和限制代码,工程格式的着陆性能分析表给出了最大着陆重量、最后进近速度、限制代码、审定着陆距离和所需着陆距离。

例 5.5.2 已知 B737-700(24K)在丽江三义机场着陆,进近襟翼为 15,着陆襟翼为 40,丽江机场干道面,机场标高为 7 359 ft,温度为 30 ℃,逆风 10 kt,试根据表 5.5.2 确定丽江机场最大允许着陆重量和限制代码。

解:

(1)根据表 5.5.3 可知,逆风 10 kt,在温度为 32 ℃时最大允许着陆重量为 55 400 kg,在温度28 ℃时最大允许着陆重量为 57 500 kg。

(2)因此,在逆风 10 kt、温度为 30 ℃时最大允许着陆重量为(55 400+57 500)/2=56 450 kg。

(3)限制代码为 L,表示最大允许着陆重量受着陆上升限制。

表 5.5.1 A320 丽江三义机场着陆性能分析表

A320214 - JAA	CFM56-5B4 engines	SANYI LJG - ZPLJ	02	30.0.2 05-Aug-18 AE214B02 V20
QNH 1013.25 HPA Air cond. On Anti-icing Off		Elevation 7358 FT Isa temp 0 C rwy slope 0.56 % LDA 3000 M		DRY

OAT C	CONF 3 GA: CONF 2			CONF FULL GA: CONF 3		
	TAILWIND -10 KT	WIND 0 KT	HEADWIND 20 KT	TAILWIND -10 KT	WIND 0 KT	HEADWIND 20 KT
-10	64.5 141 1 1352/ 2253	64.5 141 1 1179/ 1966	64.5 141 1 1067/ 1778	64.5 136 1 1238/ 2063	64.5 136 1 1071/ 1785	64.5 136 1 958/ 1597
-8	64.5 141 1 1352/ 2253	64.5 141 1 1179/ 1966	64.5 141 1 1067/ 1778	64.5 136 1 1238/ 2063	64.5 136 1 1071/ 1785	64.5 136 1 958/ 1597
-6	64.5 141 1 1352/ 2253	64.5 141 1 1179/ 1966	64.5 141 1 1067/ 1778	64.5 136 1 1238/ 2063	64.5 136 1 1071/ 1785	64.5 136 1 958/ 1597
-4	64.5 141 1 1352/ 2253	64.5 141 1 1179/ 1966	64.5 141 1 1067/ 1778	64.5 136 1 1238/ 2063	64.5 136 1 1071/ 1785	64.5 136 1 958/ 1597
-2	64.5 141 1 1352/ 2253	64.5 141 1 1179/ 1966	64.5 141 1 1067/ 1778	64.5 136 1 1238/ 2063	64.5 136 1 1071/ 1785	64.5 136 1 958/ 1597
0	64.5 141 1 1352/ 2253	64.5 141 1 1179/ 1966	64.5 141 1 1067/ 1778	64.5 136 1 1238/ 2063	64.5 136 1 1071/ 1785	64.5 136 1 958/ 1597
4	64.5 141 1 1352/ 2253	64.5 141 1 1179/ 1966	64.5 141 1 1067/ 1778	64.5 136 1 1238/ 2063	64.5 136 1 1071/ 1785	64.5 136 1 958/ 1597
8	64.5 141 1 1352/ 2253	64.5 141 1 1179/ 1966	64.5 141 1 1067/ 1778	64.5 136 1 1238/ 2063	64.5 136 1 1071/ 1785	64.5 136 1 958/ 1597
12	64.5 141 1 1352/ 2253	64.5 141 1 1179/ 1966	64.5 141 1 1067/ 1778	64.5 136 1 1238/ 2063	64.5 136 1 1071/ 1785	64.5 136 1 958/ 1597
16	64.5 141 1 1352/ 2253	64.5 141 1 1179/ 1966	64.5 141 1 1067/ 1778	64.5 136 1 1238/ 2063	64.5 136 1 1071/ 1785	64.5 136 1 958/ 1597
20	64.5 141 1 1352/ 2253	64.5 141 1 1179/ 1966	64.5 141 1 1067/ 1778	64.5 136 1 1238/ 2063	64.5 136 1 1071/ 1785	64.5 136 1 958/ 1597
24	64.5 141 1 1352/ 2253	64.5 141 1 1179/ 1966	64.5 141 1 1067/ 1778	64.5 136 1 1238/ 2063	64.5 136 1 1071/ 1785	64.5 136 1 958/ 1597
28	64.5 141 1 1352/ 2253	64.5 141 1 1179/ 1966	64.5 141 1 1067/ 1778	64.5 136 1 1238/ 2063	64.5 136 1 1071/ 1785	64.5 136 1 958/ 1597
32	64.5 141 1 1352/ 2253	64.5 141 1 1179/ 1966	64.5 141 1 1067/ 1778	64.5 136 1 1238/ 2063	64.5 136 1 1071/ 1785	64.5 136 1 958/ 1597
36	64.5 141 1 1352/ 2253	64.5 141 1 1179/ 1966	64.5 141 1 1067/ 1778	64.5 136 1 1238/ 2063	64.5 136 1 1071/ 1785	64.5 136 1 958/ 1597
40	64.5 141 1 1352/ 2253	64.5 141 1 1179/ 1966	64.5 141 1 1067/ 1778	64.5 136 1 1238/ 2063	64.5 136 1 1071/ 1785	64.5 136 1 958/ 1597

VFA Speed correction VFA 0.8 KT/1000 KG	1=Max struct weight 2=Landing distance 3=Approach climb 4=Landing climb 5=tire speed 6=braking energy
MLW(1000 KG) VFA(kt) code LD-RLD	LABEL FOR INFLUENCE: NO COMBINATION: DW(1000KG) DVFA(KT) COMBINE: DW(1000KG) DVFA(KT)

表 5.5.2 B737-700(24K)丽江三义机场简化格式着陆重量分析表

737-700	LANDING PERFORMANCE	ZPLJ
CFM56-7B24	SANYI	20
LDA 9843 FT	LIJIANG	Elev 7359 FT

Approach 15　　Landing 40　　Air Cond Auto　　Anti-ice Off

Dry Rwy

Maximum Allowable Landing Weight (100 KG)

OAT	Wind (Knots)			
C	-10	0	10	20
36	534L	534L	534L	534L
32	554L	554L	554L	554L
28	575L	575L	575L	575L
24	597L	597L	597L	597L
20	619L	619L	619L	619L
16	641L	641L	641L	641L
15	644L	644L	644L	644L
12	644L	644L	644L	644L
8	645L	645L	645L	645L
4	645L	645L	645L	645L
0	646L	646L	646L	646L
-2	646L	646L	646L	646L
-4	646L	646L	646L	646L
-6	646L	646L	646L	646L
-8	646L	646L	646L	646L
-10	647L	647L	647L	647L

Landing weight must not exceed　58604 KG

Limit Codes:　F=Field　C=Climb　B=Brakes

A=Approach Climb　L=Landing Climb　T=Tire Speed

例 5.5.3 已知 B737-700(24K)在丽江三义机场着陆,进近襟翼为 15,着陆襟翼为 40,丽江机场干道面,机场标高为 7 359 ft,温度为 20 ℃,逆风 10 kt,试根据表 5.5.3 确定丽江机场最大允许着陆重量、场长限制最大着陆重量、进近上升限制最大着陆重量、着陆上升限制最大着陆重量、轮胎速度限制最大着陆重量、快速过站最大着陆重量及审定着陆距离和所需着陆距离。

解:

(1)根据逆风 10 kt 和温度 20 ℃从表 5.5.3 可确定最大允许着陆重量为 58 600 kg,通过这一章前面的内容介绍可知 B737-700(24K)最大审定着陆重量为 58 604 kg(取整就是 58 600 kg),因此可知丽江机场最大允许着陆重量是受最大审定着陆重量限制的。

(2)根据逆风 10 kt 和温度 20 ℃从表 5.5.3 可确定场长限制的最大着陆重量为 81 600 kg,进近上升限制的最大着陆重量为 62 300 kg,着陆上升限制的最大着陆重量 61 900 kg,轮胎速度限制的最大着陆重量为 81 600 kg,快速过站最大着陆重量为 76 700 kg。

(3)根据逆风 10 kt 和温度 20 ℃从表 5.5.3 可确定审定着陆距离为 3 189 ft,所需着陆距离为 5 316 ft。

5.5.3 商飞 ARJ21 着陆性能分析表的使用

商飞 ARJ21 着陆性能分析表与空客的着陆性能分析表相似,表 5.5.4 为 ARJ21-700(CFM34-10A)成都双流国际机场 02L 跑道着陆性能分析表。ARJ21 着陆性能分析表给出了最大允许着陆重量、最后进近速度(V_{FA})、限制代码、审定着陆距离和所需着陆距离。

例 5.5.4 已知 ARJ-700(CFM34-10A)在成都双流国际机场 02L 跑道着陆,着陆襟翼为 40,成都双流机场干道面,机场标高为 1 681 ft,温度为 30 ℃,逆风 10 kt,试根据表 5.5.4 确定成都双流机场 02L 跑道最大允许的着陆重量、限制代码、审定着陆距离和所需着陆距离。

解:

(1)根据温度为 30 ℃,从表 5.5.4 可确定在无风时审定着陆距离为 4 433 ft,所需着陆距离为 7 389 ft;在逆风 20 kt 时审定着陆距离为 4 029 ft,所需着陆距离为 6 716 ft。

(2)通过线性插值可确定在温度为 30 ℃、逆风 10 kt 时审定着陆距离为 4 231 ft,所需着陆距离为 7 053 ft。

表 5.5.3　B737-700(24K)丽江三义机场工程格式着陆重量分析表

ELEVATION 7359 FT　LDA X FACTOR 1.000　737-700　RUNWAY 02　ZPLJ

LDA 9843 FT　LDA INCREMENT 0 FT　CFM56-7B24 ENGINES　SANYI　DATED06-AUG-2018

SLOPE 0.56 %　CORRECTED LDA 9843 FT

MAX LANDING WEIGHTS IN KG　MIN QUICK TURNAROUND TIME IS 67.00 MIN AND CORRESPONDING LANDING SPEEDS IN KNOTS

WIND COMP -KT-	OAT DEG C	MAX WT	THR SPD	VAAP CLB	VLNG CLB	VMCA	MAX LANDING WEIGHT AS LIMITED BY FIELD	APP CLIMB	LNDG CLIMB	TIRE SPEED	QUICK TURN-A	LANDING DIST-FT REQ'D	ACTUAL	APPROACH FLAP	LANDING FLAP
0	32	55400	127	148	127	79	81600	55600	55400	81600	72900	5283	3169	15	40
	28	57500	129	151	129	81	81600	57800	57500	81600	73500	5484	3290	15	40
	24	58600	131	152	131	82	81600	60100	59700	81600	74000	5588	3352	15	40
	20	58600	131	152	131	84	81600	62300	61900	81600	74500	5588	3352	15	40
	16	58600	131	152	131	85	81600	64700	64100	81600	75100	5588	3352	15	40
	15	58600	131	152	131	85	81600	65000	64400	81600	75200	5588	3352	15	40
	12	58600	131	152	131	85	81600	65100	64400	81600	75700	5588	3352	15	40
	8	58600	131	152	131	85	81600	65100	64500	81600	76200	5588	3352	15	40
	4	58600	131	152	131	85	81600	65200	64500	81600	76800	5588	3352	15	40
	0	58600	131	152	131	85	81600	65200	64600	81600	77400	5588	3352	15	40
10	32	55400	127	148	127	79	81600	55600	55400	81600	75000	5020	3011	15	40
	28	57500	129	151	129	81	81600	57800	57500	81600	75500	5215	3129	15	40
	24	58600	131	152	131	82	81600	60100	59700	81600	76100	5316	3189	15	40
	20	58600	131	152	131	84	81600	62300	61900	81600	76700	5316	3189	15	40
	16	58600	131	152	131	85	81600	64700	64100	81600	77300	5316	3189	15	40
	15	58600	131	152	131	85	81600	65000	64400	81600	77400	5316	3189	15	40
	12	58600	131	152	131	85	81600	65100	64400	81600	77800	5316	3189	15	40
	8	58600	131	152	131	85	81600	65100	64500	81600	78400	5316	3189	15	40
	4	58600	131	152	131	85	81600	65200	64500	81600	78900	5316	3189	15	40
	0	58600	131	152	131	85	81600	65200	64600	81600	79500	5316	3189	15	40

表 5.5.4　ARJ21-700(CFM34-10A)成都双流机场 02L 跑道着陆性能分析表

<table>
<tr><td>ARJ21-700STD</td><td>CF34-10A</td><td>ZUUU CTU 成都/双流</td><td>02L</td><td>DRY</td></tr>
<tr><td colspan="2">QNH 1013.25Hpa
AC ON
AI All OFF</td><td>Elevation 1681ft
LDA 11811ft
ISA Temp. 11.67℃
Rwy Slope 0.13%</td><td colspan="2">Obstacle Numb: 1
Date:2019/3/17
Version：CA700B01 V1.3.1.006
Comments:</td></tr>
</table>

<table>
<tr><td rowspan="2">OAT(℃)</td><td colspan="3">FLAP40</td></tr>
<tr><td>Wind
-10Kt</td><td>Wind
0Kt</td><td>Wind
20Kt</td></tr>
<tr><td>-10</td><td>47.8 157 3
4659/7766</td><td>47.8 157 3
4040/6733</td><td>47.8 157 3
3658/6097</td></tr>
<tr><td>-5</td><td>47.8 157 3
4730/7883</td><td>47.8 157 3
4104/6840</td><td>47.8 157 3
3718/6198</td></tr>
<tr><td>0</td><td>47.8 157 3
4802/8003</td><td>47.8 157 3
4169/6949</td><td>47.8 157 3
3780/6300</td></tr>
<tr><td>3</td><td>47.8 157 3
4845/8076</td><td>47.8 157 3
4209/7015</td><td>47.8 157 3
3817/6362</td></tr>
<tr><td>6</td><td>47.8 157 3
4888/8146</td><td>47.8 157 3
4247/7079</td><td>47.8 157 3
3853/6422</td></tr>
<tr><td>9</td><td>47.8 157 3
4929/8215</td><td>47.8 157 3
4284/7141</td><td>47.8 157 3
3888/6480</td></tr>
<tr><td>12</td><td>47.7 157 3
4969/8282</td><td>47.7 157 3
4321/7202</td><td>47.7 157 3
3923/6538</td></tr>
<tr><td>15</td><td>47.7 157 3
5011/8351</td><td>47.7 157 3
4359/7265</td><td>47.7 157 3
3958/6597</td></tr>
<tr><td>18</td><td>47.7 157 3
5053/8421</td><td>47.7 157 3
4397/7329</td><td>47.7 157 3
3994/6657</td></tr>
<tr><td>21</td><td>47.7 157 3
5093/8489</td><td>47.7 157 3
4434/7391</td><td>47.7 157 3
4029/6715</td></tr>
<tr><td>24</td><td>47.7 157 3
5135/8559</td><td>47.7 157 3
4472/7454</td><td>47.7 157 3
4065/6775</td></tr>
<tr><td>27</td><td>47.5 157 3
5164/8607</td><td>47.5 157 3
4499/7499</td><td>47.5 157 3
4090/6816</td></tr>
<tr><td>30</td><td>46.4 155 3
5089/8482</td><td>46.4 155 3
4433/7389</td><td>46.4 155 3
4029/6716</td></tr>
<tr><td>VFA Correction
0.6(kt)/1000(kg)</td><td colspan="3">Lable for Influence : DW(1000KG)/DVFA(kt)</td></tr>
<tr><td>MLW (1000kg) VFA(Kt) LC
ALD/RLD(ft)</td><td colspan="3">LC(Limitation Codes) 1.Max Weight 2.Landing Distance 3.Approcach Climb 4.Landing Climb
5.Tire Speed 6.Braking Engergy</td></tr>
</table>

思考题

1. 审定着陆距离和所需着陆距离是如何定义的？它们之间有什么关系？

2. 实际着陆距离和可用着陆距离是如何定义的？到达时着陆距离评估需要满足什么要求？

3. 签派放行的着陆距离评估和到达时的着陆距离评估有何区别？

4. 简述影响飞机着陆距离的主要因素。

5. 现代运输机的着陆制动措施有哪些？制动措施的工作原理和特点是什么？

6. 简述反推使用的时机及作用。为什么在自动刹车干道面条件下反推并不能显著缩短着陆距离？

7. 限制最大着陆重量的因素有哪些？最大允许的着陆重量最容易受到哪几个因素限制？

8. 规章对进近复飞上升和着陆复飞上升的要求有何不同？为什么着陆复飞上升不考虑一发失效的情况？

9. 实际运行中每次运行都需要使用着陆性能分析表吗？着陆性能分析表主要可以确定哪些着陆性能参数？

10. 已知某机场可用着陆距离 LDA = 2 000 m，机场气压高度为 3 000 ft，考虑 B737-800（26K）飞机在干跑道条件下着陆，着陆襟翼为 40，顺风 5 kt，试根据表 5.4.2 确定着陆场地长度限制的最大着陆重量。

11. 已知某 B737-800（26K）飞机进近襟翼为 15，着陆襟翼为 40，机场气压高度为 3 000 ft，外界大气温度为 30 ℃，考虑 B737-800（26K）飞机在空调开、发动机和机翼防冰均打开条件下，试根据表 5.4.3 确定该飞机着陆上升梯度限制的最大着陆重量。

12. A320 着陆构型为 CONF 3，复飞构型为 CONF 2，外界温度为 6 ℃，逆风 10 kt，试根据表 5.5.1 确定最大允许着陆重量、最后进近速度、限制代码、审定着陆距离和所需着陆距离。

13. 已知 B737-700（24K）在丽江三义机场着陆，进近襟翼为 15，着陆襟翼为 40，丽江机场干道面，机场标高 7 359 ft，温度 18 ℃，无风，试根据表 5.5.3 确定丽江机场最大允许的着陆重量、入口速度、场长限制的最大着陆重量、进近上升限制的最大着陆重量、着陆上升限制的最大着陆重量、轮胎速度限制的最大着陆重量、快速过站最大着陆重量及审定着陆距离和所需着陆距离。

第 6 章

特殊运行条件下的飞机性能要求

6.1 起飞和复飞一发失效应急程序

飞机起飞和着陆的性能分析是飞机性能分析的重要工作。对于某些高原机场和地形复杂的机场，制定起飞一发失效应急程序和复飞一发失效应急程序，是飞机起飞和着陆性能分析工作的重要组成部分，对保证飞行安全、提高运行效益意义重大。

6.1.1 起飞一发失效应急程序概述

起飞一发失效应急程序 EOSID(Engine Out Standard Instrument Departure)是在满足飞机在起飞过程中一发失效安全超障要求的前提下，制定的不同于标准仪表离场程序的飞行路线和飞行方案。在一些机场通过制定起飞一发失效应急程序，可以有效避开离场过程中的高大障碍物，增加起飞限重，提高经济效益。

标准仪表离场程序只考虑飞机全发离场的情况。标准仪表离场程序保护区是按照国际民航组织 8168 号文件第Ⅱ卷《目视和仪表飞行程序设计》的规范制定的，保护区比较大。但为保证飞行安全，正常起飞前飞机性能分析需要考虑一台发动机失效的情况，依据 CCAR-121 确定的 EOSID 保护区较小。

标准仪表离场程序要求飞机最小上升梯度达到 3.3%(即标称上升梯度)，如在保护区内有障碍物的梯度大于 2.5%，则要提高飞机的起飞上升梯度；有些机场跑道起飞上升梯度可达到 6.5%(如拉萨贡嘎国际机场 09 号跑道)，飞机全发工作时很容易达到这个梯度。飞机一发失效后上升性能衰减得很快，比如 A319-115 型飞机在拉萨贡嘎国际机场起飞，如按最大起飞全重 70 000 kg 起飞，在外界温度为 25 ℃、起飞襟翼 CONF1+F、空调关、防冰关等条件下，起飞航道二段全发上升梯度可达到 10%左右。但在一发失效后航道二段上升梯度只有 1%左右，这一梯度不能满足飞机性能要求的最小梯度(规章要求航道二段最低上升梯度为 2.4%）。

并不是所有机场都需要制作起飞一发失效应急程序，很多机型在很多机场运行通常只需完成一发失效后沿标准仪表离场程序超障检查即可。

飞机按可满足运营要求的起飞重量起飞，沿标准仪表离场程序进行在 V_1 一发失效后的高度和梯度检查。如飞机一发失效后继续起飞能够满足 SID 程序的高度和梯度要求，则飞机起飞一发失效后继续起飞只需按标准仪表离场程序继续上升到安全高度后返场着陆或继续出航飞至目的地机场，运营人只需提供验证数据加以说明即可，不需要另外设计起飞一发失效应急程序。

若飞机按可满足运营要求的起飞重量起飞，沿标准仪表离场程序进行 V_1 一发失效后的高度和梯度检查不能满足要求，则可采用减载来满足高度和梯度要求，或者需要考虑另外设计一条起飞一发失效应急程序的路线来满足高度和梯度检查。这个另外设计的不同于标准仪表离场程序的飞行路线和飞行方案称为起飞一发失效应急程序。航空公司为了提高经济性通常会选择另外设计一条起飞一发失效应急程序来满足高度和梯度检查。

在设计起飞一发失效应急程序时总是保守考虑飞机在 V_1 出现一发失效，实际运行中发动机失效越晚，则飞机高度和梯度越大，越障能力越好，可能飞机到达某个位置或高度发生一发失效后按标准仪表离场程序飞行也能满足高度、梯度和越障要求，就不需要按起飞一发失效应急程序飞行。通常把这个位置或高度称为决策点，即飞机在 V_1 后决策点前一发失效，沿预定航迹（即起飞一发失效应急程序）返场着陆，如无法返场着陆，则继续飞行加入航路；若在决策点之后出现一发失效，则可继续沿标准仪表离场程序飞行加入航路，或沿标准仪表离场程序上升到安全高度后返场着陆。图 6.1.1 和图 6.1.2 分别给出了丽江机场 02 号跑道标准仪表离场程序和起飞一发失效应急程序。

由图 6.1.1 分析可知，丽江机场 02 号跑道标准仪表离场程序是沿磁航迹 17°飞至丽江 VOR 台（LJA），然后沿磁航迹 14°飞至 3 600 m 高度右转飞至程海 VOR 台（CEH）加入航路，或者沿磁航迹 14°飞至 6 000 m 高度左转加入航路。由于标准仪表离场程序的离场梯度为 5.5%，飞机在 V_1 出现一台发动机失效后达不到这个梯度，因此需另外设计飞行路线来满足高度、梯度和越障要求。

丽江机场起飞一发失效应急程序如图 6.1.2 所示。丽江机场 02 号跑道起飞一发失效应急离场程序方案如下：飞机起飞时在 V_1 后，但在 *QNH* 3 600 m 高度以前出现一发失效，应该沿标准仪表离场程序飞至 D4.8LJA 台，左转回 LJA 台，转弯过程中不能超过 D7.6 限制线。飞机起飞在 *QNH* 3 600 m 高度后出现一发失效，若已达到扇区安全高度并预计在扇区内可达到航路最低安全高度，可继续按标准仪表离场程序离场，否则右转飞至 LJA 台继续上升，按起飞一发失效应急程序路线继续上升至 D24LJA，之后根据实际情况可以继续起飞，也可以考虑加入进近程序进行着陆。

因此，为了尽可能满足航空公司经济效益要求，在保证安全的前提下，最大限度地发挥飞机的性能，在需要的机场制作起飞一发失效应急程序，审查所有有关障碍物，确定起

图 6.1.1 丽江机场 02 号跑道标准仪表离场程序图

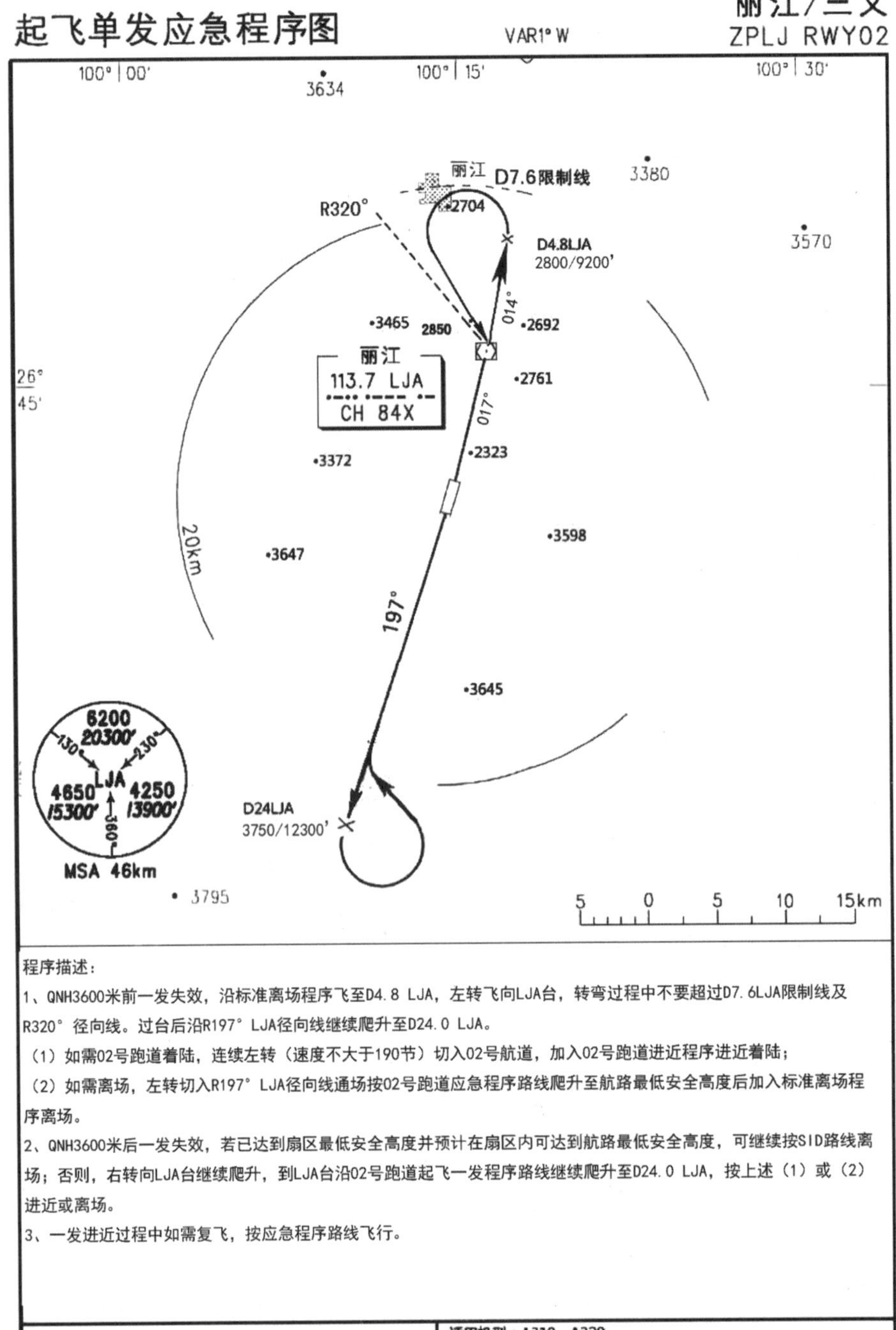

图 6.1.2　丽江机场 02 号跑道起飞一发失效应急程序图

飞重量以供航空公司使用,对航空公司提高安全性和经济性意义重大。

6.1.2 规章对制定起飞一发失效应急程序的要求

2000年,中国民用航空局飞行标准司下发了《关于制定起飞一发失效应急程序的通知》(AC-FS-2000-2)的咨询通告(该咨询通告已失效)。该通告明确了制定起飞一发失效应急程序应考虑的障碍物范围、净轨迹的超障余度要求、转弯坡度规定和分析方法,并要求航空承运人进入地形复杂机场运行前,应为所用机型制作在这些机场运行的起飞一发失效应急程序并报局方批准,以保证起飞一发失效后的飞行安全,并提高障碍物限制的最大起飞重量。

2001年,中国民用航空局飞行标准司下发了《飞机航线运营应进行的飞机性能分析》(AC-121FS-006)咨询通告,明确了对于某些障碍物较多的特殊机场,为在保障飞行安全的前提下使用较大的起飞重量,参照中国民用航空局飞行标准司《关于制定起飞一发失效应急程序的通知》(AC-FS-2000-2)的要求需制定起飞一发失效应急程序的,应按照经批准的飞行手册及其增补的有关内容制定起飞一发失效应急程序。如起飞一发失效应急程序要求本场着陆或要求目视避开障碍物,则需注明起飞最低天气标准。

《飞机航线运营应进行的飞机性能分析》(AC-121FS-006)规定,在着陆过程中出现一发失效且无法安全着陆的情况时,可选用同方向的起飞应急程序飞行。对于单向起降机场,如果飞机的单发性能达不到程序要求的复飞梯度,则需制定合适的一发失效的决断高度/高或最低下降高度/高,并注明此高度/高,以便于飞行员使用。对于新建和改、扩建机场,要充分考虑飞机一发失效应急程序的制作问题,特别是净空条件复杂、起降两端障碍物较多的机场,若这些机场位于高原、高温地区,一发失效应急程序的制作更为关键。在修建这些特殊机场时,要选用参考机型制作典型的一发失效应急程序,以供航空公司在这些机场运行时制作符合自己机型性能特点的应急程序时作为参考。有些机场可能会因飞机一发失效应急程序的需要而额外处理障碍物、增设导航设施,有的机场可能会因一发失效应急程序而调整修建方案。

中国民用航空局飞行标准司2007年下发的《航空承运人高原机场运行管理规定》(AC-121-21)咨询通告、2009年下发的《特殊机场的分类标准及运行要求》(AC-121-2009-17R1)咨询通告以及2015年下发的《高原机场运行》(AC-121-FS-2015-21R1)咨询通告,均对起飞一发失效应急程序提出了要求。

《航空承运人高原机场运行管理规定》(AC-121-21)要求,航空公司应按照局方的要求为所飞的每一机型制定起飞一发失效应急程序。只有满足以下三种情况之一,航空公司才可以不为该机型专门制作相应机场跑道的起飞一发失效应急程序,但必须向局方提供相应书面分析的证明材料:

（1）经计算分析能够证明通过控制起飞重量，该种机型一发失效后的上升梯度能够满足离场程序对上升梯度的要求。

（2）经检查该型飞机一发失效后按照离场程序飞行可以安全超障，并满足相应的超障高度要求。

（3）某型飞机如果仅使用满足离场要求的一个跑道方向起飞，不使用另外一个跑道方向离场（即单向起飞）。

2014 年 12 月 16 日，中国民用航空局下发了咨询通告《飞机起飞一发失效应急程序和一发失效复飞应急程序制作规范》（AC-121-FS-2014-123）。该通告明确提出制作起飞一发失效和复飞一发失效应急程序遵循的主要规章是 CCAR121.189 条涡轮发动机驱动的飞机的起飞限制和《国际民用航空公约》附件 6《航空器的运行》第 I 部分附篇 C（飞机性能的运行限制）起飞超障限制。CCAR121.189 规定涡轮发动机驱动的飞机不得以大于该飞机飞行手册所确定的某个重量起飞，在该重量下，预定净起飞飞行轨迹以 10.7 m（35 ft）的余度超越所有障碍物，或者能以一个特定距离侧向避开障碍物。该特定距离的值为下列两项规定值中的较小者：

（1）$0.125D+90$ m（300 ft），其中 D 是指飞机离可用起飞距离末端的距离值，如图 6.1.3 所示。

（2）对于按目视飞行规则飞行，预定航迹的航向变化小于 15°时为 300 m，预定航迹的航向变化大于 15°时为 600 m；对于按仪表飞行规则飞行，预定航迹的航向变化小于 15°时为 600 m，预定航迹的航向变化大于 15°时为 900 m。

咨询通告《飞机起飞一发失效应急程序和一发失效复飞应急程序制作规范》规定，如果转弯坡度大于 15°，起飞的净飞行轨迹要以 10.7 m（35 ft）加飞机的最低部位低于飞行轨迹的值或 15.2 m（50 ft）（取较大值）的垂直余度超越所有障碍物。

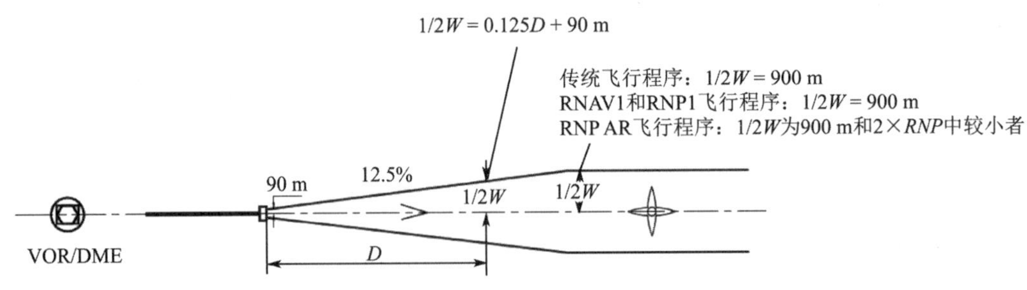

图 6.1.3　不同运行条件下起飞一发失效应急程序

根据咨询通告《飞机起飞一发失效应急程序和一发失效复飞应急程序制作规范》的规定，对于除沿跑道中线延长线起飞的直线航段和有航迹引导的航段（包括沿 DME 弧飞行的航段）以外的其他航段，还应按以下方法之一考虑风及飞行技术误差对标称航迹的影响：

（1）给出航迹控制点的信息，以供机组检查标称航迹使用。

（2）对于转弯航段，如无完整航迹控制点：

a.若转弯时半宽未达到 900 m，则从转弯开始点开始以 12.5%的扩张率对称扩展至 900 m，如此时仍未取得航迹引导，继续以 12.5%的扩张率扩展至取得航迹引导的一点，此后以 25%的收缩率恢复至正常 900 m 半宽保护区；

b.若转弯时半宽已达到 900 m，则从转弯开始点两侧半宽 900 m 开始以 12.5%的扩张率扩展，直至取得航迹引导的一点，此后以 25%的收缩率恢复至正常 900 m 半宽保护区。

转弯航段给出航迹控制点的保护区如图 6.1.4 所示，转弯航段无完整航迹控制点的保护区如图 6.1.5 所示。

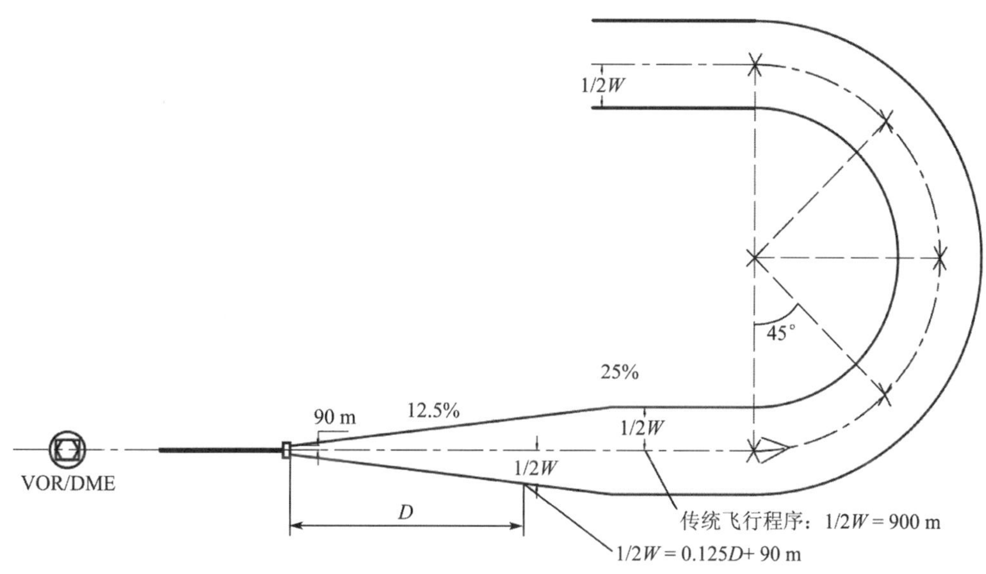

图 6.1.4 转弯航段给出航迹控制点的保护区示意图

6.1.3 起飞一发失效应急程序的设计要求

起飞一发失效应急程序的设计应尽可能与标准仪表离场程序路线相同或相近，最大限度地减少程序的复杂性，增强空管对一发失效飞行航迹的预见性。

设计的起飞一发失效应急程序必须要考虑到离场航线上任何一点出现一发失效的可能，并保证设计的一发失效应急程序的净飞行轨迹以不小于规定的余度安全越过航迹上的所有障碍物。当有关键障碍物位于标准离场路线上时，设计单独的起飞一发失效应急程序是提高最大起飞重量的常用方法。

设计的起飞一发失效应急程序应力争简单明了、易于操作，尽量减少飞行员额外的工

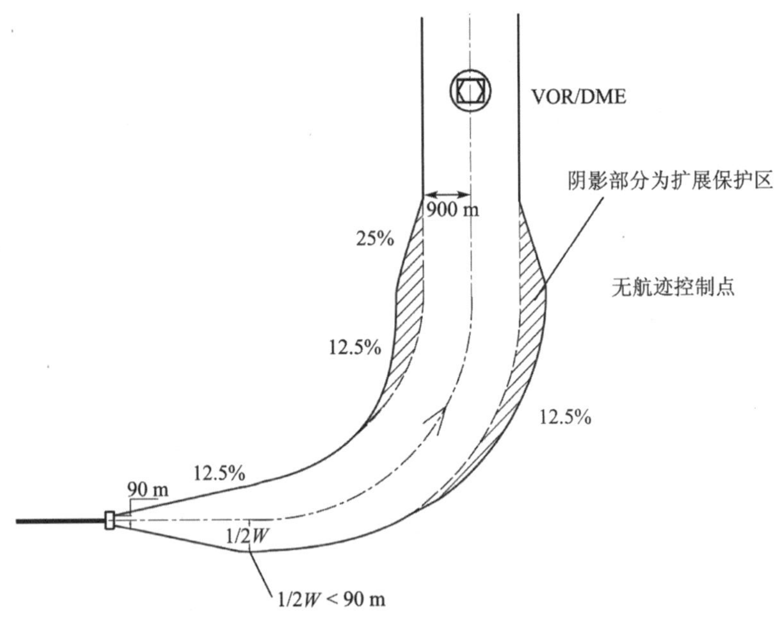

图 6.1.5　转弯航段无完整航迹控制点的保护区示意图

作负荷，避免不必要的文字描述，如多个转弯、使用条件说明、导航设施的选择及调频等。但一些关键限制（如坡度、速度等）应清晰体现。

在设计起飞一发失效应急程序时，对于离场过程中的高风险航段需要进行风险评估。高风险航段包括离场航迹上存在距离过近的障碍物或地形、飞机的性能限制和局部气象等。选择某一路线避开障碍物或提供一个等待程序上升到某一安全高度是降低起飞一发失效应急程序风险的有效方法。

如某些起飞一发失效应急程序导致起飞最低标准（能见度和云底高）与公布的标准离场程序不同，应予以注明。在起飞一发失效应急程序中应该标识清楚关键障碍物和地形的相关信息，其路径设计应该尽量避免进入限制区、危险区或禁区，如难以避免，则应与该空域的管理部门进行协调并征得其同意。当飞机在指定的容差范围内沿起飞一发失效应急程序飞行时，应尽可能避免触发近地警告，触发且难以通过修改应急程序解决时，必须进行安全评估。

如设计的起飞一发失效应急程序只考虑了本场着陆，则起飞最低标准不应低于适用跑道的着陆最低标准。设计的起飞一发失效应急程序需至少包含以下三种情况：

（1）V_1 时一发失效，沿一发失效应急程序路线飞行。

（2）决策点一发失效，沿一发失效应急程序路线飞行。

（3）决策点一发失效，沿所有拟用的标准仪表离场程序路线飞行。

在考虑制作起飞一发失效应急程序前，首先应明确该机场和跑道运行是否有必要制作起飞一发失效应急程序，即在飞机正常起飞过程中出现一台发动机失效后，沿着全发离场路线飞行超障能满足要求。只有超障不能满足要求时,才需要另外设计一条离场路线和一套飞行方案来满足相关超障要求。如果没有必要设计起飞一发失效应急程序,那就没有必要进一步进行性能计算和分析,只需分析计算说明沿着全发离场路线越障能满足要求,不要求减载运行。在确实需要制作起飞一发失效应急程序时,才需要进一步进行地图作业,确定一发失效应急程序的飞行路线和飞行方案。

6.1.4 起飞一发失效应急程序制作实例

6.1.4.1 确定是否需要制作起飞一发失效应急程序

下面以大连机场 28 号跑道为例说明起飞一发失效应急程序的制作方法和步骤。大连机场标高为 32.6 m,10 号跑道入口标高为 32.3 m,28 号跑道入口标高为 26.3 m,大连机场基准温度为 29 ℃,大连机场跑道公布的可用距离如表 6.1.1 所示。

表 6.1.1 大连机场跑道公布的可用距离

跑道号码	可用起飞滑跑距离/m	可用起飞距离/m	可用加速停止距离/m	可用着陆距离/m	备注
10	3 300	3 300	3 350	3 100	
28	3 300	3 300	3 350	3 200	

大连机场 28 号跑道标准仪表离场程序如图 6.1.6 所示。由图中分析可知,28 号跑道标准仪表离场程序方案是飞机全发离场沿磁航迹 283°飞至 500 m 高度左转加入ANRAT、KARPI 方向,或者沿磁航迹 283°飞至 800 m 高度右转回台后加入 SANKO 方向或者加入 BM、CHI 方向。从航图中的标注分析可知,28 号跑道离场控制障碍物为磊子山,其高度为 250.3 m,距跑道西端 4 600 m,中心线北侧 395 m,仪表离场时最小上升梯度为 5.5%。但当能见度大于 5 000 m、云高 280 m 以上时,可以目视避开磊子山,起飞上升梯度不受此限制。

首先按全发离场路径检查一发失效的超障情况,由于磊子山距离中心线仅 395 m,因此分析可知磊子山在沿全发离场路径的一发失效离场保护区(注意由于一发失效的保护区比全发离场程序设计的保护区小,因此有些障碍物使全发离场程序梯度增加,但可能不在一发失效的保护区内)的直线段,实际分析中还需检查障碍物 A 型的障碍物、机场细则中半径 15 km 范围的障碍物以及可以获取的其他地形障碍物。此处是实例性的说明,不用于实际运行,不对障碍物进行一一分析。

由于起飞性能分析需要针对具体机型进行计算,下面以 B737-800(CFM56-7B26)为例进行分析计算。B737-800(CFM56-7B26)为 B737NG 飞机,该机型的基本数据如表 6.1.2 所示。

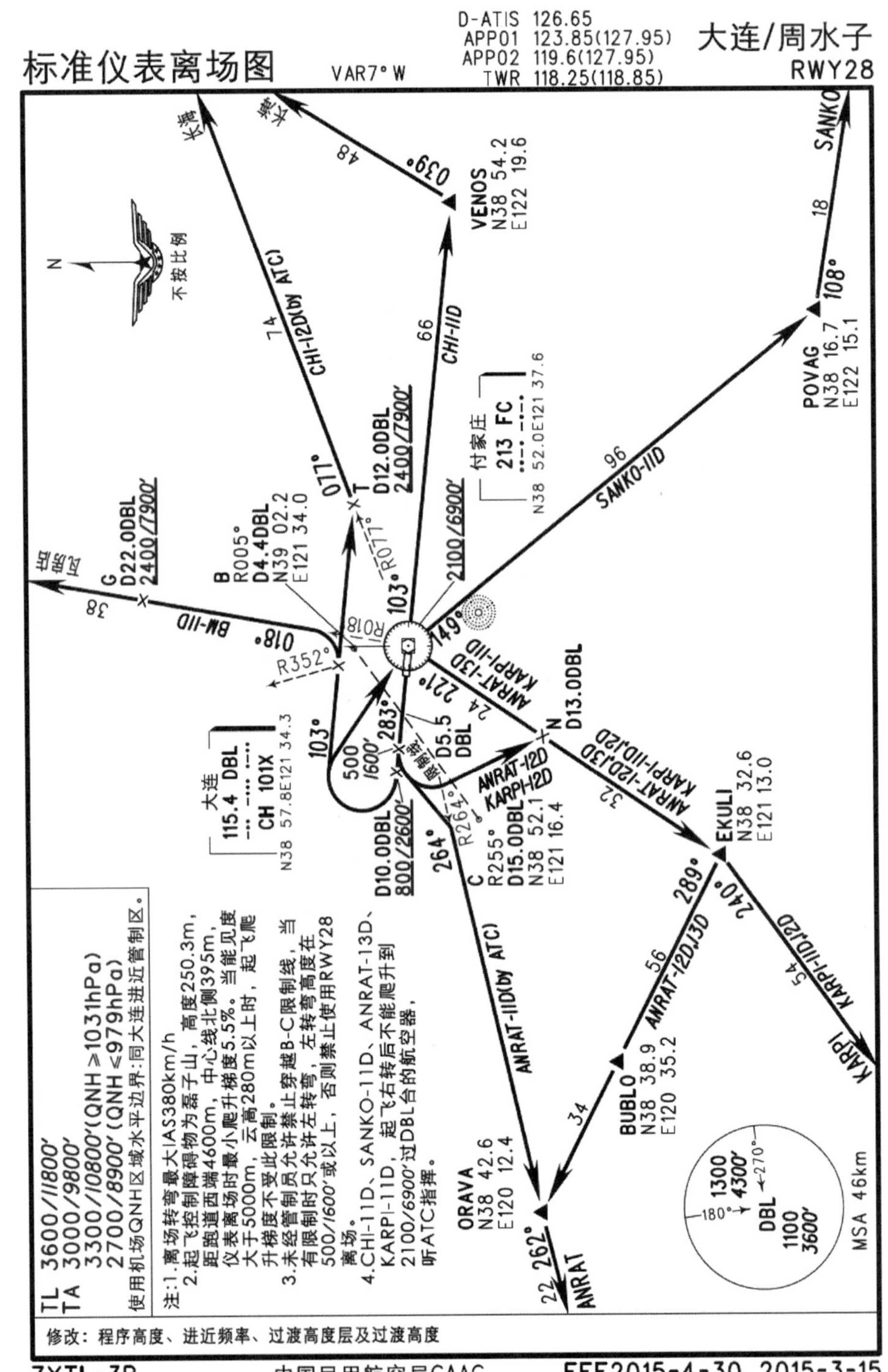

图 6.1.6　大连机场 28 号跑道标准仪表离场程序图

表 6.1.2 B737-800(CFM56-7B26)基本数据

机型/发动机型号/发动机台数	B737-800/CFM56-7B26/2
单发额定起飞推力/lb	26 000(26K)
最大滑行重量/t	79.242
最大起飞重量/t	79.015
最大着陆重量/t	65.317
最大无油重量/t	61.688
参考使用空重/t	42.491
跑道坡度限制	±2%
实用升限/ft	41 000
起降机场最大高度限制/ft	8 400
飞机类型	C
单发最大起飞推力时限/min	5

下面以 B737-800(CFM56-7B26)机型为例计算沿全发离场路径飞行一发失效后的性能情况。沿全发离场路径飞行一发失效后的性能分析需要考虑的障碍物如表 6.1.3所示。

表 6.1.3 沿全发离场路径飞行一发失效后的性能分析需要考虑的障碍物表

名称	高度/m	场压高/m	修正高/m	距跑道末端距离/m	距标称航迹侧向距离/m	障碍物梯度
天线	47.6	15.0	15.3	557	39	2.75%
磊子山	250.3	217.7	233.0	4 600	395	5.10%

注:场压高是指相对于机场标高的高;修正高是指相对于 28 号跑道离场末端(即 10 号跑道入口)的高,地形障碍物的高度再加上 15 m 树高。

分析可知,磊子山的障碍物梯度为 5.10%,对起飞性能影响较大,会限制最大允许起飞重量。B737-800(CFM56-7B26)沿全发离场路径飞行一发失效后的起飞性能分析表如表 6.1.4 所示。

表 6.1.4　B737-800（CFM56-7B26）起飞性能分析表（全发离场路径）

ELEVATION 107 FT　　RUNWAY 28_SID ZYTL
*** FLAPS 05 ***　AIR COND AUTO　ANTI-ICE OFF　ZHOUSHUIZI
DALIAN
737-800　CFM56-7B26　DATED 25-FEB-2014
A INDICATES OAT OUTSIDE ENVIRONMENTAL ENVELOPE

OAT	CLIMB	WIND COMPONENT IN KNOTS (MINUS DENOTES TAILWIND)			
C	100KG	-10	0	20	30
50	683	555*/26-28-36	576*/30-31-38	591*/32-32-39	598*/33-33-40
		564**37-43-49	586**41-46-52	602**45-49-55	609**46-50-55
40	745	603*/30-33-41	626*/34-36-44	641*/37-38-45	649*/38-39-46
		611**41-48-54	635**45-50-57	652**49-53-59	660**50-55-61
30	810	652*/34-38-47	677*/38-41-49	694*/41-43-51	702*/42-44-52
		661**45-52-59	687**50-56-63	705**53-59-65	714**55-60-67
20	815	656*/35-38-48	682*/39-41-50	699*/42-43-51	708*/43-44-52
		666**46-53-60	693**52-59-65	711**55-61-67	720**56-61-67
15	816	658*/35-38-48	684*/39-41-50	701*/42-43-52	710*/43-44-52
		668**46-53-61	695**53-59-66	713**56-61-68	722**57-62-69
10	818	659*/35-39-48	685*/39-42-50	703*/42-43-52	711*/43-44-53
		669**48-56-63	697**53-60-67	715**56-62-68	724**58-63-69
0	820	662*/36-39-48	688*/40-42-51	706*/43-44-52	715*/44-45-53
		673**49-57-64	700**54-61-68	719**57-63-69	728**59-64-70
-9	821	664*/36-39-48	690*/40-42-51	708*/43-44-52	717*/44-45-53
		675**49-57-64	703**53-59-66	722**58-64-70	731**60-65-72
-10	821	664*/36-39-48	690*/40-42-51	708*/43-44-52	717*/44-45-53
		675**49-57-64	703**53-59-66	722**58-64-71	731**60-66-72
-20	822	665*/36-39-49	692*/41-42-51	710*/43-44-52	719*/45-45-53
		677**50-58-64	706**55-61-68	725**58-63-69	734**59-65-71

MAX BRAKE RELEASE WT MUST NOT EXCEED MAX CERT TAKEOFF WT OF 79015 KG
MINIMUM FLAP RETRACTION HEIGHT IS 1000 FT
LIMIT CODE IS F=FIELD, T=TIRE SPEED, B=BRAKE ENERGY, V=VMCG,
*=OBSTACLE/LEVEL-OFF, **=IMPROVED CLIMB
TORA IS 3300 M , TODA IS 3300 M , ASDA IS 3350 M
RUNWAY SLOPES ARE 0.20 PERCENT FOR TODA AND 0.20 PERCENT FOR ASDA
LINE-UP DISTANCES: 20 M FOR TODA, 26 M FOR ASDA OBS FROM LO-FT/M

RUNWAY	HT	DIST	OFFSET	HT	DIST	OFFSET	HT	DIST	OFFSET
28_SID	765	4600	0						

由于基准温度为 29 ℃,保守考虑在 30 ℃的温度下进行起飞性能分析,在无风的条件下不考虑改进上升则最大起飞重量为 67 7000 kg,考虑改进上升则最大起飞重量为 68 700 kg;在逆风 20 kt 条件下不考虑改进上升则最大起飞重量为 69 400 kg,考虑改进上升则最大起飞重量为 70 500 kg。经分析最大起飞重量对于航空公司实际运行载量很受限。

考虑到设计运行中出现一发失效的概率较小,为了提高航空公司经济性,另外设计一条路径和方案在飞机离场时出现一发失效后使用,以避开影响飞机性能的磊子山。

6.1.4.2　设计起飞一发失效应急程序方案

大连机场 28 号跑道起飞一发失效应急程序如图 6.1.7 所示。由于飞机一发失效可能发生在任何时候,因此最保守就是在 V_1 一发失效后继续起飞。通常也需确定一个决策点,在 V_1 及之后一发失效,且在决策点前一发失效则沿起飞一发失效应急程序方案运行;在决策点后一发失效,则沿全发离场路线运行。

以 B737-800(CFM56-7B26)机型为例计算起飞性能,由于沿一发失效离场路径飞行能够避开磊子山这个影响飞机性能的障碍物,因此沿一发失效离场路径飞行性能分析需要考虑的障碍物不是磊子山,而是另外的等高线。起飞一发失效应急程序需考虑的障碍物如表 6.1.5 所示。

表 6.1.5　起飞一发失效应急程序需考虑的障碍物

名称	海拔高度/m	场压高/m	修正高/m	距跑道末端距离/m	距标称航迹侧向距离/m	障碍物梯度
天线	47.6	15.0	15.3	557	39	2.75%
等高线	215.0	182.4	182.7	4 500	660	4.06%

注:场压高是指相对于机场标高的高;修正高是指相对于 28 号跑道离场末端(即 10 号跑道入口)的高,地形障碍物的高度再加上 15 m 树高。

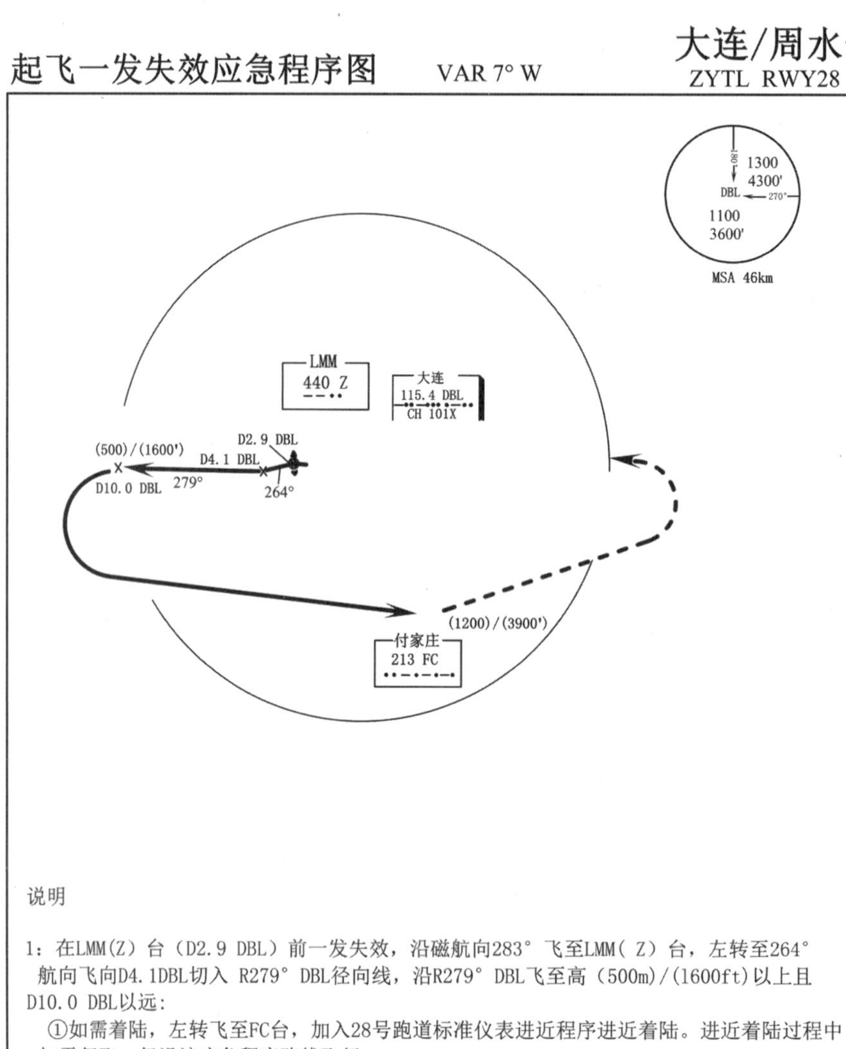

说明

1：在LMM(Z)台（D2.9 DBL）前一发失效，沿磁航向283°飞至LMM(Z)台，左转至264°航向飞向D4.1DBL切入R279° DBL径向线，沿R279° DBL飞至高（500m)/(1600ft)以上且D10.0 DBL以远：

①如需着陆，左转飞至FC台，加入28号跑道标准仪表进近程序进近着陆。进近着陆过程中如需复飞，仍沿该应急程序路线飞行；

②如需离场，左转飞至FC台，听ATC指挥离场。

2：在LMM(Z)台（D2.9 DBL）以后出现一发失效，按标准仪表离场程序上升至(500m/1600ft)以上后联系ATC返场，或者继续执行标准仪表离场程序。

3：平飞加速高(305m/1000ft)。

适用机型：B737-800

图 6.1.7　大连机场 28 号跑道起飞一发失效应急程序图

大连机场 28 号跑道起飞一发失效应急程序的方案是:在 V_1 及以后,且在 LMM(Z)台(D2.9 DBL)前一发失效,飞机沿磁航迹 283°飞至 LMM(Z)台,左转至 264°飞向 D4.1 DBL 切入 R279° DBL 径向线,沿 R279° DBL 飞至 500 m(1 600 ft)以上高度且 D10.0 DBL 以远;如果飞机需要着陆,左转飞至 FC 台,加入 28 号跑道标准仪表进近程序进近着陆,进近着陆过程中如需复飞,仍沿该应急程序路线飞行;如需离场,左转飞至 FC 台,听 ATC 指挥离场。

在 LMM(Z)台(D2.9 DBL)后出现一发失效,按标准仪表离场程序上升至 500 m(1 600 ft)以上高度后联系 ATC 返场,或者继续执行标准仪表离场程序。

其中,LMM(Z)台是 10 号跑道进近的中指点标,距 10 号跑道内移入口 1 113 m,在跑道中心延长线上;DBL 是大连 VOR/DME 台,距跑道基准点磁方位 102.6°,距离 2 735 m。

以 B737-800(CFM56-7B26)机型为例计算沿一发失效离场路径的起飞性能分析表如表 6.1.6 所示。由于基准温度为 29 ℃,保守考虑在 30 ℃的温度下分析,在无风条件下不考虑改进上升则最大起飞重量为 70 800 kg,考虑改进上升则最大起飞重量为 72 000 kg;在逆风 20 kt 条件下不考虑改进上升则最大起飞重量为 72 400 kg,考虑改进上升则最大起飞重量为 73 700 kg。经分析最大起飞重量相比沿全发离场程序的性能分析增加了 2 000~3 000 kg,这对航空公司的经济性是非常好的。

6.1.4.3 起飞一发失效应急程序的高低温检查

为了确保运行超障的安全性,通常要求对起飞性能进行高低温检查,包括:

①以全发离场进行性能分析的限重沿全发离场程序进行高低温检查;

②在 V_1 及以后至决策点前一发失效沿起飞一发失效应急程序进行高低温检查;

③在决策点后一发失效沿全发离场程序进行高低温检查。

下面仅以在 V_1 及以后至决策点前一发失效沿起飞一发失效应急程序进行高低温检查来分析。

超障检查条件考虑无风、空调自动、防冰关、干跑道、襟翼为 5,保守考虑检查的高温条件为 30 ℃,低温条件为-9 ℃。根据表 6.1.6 的数据分析可知:

①外界温度为 30 ℃,起飞重量为 720 000 kg,确定 $V_1/V_R/V_2$ = 153 kt/159 kt/165 kt,平飞加速高度指定为 1 000 ft;

②外界温度为-9 ℃,起飞重量为 737 000 kg,确定 $V_1/V_R/V_2$ - 159 kt/166 kt/172 kt,平飞加速高度指定为 1 000 ft。

由于在 V_1 及以后至决策点前一发失效沿起飞一发失效应急程序进行高低温检查,V_1 时一发失效性能最差,因此下面仅检查 V_1 一发失效时的超障情况。

(1)高温检查(30 ℃)

28 号跑道 V_1 时一发失效在高温 30 ℃的超障检查如表 6.1.7 所示。

表 6.1.6　B737-800(CFM56-7B26)机型起飞性能分析表(一发失效路径)

```
ELEVATION    107 FT                                          RUNWAY 28_EO    ZYTL
*** FLAPS 05 ***    AIR COND AUTO    ANTI-ICE OFF               ZHOUSHUIZI
                                                                 DALIAN
737-800        CFM56-7B26                                    DATED 25-FEB-2014
*A* INDICATES OAT OUTSIDE ENVIRONMENTAL ENVELOPE
OAT   CLIMB          WIND COMPONENT IN KNOTS (MINUS DENOTES TAILWIND)
  C    100KG        -10               0                 20                30
 50    683     581*/29-31-38    602*/33-34-41    615*/35-36-42    622*/36-36-43
               591**41-47-52    613**46-50-56    628**49-53-58    636**50-54-59
 40    745     631*/34-36-44    653*/37-39-47    668*/40-41-48    676*/41-42-49
               641**45-51-58    665**50-55-61    681**53-58-64    689**56-60-66
 30    810     683*/38-41-50    708*/42-44-52    724*/44-46-54    732*/46-47-54
               694**48-54-61    720**53-59-65    737**58-63-69    746**59-64-70
 20    815     688*/38-42-51    713*/42-45-53    729*/45-46-54    737*/46-47-55
               699**48-55-62    726**56-62-68    743**60-66-71    752**60-66-71
 15    816     690*/39-42-51    715*/43-45-53    731*/45-47-54    739*/46-48-55
               701**51-59-65    728**56-62-69    745**59-65-71    754**61-66-72
 10    818     692*/39-42-51    716*/43-45-53    733*/45-47-54    741*/47-48-55
               703**52-59-66    730**57-63-69    748**60-65-71    757**62-67-73
  0    820     694*/39-43-51    720*/43-45-53    736*/46-47-55    745*/47-48-55
               707**53-61-67    734**58-64-70    752**61-67-73    761**63-68-74
 -9    821     696*/40-43-51    722*/44-46-53    738*/46-47-55    747*/47-48-56
               710**54-62-68    737**59-66-72    755**62-68-74    764**64-69-75
-10    821     696*/40-43-51    722*/44-46-53    739*/46-47-55    747*/47-48-56
               710**54-62-68    737**59-66-72    755**62-68-74    765**64-70-75
-20    822     698*/40-43-51    724*/44-46-54    740*/47-48-55    749*/48-48-56
               712**56-63-70    740**59-66-72    758**62-68-74    767**63-68-74
MAX BRAKE RELEASE WT MUST NOT EXCEED MAX CERT TAKEOFF WT OF    79015 KG
MINIMUM FLAP RETRACTION HEIGHT IS    1000 FT
LIMIT CODE IS F=FIELD, T=TIRE SPEED, B=BRAKE ENERGY, V=VMCG,
                    *=OBSTACLE/LEVEL-OFF, **=IMPROVED CLIMB
TORA IS   3300 M , TODA IS    3300 M , ASDA IS    3350 M
RUNWAY SLOPES ARE   0.20 PERCENT FOR TODA   AND    0.20 PERCENT FOR ASDA
LINE-UP DISTANCES:     20 M   FOR TODA,    26 M   FOR ASDA    OBS FROM LO-FT/M
RUNWAY      HT    DIST   OFFSET       HT    DIST   OFFSET       HT    DIST   OFFSET
28_EO       50    557       0         600   4500      0
```

表 6.1.7 28 号跑道 V_1 时一发失效在高温 30 ℃的超障检查表

名称	修正高/m	距跑道末端距离/m	总压力高/m	总几何高/m	净几何高/m	超障余度/m
天线	15.3	557	79	84	70	54.7
等高线	182.7	4 500	233	245	200	17.3

若左转向 FC 台飞行，飞至 FC 台上空，压力高（即仪表高）可达到 1 817 m。飞机可加入 28 号跑道 ILS/DME 进近程序进近着陆，也可加入高空航路。

在波音性能软件 BCOP 中模拟的垂直剖面和水平轨迹分别如图 6.1.8、图 6.1.9 所示。

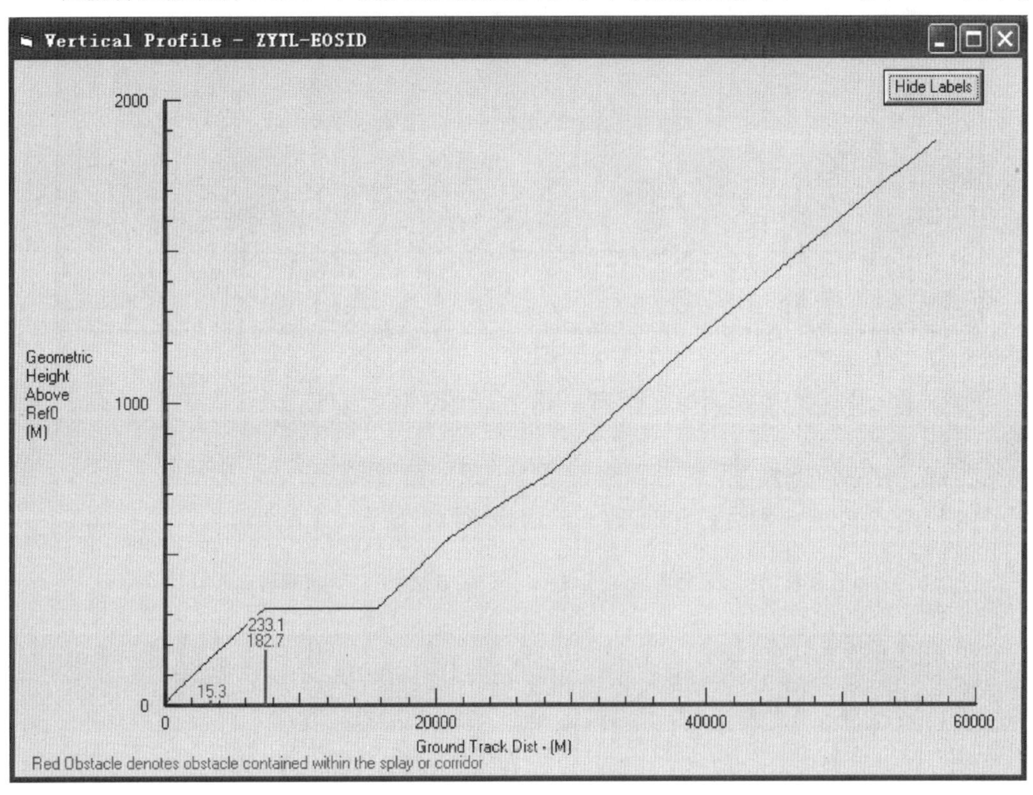

图 6.1.8 28 号跑道 EOSID 高温 V_1 一发失效转向 FC 台垂直剖面

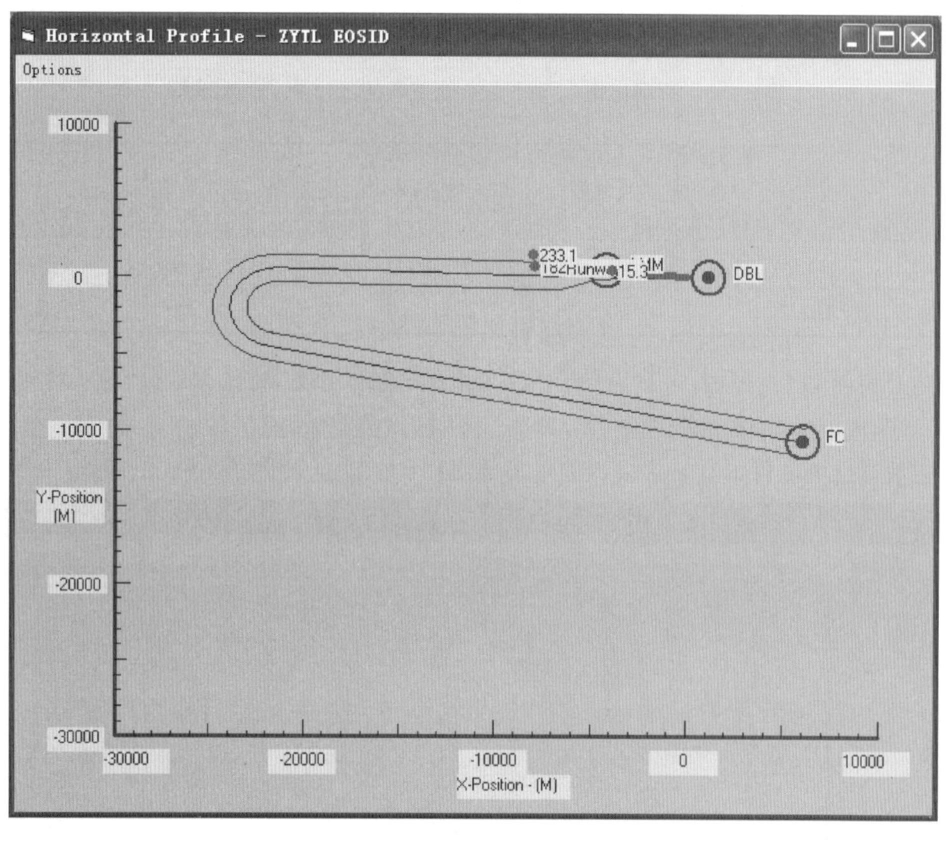

图 6.1.9　28 号跑道 EOSID 高温 V_1 一发失效转向 FC 台水平轨迹

（2）低温（-9 ℃）检查

28 号跑道 V_1 时一发失效在低温-9 ℃的超障检查如表 6.1.8 所示。

表 6.1.8　28 号跑道 V_1 时一发失效在低温-9 ℃的超障检查表

名称	修正高/m	距跑道末端距离/m	总压力高/m	总几何高/m	净几何高/m	超障余度/m
天线	15.3	557	100	92	77	61.7
等高线	182.7	4 500	275	252	205	22.3

在波音性能软件 BCOP 中模拟的垂直剖面和水平轨迹分别如图 6.1.10、图 6.1.11 所示。

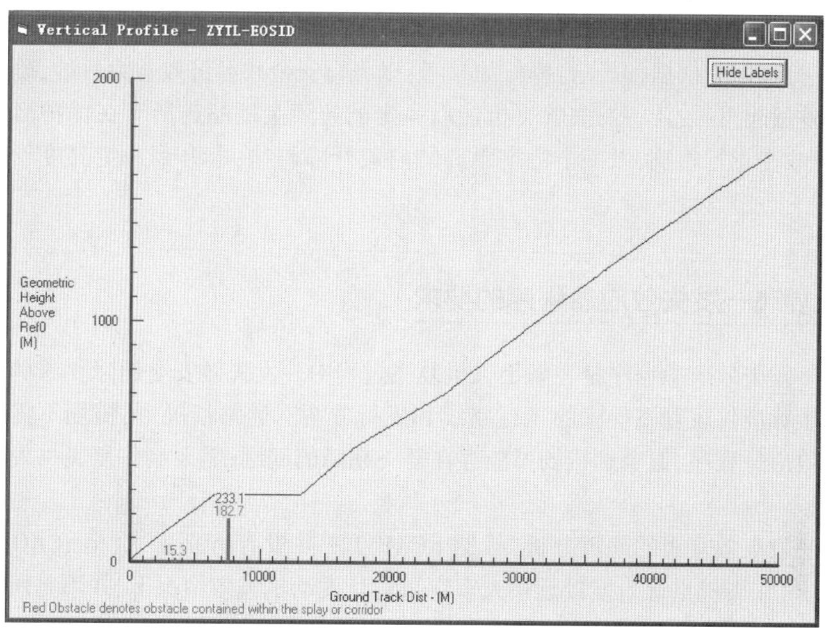

图 6.1.10 28 号跑道 EOSID 低温 V_1 一发失效转向 FC 台垂直剖面

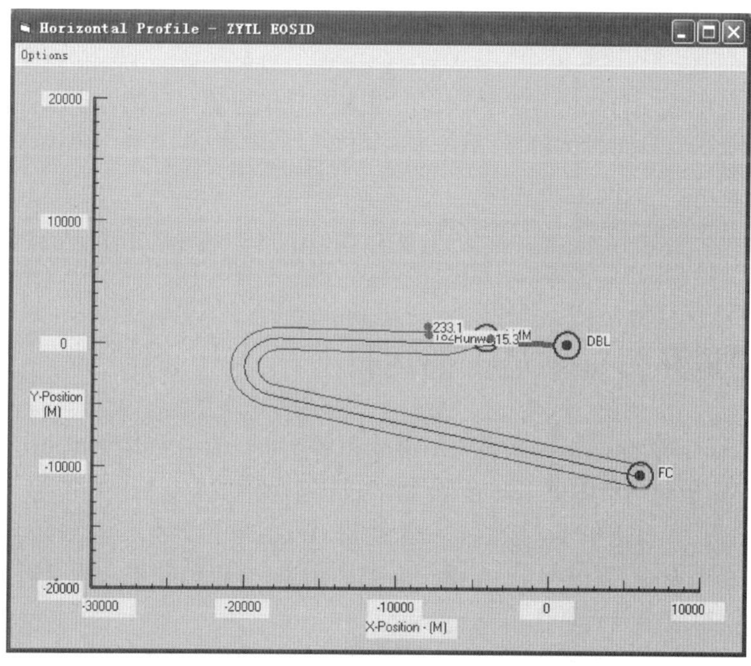

图 6.1.11 28 跑道 EOSID 低温 V_1 一发失效转向 FC 台水平轨迹

总之，起飞一发应急失效程序要以 ICAO 和 CAAC 的相关规定为标准，以飞机性能为基础，以飞行程序为依据，以飞行操作为参考，以飞行安全和经济效益为目的，确保飞机按某个特定重量起飞后，若一发失效飞机能以一定的超障余度超越所有在保护区内的障碍物，或通过改变飞行轨迹，以一个特定距离侧向避开障碍物，上升到一定高度返场着陆或飞行出航。

6.1.5 复飞一发失效应急程序的要求

复飞一发失效应急程序是在满足飞机复飞过程中一发失效安全超障要求的前提下制定的不同于标准仪表复飞程序的飞行路线和飞行方案。通常情况下，机场不需要制作复飞一发失效应急程序，但个别机场可能存在复飞超障的问题，需要制作复飞一发失效应急程序。

对于一发失效复飞的超障分析，虽然 CCAR-121 并没有特别要求，但 ICAO Doc 8168 第 I 卷指出"在飞机重量为或接近最大审定重量且发动机失效情况下，并不是所有飞机都能使用基于 2.5%标称上升梯度的复飞程序"。因此，咨询通告《飞机起飞一发失效应急程序和一发失效复飞应急程序制作规范》要求在以下情况下进行一发失效复飞的超障评估：

（1）着陆跑道同方向未公布仪表离场程序。

（2）飞机预定着陆重量大于相同外界条件下起飞一发失效应急程序确定的最大起飞重量。

（3）中国民用航空局认为有必要制作一发失效复飞应急程序的跑道方向。

（4）航空承运人针对具体机型，出于安全和效益的考虑，制作一发失效复飞应急程序的跑道方向。

6.2 湿跑道和污染跑道上的运行

根据制造厂商的统计，近年来发生的事故和事故征候的主要类型为冲出跑道，其中大多数发生在湿跑道和污染跑道上的起飞/着陆过程中。

2017 年 5 月 24 日上午 11 点左右，一架由南京飞往香港的某航空公司客机在香港机场降落时，受暴雨影响，跑道湿滑，在滑行时偏离跑道，客机前轮见火光，前起落架和右起落架陷入草地，事故中无人员伤亡。

2018 年 8 月 16 日，某航空公司由厦门飞往马尼拉的航班，于北京时间 23:55 在马尼拉机场降落滑行时，由于跑道湿滑发生偏出跑道事件，机组人员迅速启动应急撤离程序，机上 157 名旅客和 8 名机组人员全部安全撤离，无人员伤亡，飞机机身和发动机严重受损。

6.2.1 湿跑道和污染跑道的相关定义

中国民用航空局2021年11月17日下发的咨询通告《航空承运人湿跑道和污染跑道运行管理规定》(AC-121-FS-33R1)给出了不同道面条件及相关概念的定义。

刹车效应:飞行员用来描述与飞机机轮刹车力和方向可控性有关的减速术语。

跑道状况报告(RCR):一套与跑道表面状况及其对航空器着陆和起飞性能所产生影响相关的综合标准化报告。

跑道状况评估矩阵(RCAM):根据跑道表面状况及飞行机组提供的制动报告(刹车效应报告),按相关程序能对跑道状况代码进行评估的矩阵。

跑道状况代码(RWYCC):用来描述跑道表面状况的数字,可以直接表示道面状况对航空器滑跑性能(主要指着陆滑跑性能)的影响。

6——干跑道。

5——轮胎上施加的制动力所达到的减速效果正常,并且能正常控制方向。

4——制动减速或方向控制能力在好与中之间。

3——轮胎上施加的制动力所达到减速效果明显降低或方向控制能力明显降低。

2——制动减速或方向控制能力在中与差之间。

1——轮胎上施加的制动力所达到的减速效果大幅度降低或方向控制困难。

0——轮胎上施加的制动力所达到的减速效果几乎为零或无法控制方向。

跑道表面状况(RSC):跑道状况报告中关于跑道表面状况的一种说明,可作为确定跑道状况代码、计算飞机性能的依据。

a)干跑道:跑道正在或计划使用的长度和宽度范围内的表面区域内,其表面无可见湿气且未被压实的雪、干雪、湿雪、雪浆、霜、冰和积水等污染物污染。

b)湿跑道:跑道正在或计划使用的长度和宽度范围内的表面区域内,覆盖有任何明显的湿气或不超过3 mm深的水。

c)湿滑跑道:湿跑道,而且其相当一部分的跑道表面摩阻特性确定为已经降级。

d)污染跑道:跑道正在或计划使用的长度和宽度范围内的表面区域,有很大一部分(不管是否为孤立区域)都覆盖有压实的雪、干雪、湿雪、雪浆、霜、冰和积水等一种或多种污染物。

e)跑道表面状况描述词。跑道表面上的下列要素之一:

i)压实的雪(Compacted Snow):已被压成固态状的雪,使得航空器轮胎碾压后不会进一步大幅压实表面或在表面形成凹痕。

ii)干雪(Dry Snow):不容易形成雪球的雪。

iii)霜(Frost):霜由温度低于冰点的表面上的空中潮气所形成的冰晶构成。霜与冰的不同点在于,霜晶单独增长,因此粒状构造特征更为明显。

iv)冰(Ice):已结成冰的水或在寒冷且干燥条件下已转变成冰的压实的雪。

v）雪浆（Slush）：水分饱和度非常高，使得用手捧起时，水将从中流出，或者用力踩踏时会溅开的雪。

vi）积水（Standing Water）：从飞机性能角度考虑，位于使用之中的所需长度和宽度范围内的跑道表面区域（不管是否为孤立区域）的25%以上覆盖有超出3 mm深的水。

vii）湿冰（Wet Ice）：表面有水的冰或者正在融化的冰。

viii）湿雪（Wet Snow）：所含水分足以能够滚出一个压得很实的实心雪球但却挤不出水分的雪。

ix）润湿（Damp）：表面由于湿气而颜色有所改变。

x）潮湿（Wet）：表面已湿透但并无积水。

飞机地面减速设备：地面滑跑中用于滑跑减速或提高减速率的任何设备。这些设备可能包括但不局限于：刹车（人工刹车或自动刹车）、扰流板和反推。

放行前的着陆距离评估：基于CCAR-121第195条的相关规定，考虑到飞行中正常的燃油和滑油消耗后飞机到达目的地机场时的着陆重量，根据飞机飞行手册中对该目的地机场的气压高度和预计在着陆时当地风的情况、道面状态所对应的着陆距离进行评估。

到达时的着陆距离评估：考虑到飞行机组的工作负荷，在尽可能接近目的地机场的地方，根据实际条件而不是签派放行时的预报条件来进行的着陆距离的评估。之所以选择接近目的地机场的地方是为了获得最接近实际着陆条件下的气象和道面条件信息，但该位置不得晚于仪表进近程序的起始点或目视进近起落航线的加入点。

6.2.2 湿跑道和污染跑道运行要求

咨询通告《航空承运人湿跑道和污染跑道运行管理规定》（AC-121-FS-33R1）对湿跑道和污染跑道上的运行给出了详细的建议。

6.2.2.1 飞机性能分析的要求

在湿跑道或污染跑道上运行时，航空公司必须进行飞机性能修正或相应条件的计算，并且其数据便于机组查找和使用。飞机性能修正或相应条件的计算应使用飞机性能软件或电子飞行包，或者利用飞机制造商推荐的方法。

在进行航线性能分析时，需要对干跑道、湿跑道和该机场可能预见的污染跑道进行着陆分析。如存在着陆限制（即着陆重量小于结构限制最大着陆重量），航空公司应提供着陆性能数据。

6.2.2.2 签派放行要求

签派放行时应重点关注湿跑道或污染跑道的实况或预报，以及任何影响起飞和着陆距离的因素，严格放行标准。

在湿跑道或污染跑道上起飞，航空公司应当使用修正的起飞重量或按相应条件计算的起飞重量,而且不得大于相同条件下干跑道的最大起飞重量。

在有关的气象报告、预报或两者组合表明目的地机场跑道在预计着陆时刻可能是湿跑道时,该目的地机场的有效跑道长度应当至少为 CCAR-121 第 195 条(b)款所要求的跑道长度的 115%,否则,该飞机不得起飞。如果在湿跑道上的实际着陆技术证明,对特定型号的飞机,已经批准了某一较短但不小于 195 条(b)款要求的着陆距离,并且已经载入飞机飞行手册,航空公司则可以按照手册的要求执行。

在有关的气象报告、预报或两者组合表明目的地机场跑道在预计着陆时刻可能是污染跑道时,该目的地机场的有效跑道长度应当至少为以下距离中的较大者:CCAR-121 第 195 条(b)款所要求的跑道长度的 115%,以及根据认可的污染跑道着陆距离数据确定的着陆距离的 115%(注:如果飞机制造商没有提供污染跑道上的着陆距离数据,可以使用表 6.2.1 来进行计算,表 6.2.1 已包含了 15%的余量,不再乘以 115%),否则,该飞机不得起飞。如果上述污染跑道的道面已经进行了特殊处理,而且实际着陆技术证明,对特定型号的飞机,已经批准了某一较短但不小于 CCAR-121 第 195 条(b)款要求的着陆距离,并且已经载入飞机飞行手册,航空公司则可以按照手册的要求执行。

表 6.2.1 指定道面条件的距离数据不可用时用于评估的距离换算表

跑道状况代码	6	4	5	4	3	2	1
刹车效应	干	好(沟槽/多孔摩擦材料处理的)	好	中好	中	中差	差
涡喷(无反推)	1.67	2.3	2.6	2.8	3.2	4.0	5.1
涡喷(带反推)	1.67	1.92	2.2	2.3	2.5	2.9	3.4
涡桨	1.67	1.92	2.0	2.2	2.4	2.7	2.9
活塞	1.67	2.3	2.6	2.8	3.2	4.0	5.1

注 1:本表来源于 FAA 的 SAFO19001。涡轮螺旋桨着陆距离系数仅用于 AFM 提供了地面慢车推力手柄位置条件下的审定着陆距离数据。没有审定数据的涡轮螺旋桨飞机使用涡轮喷气式飞机(无反推)的着陆距离系数。

注 2:跑道状况代码为 1 及以下时,禁止起降。

几乎所有的飞机制造商都提供了在污染跑道条件下利用跑道状况代码来计算飞机的着陆性能的方法。航空公司为了满足本通告中关于实际着陆性能评估的规定而利用相关程序和数据所得到的结果,至少与相关条件下飞机制造商被批准的或建议的性能数据一样保守。

如果不能从飞机飞行手册(AFM)、飞行机组操作手册(FCOM/AOM)、快速检查单(QRH)、飞行计划与性能手册(FPPM)等手册或相关软件得到湿跑道或污染跑道运行着陆距离的数据,可以使用表 6.2.1 中的系数与符合相关运行规章[例如 121.195(b)款]的放行前干跑道审定着陆距离的乘积来确定在湿跑道或污染跑道上的运行着陆距离。只有在相关手册和软件没有上述数据的情况下才使用表 6.2.1。表 6.2.1 中的系数已包括了本通告中所推荐的15%安全余量，也考虑了正常运行中着陆空中段距离的情况。因此，航空公司不必再对上述乘积所代表的距离进行修正。

在可行的前提下，着陆距离的评估应当尽可能地在接近飞机到达时完成，并且利用当时最新的信息。考虑到飞行关键阶段的工作负荷，推荐的做法是收到自动终端情报服务（ATIS、D-ATIS）或落地条件后，在下降顶点前做进近简令时计算并进行着陆距离评估。着陆距离评估完成后，如果相关条件发生了变化，飞行机组需评估是否再次计算着陆距离，以确保着陆安全。

6.2.3 滑水现象

滑水现象是指当飞机轮胎与道面上积水等污染物有相对运动时，道面上积水对飞机轮胎产生的流体动力使机轮与道面接触面积减小，甚至将机轮抬离道面的现象，如图6.2.1所示。飞机在积水道面［如图6.2.1（a）所示］上起飞着陆，由于飞机轮胎与水面之间有相对运动，机轮与水面之间有相互作用力，此时积水使机轮与道面的接触面积减小。当速度大于某一速度后，水面对机轮的作用力可能大到足以将轮胎从积水中托起［如图6.2.1（b）所示］，使轮胎完全失去与道面的接触，从而滑水使飞机轮胎转动速度降低或者停止转动。

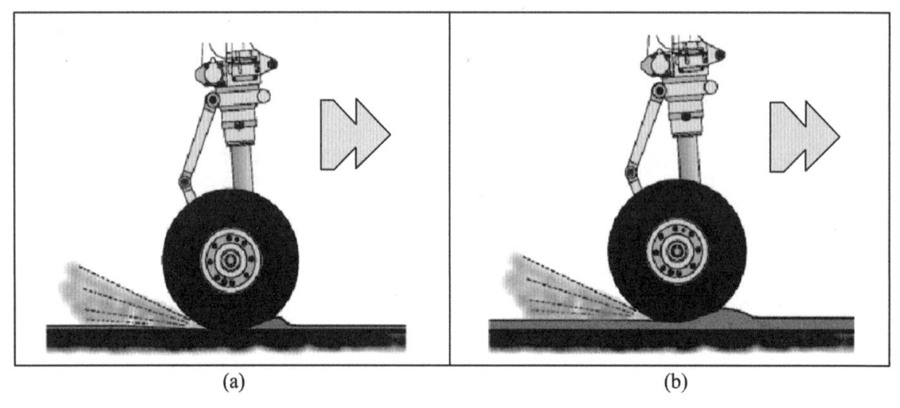

图6.2.1　滑水原理

事实上，滑水现象出现需要具备两个条件：一是道面上有积水或其他污染物，二是轮胎与积水道面有相对运动，如图6.2.2所示。当飞机在积水道面上滑跑时，由于积水与轮胎有相对运动，水面会对轮胎产生斜向后方的流体动力，流体动力一方面阻碍机轮的转动，另一方面对机轮有抬升作用，当积水层足够深（通常为2.5～12.5 mm），且机轮与水面的相对运动速度足够大时，流体动力向上的分力就可能将机轮完全抬离道面。

总之，滑水是道面积水造成轮胎与道面失去接触的现象。如果滑水发生在前轮，可能会引起前轮转向能力的丧失；如果滑水发生在主轮，可能会导致刹车或减速能力的丧失。

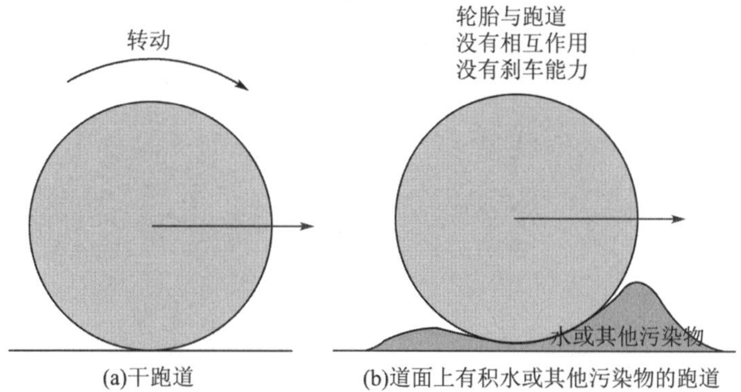

图 6.2.2　机轮在干跑道和道面上有积水或其他污染物的跑道上运动时的受力情况

主轮的不对称滑水还可能导致飞机偏出跑道。

6.2.3.1　滑水的类型

由于积水深度不同、飞机滑跑速度不同,可能出现滑水的程度也不同。根据滑水的程度不同,滑水现象分成三类:黏性滑水、动态滑水和橡胶还原滑水。每种滑水各有其特点,但都会导致飞机刹车能力的削弱或全部丧失。下面对三种类型的滑水进行描述。

(1)黏性滑水

为了获得足够的摩擦力,轮胎必须与跑道道面接触。因此,轮胎必须排开与跑道道面间的积水或其他污染物(如橡胶颗粒、沙、油等)。在实际运行中,当轮胎以某一速度遇到污染物时,污染物产生的压力增大,使轮胎和道面间的摩擦力减小,也就是使飞机刹车效力降低。

污染物的黏性对滑水的产生也有很大影响,污染物的黏性越大,越容易出现滑水。例如,由于油的黏性比水大,飞机在油面上比在水面上更容易产生滑水现象。

(2)动态滑水

飞机轮胎与污染物之间的相对运动越大,轮胎对污染物的压力就越大,污染物对轮胎的反作用力就越大,这个作用力将轮胎从道面上完全托起的现象称为动态滑水。在这种情况下,轮胎与跑道之间的摩擦力减小或者全部丧失,轮胎转动速度减小甚至停止转动。

(3)橡胶还原滑水

当轮胎抱死而飞机还在运动时,轮胎在水膜上滑动,轮胎与道面的摩擦产生热量,使轮胎橡胶被融化。热量的产生使水被汽化,蒸汽的压力将轮胎托起,产生的滑水现象称为橡胶还原滑水。

当轮胎遇到干跑道块区或污染物较少的道面时,这种滑水可能会与其他类型的动态滑水同时发生,反作用力使轮胎排开其下面水的能力变得很差,融化的橡胶也可能会填平胎面。图 6.2.3 中轮胎的磨痕是出现橡胶还原滑水后形成的。

图 6.2.3 橡胶还原滑水

6.2.3.2 影响滑水的因素

影响滑水的因素主要有污染物的深度、飞机速度、轮胎压力、轮胎胎纹质量、跑道摩擦特性、跑道建设工艺等。下面逐个解释各个因素对滑水的影响。

(1)污染物的深度

污染跑道没有统一的定义,各民航当局的定义互不相同,中国民用航空局关于污染跑道的定义在前文已经介绍了。通常污染物深度越深,越容易产生滑水。产生动态滑水的最低水深一般为 2.5~12.5 mm,因为最低水深还与道面、轮胎花纹及深度等有关。

(2)飞机速度

飞机速度是产生滑水的重要因素之一。飞机速度越快,越容易出现滑水。美国国家航空航天局 NASA(National Aeronautics and Space Administration)制定了一些经验公式,用于计算可能会发生滑水的临界速度(称作 NASA 临界速度):

$$\text{NASA 临界速度} = 8.6\sqrt{P_{\text{轮胎}}} \tag{6.2.1}$$

式中,$P_{\text{轮胎}}$为轮胎压力,单位为 psi;NASA 临界速度的单位为 kt。

在实际应用中,经常使用 9.0 来代替式(6.2.1)中的系数 8.6:

$$\text{NASA 临界速度} = 9.0\sqrt{P_{\text{轮胎}}} \tag{6.2.2}$$

式(6.2.2)适用于飞机起飞滑跑并且跑道上有水污染的情况。然而,如果飞机一接地就有污染,轮胎还来不及转起来,公式就变为:

$$\text{NASA 临界速度} = 7.7\sqrt{P_{\text{轮胎}}} \tag{6.2.3}$$

(3)轮胎压力

从临界滑水速度的经验公式可以看出,胎压在确定滑水的速度中扮演了至关重要的角色。轮胎压力越低,飞机开始滑水的速度就越小,飞机滑跑就越容易出现滑水;轮胎压力越高,飞机开始滑水的速度就越大,飞机滑跑就越不容易出现滑水。因此,在实际运行中,轮胎保持足够的充气压力是预防出现滑水的重要方法。当然,轮胎压力出现一定范围内的下降也是可以接受的。

当今大多数商用飞机用氮气作为轮胎的填充气体。氮气的分子很小,任何轮胎的制造都有一定的多孔性/渗透性。为了防止由于膨胀或过度填充氮气而造成轮胎结构的损伤,现代飞机轮胎的侧面上都有胎壁通气孔,如图 6.2.4 所示,以使胎体内膨胀气体的聚积能排到大气中。为了有效减缓轮胎压力的下降,通常在轮胎内部使用一些化合物(密封胶)使氮气在受胎壁通气孔限制的同时不泄漏出来。

图 6.2.4　飞机轮胎上的典型胎壁通气孔

因此,做好轮胎的日常维护极其重要。对轮胎压力的充分监控也能帮助避免或减少由于轮胎充气不足而造成的滑水现象。

(4)轮胎胎纹质量

胎纹(沟槽)的主要功能是使轮胎胎印下的水更容易排开。轮胎制造商在设计胎纹时,会针对特定型号,考虑其特性和要排开水的量。这些沟槽所能排开水的量越多,胎印下的压力就越大,飞机机轮就越不容易出现滑水。因此,在实际运行中不要使用过度磨损的轮胎,具体细节应向飞机轮胎制造商咨询,并遵循制造商手册的相关要求更换磨损的轮胎。

(5)跑道摩擦特性

跑道建设所应用的技术,目标就是要改善摩擦性(提供更好的刹车作用)和减少滑水。改善跑道摩擦性的两个重要技术分别是道面微观纹理和道面宏观纹理。引用美国联邦航空管理局 FAA 咨询通告 AC150/5320-12C《机场铺设道面防滑的测量、建设和维护》中的一段话:"微观纹理指的是微小范围的粗糙度,它是由道面上那些肉眼不容易识别,但接触能感觉得到的像细砂纸一样的单个聚合颗粒所决定的。宏观纹理是指跑道铺设道面总体上的可见粗糙度。微观纹理为飞机低速运行提供摩擦特性,宏观纹理为飞机高速运行提供摩擦特性。两者结合,就为飞机整个起飞/着陆速度范围提供了必要的摩擦特性。"

跑道道面宏观纹理一般能提供较好的排水能力。但所有跑道都会被污染,如着陆所产生的橡胶聚积,在一定程度上(跑道的橡胶污染是根据各国民航局的规定进行清除的)

跑道就像是光洁表面，如大量降雨会使得宏观纹理和沟槽不能排出大量的水。当积水水膜深度达到 1/10 in 时，就有可能发生滑水。跑道的目视观察（纹理）可能会有一定的假象。再次引用 FAA 咨询通告 AC150/5320-12C 中的话："看起来粗糙的道面能为排出积水提供足够的排水通道。但是，道面上的细小聚合物可能包含有被飞机起降不断抛磨的圆的或者没有粉碎的矿粒，因而道面在潮湿情况下变得比较滑。同样，看起来不粗糙，甚至在潮湿情况下看起来比较光滑的道面，即使具有比较好的微观纹理，也不一定光滑。"

跑道上的沟槽减小了飞机轮胎与跑道的接触面积，减小了摩擦力，但加速了大量水的排出，它是一种为跑道提供防滑特性的有效方法。

（6）跑道建设工艺

三种跑道建设工艺对滑水有一定影响：

第一是预期的道面摩擦性，它直接取决于建筑材料的微观和宏观纹理。对于道面摩擦性，各国民航局有其自己的规定。在美国，FAA 咨询通告 AC150/5320-12C 对其有具体要求。

第二是跑道拱度，为沿跑道中心线两边向下的一个坡度（即横坡）。跑道拱度可防止水在跑道上的聚积，减少滑水的可能。其唯一的缺点是，有侧风的时候，一定量的水会被风强迫聚积在来风一侧，造成不对称滑水。也就是说，只要左侧或右侧一边的主起落架轮胎发生打滑，就有侧偏出跑道的潜在可能，因为另外一侧的主起落架轮胎仍然在产生刹车作用。在侧风着陆时应该引起特别注意并采取正确操纵。

第三是跑道开槽（如图 6.2.5 所示）。开槽与跑道拱度的作用相似，防止水在跑道上的聚积。上文提过，它在一定程度上减小了轮胎与道面的接触面积，影响了跑道的摩擦性。然而它的优点远远弥补了这一不足。跑道开槽应当遵循各民航当局的有关指导性文件，如 FAA 的咨询通告 AC150/5320-12C 制定了跑道开槽的规范。

图 6.2.5　跑道开槽（与起降方向垂直地观察）

6.2.3.3　机轮防滞系统

现代飞机都装备有机轮防滞系统（Anti-skid），防滞系统具有机轮防抱死和防滑保护功能，二者都对飞机滑水特性有影响。

(1)机轮防抱死

机轮防抱死的主要目的是在使用刹车时保持机轮不因被锁死而爆胎。系统逻辑会对一对机轮进行比较（机轮的左内侧与右内侧、左外侧与右外侧），如果系统探测到一个机轮比另外一个和它比较的机轮的转速小33%以上，刹车控制组件就认为这种情况为机轮锁死，然后就对转速低的机轮给出0压力的刹车指令，以使两个机轮转速相同。

机轮防抱死功能只有在飞机超出一定速度时才起作用，这样设计的目的是使飞机在低速时（前轮转向系统不工作时），用差动刹车进行一些机动操纵。

因此，当飞机出现动态滑水时，某一机轮可能比其对应的另一个机轮转速低33%以上（请注意，动态滑水时机轮甚至停止转动），这时防抱死逻辑会将这个机轮的刹车压力卸除。然而，这种作用将飞机从滑水状态中解脱出来的作用不大，卸除刹车压力不能恢复滑水轮胎的转动，只有在滑水停止后才能恢复转动。

(2)防滑保护

防滑保护与机轮防抱死类似。防抱死通常是整个防滑系统的一个功能，防滑作用则是将每一机轮的转速分别与所有四个机轮的平均转速相比较，如果某一机轮的转速低于四个机轮的平均转速，此机轮的刹车压力就会减弱（不必全部取消），使得这个轮子的转速加快，直到达到四个机轮的平均转速。与防抱死保护类似，防滑保护也是在飞机速度高于某一值时才启动。

如果轮胎出现滑水，减小刹车压力不能使此轮胎转速加快，机轮可能转得越来越慢，甚至完全停止转动。对于动态滑水，轮胎实际上是在水膜上“滑动”，防滑系统不能将轮胎从滑水状态中解脱出来。与防抱死系统一样，防滑系统不是为了这个功能而设计的。然而对于黏性滑水，防滑保护确实能起到一定作用。在这种模式下，轮胎没有完全丧失与道面的接触（摩擦）。在黏性滑水时，释放刹车压力可能会使胎印与跑道间的摩擦力增大，使得机轮旋转得更快，直到转速达到四个机轮的平均转速。

滑水是一个复杂的问题，没有一个简单的结论。在滑水问题上，没有一个飞机型号比另外一个型号好的说法，因为滑水取决于许多因素。到目前为止，无论是机载系统还是地面设备，还没有设计出一个能完全消除滑水现象的系统。在跑道建设和机场跑道污染报告方面，各国仍在不断地改进，但滑水问题还没有得到“最终解决”。

6.2.4 湿跑道和污染跑道对起飞性能的要求

6.2.4.1 道面污染物对起飞的影响

(1)刹车效率降低

在污染道面上起飞加速滑跑，由污染物引起的附加阻力使飞机的加速能力下降。这些附加阻力包括两部分：第一部分是机轮碾压过污染物并排开道面污染物的阻力；第二部分是机轮飞溅的污染物对机体的冲击阻力。为了防止飞溅的污染物对飞机机体的损坏，规定了允许起飞的污染物最大厚度，如规定积水不得超过 13 mm(0.5 in)。随着在起飞滑跑过程中速度的增加，污染物引起的阻力线性增大。从抬前轮到飞机离地，由于前轮离地和飞机升力逐渐增加，污染物引起的阻力将逐渐减小。在积水道面上滑跑时，随着速度的增加，机轮将逐渐被上抬，机轮与道面之间的接触减少，这导致刹车效率不断降低。当出现动态滑水时，刹车效率为零。

(2)方向控制减弱

同时遇上侧风和道面污染无疑是最坏的情况。在这种情况下，轮胎和地面的可用侧向力会比在干道面上小得多，从而施加在垂直安定面上的侧向力可能造成飞机随着风向而改变方向，可能使飞机滑向跑道边缘。

在中断起飞和着陆过程中，在湿跑道和污染跑道上有侧风条件时，使用反推会使方向控制减弱得更加严重。无论飞机在什么时候随着风向改变方向，与跑道中线正交的反向推力分量都会使侧风力分量增大，随之而来的就是反向推力将飞机拉向跑道的下风方向。在这种跑道状态下，轮胎对这种偏离的反作用力就会显得明显不足。此时飞行员唯一能够做的事情就是松开刹车，关闭反推，甚至施加一点正推力以使得在重新使用刹车前能让航空器重新回到跑道中线上。但这些措施会大大地延长污染道面上的停止距离。

6.2.4.2 湿跑道和污染跑道对起飞距离的影响

湿跑道和污染跑道对起飞性能的影响主要体现在起飞距离和起飞速度上，湿跑道和污染跑道通常会使所需起飞距离增加，从而使场长限重减小。下面对在给定起飞重量的情况下，以实例分析来说明湿跑道和污染跑道对起飞距离的影响。

下述起飞性能的计算实例是通过空客的性能计算软件 PEP 完成的。对于空客性能软件，第 1 章已介绍过，此处仅仅使用 PEP 的 FM 模块计算起飞性能。

下面进行起飞相关距离的计算，其中标准条件为 $1.013\,25\times10^5$ Pa，大气温度(*OAT*)为 15 ℃，无风，起飞重量(*TOW*)均采用 70 t，起飞构型为 CONF 2，其相关距离见表 6.2.2，非标准条件起飞相关距离见表 6.2.3 和表 6.2.4。

表 6.2.2 标准条件起飞相关距离

(CONF 2, OAT=15 ℃, 无风, TOW=70 000 kg)

(单位:m)

起飞相关距离	跑道条件					
	干跑道	湿跑道	积水 1/4 in	积水 1/2 in	积雪 1/4 in	积雪 1/2 in
TOD_{OEI}	1 576.0	1 384.9	1 466.5	1 575.3	1 493.8	1 658.1
$1.15TOD_{AEO}$	1 496.9	1 496.9	1 585.5	1 704.5	1 582.5	1 695.9
TOR_{OEI}	1 373.0	1 384.9	1 466.5	1 575.3	1 493.8	1 658.1
$1.15TOR_{AEO}$	1 376.5	1 376.5	1 465.2	1 584.4	1 462.0	1 575.4
ASD_{OEI}	1 824.6	2 116.4	2 721.8	2 708.7	2 686.6	2 687.1
ASD_{AEO}	1 897.5	2 122.0	2 692.5	2 689.6	2 661.4	2 667.8

表 6.2.3 非标准条件起飞相关距离

(CONF 2, OAT=30 ℃, 顺风 10 kt, TOW=70 000 kg)

(单位:m)

起飞相关距离	跑道条件			
	干跑道	湿跑道	积水 1/4 in	积水 1/2 in
TOD_{OEI}	1 888.4	1 672.3	1 762.2	1 880.0
$1.15TOD_{AEO}$	1 814.5	1 814.5	1 914.5	2 045.5
TOR_{OEI}	1 660.0	1 672.3	1 762.2	1 880.0
$1.15TOR_{AEO}$	1 680.0	1 680.1	1 780.3	1 911.4
ASD_{OEI}	2 282.3	2 702.2	3 505.7	3 451.6
ASD_{AEO}	2 362.5	2 697.2	3 446.3	3 412.7

表 6.2.4 非标准条件起飞相关距离(反推不工作)

(CONF 2, OAT=30 ℃, 顺风 10 kt, TOW=70 000 kg)

(单位:m)

起飞相关距离	跑道条件			
	干跑道	湿跑道	积水 1/4 in	积水 1/2 in
TOD_{OEI}	1 888.4	1 672.3	1 762.2	1 880.0
$1.15TOD_{AEO}$	1 814.5	1 814.5	1 914.5	2 045.5
TOR_{OEI}	1 660.0	1 672.3	1 762.2	1 880.0
$1.15TOR_{AEO}$	1 680.0	1 680.1	1 780.3	1 911.4
ASD_{OEI}	2 282.3	2 867.3	3 867.0	3 748.3
ASD_{AEO}	2 362.5	3 026.8	4 134.5	3 984.3

综合对比以上各表中的数据,可以看出,随着跑道道面状况的恶化,起飞过程中涉及的各距离不断增加,以加速停止距离 ASD 的变化最为明显。尤其在反推不工作时,加速停止距离明显增加。此外,本项计算为理想化的计算状态,并没有考虑实际运行中的复杂环境变化,在飞行员实际操作时,可能因为一些主客观原因而造成实际距离的增加,因此在实际计算中必须充分考虑起飞的安全余度。在实际运行中,由于道面状况极有可能在短时间内发生巨大的变化,如果在起飞前道面状况发生了较明显的变化,就应当在飞机起飞前重新对起飞距离进行评估以保证安全。

湿跑道和污染跑道对起飞性能的影响在实际运行中主要体现在以下几个方面:

(1)在湿跑道和污染跑道上起飞的最大起飞重量可能减小。

(2)起飞决断速度 V_1 可能减小。

(3)最大允许起飞重量受 V_{1MCG} 限制的可能性增加。

6.2.4.3 签派放行的要求

对于航空器起飞,签派放行必须满足以下条件:

(1)起飞滑跑距离不得超过可用起飞滑跑距离。

(2)起飞距离不得超过可用起飞距离,在有净空道时,净空道不得超过可用起飞滑跑距离的一半。

(3)加速停止距离不得超过可用加速停止距离。

在实际运行中通过起飞分析表后台计算满足签派放行的要求,也就是说起飞分析表最后确定的起飞限重是满足签派放行要求的。

6.2.5 湿跑道和污染跑道对着陆性能的要求

6.2.5.1　湿跑道和污染跑道上着陆的特点

在湿跑道和污染跑道上着陆,一方面道面污染物可能增大了地面摩擦系数,另一方面污染物的存在可能增大了出现滑水现象的概率。因此,在湿跑道和污染跑道上着陆应使用方向舵脚蹬保持方向控制,在飞机减速到滑行速度前不要使用前轮转弯手轮。前轮转弯可能会导致前轮滑水,因而失去前轮转弯力,从而使方向失去控制。若有必要实施差动刹车,应在需要的一侧实施脚蹬刹车并且在对面的一侧完全释放刹车以重新获得转弯操纵。

此外,当存在融雪污染物时,融雪将使轮胎对地面的摩擦力减小,融雪阻力使飞机减速更快。图 6.2.6 给出了 B747 在最大着陆重量,以及使用机轮刹车、扰流板、四发反推的条件下不同道面条件对着陆距离的影响。

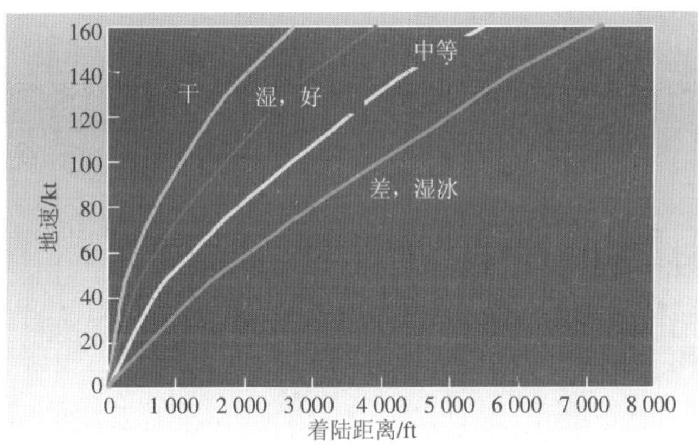

图 6.2.6　不同道面条件对着陆距离的影响

6.2.5.2　湿跑道和污染跑道着陆性能分析实例

计算着陆性能的关键是确定着陆所需距离。所需着陆距离(*RLD*)是法规规定的距离,按照 CCAR25.125(b)的规定,飞机从跑道入口(50 ft 高度处)开始以 $1.23V_{SR0}$下降进场,接地后减速,直到在跑道上完全停下来的过程称为着陆,其水平距离称为着陆距离。

对着陆距离的理解要注意对可用着陆距离(*LDA*)、审定着陆距离(*CLD*)、运行着陆距离(*OLD*)以及所需着陆距离(*RLD*)这几个概念的理解,详细解释参见第 5 章。

在湿跑道的运行中, CCAR121. 195 规定 *LDA* 和 *RLD* 之间有以下关系: $RLD_{湿}=1.15RLD_{干}\leqslant LDA$。在污染跑道的运行中,《航空承运人湿跑道和污染跑道的运行管理规定》规定着陆可用距离(*LDA*)至少是湿跑道所要求的着陆距离和污染跑道上审定着陆距离的 115%中的较大者。

为了对不同跑道条件下所需着陆距离有更清楚的认识，下面以 A319 在成都双流国际机场以结构限重着陆为例，通过空客的性能软件 PEP 计算给出不同道面上运行时的所需着陆距离。表 6.2.5 所示为成都双流国际机场标准条件下和非标准条件下（着陆构型、标准大气温度和无风条件下，以及在 CONF 3、*ISA*+20 ℃ 和顺风 10 kt 条件下）的所需着陆距离。

表 6.2.5　成都双流国际机场标准条件下和非标准条件下所需着陆距离

（单位：m）

机场条件	跑道条件		
	干跑道	湿跑道	积水 1/4 in(6.3 mm)
标准条件	1 372	1 577	1 707
非标准条件	1 766	2 030	2 484

从表 6.2.5 可以看出在湿跑道和污染跑道上着陆时，所需着陆距离会显著增加，并且着陆所需距离还没有考虑由飞行员自身的操纵偏差带来的着陆距离增加，而有时飞行员的操纵偏差等因素导致着陆距离增加的情况也会较多，因此计算着陆距离时要充分考虑着陆的安全余度。

6.2.5.3　到达时着陆距离的评估

前面所提的所需着陆距离是签派放行应重点考虑的问题，但在实际运行中，经常会出现这样的情况，签派放行是按干跑道放行的，而在飞行过程中着陆条件发生显著变化，跑道条件变为湿跑道和污染跑道。此时，飞行员在着陆前应考虑重新对着陆性能进行评估，到达时着陆距离的评估就显得尤为重要，这是保证安全着陆的重要环节。

几乎所有的飞机制造商都提供了在湿跑道和污染跑道条件下飞机的性能数据和计算方法以及推荐的操纵技术。波音飞机的快速参考手册中飞行中性能部分和空客飞机的快速参考手册中飞行中性能部分提供了湿跑道和污染跑道上着陆距离的相关数据表，可用于到达时着陆距离的评估。

根据中国民用航空局《航空承运人湿跑道和污染跑道运行管理规定》，如果在飞机的手册中没有可用的湿跑道和污染跑道着陆距离的数据，则可用干跑道的所需着陆距离乘以表 6.2.6 中的相应系数得到用于湿跑道和污染跑道着陆距离评估的数据。表中的干跑道所需着陆距离必须是基于在跑道的有效长度 60%以内做全停着陆得到的。为了利用干跑道上的审定着陆距离数据，先要将干跑道的审定着陆距离乘以 1.67，以得到干跑道的所需着陆距离，才可使用表 6.2.6 来计算。表 6.2.6 中的系数是在使用最大人工刹车、自动扰流板（如果装备）以及反推工作的前提下得到的。对于无反推的运行（或不能使用反推），表 6.2.6 中的计算结果还要再乘以 1.2。表 6.2.6 中的系数不能用于评估自动刹车条件下的着陆距离要求。

表 6.2.6 指定跑道条件的数据不可用时采用干跑道所需着陆距离的相乘倍数

道面条件	报告的刹车效应	所乘的系数
湿,干雪	好	0.9
压紧的雪	中	1.2
湿雪、融雪、积水、冰	差	1.6
湿,冰	劣	禁止着陆

波音公司的飞机性能手册(FCOM 和 QRH)PI(Performance Inflight)中的咨询信息提供了正常形态和非正常形态下干跑道及报告的刹车效应分别为好、中、差时的着陆距离咨询表,如表 6.2.7 所示。下面以 B737-800 在正常形态下的着陆距离评估为例,说明到达时着陆距离评估的方法。

表 6.2.7　B737-800 在正常形态下的着陆距离

Normal Configuration Landing Distances
Flaps 30

	LANDING DISTANCE AND ADJUSTMENT (M)											
	REF DIST	WT ADJ	ALT ADJ	WIND ADJ PER 10 KTS		SLOPE ADJ PER 1%		TEMP ADJ PER 10°C		APP SPD ADJ	REVERSE THRUST ADJ	
BRAKING CONFIGURATION	65000 KG LANDING WEIGHT	PER 5000 KG ABOVE/ BELOW 65000 KG	PER 1000 FT STD/ HIGH*	HEAD WIND	TAIL WIND	DOWN HILL	UP HILL	ABV ISA	BLW ISA	PER 5 KTS ABOVE VREF30	ONE REV	NO REV
Dry Runway												
MAX MANUAL	960	55/-55	20/30	-35	120	10	-10	20	-20	35	20	40
MAX AUTO	1215	60/-65	30/35	-45	150	0	0	30	-30	55	0	5
AUTOBRAKE 3	1725	95/-110	45/60	-75	250	0	0	50	-50	95	0	0
AUTOBRAKE 2	2190	140/-150	65/90	-100	345	30	-40	65	-65	95	60	60
AUTOBRAKE 1	2415	165/-180	80/105	-120	405	65	-75	70	-70	85	195	290
Good Reported Braking Action												
MAX MANUAL	1330	75/-80	35/45	-60	205	35	-30	35	-35	50	70	155
MAX AUTO	1415	80/-85	40/50	-60	210	30	-25	35	-35	60	75	170
AUTOBRAKE 3	1725	95/-110	45/60	-75	250	5	0	50	-50	95	5	15
AUTOBRAKE 2	2190	140/-150	65/90	-100	345	30	-40	65	-65	95	60	60
AUTOBRAKE 1	2415	165/-180	80/105	-120	405	65	-75	70	-70	85	195	290
Medium Reported Braking Action												
MAX MANUAL	1815	115/-120	55/75	-95	335	85	-65	50	-50	65	190	450
MAX AUTO	1850	120/-125	55/75	-95	340	80	-60	50	-50	75	190	455
AUTOBRAKE 3	1925	120/-125	55/75	-95	345	65	-45	55	-55	95	140	410
AUTOBRAKE 2	2245	140/-155	70/90	-110	390	65	-60	65	-65	95	105	225
AUTOBRAKE 1	2430	165/-180	80/105	-120	420	85	-80	70	-75	85	210	350
Poor Reported Braking Action												
MAX MANUAL	2365	165/-170	80/110	-140	530	205	-135	65	-70	75	400	1045
MAX AUTO	2370	165/-170	80/110	-140	530	205	-135	65	-70	80	400	1050
AUTOBRAKE 3	2385	170/-170	80/110	-140	535	200	-125	65	-70	85	400	1055
AUTOBRAKE 2	2525	175/-180	85/115	-145	550	190	-125	70	-75	90	335	925
AUTOBRAKE 1	2630	185/-190	85/120	-150	565	195	-135	75	-80	85	380	930

Reference distance is for sea level, standard day, no wind or slope, VREF30 approach speed and two engine detent reverse thrust.
For max manual braking and manual speed brakes, increase reference landing distance by 60 m.
For autobrake and manual speed brakes, increase reference landing distance by 50 m.
Actual (unfactored) distances are shown.
Includes distance from 50 ft above threshold (305 m of air distance).
***For landing distance at or below 8000 ft pressure altitude, apply the STD adjustment. For altitudes higher than 8000 ft, first apply the STD adjustment to derive a new reference landing distance for 8000 ft then apply the HIGH adjustment to this new reference distance.**

例 6.2.1　B737-800 在乌鲁木齐地窝堡国际机场进近，预计着陆重量为 60 000 kg，襟翼为 30，进近速度为 VREF30+5，机场标高为 647.6 m(2 125 ft)，坡度为 0，顺风 5 kt，温度为 *ISA*，预计使用自动刹车 1，减速装置均正常使用，报告的刹车效应为中。

解:

(1)根据B737-800手册中正常形态下的着陆距离表(见表6.2.7),报告的刹车效应为中,预计着陆重量为65 000 kg确定的参考着陆距离为2 430 m。

(2)根据预计着陆重量为60 000 kg,修正着陆距离为-180 m;根据机场标高为2 125 ft,应用高度修正着陆距离为80×2 125/1 000=170 m;根据顺风5 kt,修正着陆距离为420×5/10=210 m;根据进近速度VREF30+5,修正着陆距离为85 m。

(3)根据(2)修正可以得到修正后的着陆距离为2 430-180+170+210+85=2 715 m。

(4)乌鲁木齐地窝堡国际机场可用着陆距离*LDA*为3 600 m,按照FAA和CAAC的要求,*OLD*与*LDA*之间至少应该有15%的安全余度,即*OLD*×115%≤*LDA*,因此*OLD*=2 715×115%≈3 122 m≤3 600 m,满足规章要求。因此,根据到达时着陆距离的评估,可以使用自动刹车1在乌鲁木齐地窝堡国际机场着陆。

通常实际运行中在下降顶点前80~100 NM就可以收到通播信息(ATIS),而完成以上的查表计算需要3~5 min,所以正常情况下用来评估的时间是充裕的。因为受到机组操纵技术和机组当时心理状态的影响,非正常形态的着陆距离比正常形态时的着陆距离更长,而且表中的基准距离是基于假定使用最大人工刹车和最大反推的情况,许多不利因素无法量化,所以做评估时应更加保守。表6.2.8给出了实际着陆条件偏差对着陆距离影响的计算示例。从表中分析可知,实际运行中着陆条件偏差对着陆距离影响较大,特别是当各种偏差都累积起来时,着陆距离将可能成倍增加。

因此,当报告的刹车效应为中到差时,除非是必须尽快落地的情况,否则选择道面条件更好的其他就近机场着陆应该更为稳妥。空客等其他飞机制造商也为航空公司提供了相应的着陆距离咨询信息,查表计算方法大同小异,这里不再赘述。

对湿跑道和污染跑道上着陆性能的分析着重强调着陆距离的计算,实际运行中能否在污染跑道上避免冲出和偏出跑道的着陆事故及事故征候取决于很多方面的因素。航空公司应加强航空公司非持照管理人员和持照运行人员对湿跑道和污染跑道着陆相关问题的认识和培训,下面给出在湿跑道和污染跑道上着陆运行的一些建议:

(1)准确理解湿跑道和污染跑道的定义及其对飞机着陆的影响,如滑水现象对着陆的影响。

(2)清楚不同飞机在湿跑道和污染跑道着陆的性能参数,如不同机型在湿跑道和污染跑道上着陆的侧风标准不同。

(3)分析非标准(即不按ICAO标准建设)机场和特殊机场场道特点和对着陆安全构成的威胁,如跑道无中线灯、跑道头是悬崖及污染跑道对着陆安全构成的威胁。

(4)评估到达时的着陆距离,特别是当预计着陆条件发生变化时(如按干跑道放行,但可能在污染跑道着陆),根据CAAC的要求,预计可能在污染跑道着陆时,将要使用的跑道的可用着陆距离必须能够保证飞机在实际条件下以着陆时的构型实现全停,并且仍然留有至少15%的安全余量。在进行到达时着陆距离评估时,必须考虑所有可用的信息,包括道面条件报告、刹车效应报告和摩擦测量等,应该使用适用的最不利的可靠的刹车效应报告，或者预期最坏的跑道或跑道部分道面条件，并充分考虑相应气象、飞机构型和重量条件以及预计要使用的飞机地面减速措施的影响。

(5)加强对飞行机组进行在污染道面上获得最佳着陆性能的模拟机训练，特别是各种制动措施(包括自动和人工刹车、反推及扰流板)的使用。

(6)在污染跑道上运行应充分考虑到机组能力等因素，充分尊重机组的决定。

表 6.2.8 实际着陆条件偏差对着陆距离影响的计算示例

1.飞行手册中审定着陆距离(基础数据)	3 000 ft
2.飞机过跑道头时的速度修正量(最大修正值为 20 kt)，对应着陆距离的增加量为： 干跑道：每节增加 20~30 ft。 湿跑道：每节增加 40~50 ft。 平飘着陆：每节增加 250 ft	(以 5 kt 为例) 250 ft 1 250 ft
3.由于阵风，接地时间延迟 2 s(每秒增加 230 ft)	460 ft
4.假定过跑道头高度偏高 10 ft(增加 200 ft 距离)	200 ft
5.考虑 MEL/CDL 要求增加的距离	至少 500 ft
6.小结	5 660 ft
7.跑道道面条件 假定为湿跑道，增加 15%的距离或根据 AFM 进行修正	850 ft
8.未能采用最大人工刹车 增加 20%的距离或根据 AFM 进行修正	1 130 ft
9.运行着陆距离为：6(项)+7(项)+8(项)	7 640 ft

6.3 高原和特殊机场运行

6.3.1 高原机场运行

根据《高原机场运行》(AC-121-FS-2015-21R1)咨询通告的规定，高原机场包括一般高原机场和高高原机场。一般高原机场是指海拔在 1 524 m(5 000 ft) 及以上，但低于 2 438 m(8 000 ft) 的机场；高高原机场是指海拔在 2 438 m(8 000 ft)及以上的机场。高高原机场运行是指合格证持有人以高高原机场为着陆机场或起飞机场的运行。

高原机场海拔高,空气密度和大气压小,地形复杂,太阳辐射和向背/阳地形受热不均匀,气象条件多变。因此,在高原机场运行有以下特点:

(1)相同的起飞、着陆重量,飞机的真空速要比平原机场大得多(目前在一些高高原机场运行真空速比指示空速大 30%左右),在高原机场运行,发动机的推力明显减小,这使飞机加速慢,加速到抬轮和离地速度需要的时间长。因此,飞机在高原机场起飞距离和着陆距离将显著增加,这也是高原机场跑道一般比较长的原因。

(2)高原机场发动机推力减小,飞机的机动能力下降,飞机的上升和超障能力变差,由于相同指示空速对应的真空速明显增大,转弯半径增大。

(3)高原机场海拔高,高空风通常很大,接近地面的空气因太阳照射而导致向背/阳地形受热不均匀,加上地形对风的阻挡、加速,使得高原机场经常容易出现大风,风速、风向变化也很大,极易形成乱流、颠簸和风切变。

(4)高原机场昼夜温差大,气象复杂多变,有明显的时间差异,还存在地域性和局部性特征。不同的高原机场有着各自不同的特点,如浮尘、扬沙、雷雨、暴雪、浓积云、雷雨云、低云、浓雾、低能见度、结冰、低温等,对飞行很不利,对飞行安全构成很大的威胁,对航班的正常性影响较大。例如,九寨黄龙机场气象条件变化之迅速,能见度可以在 2 min 内从 10 km 下降到几百米,而且跑道西侧山沟里面的云飘到跑道上就是低云,影响飞机起降;林芝米林机场两侧山口有侧风,易发生风切变,导致颠簸;阿里昆莎机场周围植被稀少,白天气温上升迅速,高温导致飞机载重能力严重下降,为了不影响载量只能在上午起降。

(5)高原机场往往地形复杂,机场周围净空条件差,导航设施设置困难,导致飞机起降、复飞操纵难度大。我国个别高高原机场需要编制专门的单发复飞程序。此外,高原机场可用的机动空域和机动高度很少,飞机空中调配较为困难。例如,昌都邦达机场周围的山都是 4 000~5 000 m 以上的高山,10 km 范围内有超过 5 300 m 的高山,20 km范围内有接近 6 000 m 的高山,复飞程序极其复杂,很多地方要同时限制高度和距离;九寨黄龙机场被 4 000~5 000 m 高的山包围着,东边约 10 NM 处便是高度约 5 600 m 的雪宝顶。

(6)受地形的遮蔽和反射,高原机场无线电波产生多路径干扰;地面通信作用距离短,信号微弱;机场甚高频全向信标台/测距仪(VOR/DME)作用距离、覆盖范围较小,指示不稳定,仪表着陆系统(ILS)在某些方位会有假信号产生。

(7)在高原机场运行飞行员易出现嘴唇发紫、头痛、疲倦、呼吸困难等高原反应,加上飞机在高原机场飞行操纵难度加大、机动性能较差,因此飞行员在高原机场易产生畏惧心理。

据统计,截至 2022 年年底,全世界共有高高原机场 46 个,其中我国有 23 个,占世界高高原机场总数的 50%。我国现有的高高原机场如表 6.3.1 所示。

表 6.3.1　我国现有的高高原机场一览表

海拔排名	机场名称	所在省/自治区	机场标高/m	跑道长度/m	最近地区	备注
1	稻城/亚丁	四川	4 411	4 200	稻城县	
2	昌都/邦达	西藏	4 334	5 500	昌都镇	
3	阿里/昆莎	西藏	4 274	4 500	狮泉河镇	
4	甘孜/康定	四川	4 238	4 000	康定市	
5	玉树/巴塘	青海	3 905	3 800	结古镇	
6	果洛/玛沁	青海	3 787	5 000	大武镇	
7	日喀则/和平	西藏	3 782	5 000	日喀则市	
8	拉萨/贡嘎	西藏	3 570	4 000	拉萨市	
9	阿坝/红原	四川	3 540	3 600	红原县	
10	九寨/黄龙	四川	3 448	3 400	川主寺镇	
11	宁蒗/泸沽湖	云南	3 293	3 400	宁蒗彝族自治县	
12	迪庆/香格里拉	云南	3 288	3 600	香格里拉市	
13	甘南/夏河	甘肃	3 190	3 200	夏河县	
14	林芝/米林	西藏	2 949	3 000	八一镇	
15	海西/花土沟	青海	2 905	3 600	花土沟镇	
16	海西/德令哈	青海	2 863	3 000	德令哈市	
17	格尔木	青海	2 842	4 800	格尔木市	
18	神农架/红坪	湖北	2 585	2 800	红坪镇	
19	海北/祁连	青海	3 162.9	3 400	祁连县	2018 年通航
20	甘孜/格萨尔	四川	4 067	4 000	甘孜县	2019 年通航
21	塔什库尔干/红其拉甫	新疆	3 258.4	3 800	塔什库尔干塔吉克自治县	2022 年通航
22	山南/隆子	西藏	3 950	4 500	隆子县	2022 年通航
23	日喀则/定日	西藏	4 316.5	4 500	定日县	2022 年通航

据统计，截至 2022 年年底，我国的一般高原机场共有 20 个，如表 6.3.2 所示。

表 6.3.2 我国一般高原机场一览表

海拔排名	机场名称	所在省/自治区	机场标高/m	跑道长度/m	最近城市	备注
1	丽江/三义	云南	2 243	3 000	丽江市	
2	西宁/曹家堡	青海	2 184	3 800	西宁市	
3	大理/荒草坝	云南	2 155	2 600	大理市	
4	昆明/长水	云南	2 104	4 500	昆明市	
5	攀枝花/保安营	四川	1 980	2 800	攀枝花市	
6	六盘水/月照	贵州	1 975	2 800	六盘水市	
7	兰州/中川	甘肃	1 947	3 600	兰州市	
8	昭通	云南	1 936	2 600	昭通市	
9	临沧/博尚	云南	1 897	2 400	临沧市	
10	腾冲/驼峰	云南	1 888	2 350	腾冲市	
11	沧源/佤山	云南	1 840	2 600	沧源佤族自治县	
12	固原/六盘山	甘肃	1 746	2 800	固原市	
13	保山/云瑞	云南	1 664	2 400	保山市	
14	文山/砚山	云南	1 590	2 400	砚山县	
15	张掖/甘州	甘肃	1 589	3 000	张掖市	
16	嘉峪关/酒泉	甘肃	1 559	3 000	酒泉市	
17	西昌/青山	四川	1 559	3 600	西昌市	
18	重庆/巫山	重庆	1 771.5	2 600	巫山县	2019 年通航
19	重庆/仙女山	重庆	1 745	2 800	武隆区	2020 年通航
20	昭苏/天马	新疆	1 739.4	2 800	昭苏县	2022 年通航

6.3.2 特殊机场运行

根据《航空承运人特殊机场的分类标准及运行要求》(AC-121-FS-17R2)咨询通告的规定，特殊机场是指由于周围净空(地形、障碍物)、气象条件或飞行程序复杂等因素，要求机长具有特殊资格的机场。

具有下列一种或多种特征，飞行运行风险较高的机场应作为特殊机场管理：

(1)机场净空条件差(地形、障碍物对飞行运行产生较明显的影响)或空域环境复杂，致使飞行程序具有特殊性，导致出现如下情形之一：

①仪表引导系统（IGS）进近程序或目视盘旋进近程序使用频率较高，在该机场年使用以上程序着陆的航班数超过在该机场年着陆航班总数的5%。

②容易出现下降超限（进近程序的下降梯度/下降率达到飞行程序设计规范规定的该阶段下降的最大值）或容易触发近地告警。

③飞行程序设计或运行标准偏离规章标准，且影响较大。

④飞行程序操作难度大。

（2）机场当地气象条件复杂（频发的风切变、大侧风或紊乱气流、严重的季节性冻雨和冻雾等）。

（3）机场目视助航设施匮乏。

飞行标准司统一负责境内外特殊机场的确定与公布。地区管理局按照标准，并结合航空承运人、机场、空管等单位的运行情况和意见反馈，提出境内特殊机场的建议并上报飞行标准司，由飞行标准司研究确定境内特殊机场名单。

飞行标准司按照标准，并结合航空承运人的运行情况和意见反馈，研究确定境外特殊机场名单。

飞行标准司发布《境内外特殊机场名单》信息通告对特殊机场予以正式批复。《境内外特殊机场名单》信息通告可在民航航务信息网（网址为 http://hangwu.caac.gov.cn）的“特殊机场”栏目中查询。

航空承运人可在飞行标准司已公布的特殊机场基础上，再根据本公司实际情况建立公司自己的特殊机场清单，局方公布的特殊机场应列入其中。

地区管理局每3年应对本辖区内公布的特殊机场的运行情况进行评估，确认导致其特殊性的成因是否持续存在，是否继续按照特殊机场予以管理，并将评估情况上报飞行标准司。新建机场在投入运行前应完成特殊机场评估。

飞行标准司每3年对公布的境内外特殊机场的运行情况进行综合评估，确认导致其特殊性的成因是否持续存在，是否继续按照特殊机场予以管理。

航空承运人应针对特殊机场成因，从机场地理位置、地形特点、净空环境、气象特征、跑道特征、导航能力、灯光标志、飞行程序、飞机性能、飞行操纵、机场保障能力等方面进行全面细致的分析，制定足够且适用的安全措施和培训要求。

航空承运人应确保其飞行机组、签派等相关运行人员在运行前接受特殊机场的相关培训。

航空承运人应制定特殊机场机长资格、机场运行要求，确保符合121.459（a）、121.469（b）款的规定。航空承运人应建立一套控制程序，从飞行机组排班到签派放行，确保机长具有该次飞行所涉及机场（包括备降机场）中特殊机场的机长资格。

境内外特殊机场和需要重点关注的机场详见2020年4月11日下发的《境内外特殊机场名单》（IB-FS-OPC-001），具体情况如表6.3.3～表6.3.5所示。

表 6.3.3 我国境内特殊机场名单

地区	序号	机场	特殊机场的构成原因	
			通告标准描述	特征具体描述
华北地区	1	阿尔山/伊尔施 ZBES	机场净空条件差	1.机场位于山谷中; 2.起飞离场和进近着陆梯度大
华东地区	2	武夷山 ZSWY	机场净空条件差	1.机场位于河谷; 2.01 号跑道 LOC 偏置角 2°; 3.跑道道面灰暗、反差小
中南地区	3	神农架/红坪 ZHSN	1.机场周围地形复杂; 2.机场当地气象条件复杂	1.机场云高和能见度多变,多乱流; 2.冬春季存在冻雨、冻雾天气
西南地区	4	大理/荒草坝 ZPDL	1.机场周围地形复杂; 2.机场当地气象条件复杂; 3.飞行程序操作难度大	1.机场邻近洱海,西侧进近存在颠簸,五边经常有下沉气流和风切变; 2.35 号跑道 VOR/DME 进近程序下降梯度大且与中心线有 7°夹角
	5	腾冲/驼峰 ZPTC	机场当地气象条件复杂	1.机场周围多乱流和风切变; 2.相对于机场标高,机场跑道长度较短
	6	临沧/博尚 ZPLC	1.机场净空条件差; 2.机场当地气象条件复杂	1.机场位于山腰; 2.跑道南北两端 0~20 km 附近气流紊乱,经常出现侧风; 3.16 号跑道 LOC 偏置角 3°
	7	迪庆/香格里拉 ZPDQ	1.机场净空条件差; 2.机场当地气象条件复杂; 3.飞行程序操作难度大	1.机场位于河谷; 2.机场周围多乱流和风切变,冬季多大雪、结冰天气; 3.机场非精密进近程序下降梯度大; 4.34 号跑道起飞只能实施 RNP AR 程序
	8	丽江/三义 ZPLJ	1.机场净空条件差; 2.机场当地气象条件复杂; 3.飞行程序操作难度大	1.机场位于河谷; 2.机场周围经常出现大风,多乱流和风切变; 3.20 号跑道 ILS 进近程序下降梯度大

续表

地区	序号	机场	特殊机场的构成原因	
			通告标准描述	特征具体描述
西南地区	9	沧源/佤山 ZPCW	1.机场净空条件差； 2.机场当地气象条件复杂； 3.机场空域环境复杂； 4.飞行程序操作难度大	1.机场位于山腰； 2.机场周围多乱流和风切变； 3.机场距离国境线较近，机组绕飞余度小； 4.05 号跑道 VOR/DME 进近程序受地形影响，中间进近航段和最后进近航段的夹角为 28°，五边对正距离较短； 5.23 号跑道精密进近五边下方地形起伏较大，下滑道信号存在波动
	10	黎平 ZUNP	1.机场净空条件差； 2.飞行程序操作难度大	1.机场位于丘陵地带； 2.06 号跑道进近程序最后进近下降梯度 7%（4°）
	11	稻城/亚丁 ZUDC	机场当地气象条件复杂	1.机场经常出现大风； 2.机场标高世界第一，4 411 m
	12	九寨/黄龙 ZUJZ	1.机场净空条件差； 2.机场当地气象条件复杂； 3.飞行程序操作难度大	1.机场位于山腰，机场北端地形起伏较大； 2.机场周围天气变化快，多乱流，有风切变
	13	攀枝花/保安营 ZUZH	1.机场净空条件差； 2.机场当地气象条件复杂； 3.飞行程序操作难度大	1.机场周围容易出现风切变情况，雨季时，低云、低能见度多； 2.下滑道信号不稳定
	14	拉萨/贡嘎 ZULS	1.机场净空条件差； 2.机场当地气象条件复杂； 3.飞行程序操作难度大； 4.容易出现下降超限或触发近地告警	1.机场位于山谷中； 2.机场周围扬沙大，乱流多； 3.早上向东以及下午向西运行时，因强逆光影响，可能干扰机组建立目视参考

续表

地区	序号	机场	特殊机场的构成原因	
			通告标准描述	特征具体描述
西南地区	15	林芝/米林 ZUNZ	1.机场净空条件差; 2.机场当地气象条件复杂; 3.容易出现下降超限或触发近地告警	1.机场位于山谷中; 2.机场多低云和风切变; 3.进近程序单一,仅有 RNP AR 程序
	16	昌都/邦达 ZUBD	1.机场净空条件差; 2.机场当地气象条件复杂; 3.飞行程序操作难度大; 4.容易出现下降超限或触发近地告警	1.机场位于狭长山谷中; 2.机场风切变较多; 3.起飞时离地端可能存在顺风; 4.机场标高较高,4 333 m
西北地区	17	玉树/巴塘 ZLYS	1.机场净空条件差; 2.机场当地气象条件复杂	1.机场位于狭长山谷中; 2.机场周围多乱流,有风切变
	18	果洛/玛沁 ZLCL	1.机场净空条件差; 2.机场当地气象条件复杂; 3.飞行程序操作难度大	1.地处山谷,周边地形复杂; 2.机场周围多乱流
东北地区	19	大连/周水子 ZYTL	1.机场净空条件差; 2.机场当地气象条件复杂	1.因磊子山影响,10 号跑道 LOC 偏置角 3°; 2.机场多平流雾,多侧风

表 6.3.4　境外特殊机场名单

国家	序号	机场名	特殊机场的构成原因	
			通告标准描述	特征具体描述
美国	1	肯尼迪 KJFK	飞行程序操作难度大	1.进近程序比较复杂； 2.13L 和 13R 跑道进近着陆困难，操作难度大
	2	旧金山 KSFO	飞行程序操作难度大	1.双跑道平行进近、跑道间距小，易触发 TCAS 告警； 2.通信频率变换频繁
韩国	3	釜山 RKPK	1.机场净空条件差； 2.飞行程序操作难度大	1.机场三面环山，离山较近； 2.冬春季易发生平流雾； 3.离场及复飞程序近距离转弯； 4.18 号跑道只有目视盘旋程序
尼泊尔	4	加德满都 VNKT	1.机场净空条件差； 2.飞行程序操作难度大	1.机场位于高原山地，周围地形复杂； 2.离场程序复杂； 3.只能单向仪表进近，复飞程序较为严格

表 6.3.5　我国境内需要重点关注的机场名单

地区	序号	机场名	机场需要关注的特点
西南地区	1	昭通 ZPZT	1.机场北侧为高山； 2.机场多大风； 3.机场目前只公布了单向仪表进离场程序
	2	康定 ZUKD	1.机场位于山腰，南侧为高山； 2.机场多大风； 3.33 号跑道 VOR/DME 进近程序下降梯度大； 4.机场标高较高，4 238 m
	3	甘孜/格萨尔 ZUGZ	1.机场受地形影响，地面导航通信信号不稳定； 2.机场标高较高，4 067 m
	4	阿里/昆莎 ZUAL	1.机场位于高原山谷中； 2.机场气象条件复杂； 3.机场标高较高，4 274 m
西北地区	5	甘南/夏河 ZLXH	1.机场地处高原，天气变化较快，多低云和低能见度； 2.机场 10 号跑道 VOR/DME 程序下降梯度大； 3.传统离场程序梯度较大
	6	海北/祁连 ZLHB	1.机场地处高原，天气变化较快，多低云和低能见度； 2.离场程序梯度较大

6.3.3 基本要求

根据《高原机场运行》(AC-121-FS-2015-21R1)咨询通告的规定，高原机场运行对合格证持有人、飞机、运营人手册与管理以及通信的基本要求如下。

6.3.3.1　高原机场运行对合格证持有人的基本要求

a.以非高原机场为主运行基地的新成立的合格证持有人连续运行一年或积累 500 个起落后方可在一般高原机场运行；在一般高原机场连续运行一年且至少积累 300 个起落

后方可在高高原机场运行，以高高原机场为主运行基地的申请人除外。

b.新成立的以一般高原机场为主运行基地的合格证持有人，在一般高原机场连续运行一年且至少积累300个起落后方可在高高原机场运行。

c.以高高原机场为主运行基地的申请人，可申请缩短进入高高原机场运行时限，但合格证持有人应符合下列条件：

(1)规章规定的申请人或合格证持有人实施运行所必需的管理人员(运行副总经理或总飞行师之一、维修副总或总工程师之一)，近10年内应具备3年以上的高高原运行和维护管理经验；

(2)申请人或合格证持有人的飞行技术管理部门负责人、运行控制部门负责人和机务工程部门负责人近5年内必须具备3年以上的高高原运行和维护管理经验。

6.3.3.2 高原机场运行对飞机的要求

实施高原机场运行的飞机应当满足以下要求：

a.飞机的飞行手册规定的起降性能包线应覆盖所运行机场的要求。

b.飞机的供氧能力应当符合所运行高原机场及航路的应急下降和急救用的补充氧气要求，并且满足机组人员在着陆后至下一次起飞前的必要供氧要求。

c.对于实施高高原机场运行的飞机，其座舱增压系统应当经过型号审定或者其他方式批准适应高高原机场起飞和着陆运行。

d.对于实施高高原机场运行的飞机，其任何一台发动机的排气温度(EGT)余度平均值应当高于公司设定的标准。

实施高高原机场运行的飞机除满足上面的要求外，还应当满足以下要求：

a.通信设备需具备覆盖整个航线的实时通信能力。

b.对于实施高高原机场运行的飞机，合格证持有人应当根据飞机实际状况及所飞机场综合条件等因素，对飞机关键系统的敏感部件的安装做出要求。

c.合格证持有人应当考虑采用飞机制造厂家推荐的高高原机场运行构型包以提高安全运行能力。

d.对机场有特殊运行要求的(如RNP AR)，实施高高原机场运行的飞机，还需满足相关的特殊运行要求。

6.3.3.3 高原机场运行对运营人手册与管理的要求

合格证持有人在进入相应高原机场运行前，应当根据本咨询通告的要求制定专门的手册或在现有手册中增加专门的内容，并依此实施相应的管理。该手册内容应包含但不限于以下内容：高原机场运行政策、限制规定、维修管理和应急情况处置等要求。

进入相应高高原机场实施运行前，针对航空器的持续适航与维修管理要求，按照要求编制的相关手册可以直接纳入合格证持有人的“运行手册”或“维修工程管理手册”中，也可单独成册，但应当至少包含以下内容：

a.合格证持有人高高原机场运行规定

合格证持有人根据本咨询通告要求,结合公司自身特点,编制相应的高高原机场运行规定,至少包含以下内容:

(1)高高原机场运行的维修管理职责;

(2)维修人员资格获取、管理和培训等方面的要求;

(3)飞机设备加/改装要求;

(4)飞机和发动机及附件的运行限制条件;

(5)维修方案;

(6)最低设备清单(MEL)放行要求;

(7)航线维护特殊要求;

(8)实施高高原机场运行航空器维护的维修单位的管理要求;

(9)可靠性管理;

(10)发动机监控方案;

(11)器材的使用。

b.维修单位高高原机场运行维修规定

合格证持有人的维修单位或协议维修单位应根据合格证持有人管理规定的要求执行或编制高高原机场运行维修规定。该规定可加入“维修管理手册”或“工作程序手册”中,也可单独成册。高高原机场运行维修规定应该根据本条 a 款合格证持有人高高原机场运行规定的要求载明具体的工作或操作程序,应至少包含以下内容:

(1)涉及高高原机场运行的维修单位各部门的职责;

(2)实施高高原机场运行维护的维修人员的资格、授权和培训/复训要求;

(3)高高原机场运行维护的通用管理规定和保障措施;

(4)对执行高高原航线各机型的具体维护要求、放行标准和使用限制条件等;

(5)使用的工作表格样件。

c.如出现相应变化,合格证持有人和维修单位应对上述手册或程序及时进行评估和修订。

6.3.3.4　高原机场运行对航路通信的要求

在高高原机场运行的整个航路上,所有各点都应具有陆空双向无线电通信系统,能保证每一架飞机与相应的签派室之间、每一架飞机与相应的空中交通管制单位之间,以直接的或者通过经批准的点到点间的线路进行迅速可靠的通信联系。每架飞机与签派室之间的通信系统应当是空中交通管制通信系统之外的独立系统,能够满足在正常运行条件下,在 4 min 内迅速建立可靠的语音通信联系。

6.3.4 运行要求

6.3.4.1 飞行机组的附加要求

飞行机组的派遣要求：实施高高原机场运行的一套飞行机组应至少配备 3 名驾驶员，除机长外，其中还应包含 1 名至少具有 CCAR121.451 条规定的资深副驾驶资格的驾驶员。

飞行机组的资格要求：飞机机组除须符合规章中相关训练和资格要求外，在高原机场运行还应符合下列限制条件的要求：

a.实施高高原机场运行的机长年龄不得超过 60 周岁。

b.实施高高原机场运行的副驾驶应具备总计 500 h 或以上的飞行经历时间，其中包括本机型 100 h 或以上的飞行经历时间。

c.符合以下要求方可进入高原机场运行担任机长：

(1)具备在一般高原机场 300 h 或以上的飞行经历时间，或者总计 200 h 或以上的机长飞行经历时间，方可进入一般高原机场运行担任机长；

(2)具备在本机型 500 h 或以上的机长飞行经历时间，并在以高高原机场为起飞或目的地机场运行 8 个航段或以上，其中在高高原机场不少于 3 个落地(不含模拟机)，方可进入高高原机场运行担任机长。

d.在实施高高原机场运行的非巡航阶段，在座驾驶员应具备 CCAR121.451 条规定的资深副驾驶或以上资格。

6.3.4.2 飞机性能分析

飞机性能分析如下：

a.在计算飞机的起飞重量时要重点考虑上升越障、轮胎速度以及最大刹车能量的限制。

b.在高高原机场运行时，应当严格遵守飞机制造厂家推荐的起飞速度的计算方法以及相应民航规章的要求。

c.在高原机场运行，需进行着陆分析。如存在着陆限制，则应提供着陆重量分析表。但对于高高原机场运行，无论是否存在着陆限制，都应提供着陆重量分析表。

d.在高原机场运行，需重点考虑快速过站时间限制以及刹车冷却问题，并在安排航班时予以关注。

e.合格证持有人应按照局方的要求为所飞的每一机型制作一发失效应急程序。除非满足以下三种情况之一，合格证持有人才可以不为该机型专门制作相应机场跑道的一发失效应急程序，但必须向局方提供相应的书面分析证明材料：

(1)经计算分析能够证明通过控制重量，该种机型一发失效后的上升梯度能够满足程序对上升梯度的要求；

(2)经检查该型飞机一发失效后按照程序飞行可以安全超障，并满足相应的高度(指超障高度)要求；

(3)某型飞机如果仅使用满足要求的一个跑道方向运行(即单向运行)。

f.合格证持有人在高原机场运行，应对客舱释压的供氧和航路上一发失效的飘降进行检查。如需要，则应制定针对出现以上紧急情况的处置预案。

6.3.4.3　飞行验证

合格证持有人的每一种型别的飞机在进入某个一般高原机场运行前，局方可根据合格证持有人的运行经验和已在该机场运行机型的情况决定是否进行实地验证试飞。但每一种型别的飞机在进入每一个高高原机场运行前，都应进行不载客的验证试飞。

6.3.4.4　签派放行

a.合格证持有人在签派放行前应首先对飞机的高原适应性和驾驶员的高原运行资格进行核实。应严格按照针对高原机场运行制定的最低设备清单(MEL)签派放行飞机。对于使用一发失效应急程序的机场，在签派放行时应重点考虑一发失效应急程序所需的机场导航设施和相应的机载设备工作的正常性。

b.合格证持有人应了解高原机场和航路的天气实况和预报，严格放行标准。为提高高原机场运行的正常性，合格证持有人可以参照咨询通告《航空承运人增强型气象情报系统运行批准指南》(AC-121-FS-2010-37)建立增强型气象情报系统，全面收集并分析气象信息。

c.合格证持有人在高原机场运行时，应严格控制起飞重量，重点检查所带燃油，特别是飞机需携带来回程燃油或在备降机场较少地区的飞行时，应做好因外界环境变差而减少业载或在中途备降的预案。

d.在高原机场运行时，应加强对航班的实时跟踪监控，在出现紧急情况时，应当立即对飞机是否通过航路上的关键点(飘降返航点、客舱释压返航点和航路改航点)进行核实和检查。

6.3.4.5　训练的要求

计划实施高原机场运行的合格证持有人或申请人制定的飞行员训练大纲应当包含针对高原机场运行的训练提纲，提纲应包括首次进入高原机场运行训练、复训和重获资格训练(仅适用于高高原机场运行)等内容。首次进入一般高原机场运行的训练，包含以下内容：

一、地面理论训练

1.训练时间:6 h。

2.训练内容:

A.高原飞行特点;

B.起飞性能分析;

C.高原机场运行的补充程序;

D.飘降性能及程序;

E.高原航路客舱释压的处置程序;

F.机组和旅客氧气使用包线和相关规章要求;

G.折返点的定义;

H.着陆性能分析;

I.进离场程序;

J.一发失效应急程序;

K.基于性能的导航(PBN)理论知识(如适用);

L.夜航特点(如适用)。

二、模拟机训练

1.训练时间:4 h。

2.训练内容:

A.高高原飞行操纵特点(起飞、着陆和复飞);

B.高高原机场的目视/仪表进、离场程序;

C.一发失效应急程序;

D.飘降程序;

E.高原航路客舱释压的处置程序;

F.RNP AR 程序训练(如适用);

G.夜航(如适用)。

首次进入高高原机场运行的训练,应包含上面的全部内容。

针对首次进入高高原机场运行训练及复训的模拟机训练部分,教员应具有相应机型高高原机场运行资格,所使用的模拟机应为D类模拟机并具备典型高高原机场视景和有效地形数据库。十二个日历月没有高高原起降经历的机长,再次进入高高原运行前应完成相应的重获资格训练。

当然,高高原机场运行对客舱机组和机务人员也都有训练要求,这里就不详细介绍了。

思考题

1. 在机场制作起飞和复飞一发失效应急程序的意义是什么？是不是每个机场都需要制作起飞一发失效应急程序？

2. 起飞一发失效应急程序的水平保护区和垂直超障余度是怎么规定的？

3. 起飞一发失效应急程序的设计有哪些要求？

4. 根据 CAAC 的规章，跑道道面条件分为哪几种？怎么界定湿跑道和污染跑道？

5. 湿跑道和污染跑道的运行要求有哪些？

6. 飞机在湿跑道和污染跑道上的滑水现象是如何产生的？滑水的种类有哪些？临界滑水速度是如何规定的？

7. CAAC 民航规章对高原机场和高高原机场是怎么定义的？

8. CAAC 民航规章对在高原机场运行的航空公司飞行机组和飞机分别有哪些要求？

参考文献

[1] 刘晓明,苏彬,孙宏. 飞行性能与计划[M]. 成都:西南交通大学出版社,2003.

[2] 向小军. 飞机性能[M]. 大连:大连海事大学出版社,2017.

[3] 丁兴国,陈昌荣. 民航运输机飞行性能与计划[M]. 北京:清华大学出版社,2012.

[4] 黄太平. 飞机性能工程[M]. 北京:科学出版社,2005.

[5] 陈大光,张津. 飞机-发动机性能匹配与优化[M]. 北京:北京航空航天大学出版社,1990.

[6] 彼得·J. 斯瓦顿. 飞行员手册之飞机性能理论与实践[M]. 2 版. 张子健,龚喜盈,杨会涛,译. 北京:航空工业出版社,2016.

[7] 蒙泽海. 飞机飞行性能试飞[M]. 北京:航空工业出版社,2018.

[8] 班度·N.帕玛迪. 飞机的性能、稳定性、动力学与控制[M]. 2 版.商重阳,左英桃,夏露,等,译. 北京:航空工业出版社,2013.

[9] 金长江,范立钦 周士林. 飞行动力学:飞机飞行性能计算[M]. 北京:国防工业出版社,1983.

[10] 关立欣. 20 小时高性能多发飞机课程提纲[M]. 成都:西南交通大学出版社,2013.

[11] 余江. 高原/复杂地形机场和航线运行的飞机性能分析[M]. 2 版. 成都:西南交通大学出版社,2015.

[12] 中国民用航空总局空中交通管理局. 飞机性能数据手册[S]. 2000.

[13] 陈治怀. 飞机性能工程[M]. 北京:中国民航出版社,1993.

[14] 《飞机飞行性能计算手册》编写组. 飞机飞行性能计算手册[M]. 西安:飞行力学杂志社,1987.

[15] 中国民用航空总局飞行标准司. 飞机航线运营应进行的飞机性能分析(AC-121FS-006)[S]. 2001.

[16] 中国民用航空局飞行标准司.飞机起飞一发失效应急程序和一发失效复飞应急程序制作规范(AC-121-FS-2014-123)[S]. 2014.

[17] 空中客车飞行运营支援及航线协助部. 掌握飞机的性能[Z].北京:空中客车飞行运营支援及航线协助部,2002.

[18] 中国民用航空总局飞行标准司. 高原机场运行(AC-121-FS-2015-21R1)[Z].2015.

[19] 中国民用航空总局飞行标准司. 航空承运人高原机场运行管理规定(AC-121-21)[Z].2007.

[20] 中华人民共和国交通运输部. 大型飞机公共航空运输承运人运行合格审定规则(CCAR-121-R7)[Z].2017.

[21] 中国民用航空局飞行标准司. 航空承运人湿跑道和污染跑道运行管理规定(AC-121-FS-33R1)[Z].2021.

[22] 中国民用航空总局飞行标准司. 航空承点人特殊机场的分类标准及运行要求(AC-121-FS-17R2)[Z].2020.

[23] Walt Blake. The Performance Training Group Flight Operations Engineering Boeing Commercial Airplane. Jet Transport Performance Methods[Z].2009.

[24] SMETANA F O. Flight Vehicle Performance and Aerodynamic Control[M]. Reston,VA:AIAA,2001.

[25] WOLVERTON R L.Flight Performance Handbook for Orbital Operations[M].New York:John Wiley and Sons,INC,1963.

[26] FREDERICK W J. Flight Performance Handbook for Powered Flight Operations: Flight Mechanics and Space Vehicle Design, Empirical Formulae, Analytic Approximations and Graphical Aids[M]. New York:John Wiley and Sons, INC,1963.

[27] FILIPPONE A. Advanced Aircraft Flight Performance[M]. New York:Cambridge University Press,2012.